Fachtagung Bauwerksdiagnose (Bauwerksdiagnose 2018)

Praktische Anwendungen Zerstorungsfreier Prufungen and Zukunftsaufgaben

Berichtsband BB 165

Berlin, Germany
15-16 February 2018

ISBN: 978-1-5108-9401-3

Printed from e-media with permission by:

Curran Associates, Inc.
57 Morehouse Lane
Red Hook, NY 12571

Some format issues inherent in the e-media version may also appear in this print version.

Deutsche Gesellschaft Fuer Zerstoerungsfreie Pruefung (DGZfP)
Max-Planck-Str. 6
12489 Berlin
Germany

Phone: +49 30 67807-0
Fax: +49 30 67807-109

mail@dgzfp.de

Additional copies of this publication are available from:

Curran Associates, Inc.
57 Morehouse Lane
Red Hook, NY 12571 USA
Phone: 845-758-0400
Fax: 845-758-2633
Email: curran@proceedings.com
Web: www.proceedings.com

TABLE OF CONTENTS

SCHLUSSVORTRAG

POSTER

DEUTSCHE GESELLSCHAFT FÜR ZERSTÖRUNGSFREIE PRÜFUNG E.V.

Erfolgreich ankommen.

Ab 49,50 € (einfache Fahrt) mit dem Veranstaltungsticket deutschlandweit zu Veranstaltungen der Deutschen Gesellschaft für Zerstörungsfreie Prüfung e.V.

Die **Deutschen Gesellschaft für Zerstörungsfreie Prüfung e.V.** bietet Ihnen in Kooperation mit der Deutschen Bahn ein exklusives Angebot für Ihre bequeme An- und Abreise zu **Seminaren der DGZfP im Jahr 2018** an.

Das Extra für Sie als Besucher! Ihr Veranstaltungsticket zum bundesweiten Festpreis, von jedem DB-Bahnhof.

Veranstaltungsticket einfache Fahrt mit Zugbindung (solange der Vorrat reicht):

- **2.Klasse** **49,50 €**
- **1.Klasse** **79,50 €**

Veranstaltungsticket einfache Fahrt vollflexibel (immer verfügbar)

- **2.Klasse** **69,50 €**
- **1.Klasse** **99,50 €**

Das Angebot gilt bis zum 31.12.2018.

Buchen Sie jetzt online und sichern Sie sich das garantiert **günstigste Ticket**. Wir bieten Ihnen eine Übersicht aller Bahn-Angebote auf Ihrer Wunschstrecke. [1]:

Klicken Sie **hier**, um Ihr Angebot auch bequem online zu buchen.

Machen Sie Reisezeit zu Ihrer Zeit und nutzen Sie die An- und Abreise zum Arbeiten, Entspannen oder Genießen – mit 100% Ökostrom im Fernverkehr.

Wir wünschen Ihnen eine gute Reise!

---

[1] Telefonische Buchung möglich unter der Service-Nummer +49 (0)1806 - 31 11 53 mit dem Stichwort „DGZfP". Bitte halten Sie Ihre Kreditkarte zur Zahlung bereit (beachten Sie bitte, dass für die Bezahlung mittels Kreditkarte ein Zahlungsmittelentgelt entsprechend Beförderungsbedingungen für Personen durch die Unternehmen der Deutschen Bahn AG (BB Personenverkehr) erhoben wird). Die Hotline ist Montag bis Samstag von 7:00 - 22:00 Uhr erreichbar, die Telefonkosten betragen 20 Cent pro Anruf aus dem deutschen Festnetz, maximal 60 Cent pro Anruf aus den Mobilfunknetzen.

VORTRÄGE | Freitag, 16.02.2018

17 | 11:30 **Fast Impact-Echo Scanner: Mit IE schnell und kontaktfrei große Bauteile untersuchen**
R. Groschup[1], C. U. Große[1], S. Freudenstein[1], M. Wieland[2], C. Becker[2]
[1] TU München; [2] BASt, Bergisch Gladbach

18 | 11:50 **ProTimB – Monitoring von konstruktiv geschützten Holzbrücken**
R. Arndt[1], J. Koch[1], A. Simon[1], M. Jahreis[1]
[1] Fachhochschule Erfurt

19 | 12:10 **Betoflux – Stand der Technik in der Spannstahlbruchortung**
M. Wilcke[1], A. Walther[1], K. Szielasko[2], S. Youssef[2]
[1] BauConsulting Dr. Walther, Brandenburg; [2] Fraunhofer IZFP, Saarbrücken

20 | 12:30 **ZfP-Statik – Messergebnisse rechenbar machen**
A. Taffe[1]
[1] HTW, Berlin

12:50 Pause

Schlussvortrag

21 | 13:15 **Zur Wertschöpfungskette der Zerstörungsfreien Prüfung im Bauwesen**
D. Algernon[1]
[1] SVTI, Wallisellen, Schweiz

13:45 **Schlusswort**

Anmeldung von Posterbeiträgen

Bis einschließlich **30.11.2017** können noch Posterbeiträge angemeldet werden. Bitte benutzen Sie dafür das Anmeldeformular auf der Tagungswebseite

www.bauwerksdiagnose2018.de

Termin für die Abgabe der vollständigen Manuskripte zur Veröffentlichung im Berichtsband (alternativ Kurzfassung und Poster) ist der 15.12.2017.

ORGANISATION

Anmeldungen
bis zum **18.01.2018** unter www.bauwerksdiagnose2018.de

Gebühren

Teilnahmegebühr	350,00 €
für Mitglieder der DGZfP	310,00 €
für Posterautoren und Teilnehmer aus öffentlichen Verwaltungen	275,00 €
für Studenten (bis 30 Jahre)	75,00 €
für pers. Mitglieder der DGZfP im Ruhestand	120,00 €

inkl. Tagungsunterlagen, Pausenversorgung und Abendveranstaltung am 15.02.2018; die Teilnahme am Workshop ist nicht enthalten (s. u.)

Stornierung
bis 04.01.2018: 50 % der Teilnahmegebühr
ab 05.01.2018: keine Erstattung möglich

Überweisung
Bitte überweisen Sie den Gesamtbetrag nach Erhalt der Rechnung und vermerken Sie auf Ihrer Überweisung **unbedingt** die **Rechnungsnummer** und den **Namen des Teilnehmers.**

Tagungsort
Bundesanstalt für Materialforschung und -prüfung (BAM) | Ludwig-Erhard-Saal
Unter den Eichen 87 | 12205 Berlin
www.bam.de

Rahmenprogramm
15.02.2018, 09:00 – 12:00 Uhr
Anwenderworkshop LIBS – Der Weg zum gläsernen Baustoff
Die Teilnahme am Workshop ist in der Teilnahmegebühr nicht enthalten. Eine gesonderte Anmeldung ist erforderlich. Die Teilnahmegebühr beträgt 75,00 €.

Im Anschluss an die Vortragspräsentationen und Postersession findet am 15.02.2018 in der Versuchshalle der BAM die **Abendveranstaltung** mit Gerätevorführungen an Probekörpern statt. Für Buffet und Getränke ist gesorgt.

ORGANISATION

Organisation
Deutsche Gesellschaft für Zerstörungsfreie Prüfung e.V.
Max-Planck-Str. 6 | 12489 Berlin
Tel.: +49 30 67807-121/122
Fax: +49 30 67807-129
E-Mail: tagungen@dgzfp.de

Hotelreservierung
Hinweise hierzu finden Sie auf der Tagungswebseite:
www.bauwerksdiagnose2018.de
Bitte nehmen Sie die Reservierung selbst vor!

Ausstellung

Die Fachtagung wird durch eine begleitende Geräteausstellung ergänzt. Die Ausstellung befindet sich in unmittelbarer Nähe zum Vortragssaal im Pausenbereich.

Die Ausstellungsfläche beträgt pro Aussteller ca. 4 m².
In der Gebühr in Höhe von 300,00 € zzgl. MwSt. ist 1 Tisch, 1 Stuhl und ein Stromanschluss enthalten. Die Ausstellung kann nur in Verbindung mit einer Tagungsteilnahme gebucht werden.

Anmeldung bis zum 15.01.2018 über das Anmeldeformular auf

www.bauwerksdiagnose2018.de

DEUTSCHE GESELLSCHAFT FÜR ZERSTÖRUNGSFREIE PRÜFUNG E.V.

BAM Bundesanstalt für Materialforschung und -prüfung

Sponsoren: HILTI, proceq

EINLADUNG PROGRAMM

Fachtagung

Bauwerksdiagnose

Praktische Anwendungen Zerstörungsfreier Prüfungen und Zukunftsaufgaben

unterstützt von

Bau Kompetenz im Dialog – Deutscher Beton- und Bautechnik-Verein E.V. – www.betonverein.de
Bundesministerium für Verkehr und digitale Infrastruktur
bast
DAfStb

15. – 16. Februar 2018, Berlin
mit Geräteausstellung

VORWORT

Kann ich mit Zerstörungsfreier Prüfung im Bauwesen (ZfPBau) eigentlich Geld verdienen? Findet Industrie 4.0 auch in der zerstörungsfreien Prüfung statt?

Die Antworten auf diese Fragen in der ersten Vortragsfolge der Fachtagung werden zeigen, dass die ZfPBau heute kein Exotendasein mehr führt, sondern in der Baupraxis angekommen ist. Dass die ZfPBau mittlerweile auch nicht mehr nur eine Nische besetzt, wird durch die Bandbreite der vorgestellten Anwendungen in der Vortragsfolge „Schiene, Straße und Verkehrsbauwerke" unter Beweis gestellt. Während in der Vergangenheit die möglichst detailgetreue bildgebende Darstellung von kleinen Flächen im Vordergrund stand, geht der Fokus aktuell in Richtung großflächige Datenaufnahme verbunden mit der Verarbeitung großer Datenmengen. Der jahrelangen Aufmerksamkeit für Brückenbauwerke folgt nun die Hinwendung zu Straßen und Bahntrassen einerseits sowie zu Parkbauten andererseits.

Ist das Ziel des „gläsernen Bauwerks" durch den Einsatz der ZfPBau mittlerweile erreicht worden? Die Errungenschaften bei der Darstellung der inneren Konstruktion gehen in die nächste Runde, d. h. es geht um die Frage: Was macht man mit den Ergebnissen? Eine Verwendung von ZfPBau-Ergebnissen in statischen Nachrechnungen liegt nahe. Mit dem LIBS-Verfahren – einer Ergänzung zur klassischen nasschemischen Baustoffanalyse – soll der Weg zur in-situ Materialcharakterisierung und damit zum „gläsernen Baustoff" eingeschlagen werden. Daher wird dem LIBS-Verfahren ergänzend zu einer eigenen Vortragsfolge am Donnerstagvormittag ein extra Workshop gewidmet (gesonderte Anmeldung erforderlich), was den Umfang der erreichten Ergebnisse der letzten Jahre und deren Bedeutung für das Bauwesen hervorhebt.

Die Fachtagung richtet sich damit an alle, die sich über die zerstörungsfreie Bauwerksdiagnose informieren wollen:

- Anwender und Dienstleister auf dem Gebiet der Bauwerksprüfung,
- Planer und Ingenieure, die Prüfverfahren zur Qualitätssicherung und Zustandsermittlung auswählen müssen,
- Bauherren und Verwaltungen, die den kostensparenden Einsatz und qualitätsverbessernden Nutzen von ZfPBau-Verfahren in Erwägung ziehen,
- Anbieter von ZfP-Leistungen für die Erschließung neuer Geschäftsfelder und den Erfahrungsaustausch,
- Studenten und Ingenieure, die ihre Sachkenntnis in einem zukunftsträchtigen Gebiet des Bauingenieurwesens erweitern möchten,
- Gerätehersteller und -entwickler, die innovative Ideen suchen, um ihre Produktpalette nach den neuesten technischen Möglichkeiten zu erweitern.

Die Fachtagung wird durch eine Geräteausstellung begleitet. Die Posterausstellung sowie die Abendveranstaltung am ersten Veranstaltungstag bieten Gelegenheit zu vertiefenden Diskussionen.

Prof. Dr.-Ing. Alexander Taffe
Vorsitzender des
DGZfP-Fachausschusses
ZfP im Bauwesen

Dr.-Ing. Matthias Purschke
Geschäftsführendes
Vorstandsmitglied
der DGZfP

WORKSHOP Donnerstag, 15.02.2018

Anwenderworkshop LIBS – Der Weg zum gläsernen Baustoff

09:00 **LIBS – Neue Wege zur chemischen Analyse von Beton**
G. Wilsch, BAM, Berlin

10:00 **Präsentation in der Versuchshalle der BAM**
Praktische Vorstellung der Messtechnik mit folgenden Schwerpunkten:
Probenvorbereitung, Laborgerät zur Untersuchung von Baustoffproben (FiberLIBSlab), Mobiles LIBS-System (BauLIBS), Kalibrierungs- und Validierungsstrategien, Auswertung und Ergebnisdarstellung, Praktische Beispiele zur Untersuchung von Schädigungsprozessen

Eine gesonderte Anmeldung ist erforderlich.
Die Teilnahmegebühr beträgt 75,00 €.

VORTRÄGE Donnerstag, 15.02.2018

13:00 **Begrüßung**
U. Panne, Präsident der BAM

ZfPBau im Kontext von Industrie 4.0
Sitzungsleitung: A. Taffe, HTW, Berlin

1 13:20 **Vom Problem zur Prüfaufgabe – 10 Jahre ZfPBau in einem Ingenieurbüro**
A. Walther[1]
[1] BauConsulting Dr. Walther, Brandenburg

2 13:40 **Merkblatt Korrosionsmonitoring**
T.F. Mayer[1]
[1] Ingenieurbüro Schießl Gehlen Sodeikat, München

3 14:00 **Intelligente Brücke**
P. Haardt[1]
[1] BASt, Bergisch Gladbach

4 14:20 **Big Data**
D. Hartmann[1]
[1] TU Berlin

5 14:40 **Zustandsbeurteilung von Ingenieurbauwerken mittels statischem und kinematischem Laserscanning**
W. Lienhart[1]
[1] TU Graz, Österreich

15:00 Pause

LIBS – Der Weg zum gläsernen Baustoff
Sitzungsl.: K. Voland, Deutscher Beton- u. Bautechnik-Verein e.V., Berlin

6 15:30 **LIBS – Ein Tool zur Untersuchung der chemischen Zusammensetzung von Beton**
G. Wilsch[1]
[1] BAM, Berlin

7 15:50 **Analyse des Tausalzeintrages in Fahrbahndeckenbetone im Kontext der Alkali-Kieselsäure-Reaktion (AKR)**
F. Weise[1]
[1] BAM, Berlin

8 16:10 **LIBS zur Bestimmung der Eindringtiefe und des Wirkstoffgehaltes einer Tiefenhydrophobierung**
K. Bienert[1]
[1] Specht, Kalleja + Partner, Berlin

9 16:30 **Einsatz des mobilen LIBS zur Qualitätssicherung bei der Instandsetzung**
A. Molkenthin[1]
[1] IPG INGENIEUR- UND PRÜFGESELLSCHAFT, Berlin

VORTRÄGE Donnerstag, 15.02.2018

10 16:50 **Hard- und Software zur Untersuchung der chemischen Zusammensetzung von mineralischen Baustoffen**
C. Bohling[1]
[1] SECOPTA analytics, Teltow

17:10 **Postersession**
anschließend Gerätevorführung in Halle 21 mit Buffet

Freitag, 16.02.2018

Schiene, Straße und Verkehrsbauwerke
Sitzungsleitung: M. Willmes, Implenia Construction, Mannheim

11 09:00 **Schnellfahrende Zustandsuntersuchung von Bahntrassen mit dem Georadar-Verfahren**
J. Wolf[1]
[1] DB Engineering & Consulting, Bremen

12 09:20 **Georadar in Regelwerken und Anwendung im Straßenwesen**
C. Podolski[1], D. Jansen[1]
[1] BASt, Bergisch Gladbach

13 09:40 **Zustandserfassung von Parkbauten mit ZfP-Verfahren bei Ausführung von kathodischem Korrosionsschutz (KKS)**
H. Iven[1]
[1] BBV Systems, Bobenheim-Roxheim

14 10:00 **Dickenmessung mit dem Impakt-Echo-Verfahren – meist zügig, manchmal überraschend**
M. Schickert[1]
[1] MFPA Weimar

15 10:20 **Herausforderungen beim Nachweis der Betondeckung an Ingenieurbauwerken am Beispiel der Neubaustrecke Stuttgart-Ulm**
C. Lohse[1]
[1] Bewehrungsnachweis & -analyse, Augustusburg

10:40 Pause

Neue Entwicklungen
Sitzungsleitung: M. Friese, BASt, Bergisch Gladbach

16 11:10 **LAUS – Erste praktische Erfahrungen mit einem neuartigen Ultraschallsystem großer Eindringtiefe**
E. Niederleithinger[1]
[1] BAM, Berlin

Allgemeine Geschäftsbedingungen für Teilnehmer an Veranstaltungen der Deutschen Gesellschaft für Zerstörungsfreie Prüfung (DGZfP) e. V.

1. Zustandekommen des Vertrags, Zulassung

Maßgebend für das Rechtsverhältnis zwischen dem Teilnehmer einer Veranstaltung und der Deutschen Gesellschaft für Zerstörungsfreie Prüfung e. V. (im folgenden „DGZfP" genannt) sind die nachfolgenden Allgemeinen Bedingungen in Verbindung mit dem Anmelde-formular.
Die Anmeldung ist vom Teilnehmer schriftlich per Online-Formular, E-Mail, Telefax oder Brief an die DGZfP zu senden. Sie ist ein verbindliches Vertragsangebot, an das der Teilnehmer bis zur Zulassung oder Absage durch die DGZfP gebunden ist. Der Vertrag kommt zustande durch Übersendung der Anmeldebestätigung durch die DGZfP. Davon ausgenommen sind Anmeldungen, die persönlich auf der Veranstaltung erfolgen. Die Anmeldung gilt mit der Entgegennahme durch einen Mitarbeiter als Vertrag. Es bedarf keiner schriftlichen Bestätigung. Ein Rechtsanspruch auf Zulassung besteht nicht.

2. Zahlungsbedingungen

Die Teilnahmegebühr wird nach Rechnungsstellung durch die DGZfP in einem Betrag fällig. Der Versand der Rechnungen erfolgt mit der Anmeldebestätigung per E-Mail. Die Rechnungen sind innerhalb der genannten Zahlungsfrist ohne Abzug zu bezahlen. Die Teilnahme an einer Veranstaltung ist nur nach erfolgter vorheriger Zahlung des Rechnungsbetrages möglich. Die Tickets zur Inanspruchnahme der Leistungen erhält der Teilnehmer vor Ort.

3. Stornierung

Jede bestätigte Anmeldung ist verbindlich. Ein Rücktritt ist bis zu 6 Wochen vor Veranstaltungsbeginn unter Anrechnung von 50% der Tagungsgebühr möglich. Danach wird die volle Teilnahmegebühr fällig. Buchungen sind übertragbar. Stornierungen und Umbuchungen sind schriftlich bei der DGZfP anzuzeigen.

4. Zusatzbuchungen

Für Zusatzbuchungen (Ausflüge, zusätzliche Karten für Abendveranstaltungen, Tickets für Begleitpersonen etc.) gelten abweichende Stornierungsbedingungen.
Zusatzbuchungen sind bis 8 Wochen vor Tagungsbeginn, unter Abzug einer Bearbeitungsgebühr in Höhe von 10 % des jeweiligen Ticketpreises, stornierbar. Stornierungen nach dieser Frist sind nicht erstattbar.
Ausflüge können von Seiten des Veranstalters bis Tagungsbeginn abgesagt werden, sofern die erforderliche Mindestteilnehmerzahl nicht erreicht wurde. In diesem Fall erfolgt die Erstattung der Tickets nach der Veranstaltung.

5. Verschiebung und Absage von Veranstaltungen

Die DGZfP ist berechtigt, Veranstaltungen aus wichtigem Grund abzusagen oder zeitlich zu verlegen, insbesondere bei unzureichender Teilnehmerzahl oder Absage bzw. Erkrankung der Referenten. Die Teilnehmer werden hiervon umgehend schriftlich oder per E-Mail in Kenntnis gesetzt. Bereits gezahlte Gebühren werden zur Teilnahme an anderen Veranstaltungen gutgeschrieben oder zurückerstattet. Ein weiterer Schadensersatzanspruch besteht nicht, außer in Fällen von Vorsatz und grober Fahrlässigkeit. Die DGZfP behält sich vor, gleichwertige

General Terms and Conditions for Participants in Events of Deutsche Gesellschaft für Zerstörungsfreie Prüfung (DGZfP) e. V.

1. Entry Into Effect of the Agreement, Acceptance

The decisive factor for the legal relationship between the participant of any event and Deutsche Gesellschaft für Zerstörungsfreie Prüfung e. V. (hereinafter referred to as "DGZfP") shall be the following General Terms and Conditions in connection with the registration form.
The registration shall be sent by the participant in writing to DGZfP by online form, e-mail, telefax or letter. It shall be regarded as a binding contractual offer, to which the participant shall be bound until its acceptance or rejection by DGZfP. The agreement shall enter into effect by sending of the registration confirmation by DGZfP.
This shall not apply to any registrations effected personally at the event. The registration shall be considered as an agreement once it has been received by any employee. Any written confirmation shall not be required. Any legal entitlement to any acceptance shall not exist.

2. Terms of Payment

The participation fee shall become due in one single amount following invoicing by DGZfP. The invoice will be sent by e-mail together with the confirmation of registration. The invoices shall be paid within the specified payment term without deduction. The participation in any event shall be possible only after prior successful payment of the invoice amount. The tickets for access and use of services will be handed out to the participant on-site.

3. Withdrawal

Any registration confirmed shall be binding. Withdrawal shall be possible up to six (6) weeks prior to the start of the event, subject to a charge of 50% of the meeting fee. Thereafter, the full participation fee shall become due. Bookings shall be transferable. Any withdrawals and rebookings shall be communicated to DGZfP in writing.

4. Additional Bookings

Any additional bookings (trips, additional tickets for evening events, tickets for accompanying persons, etc.) shall be subject to deviating withdrawal terms.
Any additional bookings may be reversed up to eight (8) weeks prior to the start of the meeting under deduction of a handling charge in the amount of 10% of the respective ticket price.
Any withdrawals made after this deadline shall be non-refundable.
Trips may be cancelled on the part of the event organiser up to the start of the meeting, provided that the required minimum number of participants has not been reached. In this case, the tickets shall be reimbursed after the event.

5. Postponement and Cancellation of Events

DGZfP shall be entitled to cancel or postpone the date of any events for good cause, in particular in case of any insufficient number of participants or cancellation and/or illness of the speakers. This shall be communicated to the participants without undue delay in writing or by e-mail. Any fees already paid shall be credited for participation in any other events or reimbursed. Any further claim for compensation for damages shall not exist, except for cases of intent or gross negligence. DGZfP reserves the right to provide equivalent replacement speakers. In this

Ersatzreferenten zu stellen. In diesem Fall besteht kein Anspruch auf Rückerstattung der Veranstaltungsgebühren.

6. Urheberrecht und Nutzungsrechte

Gemäß § 2 ff. Urheberrechtsgesetz sind Veranstaltungsunterlagen und Software urheberrechtlich geschützt. Alle Rechte, auch die der Übersetzung, des Nachdrucks und der Vervielfältigung dieser Unterlagen oder von Teilen daraus liegen bei der DGZfP oder deren Partnern.
Die Urheberrechte zu den einzelnen Beiträgen im Berichtsband obliegen den jeweiligen Urhebern. Jeder Beitrag ist mit eigenen verbindlichen Nutzungsrechten gekennzeichnet.

7. Haftung

Die DGZfP haftet nur für von ihren Mitarbeitern vorsätzlich oder grob fahrlässig verursachten Schäden. Im Übrigen ist eine weitergehende Haftung durch die DGZfP ausgeschlossen.
Die DGZfP haftet nicht für Schäden infolge fehlerhafter Inhalte der Vorträge und Unterlagen der Referenten von DGZfP-Veranstaltungen.

8. Datenschutz

Die DGZfP schützt die personenbezogenen Daten des Teilnehmers und trifft alle erforderlichen Maßnahmen für dessen Sicherheit. Die Daten werden von der DGZfP unter Beachtung der Vorschriften des Bundesdatenschutzgesetzes (BDSG), des Telemediengesetzes (TMG) sowie weiterer einschlägiger Datenschutzvorschriften zur Abwicklung, Betreuung und Auswertung der angebotenen Veranstaltungen und zum Zwecke der Optimierung des Veranstaltungsangebotes erhoben und verwendet. Der Teilnehmer kann die Nutzung seiner Daten für Zwecke der Information jederzeit schriftlich unter Angabe der vollständigen Adresse und der betreffenden Veranstaltung gegenüber der Deutschen Gesellschaft für Zerstörungsfreie Prüfung e. V. Bereich Tagungen, Max-Planck-Straße 6, 12489 Berlin, E-Mail: tagungen@dgzfp.de widerrufen oder Adressänderungen vornehmen lassen.

9. Film- und Fotorechte

Die DGZfP ist berechtigt, Fotografien, Film- und Tonaufnahmen von der Veranstaltung und den Teilnehmern anfertigen zu lassen und für Werbung oder Presseveröffentlichungen unentgeltlich zu verwenden, ohne dass es der Zustimmung der Teilnehmer bedarf.

10. Schlussbestimmungen

Mündliche Vereinbarungen gelten nur bei schriftlicher Bestätigung durch die DGZfP.
Als Erfüllungsort und Gerichtsstand wird Berlin vereinbart. Sollten einzelne Bestimmungen des Vertrages ganz oder teilweise unwirksam sein, oder sollte der Vertrag eine Lücke enthalten, bleibt die Wirksamkeit der übrigen Bestimmungen oder Teile solcher Bestimmungen unberührt. Anstelle der unwirksamen oder fehlenden Bestimmungen treten die jeweiligen gesetzlichen Regelungen.

case, any claim for reimbursement of the event fees shall not exist.

6. Copyright and Rights of Use

In accordance with Sections 2 et seqq. German Copyright Act (Urheberrechtsgesetz), any event documentation and software shall be protected by copyright. Any rights, including rights of translation, reprint and reproduction of such documents or parts thereof, shall be reserved by DGZfP or its partners.
The copyrights regarding the individual contributions in the report volume shall be reserved by the respective authors. Every contribution shall be marked with one's own binding rights of use.

7. Liability

DGZfP shall only be liable for any damage caused by its employees through intent or gross negligence. Apart from that, any further liability on the part of DGZfP shall be excluded.
DGZfP shall not be liable for any damage resulting from any incorrect contents of the presentations and documents of the speakers of DGZfP events.

8. Data Protection

DGZfP shall protect the personal data of the participant and shall take any measures required for the participant's safety. The data will be collected and utilised by DGZfP in compliance with the provisions of the German Federal Data Protection Act (Bundesdatenschutzgesetz, BDSG), the German Telemedia Act (Telemediengesetz, TMG) as well as any further relevant data protection regulations regarding the management, support and evaluation of the offered events and for the purpose of optimising the range of events offered. The participant may revoke any use of his or her data for information purposes or have any address-related modifications be made at any time in writing, communicating to Deutsche Gesellschaft für Zerstörungsfreie Prüfung e. V., Bereich Tagungen, Max-Planck-Straße 6, 12489 Berlin, Germany, e-mail: tagungen@dgzfp.de the full address and the event concerned.

9. Film and Photographic Rights

DGZfP shall be entitled to have photographs, film and sound recordings made of the event and of the participants and to use them for advertisement or press releases free of charge, without this requiring any approval on the part of the participants.

10. Final Provisions

Any oral arrangements shall apply only in case that they are confirmed in writing by DGZfP. The agreed place of fulfilment and place of jurisdiction shall be Berlin.
If individual provisions of the agreement are ineffective either in whole or in part or if the agreement contains any loophole, this shall not affect the effectiveness of the remaining provisions or parts of such provisions. The ineffective or missing provisions shall be replaced by the respective statutory regulations.

Vom Problem zur Prüfaufgabe – 10 Jahre ZfPBau in einem Ingenieurbüro

Andrei WALTHER
BauConsulting GmbH, Brandenburg

Kontakt E-Mail: Walther@bauconsulting.com

Kurzfassung. [Die zerstörungsfreie Prüfung im Bauwesen ist seit Jahrzehnten Gegenstand der Forschung. Bereits 30 Jahre existiert der Fachausschuss ZfPBau der DGZfP. Die Mitglieder setzen sich seit Anbeginn aus Gruppen bestehend aus Wissenschaftlern, Grundlagenforschern, Produktherstellern und Anwendern zusammen. Zunehmend kommen mehr und mehr Anwender sowie Hersteller der Geräte hinzu. Dieses liegt insbesondere im Zeitalter der Digitalisierung (Industrie 4.0) begründet. Auch im Bauwesen sind Informationen sowie Daten über Strukturen immer wichtiger. Die genormte Prüfung von Bauten des Bundesfernstraßennetzes sowie die per Richtlinie aufgezeigt Untersuchung von Hochbauten ist vorgegeben. Die Daten werden gesammelt und teilweise veröffentlicht. Auf Grund der Alterung von Brücken aus der Wiederaufbau- und Erweiterungsphase (50-iger / 60-iger Jahre) erfolgt bei vielen dieser Brücken die Nachrechnung nach Richtlinie. Informationen zu realen Geometrie sowie tatsächlichen Materialeigenschaften müssen dazu ermittelt werden. Die Problemstellungen sind dabei vielfältig und können bereits jetzt von spezialisierten Büros in einem Prüfprogramm umgesetzt werden. Hinzu kommen objektbezogene Schadensanalysen. Diese Informationen werden digitalisiert. Der Masterplan Bauen 4.0 sieht vor, dass diese Daten in einer BIM-Cloud bereitzustellen sind. Das Paper soll aufzeigen das wirtschaftlich im Bereich ZfPBau gearbeitet werden kann und zukünftig verstärkt auf die Personenqualifikation eingegangen werden muss. Denn der Masterplan Bauen 4.0 ist eine Herausforderung, die zum einen das digitale Planen und zum anderen die Digitalisierung der Plandokumentation der Bestandsstrukturen fordert.]

1. Einführung

Die Prüfung von Bauten auf Schäden sowie Inhomogenitäten ist seit jeher eine Aufgabe die verschiedene Berufsgruppen durchführten.
So ist in einem 1735 erschienen Buch von Karl Christian Schramm über Brücken zu lesen, dass "Zu Einnehmung des Brückengeldes und Zolls ein Brückenmeister bestätigt war, welcher zugleich mit die Brücke in Obsicht hatte" [1]. In Städten und Gemeinden existierte die Stelle des Bauinspektors. Dieser hatte, historisch gesehen, zur Aufgabe die Ausführung von Bauten nach Maßgabe des Baumeisters oder Baudirektors zu kontrollieren.

Abb. 1: Holzbrücke Bad Säckingen (Ursprung 1270) mit Zoll- und Wohnhaus des Brückenmeister am linken Bildrand

Außerdem war es die Pflicht des Bauinspektors, in gewissen Zwischenräumen städtische Gebäude und andere zu inspizieren [2]. Dazu gehörten auch Brücken, die nicht zollrechtlich in der Obhut des Brückenmeisters lagen. Diese Beamtenstellen der Brückenmeister sowie Bauinspektoren wurde über Jahrhunderte so aufgestellt.
Diese Personen prüften aus den Erfahrungen im Umgang mit den verwendeten Materialien. Eine tatsächlich wissenschaftlich begründete Prüfung von Materialien fand erstmalig durch Leonardo da Vinci sowie Galileo Galilei statt. So stellte Galilei Versuchsreihen zur Biegung des Holzes in Abhängigkeit von der Holzart, der Länge und der Dicke des Balkens auf (Abb. 2.). Daraus bildete er sich ein Erklärungsmodell, welches über Jahrhunderte Bestand hatte. Leonardo da Vinci beschrieb die Prüfung der Festigkeit von Draht und hat eine solche Prüfvorrichtung dokumentiert (Abb. 3).

Abb. 2: Untersuchung der Belastbarkeit von Holz, aus Galilei, Discorsi 1638

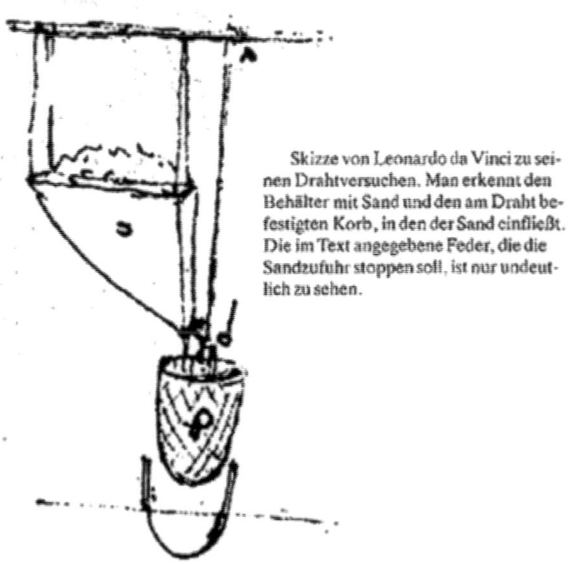

Abb. 3: Versuchsanordnung Leonardo da Vincis zur Bestimmung der Zugfestigkeit von Draht, nach Krankenhagen u. Laube, 1983

Im Zuge der Industrialisierung des 20. Jahrhunderts nahm die Bautätigkeit zu und auch die Vielfalt der eingesetzten Materialien wurde erhöht. Schadensfälle führten zur Gründung von Materialprüfungsämtern. Die Gedanken zur Normung, unter anderem mit dem Ziel der einheitlichen Prüfung von Materialien und Bauten fanden immer mehr Bedeutung. Verkehrsbauwerke sowie deren Belastung nahmen stetig zu. Die Qualität der Ausführung insbesondere eiserner Konstruktion war in den Anfangsjahren des industriellen Bauens nicht befriedigend. Bereits 1930 sahen sich daher die damaligen Baulastträger veranlasst, eine Norm herauszugeben, in der die Qualifikation des Bauwerksprüfpersonals sowie die Prüfzyklen und der Umfang der Prüfungen eindeutig geregelt wurden. Sie erschien zunächst als DIN 1076 „Richtlinie für die Überwachung und Prüfung eiserner Straßenbrücken". Auf dieser Richtlinie aufbauend werden auch noch aktuell alle Brücken in Deutschland geprüft und überwacht. Durch einen Einsturz einer Hallenkonstruktion im Jahre 2006 wurde auch die Strategie zur Überprüfung von Hochbauten einheitlich geregelt. Seit 2008 existiert die Richtlinie für die Überwachung der Verkehrssicherheit von baulichen Anlagen des Bundes (RÜV) sowie seit 2010 die Richtlinie zur Standsicherheit von Bauwerken; Regelmäßige Überprüfung (VDI 6200).
Diese Prüfungen obliegen Brückenprüfern und sachkundige Planern. Das Ingenieurgebiet der Bauwerksdiagnose ist diesen Personenkreisen bekannt und teilweise von diesen anwendbar. Bei Speziellen Problemstellungen, wie zum Beispiel Spannungsrisskorrosion, sind vertiefte Kenntnisse notwendig. Dienstleister im Bereich der Bauwerksdiagnose können diese Prüfaufgaben lösen. Im Folgenden wird Einblick in das Feld der Bauwerksdiagnose mit dem Auge des Ingenieurdienstleisters gegeben.

2. Problem vs. Prüfaufgabe

Die Bauwerksprüfung ist normentechnisch in der DIN 1076 für Straßenbrücken geregelt. Eine normierte Prüfung im Hochbau existiert nicht sondern wird über Richtlinien durchgeführt (RÜV, VDI 6200). Allerdings wird in allen Bereichen des Bauingenieurwesens unter der Prüfung die Hand nahe visuelle Untersuchung einer fachlich ausgebildeten Person verstanden.

Eine tatsächliche Prüfaufgabe entsteht bei der Einschätzung dieser Person, dass eine detaillierte Analyse für bestimmte Bereiche des geprüften Bauteils durchgeführt werden muss. Dieses erfolgt, wenn ein Schaden nur teilweise erkannt wird, oder der Schaden ein Ausmaß erreicht, dass der Prüfer die tatsächliche Bauwerkssicherheit nicht einschätzen kann. Dabei handelt es sich um die objektbezogene Schadensanalyse.

Unter zur Hilfenahme der Schadensanalyse werden Aussagen über eine rechtzeitige und damit wirtschaftliche Instandsetzung möglich. Von der kontinuierlichen und gleichartigen Zustandserfassung der Bauwerke wird erwartet, dass bei Vorlage entsprechenden Datenmaterials und dessen Auswertung auf die Nutzungsdauer von Bauwerken geschlossen werden kann. Darüber hinaus werden durch die dann abschätzbare Restnutzungsdauer genauere Wirtschaftlichkeitsüberlegungen zur Instandsetzungs- oder Erneuerungsplanung möglich. Bauwerksprüfung und Zustandsbewertung sind somit wichtige Bausteine des Bauwerksmanagementsystems (Abb. 4).

Abb. 4: Ablaufschema im Rahmen des Bauwerksmanagements (BASt 2008)

Die tatsächliche Prüfaufgabe bildet daher die Untersuchung einer Problemstellung (Schaden, Verdachtsstelle, etc.) mit Messinstrumenten vor Ort oder im Labor.
Diese Aufgabe ist aktuell nicht normentechnisch erfasst und die Qualität der Messung wird durch den Baudiagnostiker und dessen Qualifikation bestimmt.

3. Beispiele

3.1. Objektbezogene Schadensanalyse

Wie im Bauwerksmanagementsystem der BASt vorgegeben wird bei der normierten Brückenprüfung eine Hand nahe Untersuchung der Bauteile durch einen Brückenprüfingenieur durchgeführt. Sollte bei dieser Prüfung Unklarheiten bezüglich Schäden oder Schadensfolgen vorhanden sein so ist eine objektbezogene Schadensanalyse durchzuführen. In dem nun folgenden Fall handelte es sich um eine Spannbetonbrücke deren Zustandsnote bereits einen schlechten Zustand attestierte (siehe Abb. 5).

Zustandsnote: 3,5

Abb. 5: Prüfnote nach DIN 1076 einer Spannbetonbrücke Baujahr 1970

In diesem Prüfbericht wurde bereits als Empfehlung eine Zusatzuntersuchung ausgesprochen. Dabei handelte es sich um Sondergutachten bezüglich Chloriduntersuchung sowie Eigenschaften des Spannstahls.
Die Objektbezogene Schadensanalyse erfolgte im Anschluss in Teilbereichen der Brücke. Dabei wurde der Spannstahl auf Brüche sowie Spannungsrisskorrosion untersucht. Eingesetzt wurden dabei das Verfahren der Streufeldmessung [7] sowie endoskopische Untersuchungen (Abb. 6).

Abb. 6: Streufeldmessung (links) sowie ermittelter Spannstahlbruch infolge Chlorideinwirkung (rechts)

3.2. Prüfaufgaben im Rahmen der Umnutzung/Modernisierung von Gebäuden

Das Bauen im Bestand gewinnt immer mehr an Bedeutung. Häufig sind dabei vorhandene Konstruktionen die umgenutzt oder Gebäude die teilweise entkernt und erweitert werden. Die tatsächliche Art der verbauten Materialien ist dabei nur noch teilweise dokumentiert oder vorhandene Eigenschaften der Bauteile sowie Baustoffe werden erneut ermittelt. Dafür eignen sich teilweise auch zerstörungsfreie Prüfverfahren.
Das folgende Beispiel zeigt die Nutzung der zerstörungsfreien Radaruntersuchung zur Identifizierung von Hohlbereichen/ Luftschächten in Mauerwerkswänden. Der Zwinger in Dresden (Abb. 7) wird seit ca. 2006 umfangreich modernisiert und teilweise werden Bauteile verstärkt. Zur tatsächlichen Feststellung der Lage von Luftschächten wurden mehrjährig Untersuchungen durchgeführt.
Dabei wurde mit elektromagnetischen Wellen die Mauerwerksstruktur untersucht. Schächte wurden in Plänen markiert und dem Tragwerksplaner übergeben. An Hand der Ergebnisse dieser Untersuchungen konnte zusätzlich eine wertvolle Information zur monolithischen Ausbildung des Mauerwerks geliefert werden.

Abb. 7: Zwinger Dresden (links) sowie Radaruntersuchungen auf oberflächennahe Lüftungsschächte (rechts)

In der Praxis ist häufig anzutreffen, dass Umbaumaßnahmen ohne Wissen zur tatsächlichen Materialbeschaffenheit begonnen werden. Das Problem, nämlich unzureichendes Informationen zu den tatsächlich verbauten Materialien, ergibt sich meist erst bei der Ausführung der Arbeiten. So auch bei dem folgenden Beispiel.
Dabei handelt es sich um den Umbau eines Büro- und Einkaufskomplexes in Berlin. Im Zuge der Umbaumaßnahmen wurde festgestellt, dass eine Stütze des Bauwerks minderfeste Betone aufwies (Abb. 8). Als Folge wurde durch den Prüfstatiker die Nutzungsfreigabe des Gesamtbauwerkes verwehrt. Für die BauConsulting Mitarbeiter war hier die Problemstellung zu lösen, einen Nachweis der Festigkeit aller Stützen des Gebäudes zu erbringen und Stützen mit Minderfestigkeiten zu katalogisieren.
Zur Abschätzung der Festigkeit nach DIN EN 13791 wurde ein Prüfprogramm aufgestellt, dass die Bohrkernentnahme und Labordruckfestigkeitsprüfung sowie die zerstörungsfreie Prüfung mit Rückprallhammer nach DIN EN 12504-2 an mehreren Stützen vorsah. An Hand der ermittelten Korrelation zwischen Rückprallwerten und Bohrkernfestigkeiten wurden alle Stützen des Gebäudes zerstörungsfrei untersucht. Das Ergebnis war die Eingrenzung von mehreren minderfesten Stützen sowie deren nachfolgende Verstärkung.

Abb. 8: Minderfeste Stützen (links) sowie zerstörungsfreie Untersuchung an Stützen (rechts)

3.3. Prüfaufgaben im Rahmen von Unterhaltungsmaßnahmen an Bestandsbauten

Die gebaute Infrastruktur ist zu einem erheblichen Anteil für eine Lebensdauer von mehr als 80 Jahren ausgelegt. Im Zuge der Lebenszeit der Bauwerke wird im Rahmen der Modernisierung von TGA oder Elektroleitungen in gewissen Abständen Maßnahmen erforderlich, die neu zu erstellende Wanddurchführungen beinhalten. Ein im alltäglichen kleines Problem.

So bald allerdings Bauteile von Lastträgern der öffentlichen Hand betroffen sind, ist hier besondere Sorgfalt zu wahren. Im Bereich der Berliner Verkehrsbetriebe (BVG) ist muss daher seit einigen Jahren jede Kernbohrung in Bestandsbauteilen von der Prüfabteilung der BVG genehmigt werden. Diese schreibt wiederum vor, dass vor Erstellung der Bohrung die Bewehrung zerstörungsfrei geortet und lokal gekennzeichnet werden muss (Abb. 9).

Abb. 9: Ermittlung der Bewehrungslage vor Kernbohrung im Rahmen der Bestandsanalyse von Hintergleiswänden eines U-Bahnhofes

4. Ausblick

Die Beispiele in Kapitel 3 sollten aufzeigen, dass von der objektbezogenen Schadensanalyse bin hin zur einfachen „Freimessung" von Bestandsbauteilen Probleme im Bauwesen durch zerstörungsfreie Prüfung und erfahrene Baudiagnostiker gelöst werden können. Zukünftig sind in drei Gebiete durch die breite Fachöffentlichkeit Entwicklungen durchzuführen:

1. Ausbildung von Fachkräfte
2. Weiterentwicklung der Technik
3. Organisation der Daten

4.1. Ausbildung

Zur Sicherung der Qualität in der zerstörungsfreien Prüfung bei immer höherer Nachfrage an Leistungen werden Fachkräfte benötigt. Dazu müssen bereits in der Ausbildung im Bauingenieurwesen gezielt Themen der Diagnose integriert sein. Prof. Große hat bereits zur Bauwerksdiagnose 2012 die Möglichkeit aufgezeigt, welche Vorlesungsbestandteile notwendig wären. Teilweise ist im bundesdeutschen Schnitt Bauen im Bestand und somit die Bauwerksanalyse ein Bestandteil des Studiums. Eine Erweiterung zur Vertiefung auf physikalischen und messtechnischen Grundlagen wäre hier wünschenswert. In der Ausbildung des Brückenprüfers ist das Modul der ZfPBau Bestandteil der Weiterbildung. Ein aktueller Kenntnisstand wird hier vermittelt. Allerdings beschränkt sich dieses auf die Präsentation.
Eine tatsächliche Ausbildung oder Qualifikation zu einem Baudiagnostiker findet nicht statt. Das integrieren der Ausbildung in die Personalzertifizierung nach DIN EN ISO 9712 und den Richtlinien der DGZfP sollte diskutiert werden. Hierbei ist allerdings die Überlegung, wie eine Stufenzertifizierung durchgeführt werden kann.

Möglicherweise sollte ähnlich den Richtlinien des VDI 6050 „Weiterbildung von Fachleuten" vorgegangen werden.
Zusätzlich zur Personenzertifizierung muss ebenso das methodisch richtige Vorgehen während der zerstörungsfreien Prüfung quantifizierbar sein. Erste Erfolge zur Entwicklung von Prüfprozeduren für zerstörungsfreie Prüfung im Bauwesen sind im Unterausschuss „Qualitätssicherung" im FA ZfP im Bauwesen zu verzeichnen. Die Mitglieder aus allen Bereichen der Wirtschaft, Forschung und Bildung diskutieren hierbei Möglichkeiten der Verbesserung der Prüfaussage bezüglich angewendeter Verfahren.

4.2. Technik

Die zerstörungsfreien Prüfmethoden im Bauwesen sind in ständiger Verbesserung. ZfP Ergebnisse werden in immer kürzerer Zeit anwenderfreundlich präsentiert.
So musste z. Bsp. noch vor zehn Jahren für die Rückprallhammerprüfung mehr als seine Stunde für mehrere Prüffelder aufgewendet werden. Dieses ist nun durch modernere Technik auf ein Viertel der damaligen Zeitaufwendung geschrumpft. Bei weiteren Verfahren hat die Digitalisierung noch zu erfolgen. Zusätzlich ist im Rahmen des Bauens 4.0 die ortsgenaue Datenerfassung von größtem Interesse. Daran arbeiten die Hersteller verschiedenster Geräte im Bauwesen.

4.3. Organisation der Daten

Es werden in nicht mehr als 5 Jahren alle Bauwerke des Bundes auf Basis von Building Information Modeling digital geplant und auch erstellt. Diese Modelle eignen sich auch für die Integration von Daten aus der Diagnose sowie Schadensanalyse. Bestandsbauten werden in immer größerem Maße digital planerisch dokumentiert.
Zukünftig sollten Messungen an Bauwerken ortsnah mit digitalen Modellen verbindbar sein und so eine gezieltere Auswertung möglich werden. Sei es das innere Gefüge von Bauteilen oder die sofortige Bereitstellung von Informationen zur Geometrie, Festigkeit oder auch Schadstellen immer mehr werden Bauwerke erlebbar und auch einschätzbar.
Im Masterplan Bauen 4.0 wurde festgeschrieben, dass bereits in wenigen Jahren die Verfügbarkeit von Daten zu Eigenschaften und Materialien eines Bauwerks in einer BIM-Cloud gespeichert und abrufbar sein sollen. Dieses wird ein Arbeitsgebiet von enormer Tragweite für das Bauingenieurwesen sein (siehe Abb. 10).

Abb. 10: Cloudbasierte Speicherung von Daten eines Bauwerks (Fa. Tectus Dreamlab) [6]

5. Fazit

Prüfaufgaben in der zerstörungsfreien Prüfung im Bauwesen existieren in der Praxis und können bereits jetzt auf einem hohen Niveau durch Fachkräfte gelöst werden. Im Zuge der weiteren Vereinheitlichung der Überprüfung von Bauwerken nicht nur durch Normung (DIN 1076) sondern auch durch Richtlinien im Hochbau (RÜV, VDI 6200) sind zusätzliche Aufgabengebiete des Bauingenieurwesens vorhanden. Es werden sachkundige Brückenprüfer und auch Planer sowie daran anschließend sachkundige Baudiagnostiker benötigt. Teilweise sind Ausbildungsgebiete in der Hochschulausbildung sowie Weiterbildung von Ingenieuren vorhanden.

Eine gezielte Ausbildung mit Personalzertifizierung sowie das Vorhandensein von Prüfprozeduren zur einheitlichen Anwendung der Verfahren werden zukünftige Aufgaben in den Fachkreisen sein. Im nächsten Jahrzehnt wird das Bauwesen vollständig digitalisiert. Der Masterplan Bauen 4.0 gibt vor, dass Daten cloudbasiert zur Verfügung gestellt werden. Die Einbindung von Bestandbauten sowie deren Prüfdaten inkl. Ergebnisse aus objektbezogenen Schadensanalysen sind Herausforderungen die Bauingenieure zukünftig in der zerstörungsfreien Prüfung zu leisten haben.

Literatur

[1] Schramm, K.Ch. „Historischer Schauplatz, in welchem die merkwürdigsten Brücken.. vorgestellt und beschrieben werden“ Leipzig 1735

[2] Bornhak, C. „Geschichte des Preußischen Verwaltungsrechts“, Springer Verlag 1885

[3] Richtlinie für die Überwachung der Verkehrssicherheit von baulichen Anlagen des Bundes, 2008

[4] Richtlinie VDI 6200 "Standsicherheit von Bauwerken; Regelmäßige Überprüfung", VDI 2010

[5] DIN 1076 „Ingenieurbauwerke im Zuge von Straßen und Wegen - Überwachung und Prüfung” 1999

[6] Poser, M., Screening Eagle - revolutionising asset inspection and management, linkedin 2017

[7] Walther A., Wilcke M., Brossmann N.; „Zerstörungsfreies Untersuchen von Spannbetonbauteilen“, Der Bausachverständige 13, 6, Fraunhofer IRB 2017

Merkblatt Korrosionsmonitoring

Till Felix MAYER [1]
[1] Ingenieurbüro Schießl Gehlen Sodeikat GmbH, München
Kontakt E-Mail: mayer@ib-schiessl.de

Kurzfassung. Korrosionsmonitoring stellt in vielen Fällen eine wichtige und sinnvolle Ergänzung zu herkömmlichen Zustandserfassungen von Stahlbetonbauwerken dar. Allerdings existieren bis dato zu diesem Themenkomplex nahezu keine Richtlinien oder Handlungsempfehlungen. Das DGZfP-Merkblatt „Korrosionsmonitoring", das voraussichtlich 2108 erscheint, will diese Lücke schließen. Im folgenden Beitrag wird das Merkblatt kurz vorgestellt und die Anwendung von Korrosionsmonitoring anhand von zwei Praxisbeispielen erläutert.

1. Einführung

Zerstörungsfreie Prüfverfahren bieten heute weitreichende Möglichkeiten zur Zustandserfassung und Dauerhaftigkeitsbewertung von Stahlbetonbauwerken. Allerdings gibt es speziell bei der Bewertung der Korrosionsgefährdung zahlreiche Anwendungsfälle, bei denen diese Verfahren unverändert an ihre Grenzen stoßen. Bei vielen dieser Anwendungsfälle kann Korrosionsmonitoring als sinnvolle Ergänzung zu den herkömmlichen Bauwerksuntersuchungen angewandt werden. Dabei bezeichnet der Begriff „Korrosionsmonitoring" im Folgenden Verfahren, bei denen an ortsfesten Sensoren über einen langen Zeitraum kontinuierlich bzw. zyklisch Messungen zur Bewertung des Korrosionszustands durchgeführt werden, wohingegen unter „Bauwerksuntersuchungen" singuläre, flächige Untersuchungen mit ortsveränderlichen Sensoren verstanden werden.

2. Korrosionsmonitoring - Anwendungsgebiete

Typische Anwendungsfälle für Korrosionsmonitoring sind Bauteile, die nach Fertigstellung nicht mehr oder nur noch mit einem unverhältnismäßig großen Aufwand zugänglich sind (z.B. Gründungen, Schlitzwände, Brückenpfeiler oder Tunnelaußenseiten in chloridhaltiger Umgebung). In diesen Fällen werden Sensoren i.d.R. bereits während der Baumaßnahme installiert. Aber auch bei zugänglichen Oberflächen kann in Abhängigkeit von den Randbedingungen Korrosionsmonitoring eine sinnvolle Ergänzung zu den bekannten Bauwerksuntersuchungen darstellen. Dies gilt z.B. bei beschichteten Oberflächen, an denen eine Potentialfeldmessung nicht möglich ist. Darüber hinaus kann Korrosionsmonitoring einen wesentlichen Beitrag zu einem proaktiven Bauwerksmanagement liefern, da es - anders als die Potentialfeldmessung - einen kritischen Chlorideintrag bereits vor Erreichen der Bewehrungsoberfläche anzeigt und damit dem Bauwerksbetreiber eine langfristige Planung von Interventionsmaßnahmen wie z.B. Beschichtungen zum Unterbinden einer weiteren Chloridzufuhr ermöglicht. Daneben wird Korrosionsmonitoring zur Überwachung des Korrosionsfortschritts an korrodierenden Systemen z.B. zum Nachweis des Instandsetzungserfolgs bei Anwendung des Prinzips W-Cl nach der Instandsetzungsrichtlinie des DAfStb [1] eingesetzt. Im Kontext der aktuellen Diskussion um den richtigen Umgang mit Rissen in befahrenen Parkdecks, die nur über einen kurzen Zeitraum mit Chloriden beaufschlagt wurden, ist davon auszugehen, dass Korrosionsmonitoring speziell in diesem Bereich zukünftig deutlich an Bedeutung gewinnen wird.

3. Das DGZfP-Merkblatt „Korrosionsmonitoring"

3.1 Ausgangssituation

Zu den meisten zerstörungsfreien Prüfverfahren, die im Rahmen von Bauwerksuntersuchungen angewandt werden (z.B. Potentialfeldmessung, Betondeckungsmessung), existieren heute umfangreiche Richtlinien und Merkblätter, die sowohl die Durchführung der Prüfungen regeln als auch für den planenden Ingenieur und den Ausführenden mögliche Anwendungsgebiete und Anwendungsgrenzen beschreiben und damit Missverständnissen vorbeugen. Im Merkblatt B 3 [2] der Deutschen Gesellschaft für zerstörungsfreie Prüfung DGZfP zur Potentialfeldmessung werden darüber hinaus auch Empfehlungen zur Ausschreibung der Messungen gegeben sowie Anforderungen an begleitende Untersuchungen definiert und somit ein wesentlicher Beitrag zur Etablierung eines einheitlichen Standards geleistet.

Im Gegensatz zu diesen Verfahren existieren für das Korrosionsmonitoring bis dato keine Richtlinien oder Handlungsempfehlungen. Dies ist umso erstaunlicher, als bereits in der Instandsetzungsrichtlinie des Deutschen Ausschusses für Stahlbeton [1] aus dem Jahr 2001 in Verbindung mit dem Instandsetzungsprinzip W-Cl gefordert wird, dass zum Nachweis des Instandsetzungserfolgs bei diesem Verfahren grundsätzlich ein Korrosionsmonitoringsystem zu installieren ist. Auch in [3] wird der Hinweis gegeben, dass bei Instandsetzung kurzzeitig chloridbeaufschlagter Trennrisse in Parkdecks bei Verpressen der Risse ohne Abtrag des chloridbelasteten Betons Korrosionsmonitoring anzuwenden ist. Hinweise zur möglichen Ausführung eines derartigen Monitorings werden hingegen nicht gegeben.

3.2 Das DGZfP-Merkblatt „Korrosionsmonitoring"

Diese Lücke soll zukünftig das Merkblatt „Korrosionsmonitoring von Stahl- und Spannbetonbauwerken" [4] der Deutschen Gesellschaft für zerstörungsfreie Prüfung DGZfP füllen. Das Merkblatt wurde in der Zeit von 2015 bis 2017 vom Unterausschuss „Korrosionsnachweis" des Fachausschusses Bauwesen der DGZfP mit tatkräftiger Unterstützung von Korrosionsfachleuten aus Österreich und der Schweiz erstellt und wird voraussichtlich 2018 veröffentlicht. Anders als bei dem Merkblatt B 3, das 2014 in der dritten überarbeiteten Fassung erschienen ist und detailliert die Ausschreibung, Durchführung und Auswertung eines etablierten Messverfahrens regelt, bestand bei dem Merkblatt Korrosionsmonitoring die Schwierigkeit darin, dass sich in der Praxis - in Abhängigkeit von der Fragestellung - unterschiedliche Messprinzipien und Sensorsysteme parallel entwickelt haben, wobei eine saubere Abgrenzung der Anwendungsgebiete unterschiedlicher Messverfahren bis dato fehlt. Dieser Tatsache trägt das Merkblatt Korrosionsmonitoring Rechnung, indem es in einem ersten Schritt die unterschiedlichen Messprinzipien mit ihrer Funktionsweise, dem Messaufbau, der Auswertung und den wesentlichen Einflussgrößen sowie der praktischen Anwendung vorstellt. Damit wird dem Planer ein komprimierter Überblick über mögliche Messprinzipien an die Hand gegeben. Darauf aufbauend werden in einem zweiten Schritt für unterschiedliche Anwendungsfälle von Korrosionsmonitoring an Stahlbetonbauwerken

(Monitoring während der Einleitungsphase bzw. während der Schädigungsphase) Hinweise zum Aufbau von Korrosionsmonitoringsystemen, den anwendbaren Messprinzipien und der Positionierung von Sensoren etc. gegeben. Anhand von Praxisbeispielen werden für einige wichtige Anwendungen die Planung und Bewertung des Korrosionsmonitorings veranschaulicht. Das Merkblatt verzichtet dabei - anders als das Potentialfeldmerkblatt - bewusst auf detaillierte Handlungsanweisungen. Eine Einführung in einige gängige Messprinzipien und Anwendungsbeispiele für Korrosionsmonitoring enthalten die folgenden Kap. 4 bis 6.

4. Messprinzipien

Unter dem Oberbegriff „Korrosionsmonitoring" werden in der Praxis verschiedene Messprinzipien zusammengefasst, die jeweils auf der Überwachung eines Teilprozesses der Bewehrungskorrosion bzw. der Korrosionsinitiierung aufbauen. Daher sollen zum besseren Verständnis der Messprinzipien die Grundlagen der Bewehrungskorrosion im Folgenden kurz erläutert werden.

Stahl in Beton ist grundsätzlich vor Korrosion geschützt, da sich unter den hochalkalischen Bedingungen im Beton auf der Bewehrungsoberfläche ein Passivoxidfilm ausbildet, der einen weiteren Korrosionsfortschritt auf ein vernachlässigbares Maß reduziert. Eine Zerstörung dieses Passivoxidfilms kann unter baupraktischen Bedingungen im Wesentlichen durch zwei Mechanismen hervorgerufen werden:

- einen Abfall des pH-Werts des Betons als Folge einer Reaktion des Kohlendioxids in der Atmosphäre mit den Alkalihydroxiden und Calciumhydroxid im Porengefüge des Betons („Carbonatisierungsinduzierte Korrosion"),
- den Eintrag von Chloriden von der Bauteiloberfläche in das Betongefüge und in der Folge das Überschreiten einer Grenzkonzentration, des so genannten kritischen korrosionsauslösenden Chloridgehalts, auf Bewehrungshöhe („Chloridinduzierte Korrosion").

Für die Anwendung von Korrosionsmonitoring stellt die chloridinduzierte Korrosion den weitaus relevanteren Mechanismus dar, so dass sich die Darstellungen im Weiteren auf diesen beschränken.

Überschreitet der Chloridgehalt auf Bewehrungshöhe infolge von Aufkonzentrationen lokal den kritischen korrosionsauslösenden Chloridgehalt, führt das i.d.R. zu einer ebenfalls lokalen Zerstörung des Passivoxidfilms, die mit einem distinkten Abfall des Bewehrungspotentials in diesem Bereich einhergeht. An diesen nun ungeschützten Oberflächen (Anoden) gehen Eisenionen (Fe^{2+}) in Lösung. Die infolge dieses anodischen Teilprozesses freigesetzten Elektronen werden an weiterhin passiven Oberflächen (Kathoden) im kathodischen Teilprozess bei der Bildung von Hydroxidionen umgesetzt. Zwischen Anoden und Kathoden fließt somit ein Korrosionsstrom, der proportional zur Eisenauflösung an der Anode ist und dem im Betongefüge ein entgegen gerichteter Ionentransport zwischen Kathode und Anode entspricht, Abb. 1.

Aus diesen Teilschritten der Korrosion bzw. Korrosionsinitiierung leiten sich in Abhängigkeit von der Fragestellung unterschiedliche mögliche Messprinzipien ab:

- Der Chloridtransport von der Betonoberfläche zur Bewehrungsoberfläche stellt eine Grundvoraussetzung chloridinduzierter Korrosion dar. Chloridgehalte lassen sich im Beton mit ionenselektiven Elektroden baupraktisch bis heute nicht mit ausreichend hoher Zuverlässigkeit bestimmen. Allerdings findet ein Chlorideintrag in den Beton grundsätzlich nur bei einem gleichzeitigen Feuchteeintrag statt, so dass z.B. bei beschichteten Oberflächen ein vergleichsweise einfacher Beitrag zum Korrosionsmonitoring darin bestehen kann, die Funktionstüchtigkeit des Beschichtungssystems durch das Überwachen zeitabhängiger Veränderung des Feuchtegehalts im oberflächennahen Beton nachzuweisen. Ein Funktionsverlust führt zu einem Feuchteeintritt in das Porengefüge, der z.B. durch tiefengestaffelte Elektrolytwiderstandsmessungen mit so genannten Multiringelektroden festgestellt werden kann [5].

- Der Potentialabfall in anodischen Bereichen als Folge des Passivitätsverlusts kann anhand von Potentialmessungen nachvollzogen werden, bei denen die Potentialdifferenz zwischen Bewehrung bzw. im Bauwerk installierten Stellvertreteranoden und fest installierten, potentialstabilen Bezugselektroden (i.d.R. MnO_2-Bezugselektroden) gemessen wird.
- Der Korrosionsstrom, der infolge des Passivitätsverlusts zwischen anodischen und kathodischen Bereichen fließt, kann durch Korrosionsstrommessungen überwacht werden. Dies setzt jedoch eine Trennung der kathodisch und anodisch wirksamen Oberflächen voraus, die in der Regel dadurch erreicht wird, dass im Bauteil kleinflächige „Stellvertreteranoden“ installiert werden, die für die Korrosionsstrommessung mit ausreichend großen Kathoden kurzgeschlossen werden. Als Kathoden können hierfür sowohl die vorhandene Bauteilbewehrung als auch gesondert eingebrachte Kathoden (i.d.R. Ti/MMO-Stäbe, wie sie auch für den kathodischen Korrosionsschutz zur Anwendung kommen) verwendet werden.

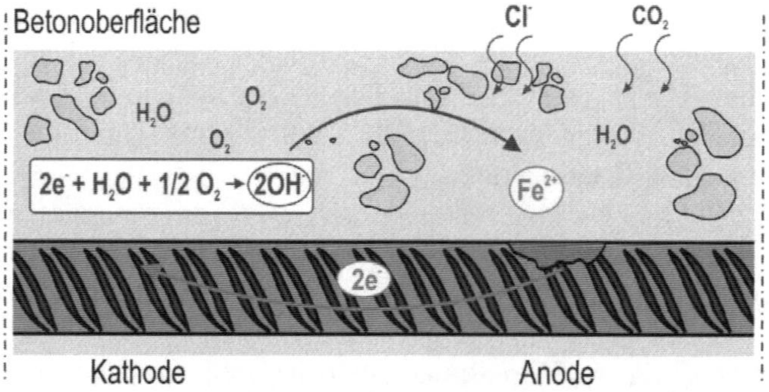

Abb. 1: Schematische Darstellung der Bewehrungskorrosion

Darüber hinaus gibt es eine Vielzahl weiterer Messprinzipien zum Korrosionsmonitoring, auf die an dieser Stelle jedoch nicht eingegangen wird. Für weitere Informationen hierzu s. [4].

5. Monitoring bei Neubauprojekten

5.1 Grundlagen

Korrosionsmonitoring bei Neubauprojekten wird vorwiegend zur Überwachung des Eindringens der Depassivierungsfront (d.i. die Eindringtiefe des kritischen korrosionsauslösenden Chloridgehalts) in das Bauteilinnere bei anfangs passiver Bewehrung angewandt. Zu diesem Zweck haben sich Sensorsysteme etabliert, bei denen durch eine tiefengestaffelte Anordnung von Anoden zwischen Betonoberfläche und Bewehrung das Eindringen der Depassivierungsfront anhand von Messung elektrochemischer (Potential und Korrosionsstrom) oder elektrischer (Drahtwiderstand) Kenngrößen an den Einzelanoden verfolgt werden kann. Bei Kenntnis der Tiefenlagen der Einzelanoden und der Betondeckung kann aus den Ergebnissen der Depassivierungszeitpunkt der Bewehrung abgeschätzt werden,

Abb. 2. Dadurch wird der Bauwerks-betreiber in die Lage versetzt, einen ggf. kritischen Chlorideintrag frühzeitig erkennen und evtl. erforderliche Maßnahmen frühzeitig planen und einleiten zu können. In Verbindung mit Modellen zur Dauerhaftigkeitsbemessung kann Korrosionsmonitoring eingesetzt werden, um die Prognoseergebnisse zu kalibrieren und somit die Aussagegenauigkeit der Modelle zu verbessern ([6] - [8]).

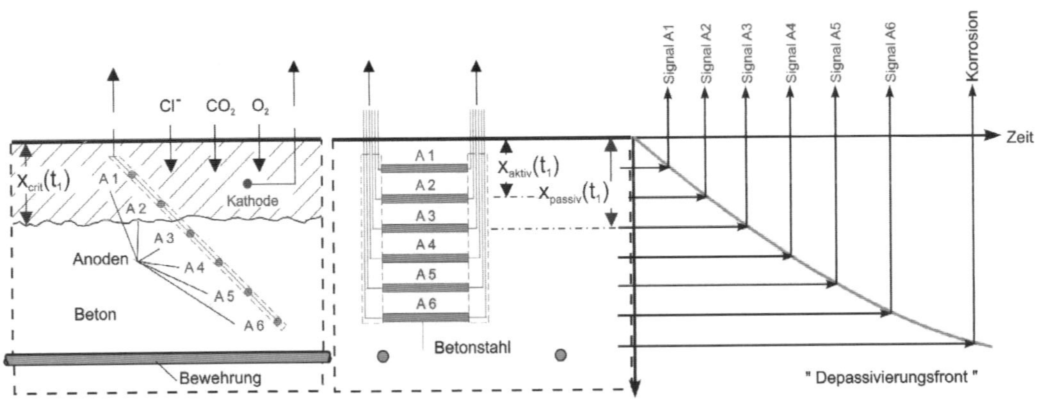

Abb. 2: Prinzip des Korrosionsmonitoring bei Neubauprojekten

5.2 Praxisbeispiel - Ausführung eines Parkhauses ohne vollflächiges Oberflächenschutzsystem

Bei dem hier beschriebenen Anwendungsbeispiel handelt es sich um ein Parkhaus, dessen Zwischendecken als Durchlaufsystem mit zentrischer Vorspannung ausgeführt wurden. Durch die Vorspannung und die konstruktive Durchbildung konnte an der Oberseite eine lastbedingte Rissbildung im Feldbereich ausgeschlossen werden. Stützbereiche, in denen planmäßig mit einer oberseitigen Rissbildung gerechnet werden musste, wurden mit einem rissüberbrückenden Oberflächenschutzsystem OS 11 versehen. In den Feldbereichen, in denen die Oberseite in allen zu berücksichtigenden Lastkombinationen dauerhaft überdrückt ist, wurde auf die Applikation eines Oberflächenschutzsystems verzichtet und stattdessen der Nachweis der Dauerhaftigkeit gegenüber chloridinduzierter Korrosion durch eine vollprobabilistische Lebensdauerbemessung in Verbindung mit einem Wartungsplan erbracht, der eine jährliche Untersuchung der Parkdeckoberflächen auf Rissbildung und umgehende Beschichtung neu auftretender Risse vorschreibt.

Zur Überwachung des Chlorideindringens in den unbeschichteten Konstruktionsbeton wurde ein Korrosionsmonitoring-Systems bestehend aus insgesamt 25 Korrosionssensoren des Typs Anodenleiter (Fa. Sensortec GmbH) installiert, die im Fahr- und Parkbereich des Parkhauses verteilt eingebaut wurden. Die Sensoranordnung erfolgte aufgrund der höchsten zu erwartenden Chloridbeaufschlagung in der Zufahrtsebene sowie in den Parkebenen direkt über und unter der Zufahrtsebene. Da bei dem Parkhaus nutzungsbedingt mit vergleichsweise kurzen Verweilzeiten der PKW zu rechnen war, war anders als bei Parkhäusern mit durchschnittlich nur einem Belegungswechsel pro Tag nicht absehbar, ob die höhere Chloridbelastung im Stellplatzbereich oder im Fahrspurbereich anfällt. Daher wurden sowohl Stellplatzbereiche als auch Fahrspurbereiche mit Korrosionssensoren ausgestattet.

Die Sensoren wurden vor Betonage der Parkdecks auf der oberen Bewehrungslage montiert und die Sensorneigung derart angepasst, dass die oberste Sprosse nach Betonage eine planmäßige Betondeckung von rd. 15 mm aufwies. Nach Abschluss der Betonage wurde eine Funktionsüberprüfung durchgeführt und die Betondeckung der obersten Sprosse jeder Anodenleiter zerstörungsfrei bestimmt.

Aufgrund der zu erwartenden, langsamen Transportprozesse im ungerissenen Beton erfolgen die Sensorauslesungen halbjährlich. Als Messgrößen werden an jeder Anodensprosse jeweils das Potential gegen den neben jeder Anodenleiter einbetonierten Ti/MMO-Stab und der Korrosionsstrom zehn Sekunden nach Herstellen des Kurzschlusses mit dem Ti/MMO-Stab sowie der AC-Widerstand zwischen zwei benachbarten Anodensprossen aufgezeichnet. Die Korrosionsinitiierung an einer Anodensprosse zeigt sich in den Messergebnissen als deutlicher Abfall des Potentials und Anstieg des Korrosionsstroms. Dies ist beispielhaft anhand einer Anodenleiter in Abb. 3 gezeigt, bei der an der oberflächennächsten Anodensprosse A1 bei der Messung im Jahr 2010 ein deutlicher Abfall des Potentials und ein korrespondierender Anstieg des Korrosionsstroms festgestellt wurde, der auf eine Korrosionsinitiierung hindeutet. Alle anderen Sprossen sind zu diesem Zeitpunkt passiv. Im Jahr 2015 wird zusätzlich ein deutlicher Abfall des Potentials an der zweiten Sprosse A2 und ein Anstieg des Korrosionsstroms gemessen, der bei der nachfolgenden Messung 2017 noch zunimmt, während die Sensorsprossen A3 bis A6 passiv bleiben. Abb. 4 zeigt zum Vergleich einen Sensor, bei dem über den gesamten Betrachtungszeitraum an allen Anodensprossen Passivität vorliegt, was sich an den annähernd konstanten, vergleichsweise edlen Potentialen und den geringen Korrosionsströmen zeigt.

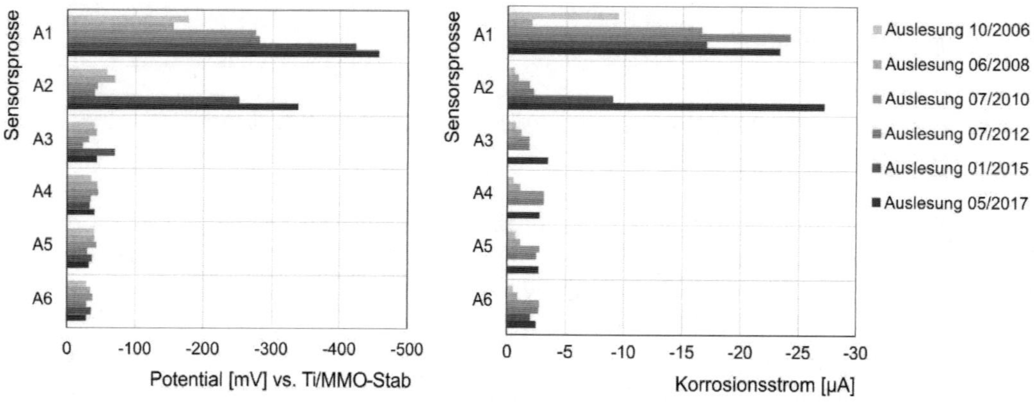

Abb. 3: Potential– und Korrosionsstromverläufe Sensor mit Korrosionsinitiierung an der 1. (2010) und 2. (2015) Anodensprosse

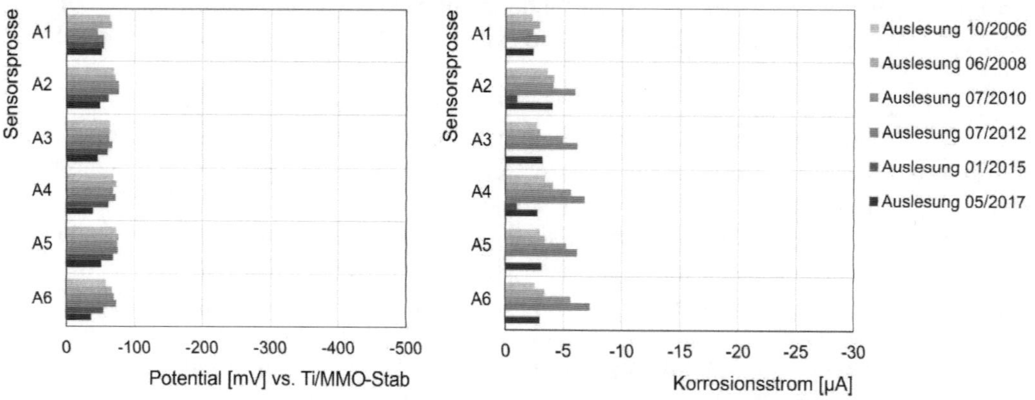

Abb. 4: Potential– und Korrosionsstromverläufe eines dauerhaft passiven Sensors auf allen Anodensprossen über den Betrachtungszeitraum

Anhand der Ergebnisse, die mit dem Korrosionsmonitoringsystem gewonnen wurden, konnte gezeigt werden, dass die tatsächliche Chlorideindringgeschwindigkeit im ungerissenen Beton noch deutlich unterhalb der im Entwurfsstadium berechneten Eindringgeschwindigkeit liegt. Weitere Informationen zu dem Projekt und der Verwendung von Sensordaten zum Update von Lebensdauerbemessungen enthalten [6] bis [8].

6. Monitoring nach erfolgter Depassivierung

6.1 Grundlagen

Monitoring nach erfolgter Depassivierung kommt derzeit vor allem zur Überwachung der zeitabhängigen Veränderung der Korrosionsaktivität nach einer Instandsetzungsmaßnahme (z.B. bei Anwendung des Instandsetzungsprinzips W-Cl) zur Anwendung [9]. Als Messprinzip eignen sich hierfür besonders Korrosionsstrommessungen, häufig in Verbindung mit Potentialmessungen und Elektrolytwiderstandsmessungen.

Die Tiefenstaffelung, die bei Neubauprojekten zur Prognose des Depassivierungszeitpunkts wesentlich ist, spielt nach erfolgter Depassivierung nur noch eine untergeordnete Rolle. Dafür stellt sich an bestehenden Bauwerken die Aufgabe, die maßgebenden Korrosionskenngrößen nach Möglichkeit am vorhandenen Korrosionssystem zu bestimmen, ohne dieses zu stark zu verändern. Das bedeutet, das nach Möglichkeit keine neuen Anoden eingebracht, sondern die Messungen an der vorhandenen Bewehrung bzw. an nachträglich isolierten Bewehrungsabschnitten durchgeführt werden sollten. Als Kathoden können analog zu den Messungen an passiven Systemen sowohl die Bauteilbewehrung als auch nachträglich eingebrachte Kathoden verwendet werden.

Es wird an dieser Stelle darauf hingewiesen, dass Messungen an korrodierenden Systemen zwar eine qualitative bzw. semiquantitative Aussage über die zeitabhängige Veränderung der Korrosionsaktivität zulassen. Rückschlüsse auf den tatsächlichen Querschnittsverlust sind hingegen nicht oder nur mit sehr großen Unsicherheiten möglich.

6.2 Praxisbeispiel –Bodenplatte einer Tiefgarage mit Rissbildung

Die eingeschossige Tiefgarage in diesem Anwendungsbeispiel wurde 1998 fertiggestellt und umfasst auf 4.000 m² rd. 160 Stellplätze. Die Gründung der Tiefgarage erfolgt über Streifen- und Einzelfundamente unterhalb der Stützen und Wände. Da die Bodenplatte rd. 70 cm tief in das Grundwasser einbindet, wurde sie über Anschlussbewehrung an die Stützen angeschlossen und die Bewehrung der Bodenplatte für die Rissbreitenbeschränkung einer WU-Konstruktion bemessen. Die Bodenplatte weist – in Abhängigkeit von der Gefälleausbildung – Bauteildicken zwischen rd. 25 cm und rd. 40 cm auf. Zum Schutz gegen einen Chlorideintrag wurde die Bodenplattenoberseite unmittelbar nach Fertigstellung mit einem starren Oberflächenschutzsystem versehen.

Eine Zustandserfassung nach rd. 15-jähriger Nutzung ergab eine ausgeprägte Rissbildung in der Bodenplatte infolge Zwangbeanspruchung. Insgesamt wurden rd. 3.000 lfm Risse in der Bodenplatte festgestellt. In den Rissen wurden bis auf Höhe der Bewehrung (Betondeckung im Mittel rd. 50 mm) lokal sehr stark erhöhte Chloridgehalte bis zu rd. 2,0 M.-%/z vorgefunden, in den meisten Rissen betrug der Chloridgehalt auf Bewehrungshöhe zwischen rd. 0,50 M.-%/z und 0,90 M.-%/z. Aufgrund der starken Abnutzung der anfangs vorhandenen Beschichtung konnte auch in den ungerissenen Bereichen auf rd. 60% der Fläche nicht ausgeschlossen werden, dass allein infolge von Umverteilungsprozessen auch ohne weiteren Chlorideintrag zukünftig Korrosion an der Bewehrung einsetzen wird.

Bewehrungssondierungen im Rissbereich ergaben maximale Querschnittsverluste an der Bewehrung von lediglich rd. 10%.

Eine konventionelle Instandsetzung der Bodenplatte (Abtrag des chloridbelasteten Betons bis hinter die erste Bewehrungslage mit anschließender Reprofilierung und Beschichtung sowie Bandagieren neu auftretender Risse) hätte neben den sehr hohen Kosten auch längerfristige Nutzungseinschränkungen während der Instandsetzung zur Folge. Da die Bodenplattenbewehrung in diesem Fall statisch nur eine untergeordnete Relevanz besitzt und angesichts des geringen Korrosionsfortschritts wurde in enger Zusammenarbeit mit dem Bauherrn ein alternativer Instandsetzungsansatz gewählt, bei dem auf einen Betonabtrag verzichtet und oberseitig eine Beschichtung bzw. im Rissbereich Rissbandagen angeordnet wurden. In gerissenen und ungerissenen Bereichen wurde ein umfangreiches Korrosionsmonitoring-System zur Überwachung der zeitabhängigen Veränderung der Korrosionsaktivität nach Beschichtung installiert.

Insgesamt wurden 40 Monitoringstellen ausgewählt, die überwiegend in Rissbereichen mit stark erhöhten Chloridgehalten sowie z.T. in ungerissenen Bereichen mit erhöhten Chloridgehalten und als Referenz in ungerissenen Oberflächen ohne erhöhte Chloridgehalte lagen. An den Monitoringstellen wurde jeweils ein einzelner Bewehrungsabschnitt im Rissverlauf durch Überbohren der Kreuzungspunkte mit der risskreuzenden Bewehrung mit einer Kernbohrung vom Bewehrungskorb isoliert und an den Schnittflächen des isolierten Bewehrungsabschnitts („Anode“) und des Bewehrungskorbs eine Kabelverbindung hergestellt und anschließend die Bohrkernlöcher wieder mit Mörtel verschlossen. Zusätzlich wurde je ein Ti/MMO Stab und ggf. eine Bezugselektrode in Bohrungen außerhalb des Rissverlaufs eingebaut und die Bohrlöcher ebenfalls mit zementgebundenem Mörtel verfüllt.

Die Messungen wurden anfangs in einem zweimonatlichen Rhythmus durchgeführt. Zwischen den Messterminen wurden Anode und Bewehrungskorb kurzgeschlossen, um möglichst realitätsnahe Verhältnisse sicherzustellen. Zu den Messterminen wird jeweils der Elementstrom zwischen isoliertem Bewehrungselement (Anode) und Bewehrungskorb und das Korrosionspotential des kurzgeschlossenen Systems gegen den Ti/MMO-Stab bzw. die Bezugselektrode gemessen. Anschließend wird der Kurzschluss aufgehoben und nach einer Depolarisationsdauer von rd. zwei Stunden das freie Korrosionspotential von Anode und Bewehrungskorb und stichprobenartig der lineare Polarisationswiderstand der Anode bestimmt. Nach Abschluss der Messroutine wird der Kurzschluss zwischen Anode und Bewehrungskorb wiederhergestellt.

Der zeitliche Verlauf dieser Messgrößen ist für zwei Sensoren exemplarisch in Abb. 5 dargestellt. Um den z.T. unterschiedlichen Größen der isolierten Anodenelemente Rechnung zu tragen, wurde statt des gemessenen Elementstroms die Elementstromdichte als Quotient aus gemessenem Strom und Gesamtoberfläche der Anode gewählt. Bei dem in Abb. 5 links dargestellten Sensor mit anfangs erhöhter Korrosionsaktivität trat nach Aufbringen der Beschichtung ein signifikanter Anstieg des freien Korrosionspotentials der Anode in Verbindung mit einem deutlichen Rückgang des Elementstroms ein. Bei dem in Abb. 5 rechts dargestellten Sensor wurde über den Betrachtungszeitraum zwar ein Anstieg des freien Korrosionspotentials und ein Rückgang des Elementstroms festgestellt, allerdings ist für diesen Sensor rd. ein Jahr nach Aufbringen der Rissbandage unverändert von aktiver Korrosion auszugehen.

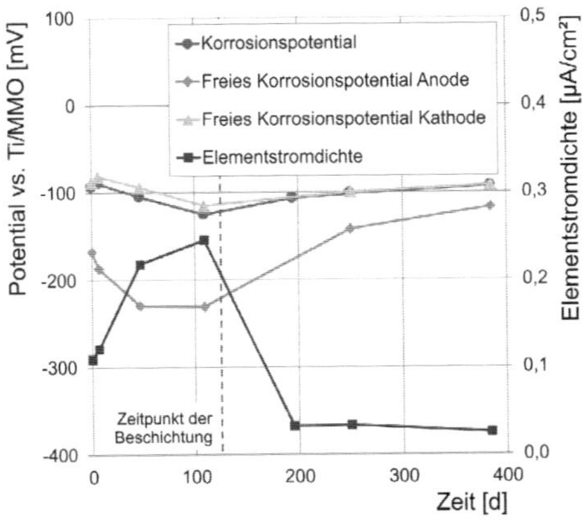

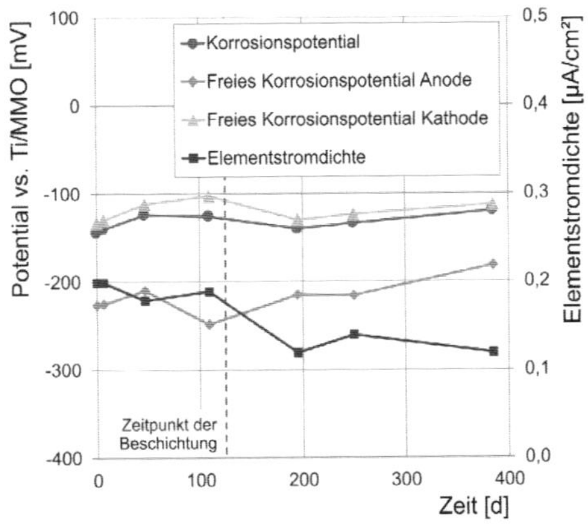

Abb. 5: Potential- und Elementstromverläufe an Korrosionssensoren im Rissbereich (links: deutlicher Rückgang der Korrosionsaktivität nach Beschichtung; rechts: geringer Rückgang der Korrosionsaktivität nach Beschichtung)

Das Verhalten des Sensors in Abb. 5 links ist repräsentativ für den Großteil der Sensoren, bei denen kurzfristig nach Applikation der Beschichtung ein deutlicher Rückgang der Korrosionsaktivität festgestellt wurde. Ungeachtet dessen wurden an einzelnen Sensoren auch mehrere Monate nach Beschichtungsauftrag noch erhöhte Elementströme aufgezeichnet. Eine Korrosionsinitiierung an Sensoren, die vor der Beschichtung als passiv eingestuft wurden, z.B. infolge von Umverteilungsprozessen wurde, zumindest im ersten Jahr Monitoring, an keinem Sensor festgestellt.

7. Referenzen

[1] Richtlinie „Schutz und Instandsetzung von Betonbauteilen“ – Instandsetzungsrichtlinie des Deutschen Ausschusses für Stahlbeton, Ausgabe 2001.

[2] Merkblatt B 3 “Merkblatt für Elektrochemische Potentialmessungen zur Detektion von Bewehrungsstahlkorrosion“ der Deutschen Gesellschaft für Zerstörungsfreie Prüfung DGZfP, Berlin, 2014.

[3] Kosalla, M.; Raupach, M.: Korrosion der Bewehrung im Bereich von Trennrissen nach kurzzeitiger Chlorideinwirkung – Erste Ergebnisse eines DBV-Forschungsvorhabens. In: DBV-Heft, Band 27. Hrsg.: Deutscher Beton- und Bautechnik-Verein E.V., Berlin; 2013.

[4] Merkblatt „Korrosionsmonitoring von Stahl- und Spannbetonbauwerken“ der Deutschen Gesellschaft für Zerstörungsfreie Prüfung DGZfP, in Bearbeitung.

[5] Sodeikat, Ch.: Feuchtesensoren in der Bauwerksüberwachung. Beton- und Stahlbetonbau 105 (2010), Heft 12, S. 770 - 777.

[6] Mayer, T.F.; Schießl, P.; Schießl-Pecka, A.: Lebensdauermanagement für das Parkhaus der Allianz-Arena in München. Beton, Heft 9, 2009.

[7] Sodeikat, Ch.; Dauberschmidt, Ch.; Schießl, P.; Gehlen, Ch., Kapteina; G:. Korrosionsmonitoring von Stahlbetonbauwerken für Public Private Partnership Projekte. Beton- und Stahlbetonbau 101 (2006), Heft 12, S. 932 - 942.

[8] Gehlen, Ch.; Kapteina, G.; Schießl-Pecka, A.; Mayer, T.F.: Life cycle management demonstrated on the example of a parking garage. Concrete in Australia 40 (2014), Heft 4, S. 42-49

[9] Keßler, S.; Hiemer, F.; Gehlen, Ch.: Einfluss einer Betonbeschichtung auf die Mechanismen der Bewehrungskorrosion in gerissenem Stahlbeton. Beton- und Stahlbetonbau 112 (2017), Heft 4, S. 198 – 206.

Intelligente Brücke

Peter HAARDT [1]
[1] Bundesanstalt für Straßenwesen (BASt), Bergisch Gladbach
Kontakt E-Mail: haardt@bast.de

Kurzfassung. Das Bundesfernstraßennetz steht vor großen Herausforderungen: alternde Strukturen, ansteigende Verkehrsbelastungen, neue Qualitätsanforderungen und begrenzte Ressourcen für die Instandhaltung und Modernisierung des Brückenbestands. Um ein zuverlässiges Straßennetz aufrechtzuerhalten, müssen neue, innovative Ansätze verfolgt werden. In Zukunft sollen Brücken in der Lage sein, relevante Informationen über Laständerungen und Widerstände als Grundlage für ein vorausschauendes Erhaltungsmanagement bereitzustellen. Dies erfordert flexible Systeme zur sensorgestützten Erfassung relevanter Daten, differenzierte Bewertungsverfahren und ein entsprechend erweitertes Erhaltungsmanagement. Der BASt-Projektcluster "Intelligente Brücke" zielt auf ein solches adaptives System zur Information und ganzheitlichen Bewertung ab. Der Hauptvorteil der Intelligenten Brücke ist die kontinuierliche Information über die aktuelle Zuverlässigkeit und die verbleibende Lebensdauer der gesamten Brücke. Die ersten Pilotstudien (duraBASt, Digitales Testfeld Autobahn) sowie aktuelle Forschungsprojekte (z. B. OSIMAB) zeigen einige signifikante Aspekte auf.

1. Einführung

Das Bundesfernstraßennetz steht vor großen Herausforderungen. Der Brückenbestand altert und die notwendigen Instandhaltungs- und Modernisierungsmaßnahmen sind trotz erheblicher finanzieller Belastungen kurzfristig nicht realisierbar. Dies führt zu gravierenden und nicht zu akzeptierenden Einschränkungen der Verfügbarkeit. Die meisten der rund 39.500 Brücken im Bundesfernstraßennetz wurden in den 70er und 80er Jahren des letzten Jahrhunderts gebaut. Die damaligen Planungs- und Konstruktionsvorschriften entsprechen nicht unseren heutigen Anforderungen. Daraus resultieren Defizite hinsichtlich Tragfähigkeit und Dauerhaftigkeit, die die Restnutzungsdauer der vorhandenen Brücken begrenzen.

Derzeit ist das Erhaltungsmanagement primär schadensbasiert und reaktiv. Schäden werden bei den periodischen Bauwerksprüfungen in der Regel erst entdeckt, wenn sie sichtbar sind. Treffen jedoch baustoffliche oder konstruktive Defizite auf einschränkende Rahmenbedingungen, wie z.B. begrenzte Budgets oder Planungskapazitäten, so sind verbesserte Informationen und zuverlässige Prognosen unerlässlich. Dazu müssen neue, innovative Ansätze zur Informationsbereitstellung und Evaluierung in das Erhaltungsmanagement integriert werden. Im Rahmen der "Hightech-Strategie 2020" ist die Bundesregierung bestrebt, Lösungen für die Herausforderungen des 21. Jahrhunderts durch die Integration moderner Informationstechnologien zu finden. Ziel ist es, intelligente Produkte, Techniken und Verfahren zu entwickeln und anzuwenden, die es ermöglichen, relevante Informationen mit Hilfe digitaler Techniken zu sammeln und auszuwerten. Von diesen Entwicklungen kann insbesondere auch die Wertschöpfungskette Planung, Konstruktion, Bau und Betrieb von Elementen der Straßeninfrastruktur profitieren.

Eine optimierte Erhaltungsplanung erfordert eine Strategie, die es ermöglicht, potenzielle Schäden zu antizipieren. Ziel im Sinne einer prädiktiven Erhaltungsstrategie ist es, die Reserven der Brücken und ihrer Komponenten voll auszuschöpfen und gleichzeitig Ausfälle zu vermeiden, um eine bestmögliche Verfügbarkeit zu gewährleisten. Voraussetzung dafür ist die Erfassung der relevanten Einwirkungen und Bauwerksreaktionen, z. B. durch geeignete Sensoren, sowie die Analyse und Bewertung dieser Informationen hinsichtlich Zuverlässigkeit und Restlebensdauer, z. B. mit stochastischen Methoden. Diese Ansätze gehen über die Ziele eines konventionellen Monitorings hinaus und stellen für Verkehrsinfrastrukturen einen Paradigmenwechsel dar.

In diesem Zusammenhang wurde in der BASt der Forschungscluster "Intelligente Brücke" gegründet. Während sich erste konzeptionelle Projekte auf Machbarkeit und Grundlagen für Bewertungsmethoden und Entwicklungsprojekte auf intelligente Bauteile wie z. B. instrumentierte Fahrbahnübergänge und Brückenlager konzentrierten, liegt der aktuelle Schwerpunkt der Arbeiten auf Pilotstudien und vergleichenden Untersuchungen. Weitere Informationen finden Sie auch unter www.intelligentebruecke.de.

2. Intelligente Brücke

Das System "Intelligente Brücke" ist modular aufgebaut, so dass es individuell an die Bedürfnisse der unterschiedlichen Brückenkonstruktionen angepasst werden kann. Mit Hilfe von innovativer Sensorik in unterschiedlichen Bauteilen und auf der Grundlage analytischer Ingenieurmodelle wird der Zustand und die Zuverlässigkeit der Brückenkonstruktion und ihrer Komponenten sowie die Restlebensdauer ermittelt. Ein zuverlässigkeitsbasiertes Erhaltungsmanagement wird durch die Verknüpfung von Prognosemodellen und verfügbaren Informationen aus bestehenden Datenbanken realisiert [1]. Aus objektbezogenen Betrachtungen lässt sich der Zustand von Brücken gleichen Brückentyps und gleicher Bauart ableiten und somit ein netzbezogenes Erhaltungsmanagement unterstützen. Damit kann eine begrenzte Anzahl instrumentierter Brücken ausreichen, um eine netzweite Verbesserung des Erhaltungsmanagements zu erreichen. Abbildung 1 zeigt ein Schema der Intelligente Brücke. Der wesentliche Unterschied zu SHM besteht darin, dass die Erfassung, Analyse und Auswertung der Messdaten ganzheitlich und im Lebenszyklus des Bauwerks erfolgt.

Obwohl für Neubauten konzipiert, kann der Einsatz von intelligenten Elementen auch für bestehende Brücken sinnvoll sein. Gerade weil Schäden und Schwachstellen in bestehenden Bauwerken bereits bekannt sind, ist es hilfreich, den Zustand des Bauwerks hinsichtlich Tragfähigkeit, Zuverlässigkeit und Restnutzungsdauer ganzheitlich und zeitnah zu bewerten, um auf mögliche Strukturveränderungen effektiv und effizient reagieren zu können [2].

Zur Erfassung von bauwerks- und bauteilbezogenen Messgrößen werden geeignete "intelligente Komponenten" eingesetzt. Angepasste Analyse- und Auswertemethoden sind erforderlich. Die zu integrierenden Systeme sollen adaptiv arbeiten: Die gesammelten Informationen werden mit Hilfe eines zuverlässigkeitsbasierten Expertensystems ganzheitlich zusammengeführt und ausgewertet, einschließlich der bisher verfügbaren Informationen aus Datenbanken, so dass online Aussagen über die Tragfähigkeit, Zuverlässigkeit und Restnutzungsdauer der Intelligente Brücke und die daraus resultierenden Erhaltungsmaßnahmen abgeleitet werden können.

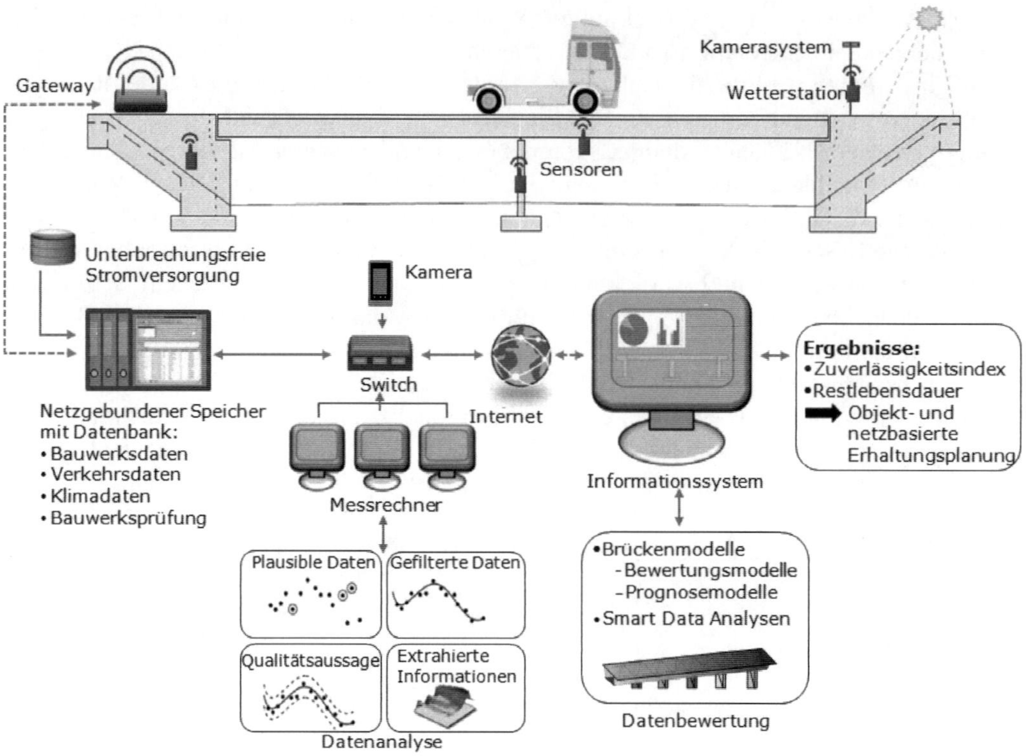

Abb.1: Schema der Intelligenten Brücke

3. Pilotstudie „Digitales Testfeld Autobahn"

Ein wichtiger Vorteil bei der Ausrüstung einer neuen Brücke mit sensorbasierten Messsystemen ist, dass das Tragverhalten und der Zustand der neuen Brücke sowie deren Komponenten präzise und zuverlässig erfasst werden können. Das erste Brückenbauwerk, das mit den relevanten Aspekten einer Intelligenten Brücke ausgestattet ist, wurde im Digitalen Testfeld Autobahn realisiert, einem vom Bundesministerium für Verkehr und digitale Infrastruktur (BMVI) zur Verfügung gestellten Testareal im Zuge der BAB A 9. Hier werden Innovationen rund um automatisiertes und vernetztes Fahren und intelligente Infrastrukturen erprobt, bewertet und weiterentwickelt. Die für die Pilotstudie genutzte 4-feldrige Spannbetonhohlkastenbrücke ist 156 m lang, 12 m breit und hat eine Gesamtfläche von ca. 2.445 m^2. Folgende Aspekte der Intelligenten Brücke sind eingebunden:

- ein Informationssystem zur Bewertung der Zuverlässigkeit und Restnutzungsdauer der Gesamtstruktur mittels analytischer Brückenmodelle und Auswertemethoden (dieses System erfasst und bewertet auch die Verkehrsbelastung der Brücke),
- instrumentierte Bauteile (Fahrbahnübergang und Lager instrumentiert) zur Zustandsbewertung auf Elementebene und zur Unterstützung des o. g. Informationssystems,
- ein drahtloses Sensornetzwerk mit einer Vielzahl üblicher Sensoren zur Erfassung von Temperatur, Dehnungen, Verschiebungen, Neigungen und Beschleunigungen
- sowie ein Kamerasystem zur Unterstützung der Verkehrslastauswertung.

Ziel dieser Pilotstudie ist es, aktuelle technologische Entwicklungen an einem Brückenbauwerk aufzuzeigen, die Funktionalität des Gesamtsystems zu verdeutlichen und einzelne Aspekte weiterzuentwickeln. Die gesammelten Informationen werden online der zuständigen Straßenverwaltung zur Verfügung gestellt [4].

Ein „Network Attached Storage" (NAS) zur Speicherung aller Daten ist eingebunden. Eine unterbrechungsfreie Stromversorgung sorgt dafür, dass der NAS bei einer Stromunterbrechung abschaltet und nach der Stromunterbrechung automatisch wieder anläuft, um Datenverluste zu minimieren. Darüber hinaus verfügt die Intelligente Brücke über einen Internetzugang, der für Fernüberwachungsaspekte wichtig ist.

Ein Informationssystem ermittelt alle relevanten Einwirkungen und Bauwerksreaktionen und leitet daraus Informationen über den Zustand und die Zuverlässigkeit der Konstruktion ab. Umfassende Verkehrsdaten werden durch Messung und Auswertung von Dehnungen und Verschiebungen des Überbaus, des instrumentierten Fahrbahnübergangs und der Lager ermittelt (Fahrzeugtyp, Geschwindigkeit, Gesamtgewicht, statische und dynamische Achslast, Achsabstand und die Anzahl der Achsen eines Fahrzeugs). Die Fahrzeuggeschwindigkeit wird durch Dehnungsmessungen von zwei in Reihe geschalteten DMS und die Anzahl der Fahrzeugachsen und Achsabstände durch die Auswertung lokaler Messpunkte hinsichtlich Signalspitzen und Zuordnung eines Fahrzeugs bestimmt. Durch den Vergleich der ermittelten verkehrsbedingten Messkurven mit berechneten Einflusslinien können Fahrzeuggewichte abgeleitet werden.

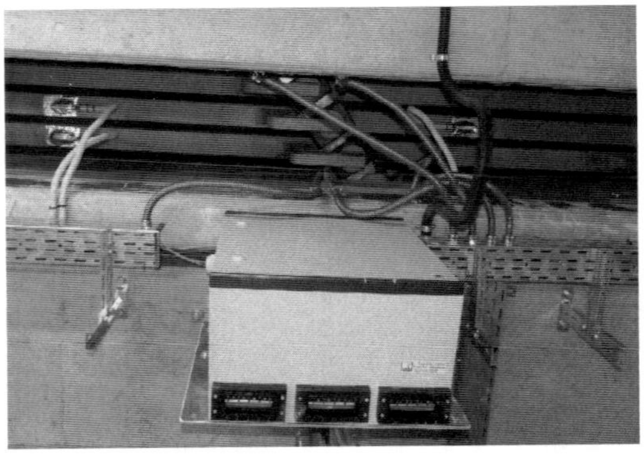

Abb.3: Instrumentierter Fahrbahnübergang

Fahrbahnübergänge werden eingesetzt, um temperatur- und verkehrsbedingte Brückenbewegungen auszugleichen. Sie werden als Verschleißteile mit begrenzter Lebensdauer betrachtet, weil sie hohen dynamischen Einflüssen ausgesetzt sind. Die Brücke ist mit einem instrumentierten Lamellenfahrbahnübergang ausgestattet, der Kraft-, Seilzug- und Beschleunigungssensoren zur Erfassung von Lasten, Frequenzen und Lamellenabständen aufweist (Abbildung 3). Über die Änderung der Fugenspaltweiten kann eine Aussage bzgl. Restnutzungsdauer der Konstruktion ermittelt werden. Weiterhin unterstützen die Messergebnisse die Ermittlung der o. g. Verkehrsdaten.

Brückenlager gehören zu den Basiskomponenten einer Brücke, da sie Verschiebungen, Drehungen und eine definierte Lastabtragung des Brückenüberbaus ermöglichen. An der Brücke sind zwei Kalottenlager eingebaut, die Druck- und Wegsensoren zur Erfassung der Lagerbelastung, der Lagerdrehung sowie des Lagerweges enthalten (Abbildung 4). Die gesammelten Daten erlauben eine Selbstüberwachung der Lager und eine Ermittlung der Anzahl der Fahrzeuge auf der Brücke.

Das drahtlose Sensornetzwerk der Intelligente Brücke gibt die erfassten Daten zur Weiterverarbeitung an einen netzwerkgebundenen Speicher weiter. Lange Distanzen zwischen den Sensoren werden durch Repeater überbrückt. Aufgrund des hohen Energieverbrauchs bei der Fernübertragung wurde ein Schlaf-Wach-System entwickelt, bei dem Energie nur während des Datenaustausches verbraucht wird. Weiterhin wurden spezielle Gateways integriert, d. h. spezielle Sensorknoten, die eine Verbindung zwischen dem Sensornetzwerk und dem Netzwerkspeicher herstellen. Das installierte Sensornetzwerk beinhaltet auch eine Wetterstation und Temperatur-, Dehnungs-, Kraft- und Neigungssensoren.

Abb. 4: Instrumentiertes Brückenlager

Das Gesamtsystem wird in einem fünfjährigen Untersuchungsprogramm in Zusammenarbeit mit der Autobahndirektion Nordbayern betrieben und analysiert. Ziel des Untersuchungsprogramms ist es, die Funktionalität und Anwendbarkeit für zuverlässigkeitsorientierte Zustandsbewertungen und Prognosen zu demonstrieren. Die gemessenen Daten werden mit ermittelten Grenzwerten verglichen. Überschreitet der gemessene Wert die festgelegten Schwellenwerte, so wird eine Warnung erzeugt. Das Projekt beinhaltet ebenfalls ein Datenmanagement, das die Datenverarbeitung für die Online-Präsentation beinhaltet. Hierfür ist die automatische Auswertung der Daten in Bezug auf Lastmodell, Klimadaten und Brückenparameter vorgesehen. Die globale Zuverlässigkeit der Brücke wird in Form eines Zuverlässigkeitsindexes ermittelt und darüber die Restnutzungsdauer des Bauwerks bestimmt. Zunächst werden die Messdaten noch in den beteiligten Labors analysiert. Die Endausbaustufe beinhaltet eine automatische Auswertung der Messdaten vor Ort. Mit Hilfe des Internetzugangs werden Auswertungen online zur Verfügung gestellt.

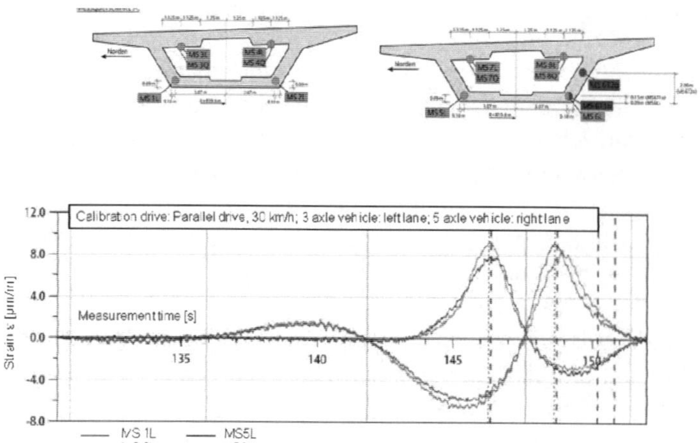

Abb. 5: Ergebnisse von Verformungsmessungen an 4 Messstellen im Brückenüberbau im Verlauf der Kalibrierfahrten

In einem ersten Schritt wurde eine Offline-Auswertung von Messdaten, die Anpassung der Auswertealgorithmen an die örtlichen Gegebenheiten und eine Qualitätskontrolle der gesammelten und ausgewerteten Daten durchgeführt. Die Datenauswertung basiert auf einem vordefinierten FE-Systemmodell. Mit Hilfe von Kalibrierfahrten wurde das FE-

Modell an das reale Strukturverhalten angepasst. Dafür wurden vor Verkehrsfreigabe der Brücke Ende 2016 insgesamt 36 Kalibrierfahrten mit verwogenen und vermessenen LKWs bei Variation der Fahrzeuggeschwindigkeit durchgeführt. Abbildung 5 enthält exemplarische Messergebnisse. Die dargestellten Verformungsmessungen erfolgten mittels DMS an zwei Bewehrungsstäben im rechten und im linken Steg des Überbaus. Durch den Vergleich der Dehnungen ist auch die Identifizierung der benutzten Fahrspur möglich.

4. Pilotstudie duraBASt

DuraBASt ist eine von der BASt betriebene Untersuchungsstrecke in einem bisher ungenutzten Areal innerhalb des AK Köln-Ost (BAB A3/A4). Es bietet die Möglichkeit in realitätsnahen, groß angelegte Studien neue technologische Entwicklungen für Straßeninfrastrukturen zu evaluieren. In dem Areal befindet sich eine kleine zweifeldrige Spannbetonhohlkastenbetonbrücke aus dem Jahr 1972, die nie in Betrieb genommen worden ist. Die Brücke ist 66 m lang, 14 m breit und hat eine Gesamtfläche von ca. 950 m^2. Im Verlauf einer grundhaften Instandsetzung erfolgte bereits eine erste Instrumentierung mit Sensoren zur Erfassung von Parametern der Dauerhaftigkeit und von Verformungen (Abbildung 6).

Unter Dauerhaftigkeit versteht man in diesem Zusammenhang den Grad der Widerstandsfähigkeit gegenüber äußeren Einwirkungen während der vorgesehenen Nutzungsdauer unter Berücksichtigung regelmäßiger Instandsetzungsmaßnahmen. Bei Betonbrücken besteht der Hauptaspekt im Eindringen von Chloriden und diesbezüglicher Korrosion. Relevante Parameter sind daher Feuchte, Temperatur und Korrosionsffekte.

Abb. 6: Instrumentierte Bridge im duraBASt Testgelände

Für Vergleichsstudien mit standardisiertem Chlorideintrag wurden in die neu hergestellten Kappen der duraBASt-Brücke unterschiedliche aktuelle Sensortypen (drahtlose RFID-Sensoren und drahtgebundene Sensoren wie Anodenleiter und Multiring-Elektrode) eingebaut (Abbildung 7). Ziel ist es, Informationen über relevante Betriebsparameter zu erhalten: Zuverlässigkeit der Messungen, der erfolgreiche Umgang mit RFID-Sensoren, die Möglichkeiten der Datenerfassung und ein Vergleich der unterschiedlichen Messtechniken.

Für die Beschreibung des Trag- und Verformungsverhaltens der Brücke erfolgt derzeit eine umfassende Nachrechnung nach dem aktuellen Regelwerk (Nachrechnungsrichtlinie) und es wird ein FE-Modell zur Beschreibung des Trag- und Verformungsverhaltens erarbeitet. Ziel ist es, die vorhandenen strukturellen Defizite als Grundlage für ein Monitoring-Konzept zu definieren nach dem eine weitere Instrumentierung der Brücke erfolgt. Eine experimentelle Bewertung der Tragsicherheit ist geplant, dafür werden Belastungsversuche mit definiertem Fahrzeuggewicht und definierter Geschwindigkeit durchgeführt. Die Belastungstests werden einerseits für die Bewertung und Weiterentwicklung des FE-Modells und andererseits für die Analyse von Auswerteelementen des eingebauten Überwachungssystems [3] eingesetzt.

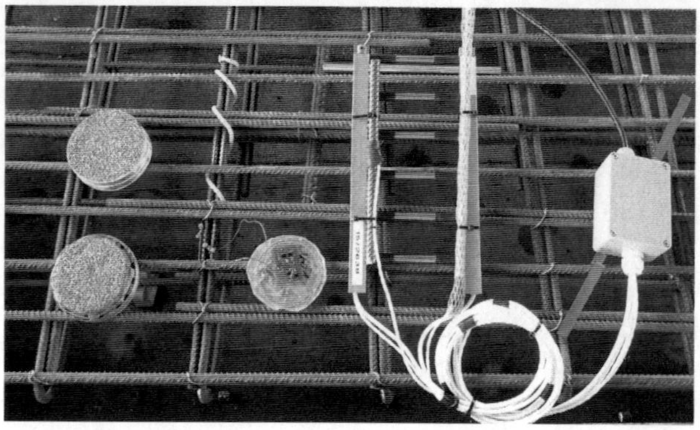

Abb. 7: Eingebaute Sensorik zur Erfassung von Dauerhaftigkeitsparametern

5. Online Sicherheitsmanagementsystem für Brücken (OSIMAB)

Ein weiteres BASt-Projekt mit dem Akronym OSIMAB zielt darauf ab, ein webbasiertes Risikomanagement-Tool zu entwickeln, das ein prädiktives Erhaltungsmanagement durch die Verknüpfung vorhandener Daten und Messdaten in Verbindung mit einem Systemmodell ermöglicht. Im Rahmen der zunehmenden Digitalisierung liegen bereits heute umfangreiche Daten aus dem Umfeld von Straßen vor. In diesem Zusammenhang sind die vorhandenen Struktur-, Verkehrs- und Klimadaten aufzulisten. Für Brückenbauwerke können zusätzliche Informationen mit Hilfe von statischen Überwachungssystemen gewonnen werden. Insgesamt ermöglicht dies einen innovativen Ansatz, strukturelle Defizite und Risiken frühzeitig zu erkennen und gegebenenfalls rechtzeitig Gegenmaßnahmen einzuleiten.

Bislang werden notwendige Erhaltungsmaßnahmen in der Regel auf Grundlage der diskreten Zustandsbeurteilung geplant, was häufig zu erheblichen und zum Teil langwierigen Nutzungseinschränkungen der betroffenen Strukturen führt. Im Unterschied dazu verfolgt OSIMAB einen ganzheitlichen Ansatz zur Überwachung und Zustandsbewertung von Straßenbrücken, der dem der Intelligenten Brücke entspricht, jedoch in erster Linie für bestehende Bauwerke gilt. Neben der Ermittlung und Bewertung des Ist-Zustandes sind Prognosen aus den gewonnenen Daten über die Struktur und deren zeitliche Veränderungen in Verbindung mit Vorhersagemodellen auf analytischer und numerischer Ebene zu erstellen.

Durch die anschließende Bewertung potenzieller Risiken und möglicher Maßnahmen zur Aufrechterhaltung bzw. Wiederherstellung der geplanten Zielzuverlässigkeit schafft OSIMAB eine Plattform, die eine frühzeitige Einführung von Maßnahmen zur Sicherstellung der Verfügbarkeit von Brücken durch einen ganzheitlichen Ansatz (Zusammenführung vorhandener Daten, neue zu erhebende Daten, spezielle Datenanalyseverfahren und Modellrechnungen) ermöglicht. Verkehrseinschränkungen werden minimiert und die Planung und Durchführung notwendiger Maßnahmen kann direkt oder mit ausreichender Vorlaufzeit erfolgen. Wichtige Aufgaben sind die Entwicklung und Kalibrierung von Sensorkonzepten, Systemmodellen und intelligenten Datenanalysemethoden auf Basis der umfangreichen vorhandenen Datengruppen sowie die Entwicklung von Risikoanalyse- und -management-Tools. Erste Ergebnisse werden 2018 vorgestellt.

6. Schlussfolgerungen

Mit Blick auf die erwähnten begrenzten Ressourcen und steigenden Anforderungen wird ein prädiktives Erhaltungsmanagement immer wichtiger. Das Konzept der Intelligenten Brücke basiert auf dem Erfassen und Bewerten von relevanten Informationen über eine Brückenkonstruktion und dies könnte in Zukunft eine wichtige Rolle im Erhaltungsmanagement spielen. Es ist zu beachten, dass die Intelligente Brücke als Ergänzung und nicht als Ersatz für die Brückenprüfungen dient. Zu berücksichtigen ist auch, dass Intelligente Brücken teure Lösungen sind und zusätzliche Kosten für Anschaffung, Betrieb und Wartung anfallen. Dennoch ergeben sich für die Betreiber von Brücken erhebliche Vorteile. Der wichtigste Vorteil ist der Zugewinn an Sicherheit. Sicherheitsrelevante Veränderungen werden erkannt, indem alle relevanten Informationen kurzfristig verfügbar gemacht werden können. Darüber hinaus ermöglicht die Eigenüberwachung relevanter Bauteile wie Lager und Fahrbahnübergänge eine Funktionskontrolle und Qualitätssicherung. Ein weiterer Vorteil des Einsatzes von Sensoren zur Beurteilung einer Brückenkonstruktion ist, dass die Ergebnisse objektiv sind und der Zustand der Brücke kontinuierlich ermittelt werden kann.

Durch die frühzeitige Erkennung sich entwickelnder Schäden können Erhaltungsmaßnahmen langfristig geplant werden. Auf der Grundlage von Zuverlässigkeitsbewertungen ist es möglich, die Verfügbarkeit von Brückenbauwerken zu sichern. Für ein netzbezogenes Erhaltungsmanagements kann der Zustand von Brücken gleicher Brückenart und Bauzeit abgeleitet werden. Grundsätzlich reicht eine begrenzte Anzahl Intelligenter Brücken im Netz aus, um das Bestandsnetz zu überwachen. Die Integration von Sensoren und Systemmodellen in ein zuverlässigkeitsbasiertes Erhaltungsmanagement bietet auch für die Bauwerksprüfung neue Möglichkeiten. So können frühzeitig Informationen über den Zustand von unzugänglichen Bauteilen zur Verfügung gestellt werden. Ein zukünftiges Instandhaltungsmanagementkonzept könnte wie folgt umgesetzt werden:

- Weiterhin regelmäßige Bauwerksprüfung nach DIN 1076, ggf. zuverlässigkeitsbasierte Brückeninspektion, eingehende objektbezogene Schadensanalyse, verstärkter Einsatz zerstörungsfreier Prüfverfahren, ggf. SHM.
- Ganzheitliche und lebenszyklusbezogene Monitoring- und Bewertungstechnologie für eine begrenzte Anzahl neuer Brücken zur Aktualisierung von Grenzwertfunktionen, für Systemanalysen, Prognosen und Erfahrungserfassungen.
- Kontinuierliche Mess- und Auswertetechnik für weniger robuste und hochbeanspruchte Bestandsbrücken zur Vorhersage kritischer Zustände, Ermittlung der aktuellen Zuverlässigkeit und Restlebensdauer.
- Prädiktives Erhaltungsmanagement mit präventiver Erhaltungsplanung. Das Ergebnis ist ein weitgehend reibungsloser Verkehr ohne Tragfähigkeitsdefizite. Mögliche Verkehrseinschränkungen im Falle einer baulichen Instandsetzung können selbstverständlich nicht vollständig ausgeschlossen werden.

7. Referenzen

[1] T. Neumann, P. Haardt: Intelligent Bridge – Adaptive Systems for Information and Holistic Evaluation in Real Time, *6th European Workshop on Structural Health Monitoring,* Dresden 2012

[2] S. Dabringhaus: First bridge with aspects of the „Intelligente Brücke" released for traffic, *7th Transport Research Arena TRA,* Wien 2018

[3] S. Dabringhaus, I. Hindersmann: Intelligente Brücke – Way into practice. *4th Conference on Smart Monitoring, Assessment and Rehabilitation of Civil Structures*, Zürich 2017

[4] P. Haardt: Die Intelligente Brücke im Digitalen Testfeld Autobahn. *Bautechnik* 94 (7) 2017, S. 438-444

Big Data

Timo HARTMANN [1]
[1] Technische Universität Berlin, Fachgebiet Systemtechnik baulicher Anlagen, Institut für Bauingenieurwesen, Berlin
Kontakt E-Mail: timo.hartmann@tu-berlin.de

Kurzfassung

Es scheint als ob die Möglichkeiten automatisch Daten über Bauwerke zu sammeln täglich steigt. Leider sind aber viele dieser automatischen Datensätze sehr groß, komplex, und schlecht strukturiert um sie zu einer gezielten Entscheidungsfindung zu benutzen. Zusätzlich kommt noch hinzu, dass kontinuierlich gemessene Daten natürlich sehr schnelllebig sind, alles Eigenschaften die normalerweise BIG Data charakterisieren. Der Vortrag wird kurz auf die generelle Idee hinter BIG Data eingehen, die im Grundsatz beinhaltet Daten über ein Produkt unter Gebrauch zu sammeln, um damit das Produkt besser zu machen.

Danach illustriere ich die Möglichkeiten der Datensammlung über das Verhalten des „Produktes“ Bauwerk unter Gebrauch an Hand einer Reihe von Beispiele von BIG Data Sammlungen aus unseren Forschungsprojekten im Bereich von Straße und Schiene. Die Beispiele zeigen eine Anzahl von verschiedenen Möglichkeiten zur Datensammlung von traditionellen Sensoren zu modernen mobilen Messverfahren. Weiter werden Messung von verschiedenen Datenarten, von geometrischen, dynamischen, bis über Daten über Gebrauchsoperationen besprochen. Auch auf die Möglichkeiten von Open Data auf die mehr und mehr frei und online zugegriffen werden kann wird kurz eingegangen.

Die Beispiele sollen einen guten Überblick über die Möglichkeiten zur automatisierten Datensammlung geben. Zusätzlich geben wir auch kurz Ideen zur Verarbeitung der Daten um die Bestandserhaltung zu unterstützen wird bei einigen der Beispiele kurz eingegangen. Zum Ende wird noch kurz auf die Möglichkeiten BIG DATA mit Methoden des maschinellen Lernens zu analysieren diskutiert.

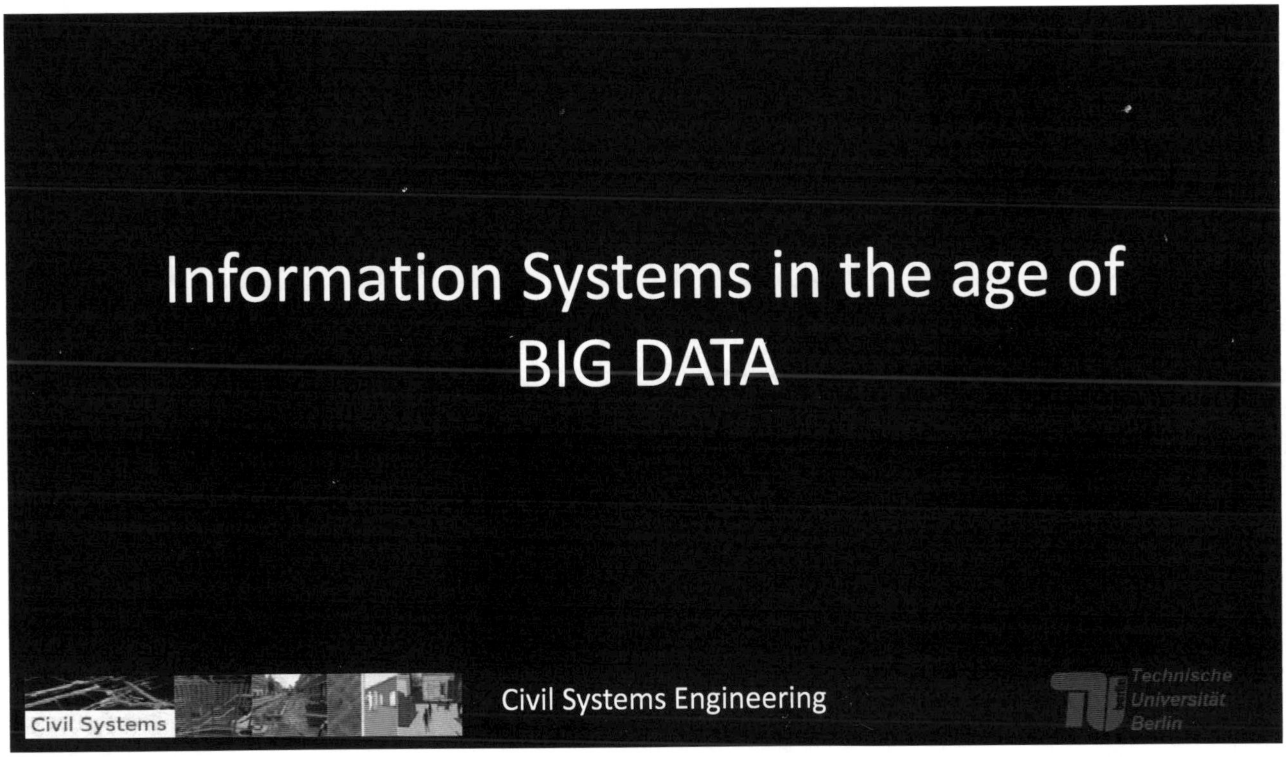
Information Systems in the age of
BIG DATA
Civil Systems
Civil Systems Engineering
Technische
Universität
Berlin

BIG DATA
the original idea
missing link: AI
Data
Users
Great
Product
Civil Systems
Civil Systems Engineering
Technische
Universität
Berlin

AI – the new electricity

Prof. Andrew Ng (Stanford):

Almost all industries will be disruptively transformed through AI in the coming years

Civil Systems Engineering

Spam

Civil Systems Engineering

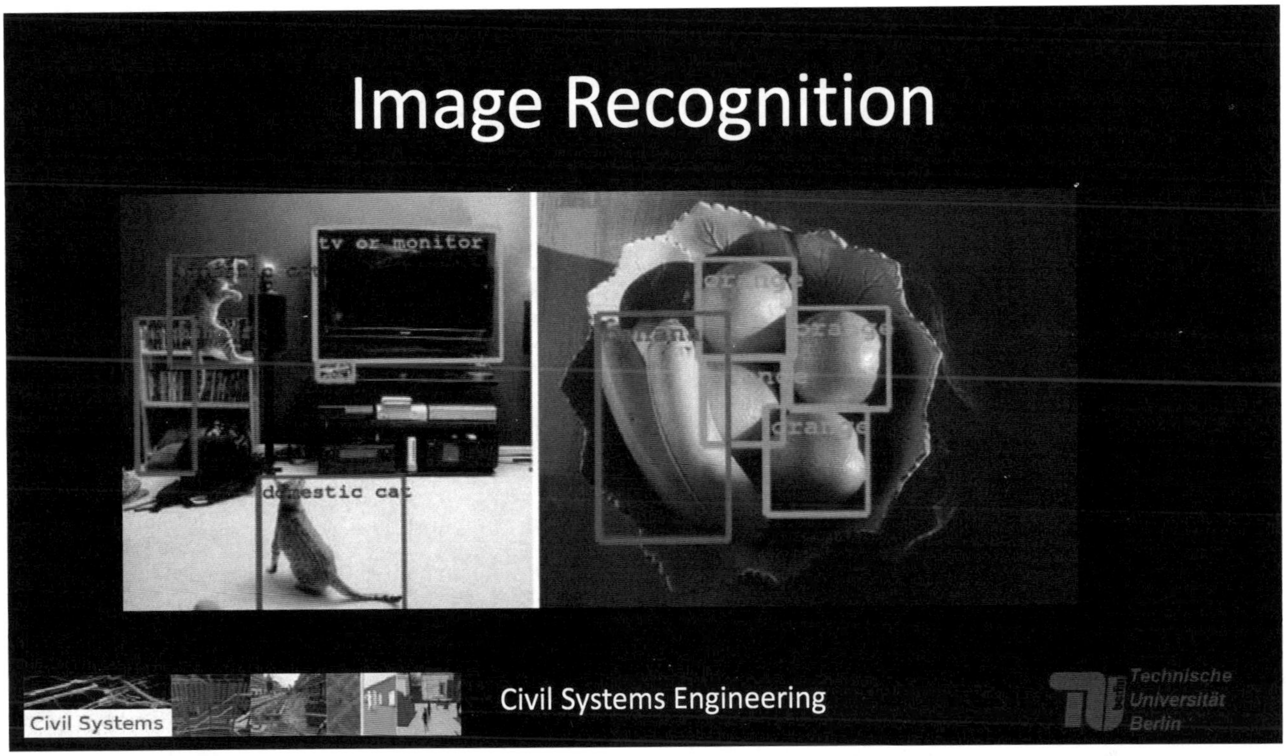
Image Recognition
tv or monitor
Civil Systems
Civil Systems Engineering
Technische
Universität
Berlin

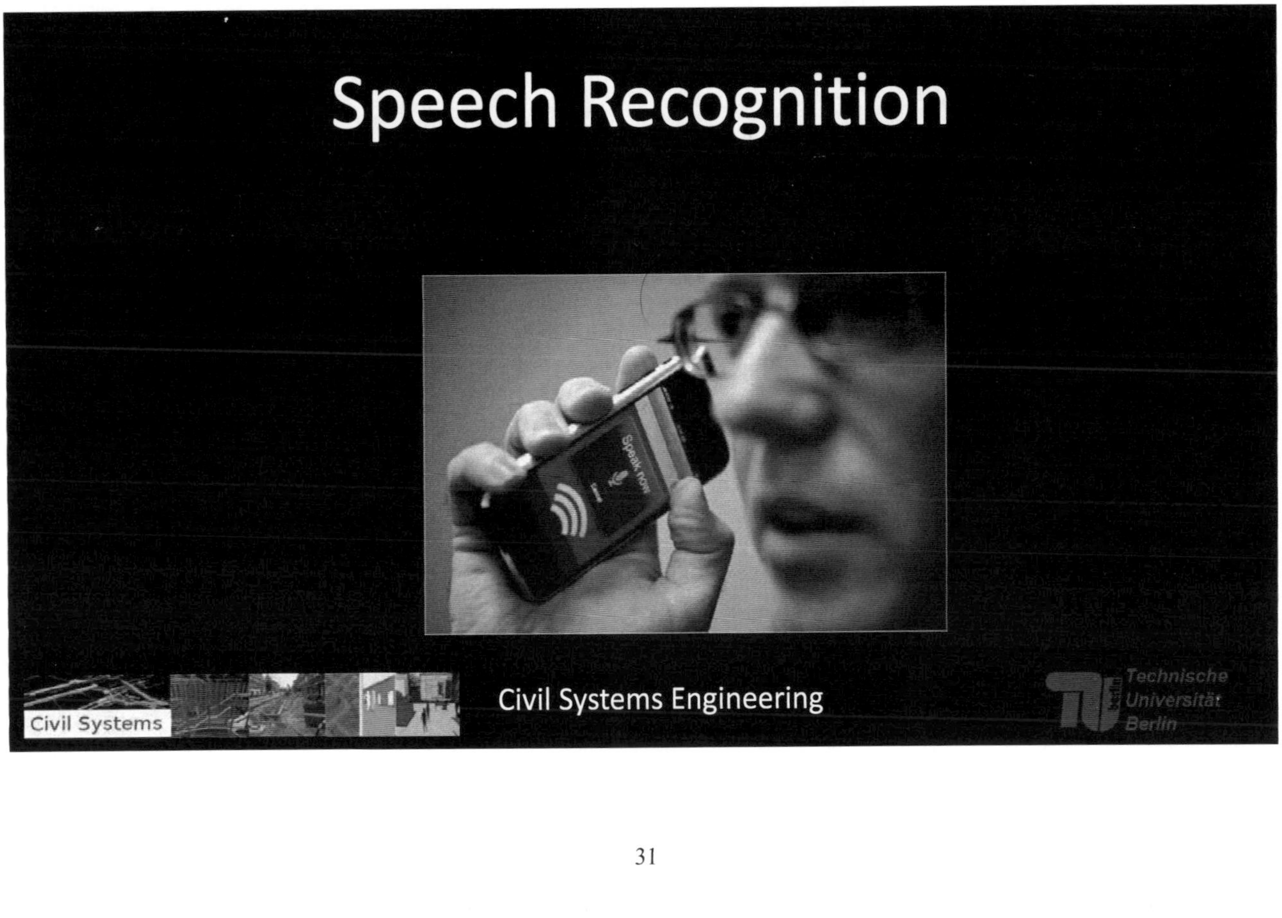
Speech Recognition
Speak now
Civil Systems
Civil Systems Engineering
Technische
Universität
Berlin

Example railway

Horizon 2020 projects:

- Destination Rail
- GoSafe
- SAFE10T

Civil Systems Civil Systems Engineering Technische Universität Berlin

DATA

Strain gauges

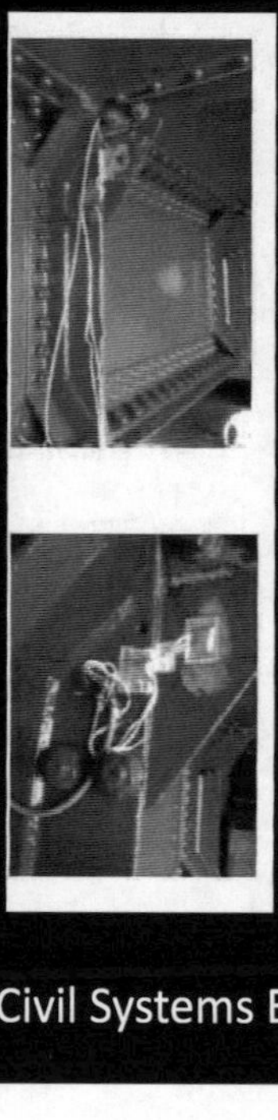

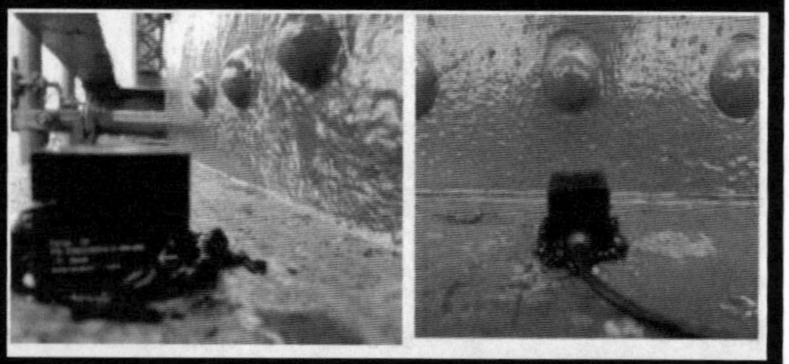

Accelerometers

Civil Systems Civil Systems Engineering Technische Universität Berlin

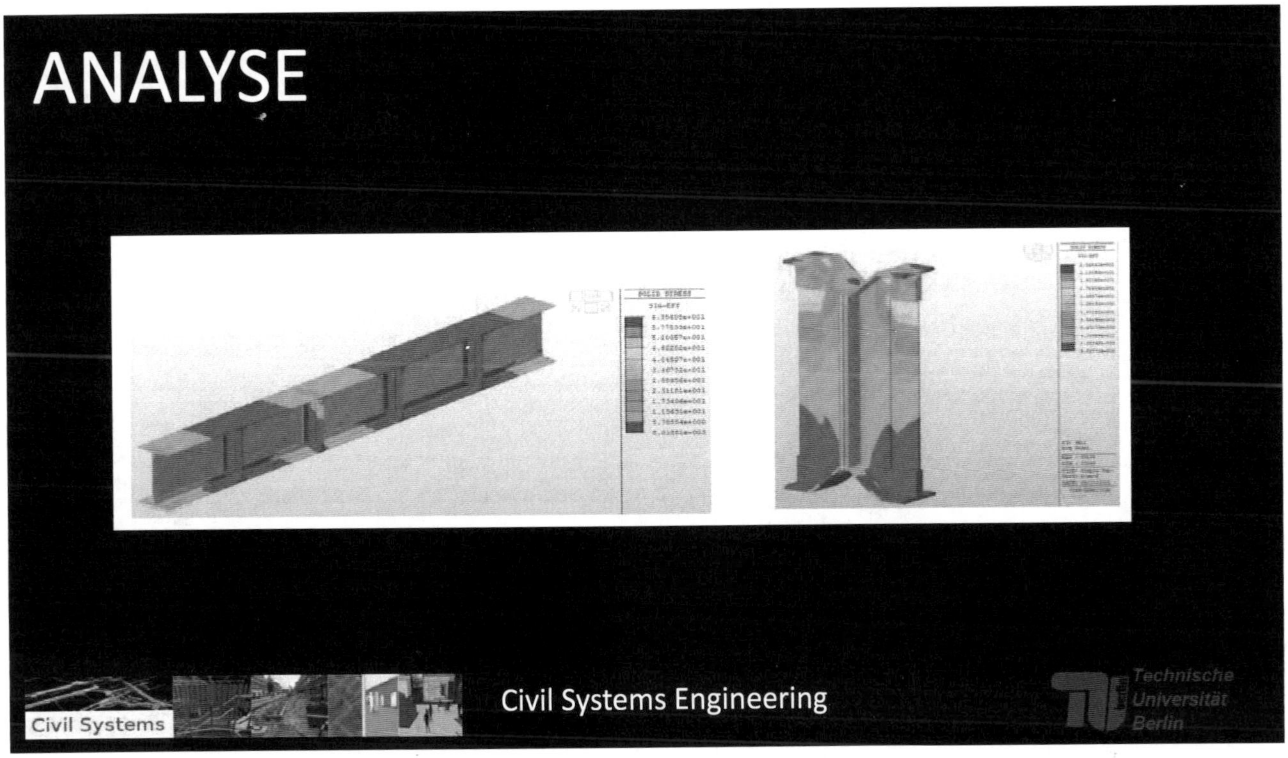
ANALYSE
Civil Systems
Civil Systems Engineering
Technische
Universität
Berlin

DATA
Ground Penetrating Radar
Radar
Civil Systems
Civil Systems Engineering
Technische
Universität
Berlin

ANALYSIS

Soil assessment, mesh up with bore probes

Figure C. numerical model to consider train-track interaction

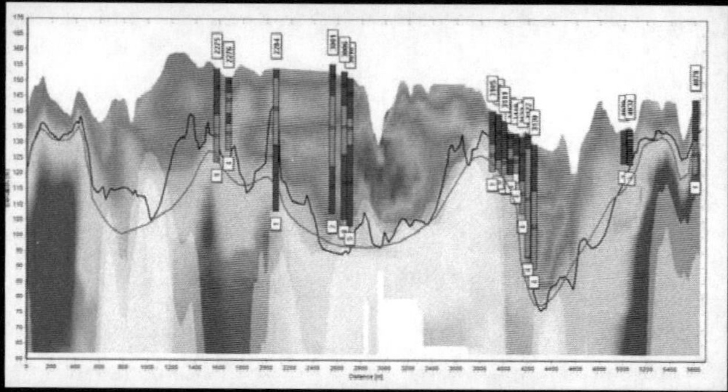

Civil Systems

Civil Systems Engineering

Technische Universität Berlin

DATA

Civil Systems

Civil Systems Engineering

Technische Universität Berlin

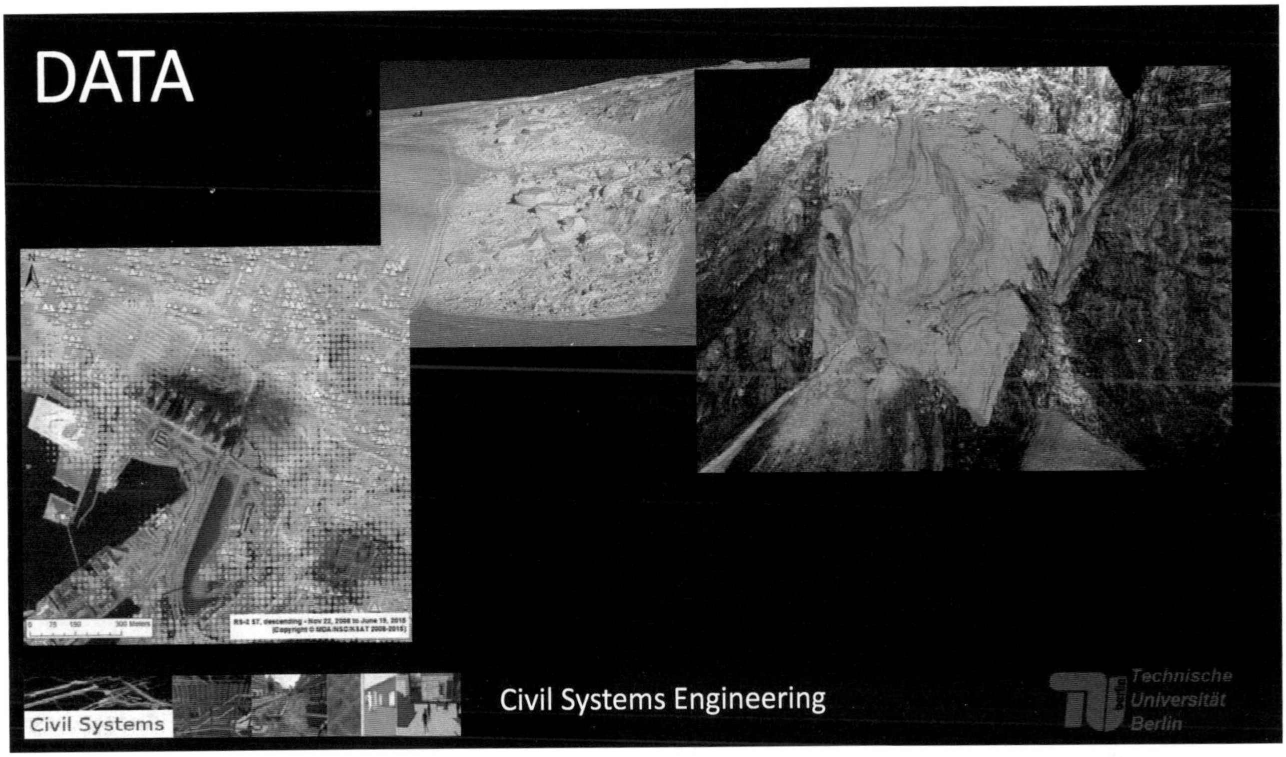
DATA
Civil Systems
Civil Systems Engineering
Technische
Universität
Berlin

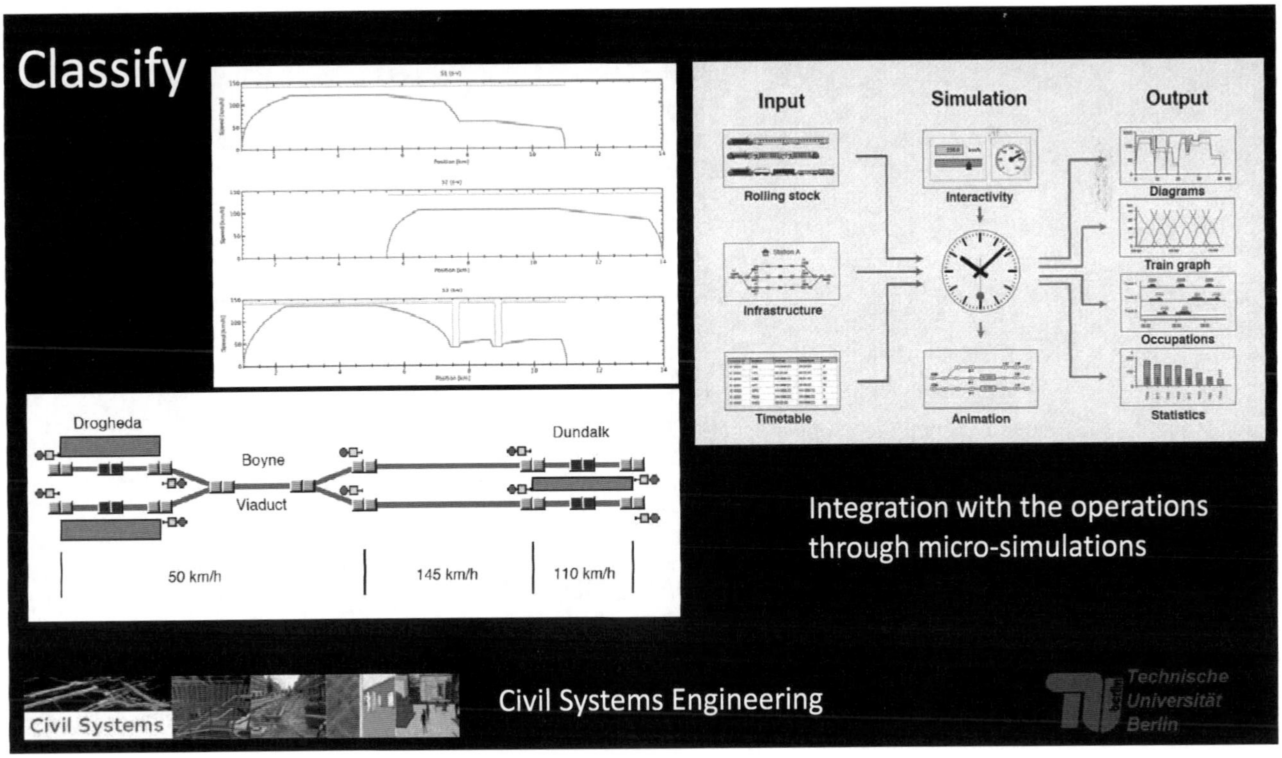
Classify
Input
Simulation
Output
Rolling stock
Interactivity
Diagrams
Train graph
Infrastructure
Occupations
Timetable
Animation
Statistics
Drogheda
Dundalk
Boyne
Viaduct
50 km/h
145 km/h
110 km/h
Integration with the operations
through micro-simulations
Civil Systems
Civil Systems Engineering
Technische
Universität
Berlin

Machine learning example - operations

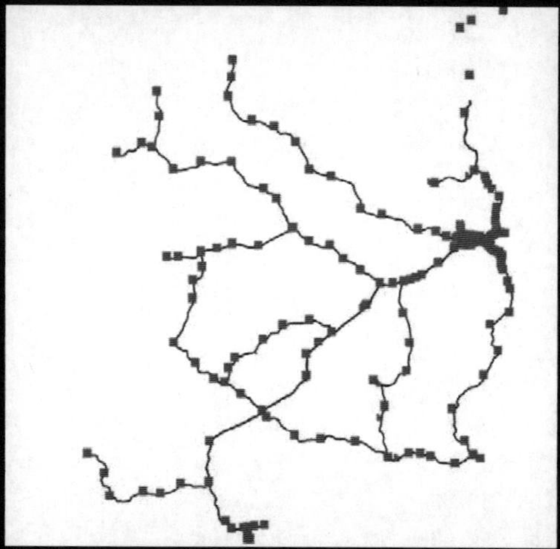

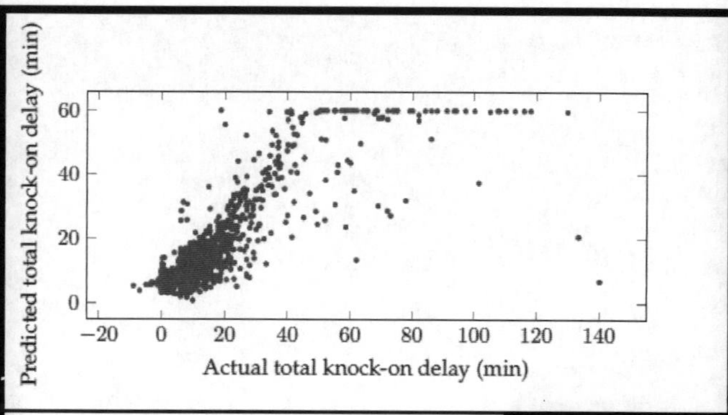

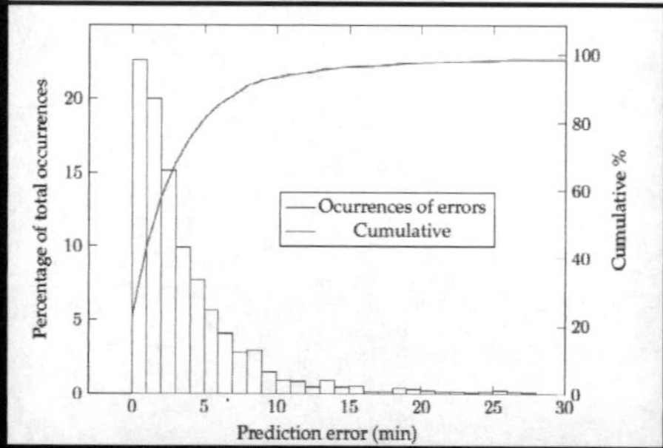

Civil Systems Engineering

Example Road

Civil Systems Engineering

Real Time Virtual Construction Site
Civil Systems
Civil Syste
7
Technische
Universität
Berlin

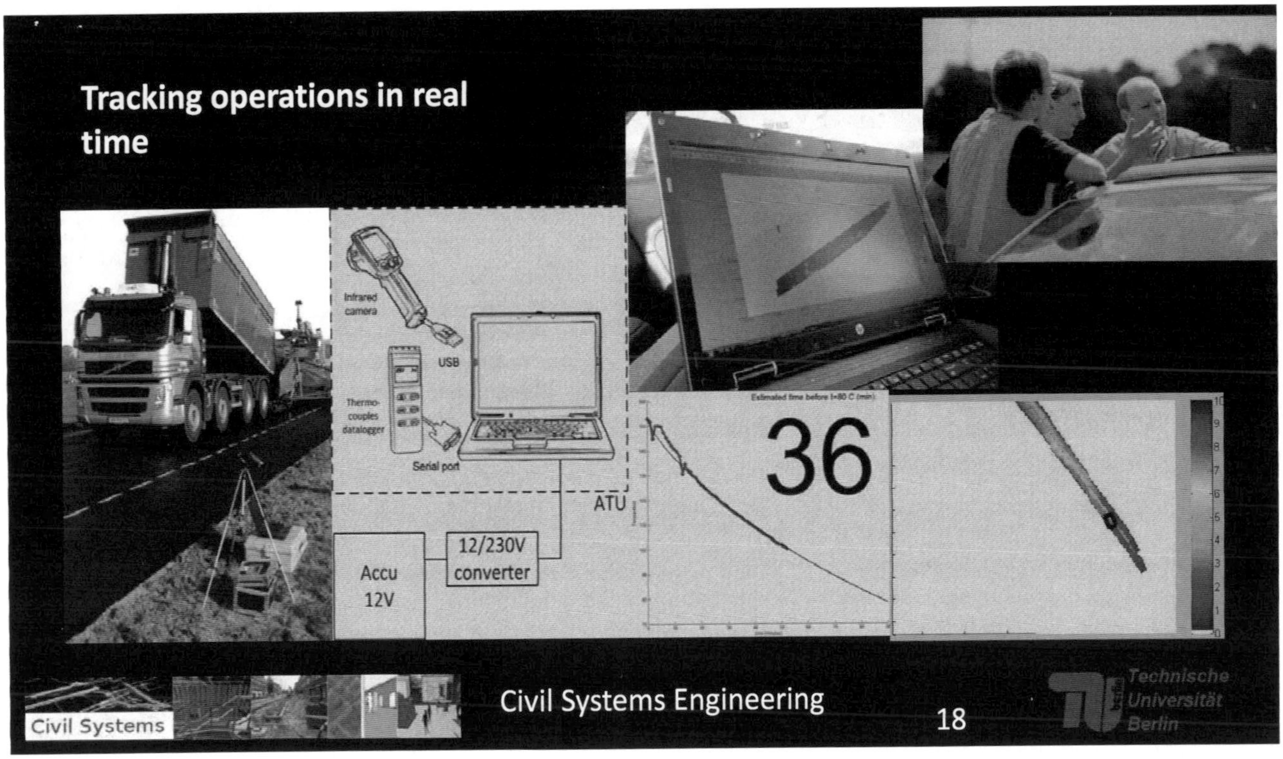
Tracking operations in real time
Infrared camera
USB
Thermo-couples datalogger
Serial port
ATU
Accu 12V
12/230V converter
36
Civil Systems
Civil Systems Engineering
18
Technische
Universität
Berlin

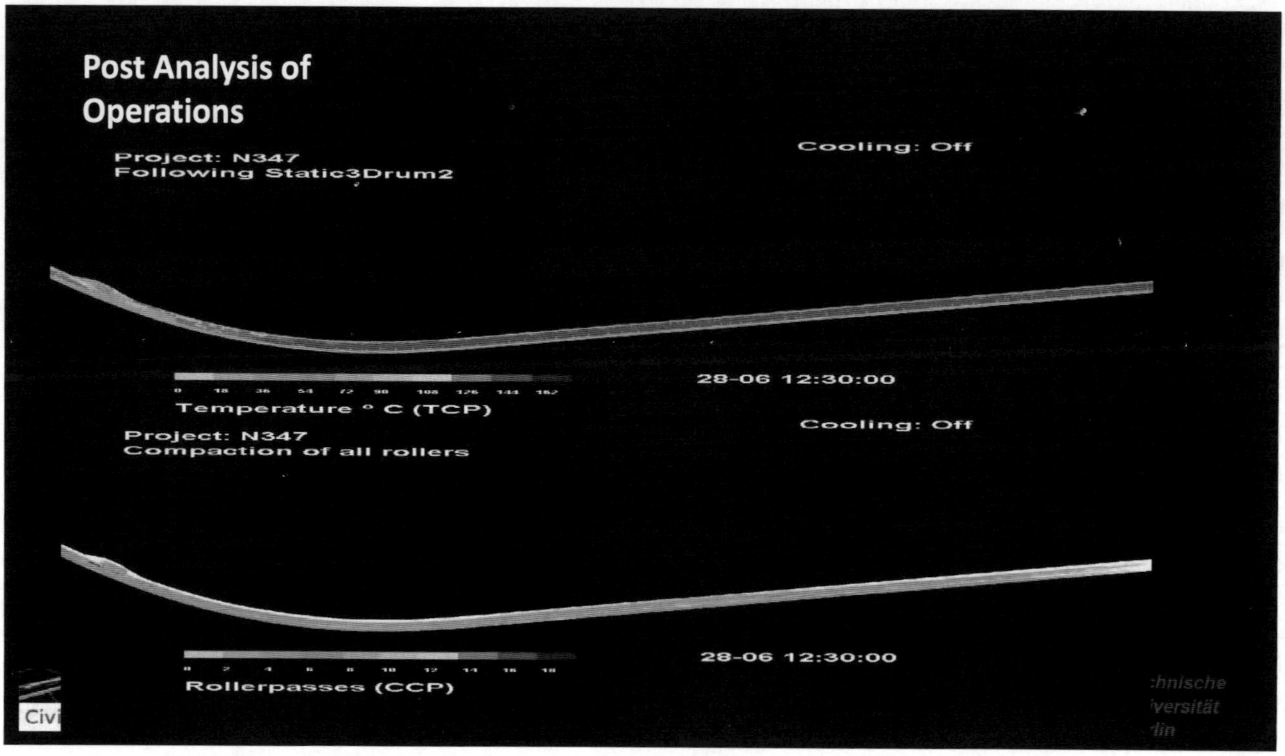
Post Analysis of Operations
Project: N347
Following Static3Drum2
Cooling: Off
28-06 12:30:00
Temperature ° C (TCP)
Project: N347
Compaction of all rollers
Cooling: Off
28-06 12:30:00
Rollerpasses (CCP)

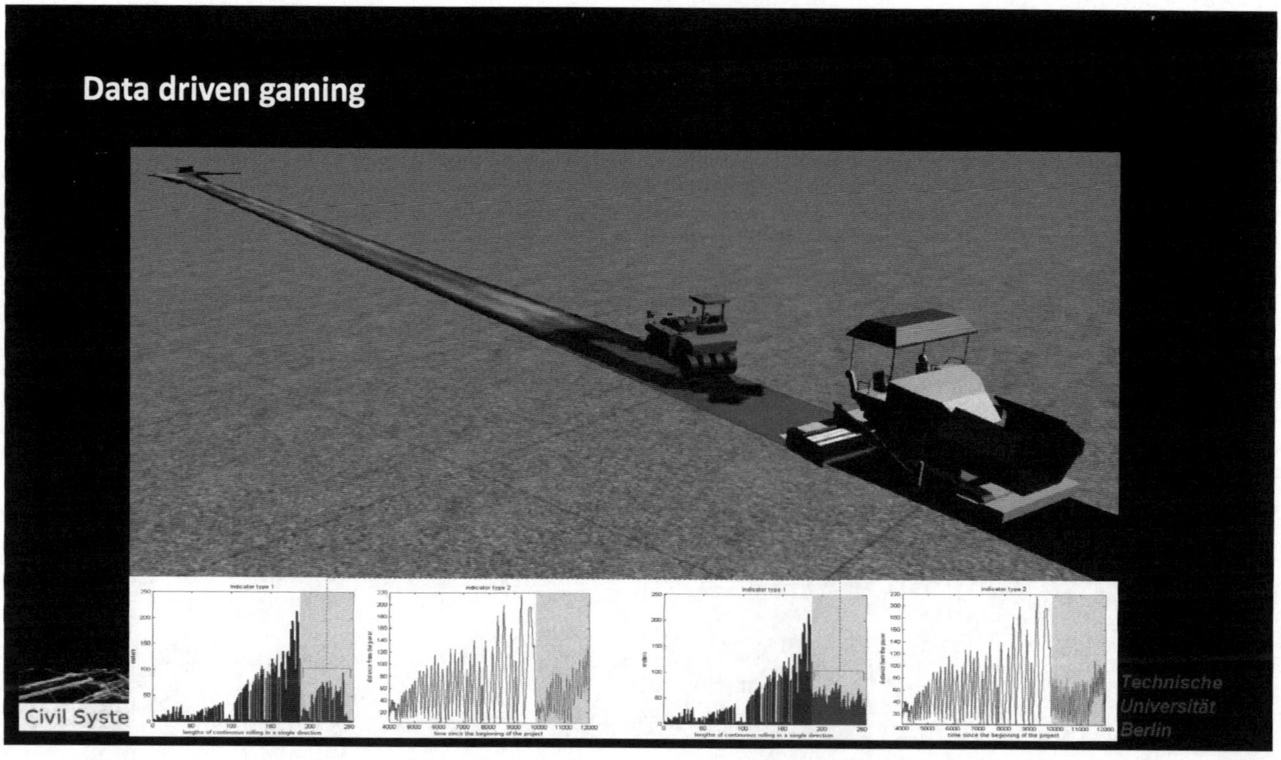
Data driven gaming
Technische
Universität
Berlin

Finding and presenting road failure

Type of model	Model structure	R^2
GMDH models	I-1	0.326
	I-2	0.592
	I-3	0.413
	I-4	0.661
ANN models	9-3-1	0.890
	9-4-1	0.662
	9-5-1	0.942
	9-6-1	0.905
	9-7-1	0.939
	9-8-1	0.824
	9-9-1	0.717
	9-20-1	0.957
	9-30-1	0.951
	9-50-1	0.955
	9-100-1	0.852
	9-10-10-1	0.905
	9-15-15-1	0.907
	9-30-30-1	0.942
	9-50-50-1	0.905
	9-10-10-10-1	0.844
	9-20-20-20-1	0.783
	9-50-30-20-1	0.862
	9-80-50-30-1	0.968
	9-100-30-20-1	0.774
	9-100-50-30-1	0.860

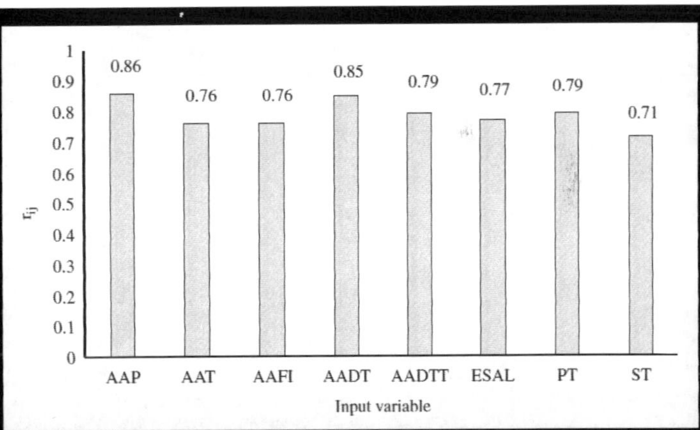

AAP – annual avg. Precipation
AAT – annual avg. Temperature
AAFI – Annual avg. Freeze rate
AADT – annual avg. Daily traffic
AADTT – annual avg. Daily truck traffic
ESAL – equivalent single axial load
PT – pavement thickness
ST – surface thickness

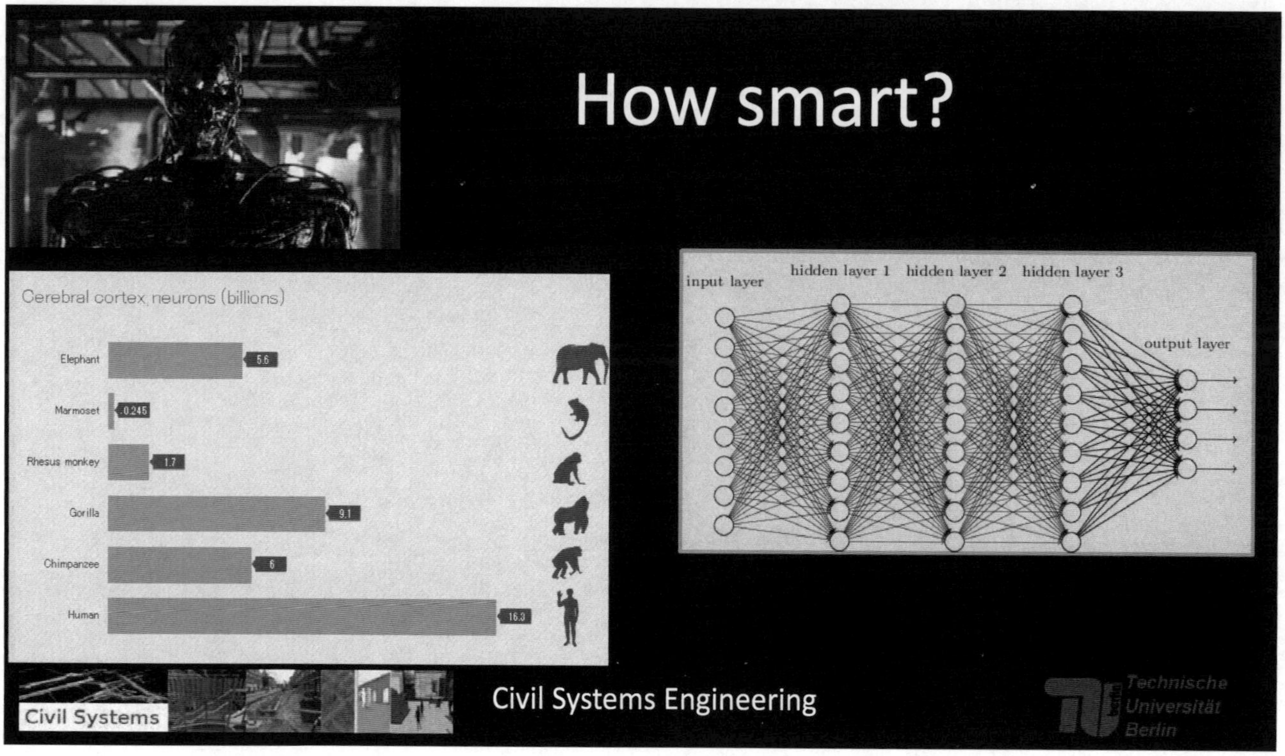
How smart?
Cerebral cortex neurons (billions)
Elephant
5.6
Marmoset
0.245
Rhesus monkey
1.7
Gorilla
9.1
Chimpanzee
6
Human
16.3
input layer
hidden layer 1
hidden layer 2
hidden layer 3
output layer
Civil Systems
Civil Systems Engineering
Technische Universität Berlin

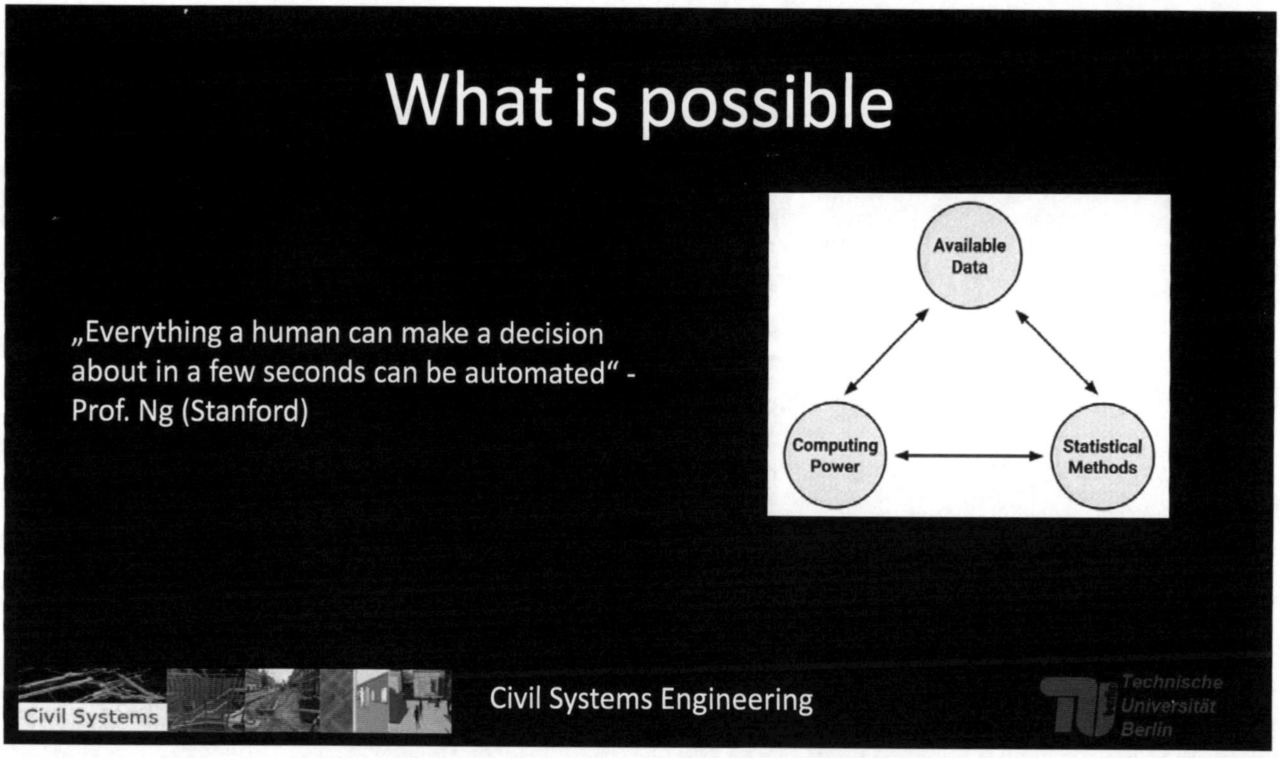
What is possible
„Everything a human can make a decision about in a few seconds can be automated" - Prof. Ng (Stanford)
Available Data
Computing Power
Statistical Methods
Civil Systems
Civil Systems Engineering
Technische Universität Berlin

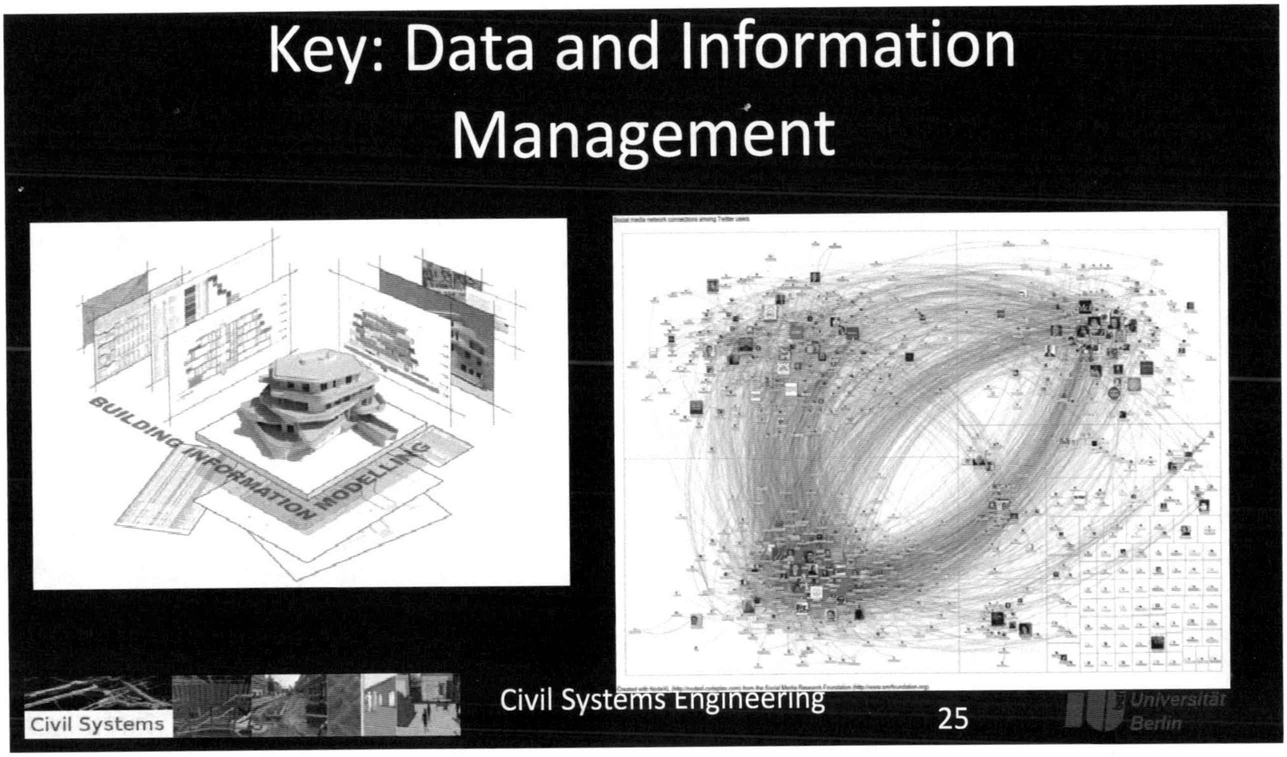
Key: Data and Information Management
BUILDING INFORMATION MODELLING
Civil Systems
Civil Systems Engineering
25
Universität
Berlin

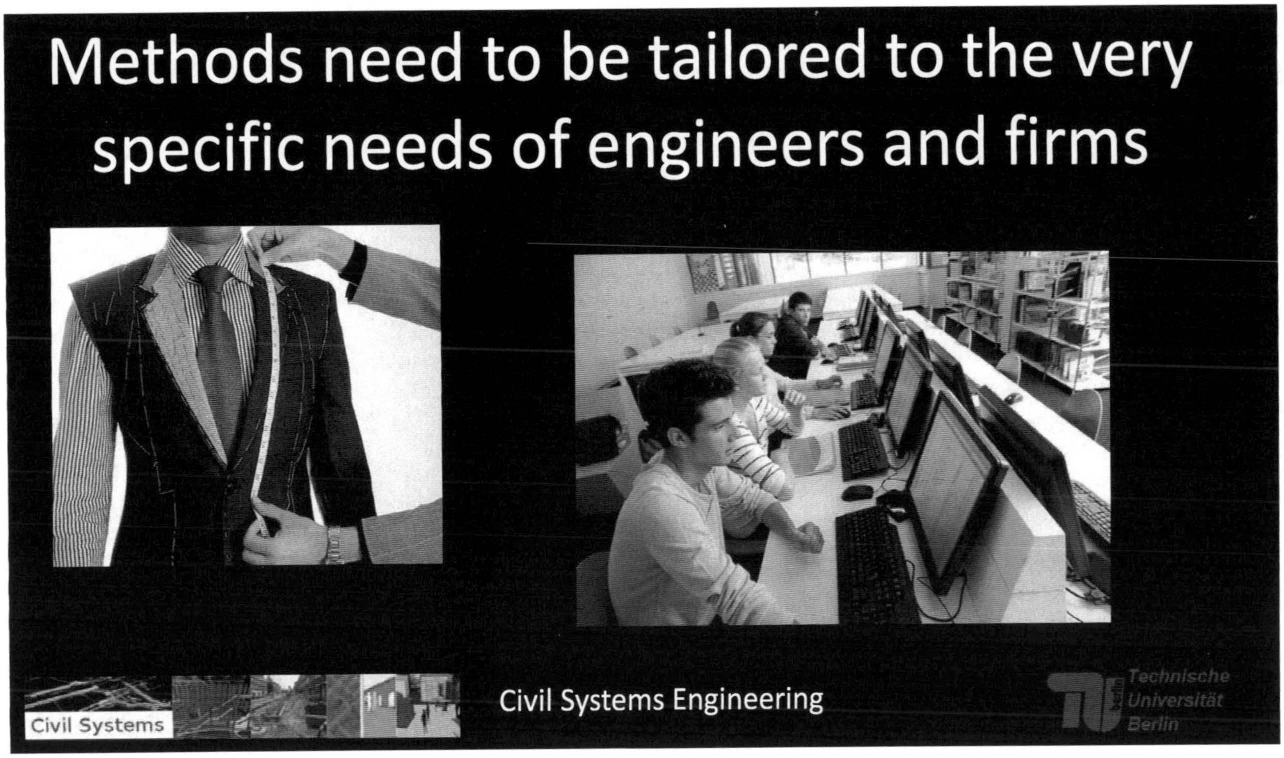
Methods need to be tailored to the very specific needs of engineers and firms
Civil Systems
Civil Systems Engineering
Technische
Universität
Berlin

Competetive Advantage

What is the next killer app?

Civil Systems

Civil Systems Engineering 27

Technische Universität Berlin

Zustandsbeurteilung von Ingenieurbauwerken mittels statischem und kinematischem Laserscanning

Werner LIENHART [1]
[1] Inst. f. Ingenieurgeodäsie und Messsysteme, Technische Universität Graz, Graz, Österreich
E-Mail: werner.lienhart@tugraz.at

Kurzfassung. Laserscanning hat sich in den letzten Jahren zu einem Standardverfahren zur schnellen und berührungslosen Geometrieerfassung von Objekten entwickelt. In diesem Beitrag wird die Einsatzfähigkeit von Laserscanning für die Zustandsbeurteilung von Ingenieurbauten diskutiert. Anhand von Fallbeispielen wird gezeigt, dass die große Punktdichte von Laserscannern gewinnbringend eingesetzt werden kann, um einerseits lokale Defekte zu erkennen und um andererseits durch die hohe Überbestimmung abgeleitete Parameter mit hoher Präzision zu bestimmen. Neben den Vorteilen werden aber auch typische Fehlerquellen aufgezeigt. Scanschatten, schwarze Löcher und Geisterbilder können die Brauchbarkeit von Punktwolken einschränken und ein Eindringen des Messstrahls in das Messobjekt die Daten sogar unbrauchbar machen.

Einführung

Im letzten Jahrzehnt hat sich Laserscanning zu einem Standardverfahren in der geodätischen Aufnahme entwickelt. Moderne Instrumente ermöglichen eine rasche Erfassung von 3D Punktwolken und die Verknüpfung von einzelnen 3D Punktwolken zu einer georeferenzierten Punktwolke ist mit heutigen Softwarepaketen durch wenige Mausklicke möglich. Die Modellierung der Punktwolke benötigt jedoch noch viele manuelle Schritte und ist besonders bei unregelmäßigen Objekten aufwändig. Wenn zusätzlich noch ein Vergleich zu einem Referenzmodell oder ein Vergleich zwischen unterschiedlichen Messepochen durchgeführt werden soll, dann ist das Ergebnis von der eingesetzten Sensorik, von der Aufnahmegeometrie, von der Auswertestrategie und vom Bediener der Softwarepakete abhängig. In diesem Beitrag wird anhand von Fallbeispielen der Einsatz von Laserscanning zur Zustandsbeurteilung von Ingenieurbauten diskutiert und mögliche Fehlerquellen werden aufgezeigt.

1. Heutiger Stand von geodätischem Laserscanning

1.1 Instrumentarium

Im Gegensatz zu den ersten Laserscannern ermöglichen heutige Instrumente sehr hohe Messraten, lange Reichweiten und dies bei einem niedrigen Messrauschen. Grundsätzlich gibt es spezielle Scanner für die Industriemessung, d.h. für kurze Reichweiten und mit einem Messrauschen im Bereich von 1/10 mm und Laserscanner mit langen Reichweiten von teilweise mehreren km und einem Messrauschen von mehreren mm bis cm. Tabelle 1 zeigt typische Spezifikationen anhand einer Auswahl von terrestrischen Laserscannern. Neben Laserscannern für Stative und Messpfeiler sind heute auch Laserscanner für die Montage auf Fahrzeugen, Flugzeugen und sogar Drohnen verfügbar. Für den Einsatz auf Drohnen ist vor allem ein geringes Gewicht des Laserscanners entscheidend, siehe z.B. [1]. Wenn sich die Laserscanner auf einer bewegten Plattform befinden, wird auch von mobilem oder kinematischen Laserscanning gesprochen.

Tabelle 1. Übersicht über die Spezifikationen einer Auswahl heutiger terrestrischer Laserscanner (Angaben laut den Datenblättern [2], [3] und [4])

Hersteller	Scanner	Maximale Messrate	Maximale Reichweite	Präzision der Distanzmessung
Leica Geosystems AG	P50	1 Million Punkte/Sekunde	> 1 km	3 mm + 10ppm im Long Range Modus
Riegl	VZ2000i	500 000 Punkte/Sekunde	2.5 km	3 mm
Surphaser	IR_100HQ	1 Million Punkte/Sekunde	35 m	0.07 mm @ 10 m

1.2 Auswertung

In der Auswertung müssen zuerst die Punktwolken einzelner Aufnahmeorte durch eine Registrierung zusammengefügt und in ein übergeordnetes Koordinatensystem transformiert werden. Für hohe Genauigkeitsansprüche werden diese Punktwolken meist durch eingescannte Referenzpunkte mit bekannten Koordinaten miteinander verknüpft.

Für die Zustandsbeurteilung von Ingenieurbauten ist vor allem ein Vergleich der tatsächlichen Ist-Geometrie eines Objektes mit einer Designgeometrie oder der Geometrie zu einem früheren Zeitpunkt von Interesse. Die Ableitung von Differenzen kann dabei in 2D durch einen Vergleich von einzelnen Profilen oder in 3D erfolgen. Für die 3D Auswertung sind verschiedene Ansätze möglich. Einerseits kann ein direkter Vergleich der Punktwolken (C2C, cloud to cloud) durchgeführt werden oder ein Vergleich mit einem vermaschten Modell. Hier ist eine weitere Unterteilung möglich. Es können Deformationen durch einen Vergleich einer Punktwolke mit einem vermaschten Modell (C2M, cloud to mesh), durch einen Vergleich zweier vermaschter Modelle (M2M, mesh to mesh) oder durch einen Vergleich einer geglätteten Punktwolke mit einem vermaschten Modell (M3C2) abgeleitet werden [5]. Grundsätzliches Problem dabei ist, dass unterschiedliche Ansätze unterschiedliche Ergebnisse liefern, sowie dass die einzelnen Ansätze in verschiedenen Softwarepaketen unterschiedlich implementiert sind. Dies ist insbesondere dann ein Problem, wenn bei Langzeitüberwachungen einzelne Epochen von unterschiedlichen Personen gemessen und ausgewertet werden.

1.3 Genauigkeitsaspekte

Ziel jedes Laserscans ist ein vollständiges digitales 3D Abbild eines Objektes. Die Vollständigkeit kann jedoch durch Scanschatten oder „schwarze Löcher“ reduziert werden. Scanschatten entstehen, wenn die direkte Sichtverbindung vom Laserscanner zum Objekt unterbrochen ist. Abbildung 1 zeigt Scanschatten bei einer Gebäudeaufnahme, verursacht durch Pflanzen und Gartenmöbel.

Weiters ist bei Laserscanning zu berücksichtigen, dass immer nur ein Teil des ausgestrahlten Signals zum Instrument zurückgestreut wird. Ein Großteil des Signals wird bei einer nichtorthogonalen Ausrichtung des Objektes in eine andere Richtung reflektiert. Im Extremfall reflektiert das Objekt so stark, dass kein Signal zum Instrument zurückgestreut wird. Abbildung 1 zeigt als Beispiel von schwarzen Löchern, dass bei den eingescannten Autos die Kennzeichen nicht in der Punktwolke enthalten sind.

Abb. 1. Scanschatten (rot) bei der Aufnahme (links) und „schwarze Löcher“ an der Position der Fahrzeugkennzeichnen, verursacht durch Totalreflexion (rechts)

Im Falle von Totalreflexion kann es auch vorkommen, dass der abgelenkte Messstrahl von einem anderen Objekt zurückreflektiert wird, siehe Abbildung 2-links. In diesem Fall wird eine Winkelmessung mit einer falschen Distanzmessung kombiniert und ein Geisterpunkt entsteht. Solche Probleme treten häufig bei Messungen in Industriehallen mit stark reflektierender Bodenoberfläche auf. Zu berücksichtigen ist weiters, dass der Laserstrahl einen Divergenzwinkel besitzt. Mit zunehmender Distanz nimmt die Größe des Fußabdrucks zu und wenn sich zwei Objekte nahe beieinander befinden, kann es zu einem gemischten Rücksignal kommen. Dadurch entstehen gemischte Distanzen (Abbildung 2-rechts) und in der 3D Punktwolke sind die typischen Kometenschweife sichtbar (Abbildung 3).

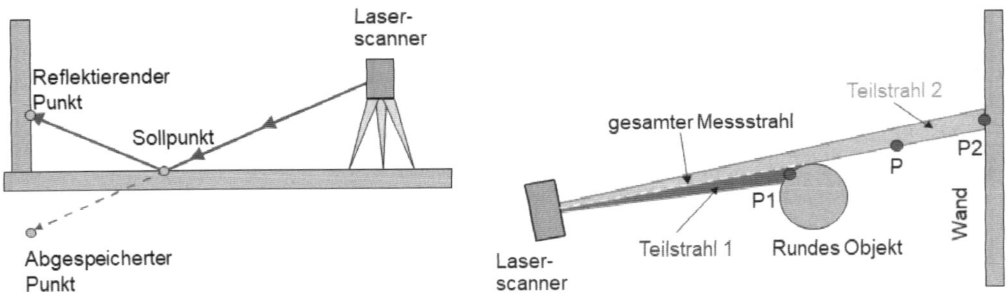

Abb. 2. Geisterpunkt verursacht durch Totalreflexion (links), und Kometenschweif, verursacht durch Rückstreuung an mehreren Objekten (rechts)

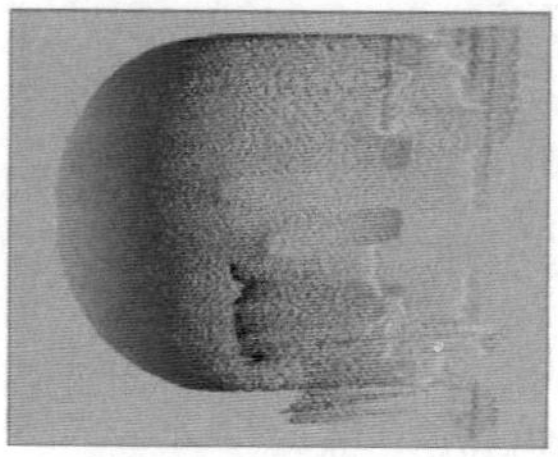

Abb. 3. Halbkugel vor einer Wand (links), Kometenschweif in der 3D Punktwolke (rechts)

Neben all den bereits diskutierten Fehlereinflüssen beeinflussen unter anderem das Material des Objektes, dessen Oberflächenrauigkeit und der Auftreffwinkel die erreichbare Präzision und Genauigkeit. Wie in [6] gezeigt, kann bei manchen Laserscannen aus den gemessenen Intensitäten des rückgestrahlten Signals auf die Messpräzision rückgeschlossen werden.

Schlussendlich darf auch bei Laserscanmessungen nicht vergessen werden, dass sich das Signal durch die Atmosphäre ausbreitet und daher sowohl die Ausbreitungsgeschwindigkeit des Laserlichtes als auch die Beugung des Messstrahls von den lokalen atmosphärischen Bedingungen abhängen [7].

2. Anwendungsbeispiele

Im Folgenden werden vier Anwendungsbeispiele vorgestellt. Im ersten Beispiel wird gezeigt, dass aus statischen Laserscandaten zuverlässig Deformationen und Neigungen abgeleitet werden können. Das zweite Beispiel Ziel konzentriert sich auf die hochauflösende Erfassung einer Druckrohrleitung. Im dritten Beispiel wird die Eindringtiefe des Laserstrahls diskutiert und im vierten Beispiel die Einsatzmöglichkeit von dynamischen Laserscanning gezeigt.

2.1 Dammbruchexperiment

Im Rahmen eines Dammbruchversuchs wurde vertikale Last auf einen Erddamm aufgebraucht und diese stufenweise erhöht. Mittels verschiedener geodätischer und faseroptischer Messverfahren sollte die Deformation der Oberfläche bestimmt werden [8]. Die Dammoberfläche wurde in jeder Laststufe mittels einer scannenden Totalstation eingescannt. Abbildung 4 zeigt den generellen Aufbau des Versuches und die Punktwolke eines Scans.

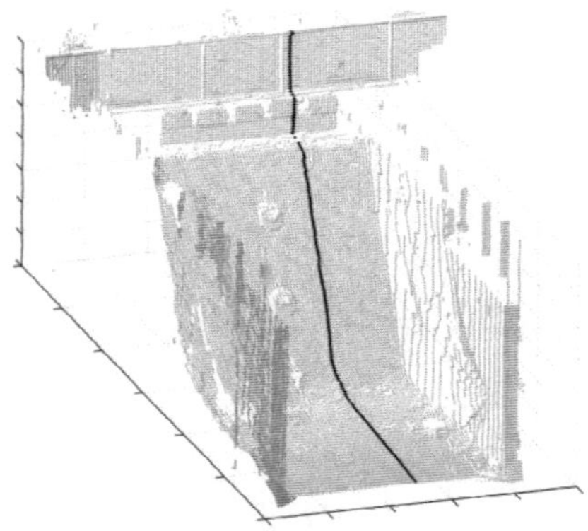

Abb. 4. Versuchsdamm und Position des Laserscanners (rechts), Punktwolke eines Scans mit gekennzeichnetem Profil in schwarz (rechts)

Die einzelnen Scanepochen wurden in 2D und in 3D ausgewertet. Für die 2D Auswertung wurden einzelne vertikale Profile durch die Punktwolke gelegt. Abbildung 5-links zeigt dasselbe Profil durch die erste Punktwolke zu Beginn des Experimentes und durch die Punktwolke am Ende des Experimentes. Die Deformationen sind zur besseren Veranschaulichung überhöht dargestellt. Erkennbar ist, dass der untere und der mittlere Teil des Dammes stabil bleiben. Im oberen Teil wird Material nach vorne geschoben. Teilweise rutschen einzelne Erdbrocken ab und sammeln sich im unteren Bereich des Dammes an. Ebenso zu erkennen ist, dass der lasteinbringende Stahlträger auch eine Deformation erfährt. Die flächenhafte Auswertung (Abbildung 5-rechts) zeigt ein ähnliches Bild. Zusätzlich erkennbar ist, dass im linken Bereich des Dammes die bewegte Zone weiter nach unten reicht. Dies ist dadurch begründet, dass in diesem Bereich die Verankerung des oberen Spinnankers weniger weit in den Damm hineinreichte.

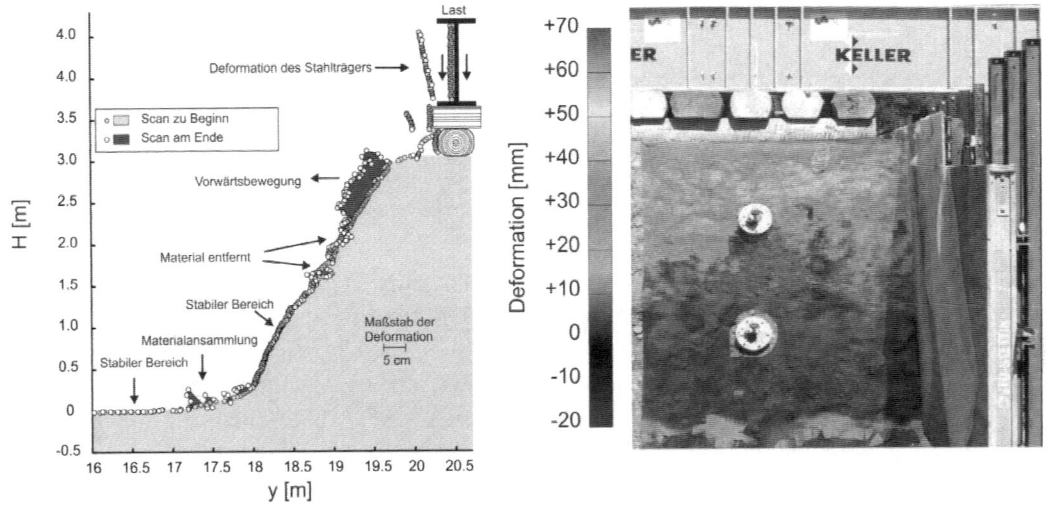

Abb. 5. Linienhafte (links) und flächenhafte (rechts) Deformationsauswertung zweier Punktwolken

Wie bereits erwähnt, erfuhr der Stahlträger ebenfalls eine Deformation. Die Deformation bestand zum Großteil aus einer Verkippung des Trägers. Der große Vorteil von Laserscandaten ist, dass, obwohl die Einzelmessungen höheres Messrauschen besitzen, durch die hohe Überbestimmung abgeleitete Größen mit wesentlich besserer Präzision abgeleitet werden können. Dies ist in Abbildung 6 dargestellt. In Abbildung 6-links sieht man die Lage des ursprünglich vertikalen Trägers am Ende des Experimentes. Da dieser Träger ebenfalls mitgescannt wurde, kann unter der Annahme einer reinen Starrkörperbewegung eine Regressionsgerade im Bereich des Trägers durch die Scandaten jeder Laststufe berechnet werden. Wenn man die Steigung der Regressionsgeraden aller Messepochen miteinander vergleicht, kann die Entwicklung der Neigungsänderung des Trägers bestimmt werden. Um die erreichbare Genauigkeit beurteilen zu können, wurde auf dem Träger ein konventioneller Neigungssensor montiert. Wie Abbildung 6-rechts zeigt, passen die aus den Scandaten abgeleiteten Neigungen sehr gut zu den direkt gemessenen Neigungen des Neigungssensors. Die Abweichungen sind typischerweise weniger als 0.1°.

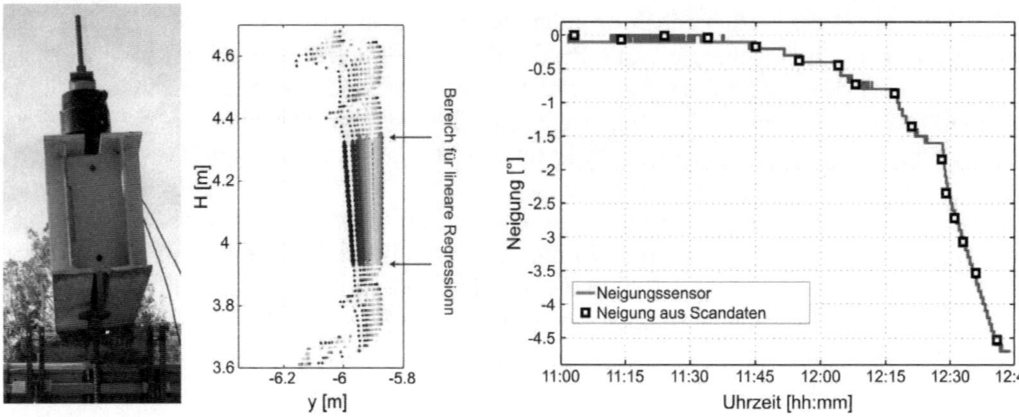

Abb. 6. Lage des Trägers am Ende des Experimentes (links), Profile aus den Scandaten im Bereich des Trägers, wobei die unterschiedlichen Farben unterschiedliche Messepochen darstellen (Mitte), Neigungsverlauf berechnet aus den Scandaten, gemessen mit einem Neigungssensor

2.2 Druckrohrleitung

Laserscanmessungen können auch zum Vergleich einer realen Geometrie mit einer Sollgeometrie herangezogen worden. Bei Druckrohrleitungen ist der Sollquerschnitt kreisförmig. Aufgrund der Herstellmethode der Rohre kann im Bereich der Schweißnaht jedoch eine Dachbildung entstehen. Die unterschiedliche Tangentenrichtung auf beiden Seiten der Schweißnaht, sowie der Versatz des Treffpunktes sind kritische Parameter zur Zustandsbeurteilung von Druckrohrleitungen, siehe Abbildung 7.

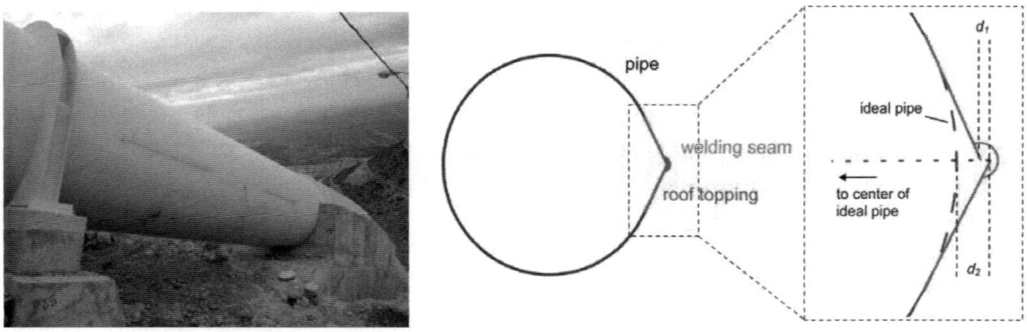

Abb. 7. Druckrohrleitung in steilem Gelände (links), Dachbildung (rechts)

Typischerweise werden diese Werte durch Kontaktmessungen durch punktuelle Abstandsmessungen mit Linearaufnehmern relativ zu vorgefertigten Profillehren bestimmt. Dies ist jedoch in steilem Gelände sehr aufwendig, da Zugangspodeste oder Leitern benötigt werden. Eine berührungslose Messung aus der Distanz mittels eines Laserscanners bietet hier signifikante Vorteile.

Zur Evaluierung der Methode wurden mehrere 100 Segmente einer Druckrohrleitung eingescannt. Jedes der Segmente ist 3 m lang und besitzt eine horizontale Schweißnaht, wobei die Schweißnähte aufeinanderfolgender Segmente auf unterschiedlichen Seiten angeordnet sind. Abbildung 8-links zeigt die Punktwolke einer Laserscanaufnahme. Für die Datenerfassung wurde in diesem Fall ein Industrielaserscanner mit hoher Auflösung und geringem Messrauschen eingesetzt. Die einzelnen Segmente wurden extrahiert und anschließend ein Zylinderfit durchgeführt. Die Daten wurden in weiterer Folge in ein Koordinatensystem mit der z-Achse in Zylinderrichtung transformiert, Abbildung 8-rechts. In diesem Koordinatensystem wurden horizontale Schnitte gelegt und diese zur weiteren Auswertung herangezogen.

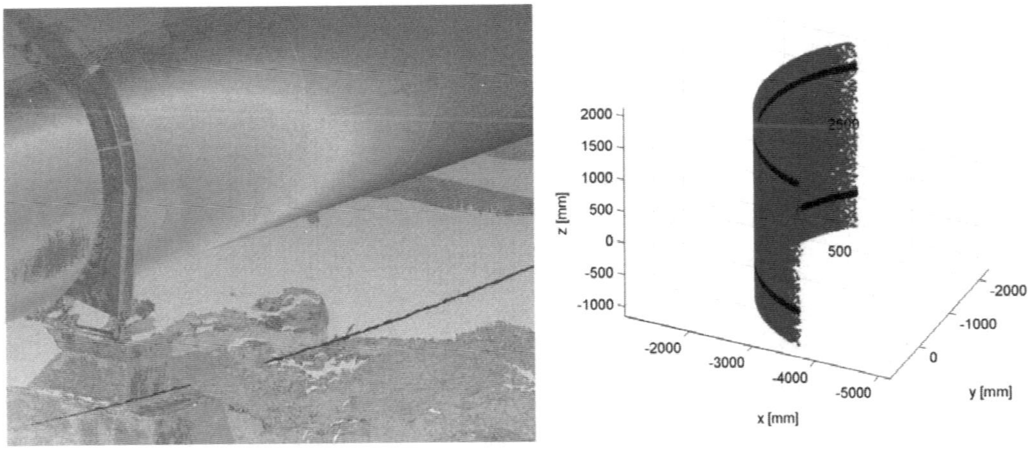

Abb. 8. Punktwolke eines Laserscans (links), Punktwolke eines Segments transformiert in ein Koordinatensystem, definiert durch einen Zylinderfit

Aus den Profildaten konnten die relevanten Parameter der Dachbildung abgeleitet werden. Abbildung 9 zeigt als Beispiel das Ergebnis einer Auswertung. In Abbildung 9-Mitte sind die Originaldaten des Profils dargestellt. Aufgrund der geringen Abweichungen von der Kreisform sind in dieser Abbildung die Abweichungen nur schwer zu erkennen. Daher wurde in Abbildung 9-rechts die x-Achse in einer anderen Skalierung dargestellt. Nun sind die Schweißnaht und eine leicht andere Krümmung in der Nähe der Schweißnaht gut zu erkennen. Ebenso erkennbar ist, dass das Messrauschen aufgrund der hohen Präzision des eingesetzten Industriescanners auch in dieser Abbildung nicht erkennbar ist.

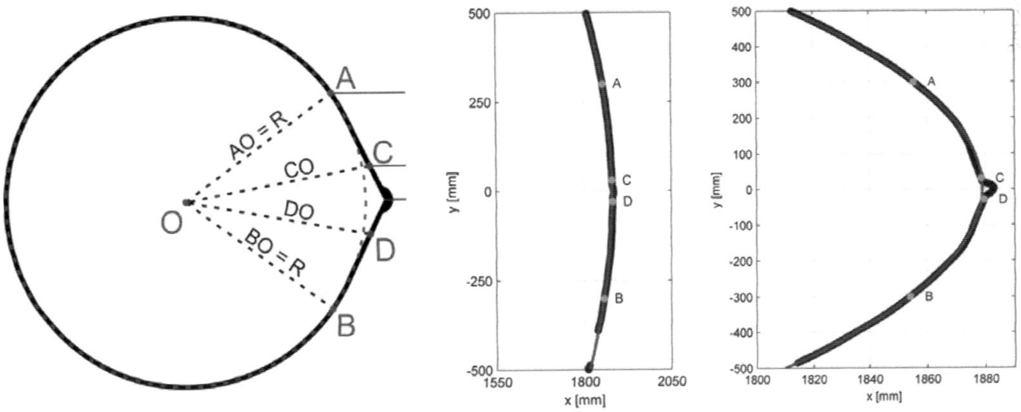

Abb. 9. Profil durch die Punktwolke; Skizze (links), Messdaten (Mitte), Messdaten dargestellt mit unterschiedlicher Skalierung von x- und y-Achse

2.3 Holzbalken

In den bisher gezeigten Anwendungen konnte Laserscanning erfolgreich zur Geometriebestimmung eingesetzt werden. Wie in Abschnitt 1 erwähnt ist die Qualität der Messdaten aber sehr stark vom Material des Objektes abhängig. Als Bespiel ist hier die Geometriebestimmung eines Holzbalkens dargestellt [9].

Abbildung 10-Mitte zeigt den eingemessenen Holzbalken mit einer Länge von ca. 40 cm und einer Breite von 16 cm. Abbildung 10-links zeigt das Intensitätsbild eines Laserscans. In diesem Intensitätsbild ist die Struktur des Holzes gut zu erkennen. Helle Werte bedeuten eine hohe Intensität, d.h. eine hohe Rückstreuung des Signals zum Instruments. In Bereichen mit dunkler Farbe wurde ein größerer Teil der Intensität entweder in andere Richtungen reflektiert oder ist in das Objekt eingedrungen. In Abbildung 10-rechts ist das Ergebnis einer flächenhaften Deformationsanalyse dargestellt. Erkennbar ist wiederum die Struktur des Balkens. Die Deformationen, berechnet in Bezug zu einer Ausgleichsebene, betragen ± 1 mm. Auch wenn das Ergebnis im ersten Blick schlüssig erscheint, zeigen mechanische Vergleichsmessungen und Messungen mit einem Lasertracker und Corner Cube Reflektor, dass die tatsächlichen Deformationen des Balkens nur im Bereich von ± 0.1 mm liegen. Aufgrund des unterschiedlichen Eindringverhaltens des Laserstrahls liefert die berührungslose Messung in diesem Fall keine zuverlässigen Ergebnisse.

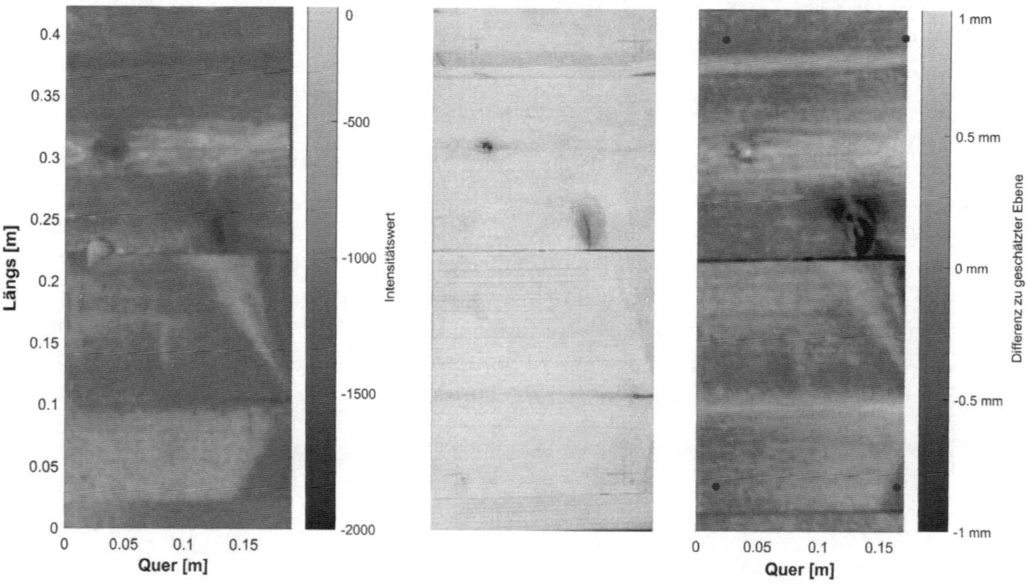

Abb. 10. Intensitätsbild (links), Foto des Holzbalkens (Mitte) und scheinbare Deformationen, abgeleitet aus den Scandaten (rechts)

Dies wird auch in Abbildung 11 gezeigt. Dargestellt sind die Abweichungen entlang eines Profils. Der Balken wurde dabei in zwei unterschiedlichen Orientierungen mit einem Scanner eingescannt und zusätzlich mit einem Lasertracker vermessen. Erkennbar ist, dass auch die Messungen des Scanners in beiden Lagen teilweise um mehr als 0.5 mm differieren. Generell werden bei den Laserscanmessungen die tatsächlichen Deformationen massiv überschätzt.

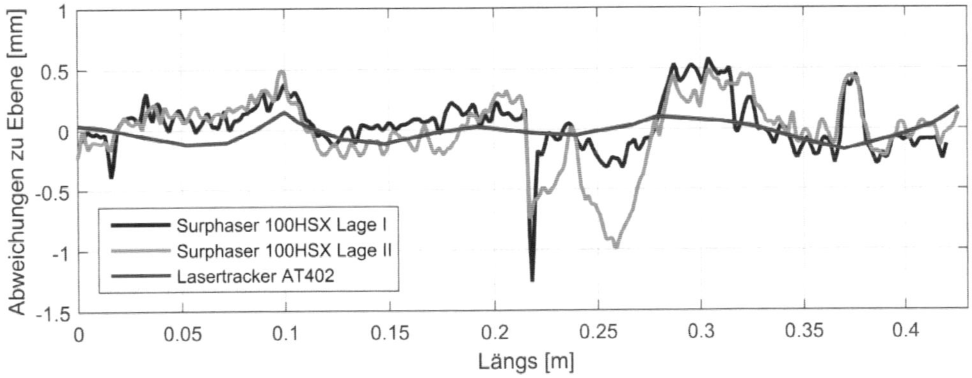

Abb. 11. Profil des Balkens abgeleitet aus den Laserscandaten in zwei unterschiedlichen Orientierungen des Balkens und bestimmt mittels Lasertracker und Corner Cube Reflektor

2.4 Stützmauern

Das abschließende Beispiel beschäftigt sich mit kinematischem Laserscanning. Durch Bewegung eines Scanners auf einer mobilen Plattform können in kurzer Zeit große Ingenieurbauten eingemessen werden. In der konkreten Anwendung werden im Rahmen eines Forschungsprojektes Stützmauern entlang der österreichischen Autobahnen in 3D erfasst. Beispiele von typischen Stützmauern im österreichischen Straßennetz zeigt Abbildung 12. Ziel ist die automatische Bestimmung von Neigungen bzw. Neigungsänderungen und die Detektion von Schäden wie Betonabplatzungen. Derzeit werden die Neigungen durch Messungen mit Totalstationen zu montierten Zielen auf den Stützmauern bestimmt. Dies ist zeitaufwendig und benötigt die Montage der Ziele und teilweise auch die Sperre von Autobahnspuren.

Abb. 12. Stützmauern im österreichischen Straßennetz und Aufnahme mit einer mobilen Messplattform

Um eine effizientere Aufnahme zu ermöglichen, setzen wir eine Messplattform, bestehend aus zwei Laserscannern, einer Inertialmesseinheit (IMU), einem geodätischen GNSS Empfänger mit Antenne, 6 Kameras und einem Odometer ein. Diese ist auf einem Standard-PKW montiert und die Messdaten werden bei Fahrgeschwindigkeiten von bis zu 100 km/h erfasst.

In der Auswertung werden zuerst durch relative GNSS Positionierung und mittels der IMU und Odometerdaten die Position und die Orientierung des Fahrzeugs bestimmt. In Kombination mit den Laserscandaten entstehen georeferenzierte Punktwolken, Abbildung 13-links. Zur Deformationsanalyse werden vertikale Profile orthogonal zur Fahrtrajektorie generiert. In diesen wird durch robuste Schätzverfahren die Neigung zuverlässig bestimmt. Wiederholte Fahrten haben gezeigt, dass die Neigungen, je nach Mauertyp, mit Präzisionen von <0.1° oder besser bestimmt werden können. Bei glatten Betonoberflächen ist sogar eine Präzision <0.01° möglich [10].

Die in der Neigungsberechnung ausgeschlossenen Daten können z.B. Vegetation, Einbauten oder Schäden wie Abplatzungen bedeuten. Dies ist in Abbildung 13-rechts ersichtlich. Durch eine Gruppierung der Abweichungen und unter Zuhilfenahme der Bildinformation kann eine Klassifizierung und eine Bestimmung der Größe von Schäden durchgeführt werden. Detaillierte Information zum Auswerteprozess kann [11] entnommen werden.

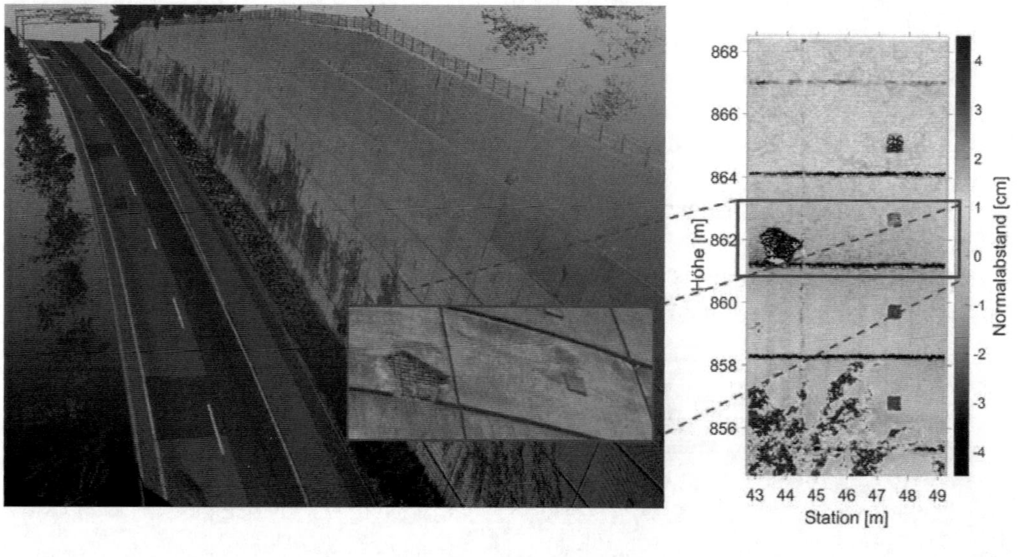

Abb. 13. Georeferenzierte Punktwolke (links), abgeleitete Deformationen (rechts) und bildunterstützte Schadensklassifizierung

3. Zusammenfassung

In diesem Artikel wurde gezeigt, dass mit Laserscannern auch große Objekte in kurzer Zeit effizient erfasst werden können. Für eine zuverlässige Zustandsbeurteilung sind jedoch die Fehlereinflüsse von Laserscannern zu berücksichtigen. Die Auswahl des richtigen Laserscanners für die jeweilige Anwendung ist entscheidend und eine sorgfältige Filterung, z.B. von Geisterpunkten, ist unbedingt erforderlich. Bei geeigneter Weiterverarbeitung kann die große Punktdichte von Laserscannern gewinnbringend eingesetzt werden, um einerseits lokale Defekte zu erkennen und um andererseits durch die hohe Überbestimmung abgeleitete Parameter mit hoher Präzision zu bestimmen. Auch wenn Laserscanning in vielen Fällen durch die rasche und berührungslose Erfassung Vorteile bringt, gibt es Anwendungen, in welchen das Messverfahren versagt. Dies ist insbesondere der Fall, wenn der Laserstahl in das Material des Objektes eindringt.

Danksagung

Wir möchten unseren Projektpartnern Keller Grundbau GmbH, AIT, TVFA, VÖBU, ÖBB, ASFINAG und FFG (Projektnr. 853446) für die Zusammenarbeit und finanzielle Unterstützung bei den erwähnten Projekten danken.

Referenzen

[1] Riegl: RIEGL miniVUX-1UAV, Datenblatt, 2017, 4 S.

[2] Leica Geosystems AG: Leica ScanStation P50, Datenblatt, 2017, 2 S.

[3] Riegl: RIEGL VZ-2000i, Datenblatt, 2017, 10 S.

[4] Surphaser: SURPHASER 100 HSX, Datenblatt, 2015, 2 S.

[5] Holst H., Schmitz B., Kuhlmann H.: TLS-basierte Deformationsanalyse unter Nutzung von Standardsoftware, In: DVW e.V. (Hrsg.): Terrestrisches Laserscanning 2016 (TLS 2016), DVW Schriftenreihe, Band 85/2016, Wißner-Verlag, Augsburg, 2016, 39-58.

[6] Wujanz D., Burger M., Mettenleiter M., Neitzel F.: An intensity-based stochastic model for terrestrial laser scanners, ISPRS Journal of Photogrammetry and Remote Sensing 125 (2017), 146–155.

[7] Lienhart W.: Geotechnical monitoring using total stations and laser scanners: critical aspects and solutions, Journal of Civil Structural Health Monitoring, 2017, 7(3), 315-324.

[8] Lackner S., Lienhart W., Supp G., Marte R: Geodetic and fibre optic measurements of a full-scale bi-axial compressional test, Survey Review, Volume 48, 2016 - Issue 347, 86-93

[9] Bauer P.: Formbestimmung von Holzelementen mittels Oberflächenmessung, Masterarbeit, TU Graz, 2017, 97 S.

[10] Lienhart W., Kalenjuk S., Ehrhart C.: Efficient and Large Scale Monitoring of Retaining Walls along Highways using a Mobile Mapping System. Proc. 8th Int. Conf. on Structural Health Monitoring of Intelligent Infrastructure – SHMII-8, Brisbane, Australia, 2017: RS3-11, 8 S.

[11] Lienhart W., Kalenjuk S.: Combined Laser Scanning and Image Based Monitoring of Large Infrastructure Objects. Proc. Int. Workshop on Structural Health Monitoring (IWSHM), Stanford, USA, 2017, 3147-3154

LIBS - Ein Tool zur Untersuchung der chemischen Zusammensetzung von Beton

Gerd WILSCH
BAM Bundesanstalt für Materialforschung und -prüfung, Berlin
Kontakt E-Mail: Gerd.Wilsch@bam.de

Kurzfassung

Die „Laser Induced Breakdown Spectroscopy“ (LIBS) bietet die Möglichkeit, direkt auf der optisch zugänglichen Oberfläche von Baustoffen 2-dimensional die Elementverteilung zu erfassen. Durch das zugrundeliegende Prinzip sind alle Elemente des Periodensystems detektierbar, auch leichte Elemente wie Wasserstoff oder Lithium. Einerseits können alle für die Zusammensetzung des Zementes und der Gesteinskörnung relevanten Elemente erfasst werden, andererseits auch die für Schädigungsprozesse in Beton wichtigen Elemente Chlor, Schwefel, Natrium, Kalium, Kohlenstoff und Stickstoff. Der Nachweis kann simultan erfolgen.

Der Vorteil des Verfahrens liegt in der einfachen Probenvorbereitung, der direkten Messung auf der Oberfläche des Festkörpers und der Schnelligkeit der Messung. Die Heterogenität von Beton wird im Ergebnis berücksichtigt. Die Konzentrationen von schädigenden Ionen lassen sich bezogen auf den Bindemittelgehalt angeben. LIBS liefert standardmäßig qualitative Werte. Durch Kalibrierung anhand von Referenzproben ist eine Quantifizierung der Ergebnisse möglich.

Das Potenzial des Verfahrens wird am Beispiel der Bestimmung der Chlorid-Verteilung in der Bindemittelmatrix vorgestellt. Andere Anwendungen sind die Bestimmung der Karbonatisierungstiefe, die Bestimmung des Eintrages von Alkalien oder die Bestimmung der Verteilung von Schwefel.

Das Verfahren kann im Labor zur Untersuchung einer großen Anzahl von Proben oder vor-Ort zur schnellen Entscheidungsfindung eingesetzt werden. Kommerzielle Geräte sind seit kurzem verfügbar.

Die örtliche Auflösung der Messung beträgt bis zu 0,1 mm × 0,1 mm. Ein Messpunkt hat einen Durchmesser von ca. 100 µm. Die Messfrequenz liegt bei 100 Hz. Als Ergebnis entstehen für jedes Element eine 2D-Darstellungen der Konzentration über der Messfläche. Der Scan eines Bohrkerns von 50 mm x 70 mm dauert bei einer Auflösung von 0,5 mm lateral und 1 mm vertikal ca. 7 min. Es können auch raue oder gebrochene Oberflächen durch Nachführung der z-Achse untersucht werden. Die Nachweisgrenze für die Bestimmung des Chlorgehaltes bezogen auf den Bindemittelgehalt liegt bei 0,03 M-%.

Der Unterausschuss LIBS im Bauwesen im FA ZfP im Bauwesen der DGZfP arbeitet an der Erstellung von Merkblättern und Regelwerken zur Anwendung des Verfahrens.

BAM
Bundesanstalt für Materialforschung und -prüfung

Sicherheit in Technik und Chemie

15.02.2018

LIBS - EIN TOOL ZUR UNTERSUCHUNG DER CHEMISCHEN ZUSAMMENSETZUNG VON BETON

G. Wilsch, C. Gottlieb, N. Sankat, S. Millar, T. Günther

BAM Bundesanstalt für Materialforschung und -prüfung, Berlin, Germany

Wesentliche Schädigungsprozesse

BAM

Korrosion der Bewehrung
Cl^- oder CO_2

Betonkorrosion
Sulfat-Angriff
$[SO_4]^{2-}$

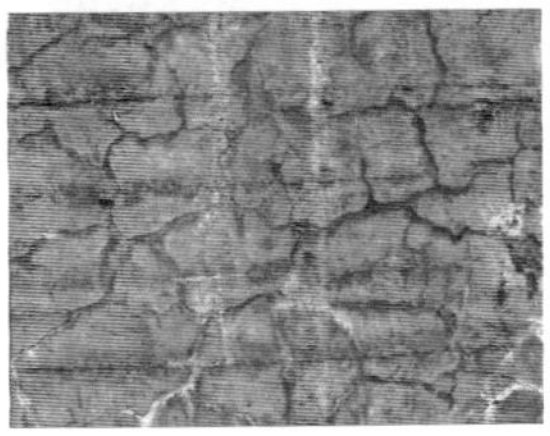

AKR
Wasser, reaktive GK und Alkalien, vor allem Na

Entnahme der Proben

Standard-Methode
Information über Heterogenität geht verloren

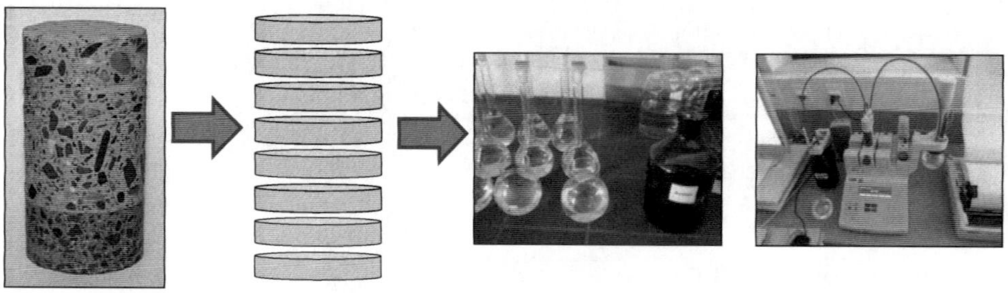

LIBS – Ergänzung zu Standardverfahren

BAM

- Schnelle Analyse für alle Elemente
- Multi-Element Verfahren
- Direkte Messung an der Oberfläche der Probe
- Scannend, örtliche Auflösung: sub-mm-Bereich
- Quantitative Messung
- Automatisierte Messung
- Auswertung in Realtime
- Die Heterogenität wird berücksichtigt (Zement/Gesteinskörnung)

15.02.2018 Fachtagung Bauwerksdiagnose 5

BAM

Prinzip und Labor-Setup

15.02.2018 Fachtagung Bauwerksdiagnose 6

Was ist LIBS? - Prinzip

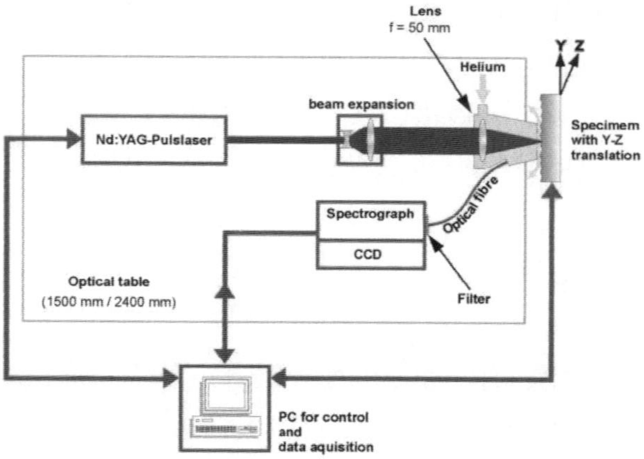

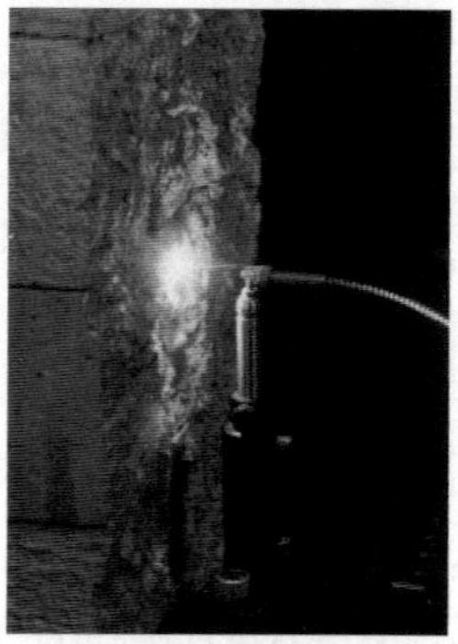

Laser Pulslänge <= 10 ns
Plasma-Lebensdauer > 100 μs

Was ist LIBS? - Prinzip

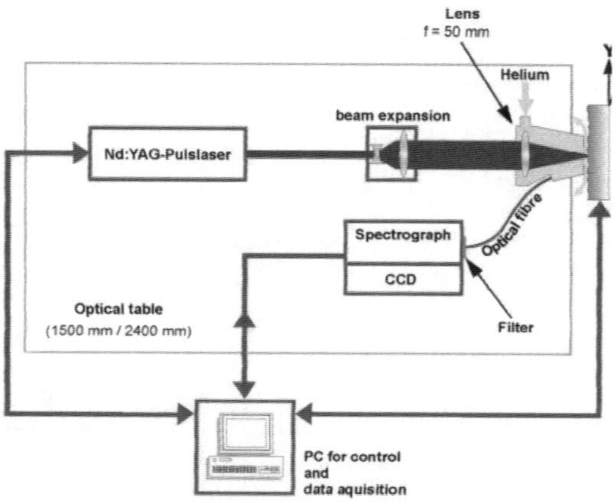

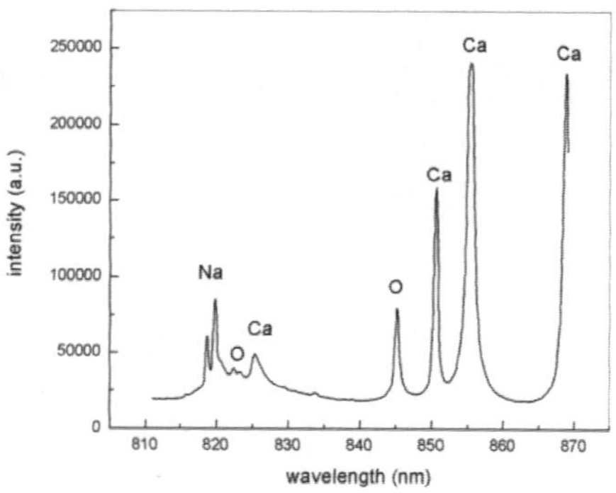

typisches Spektrum
gemessen an Beton

Was ist LIBS? - Prinzip

BAM

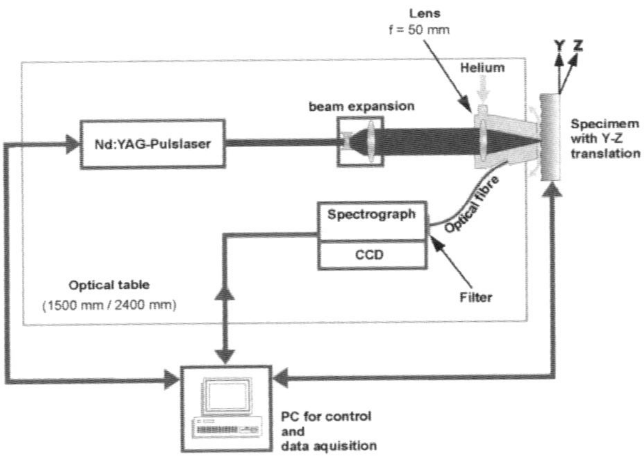

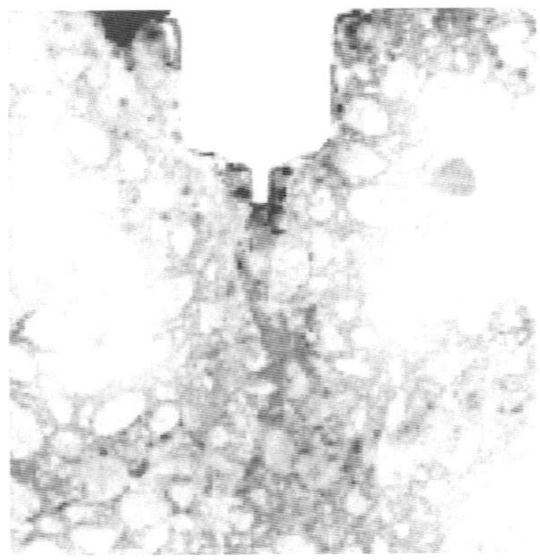

2-D Element-Landkarte
(Cl-Verteilung in rot)

15.02.2018 Fachtagung Bauwerksdiagnose 9

Probe auf Verfahrtisch und Messkopf

BAM

15.02.2018 Fachtagung Bauwerksdiagnose 10

Messzeit versus Auflösung

BAM

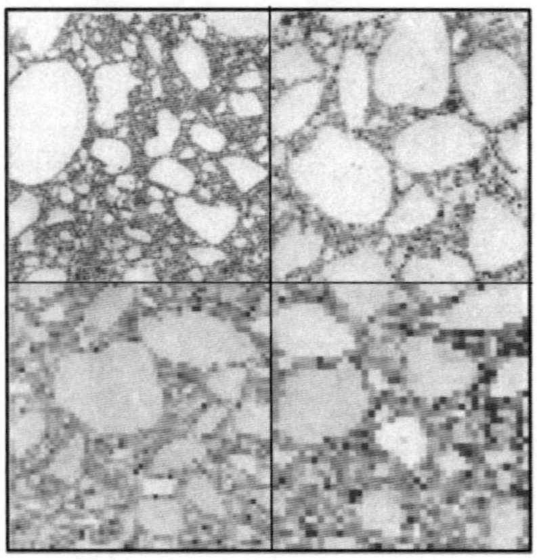

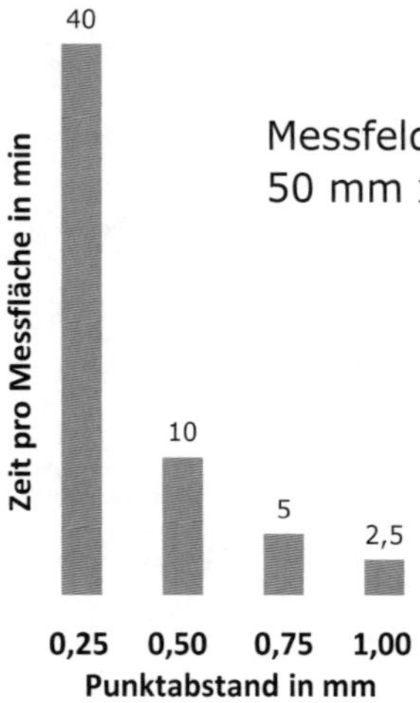

Messfeld je
50 mm x 50 mm

LIBS – alle Elemente (gleichzeitig) erfassen

BAM

H																	He
Li	Be											B	C	N	O	F	Ne
Na	Mg											Al	Si	P	S	Cl	Ar
K	Ca	Sc	Ti	V	Cr	Mn	Fe	Co	Ni	Cu	Zn	Ga	Ge	As	Se	Br	Kr
Rb	Sr	Y	Zr	Nb	Mo	Tc	Ru	Rh	Pd	Ag	Cd	In	Sn	Sb	Te	I	Xe
Cs	Ba	La	Hf	Ta	W	Re	Os	Ir	Pt	Au	Hg	Tl	Pb	Bi	Po	At	Rn
Fr	Ra	Ac	Rf	Db	Sg	Bh	Hs	Mt									
				Ce	Pr	Nd	Pm	Sm	Eu	Gd	Tb	Dv	Ho	Er	Tm	Yb	Lu
				Th	Pa	U	Np	Pu	Am	Cm	Bk	Cf	Es	Fm	Md	No	Lr

Normaler Aufwand – Ca, Na, K, Li, Si, Al, Fe, Mg, H, O

Erhöhter Aufwand – C, N, Ti, Ni

Herausforderung – Cl, S

Typisches Ergebnis einer Messung

BAM

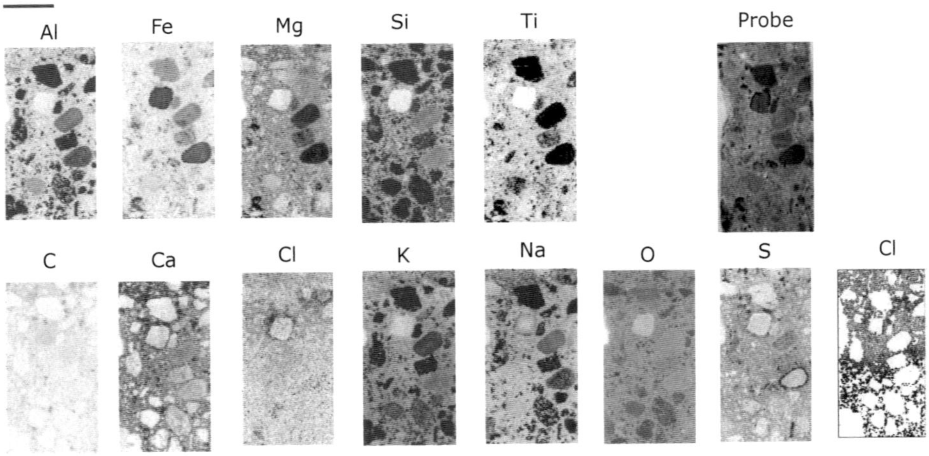

15.02.2018 Fachtagung Bauwerksdiagnose 13

BAM

Bestimmung der Chlorkonzentration

15.02.2018 Fachtagung Bauwerksdiagnose 14

Typisches Spektrum – Cl in Beton

BAM

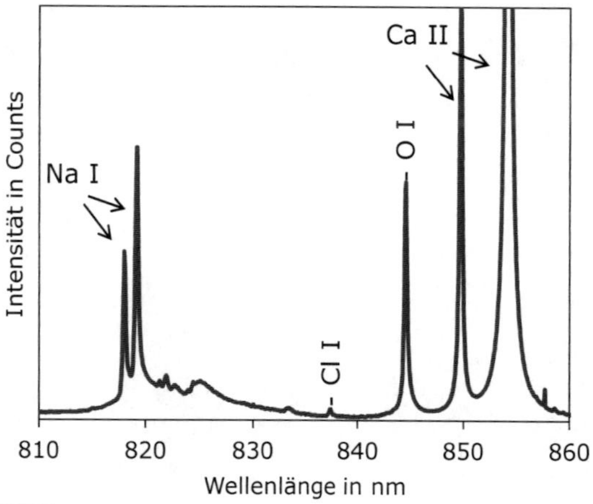

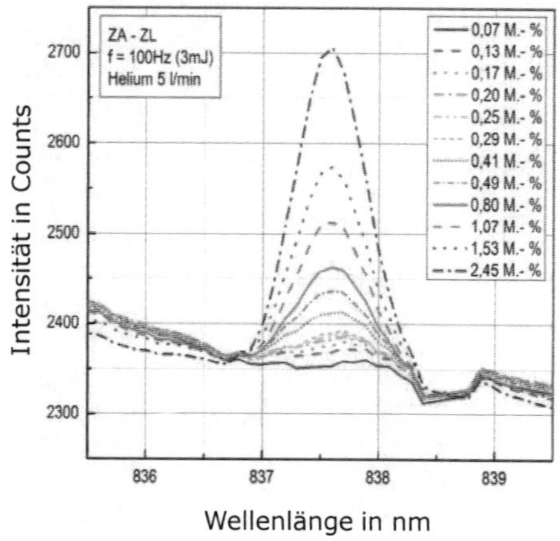

Kalibrierung für Cl nach DIN 32465

BAM

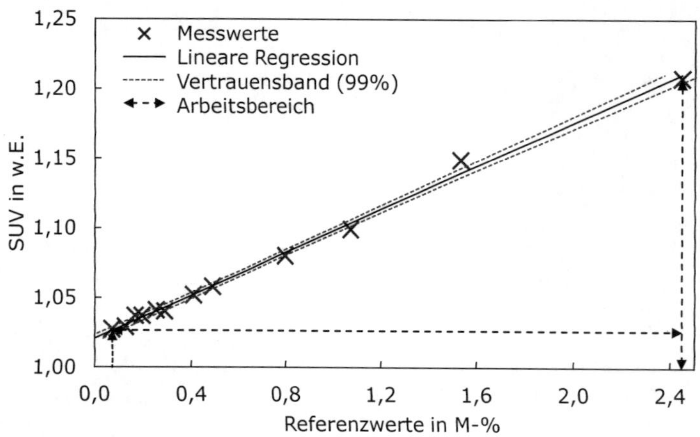

Limits

LOD = 0.03 %

LOQ = 0.07 %

Beispiel einer 2D-Chloride Verteilung

BAM

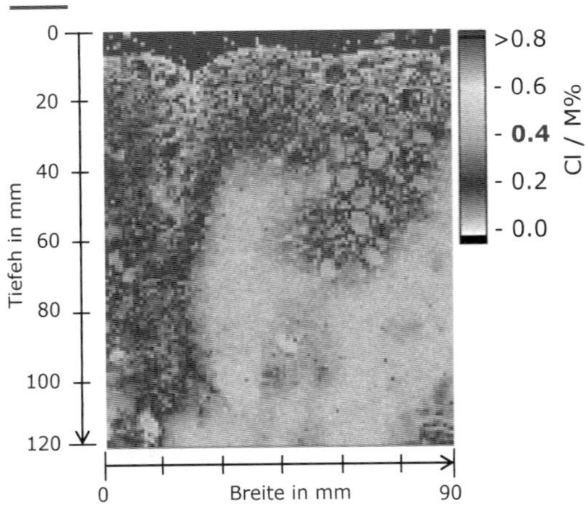

Probe: Mörtel-Probe (Migrationstest)
Fläche: 120 mm x 90 mm
Resolution: 1 mm x 1 mm
Summation: 3 Spektren
Zeit: ca. 12 min
Frequenz: 50 Hz

Anz. Spektren: 10.800

15.02.2018 Fachtagung Bauwerksdiagnose 17

2D-Chloride Verteilung – Vergleich mit Standard-Methode

BAM

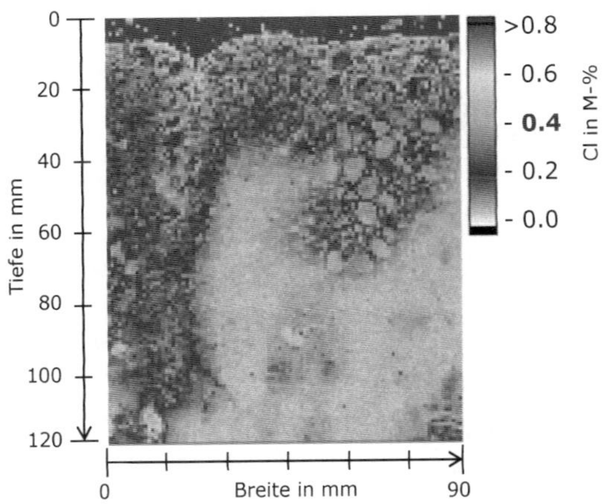

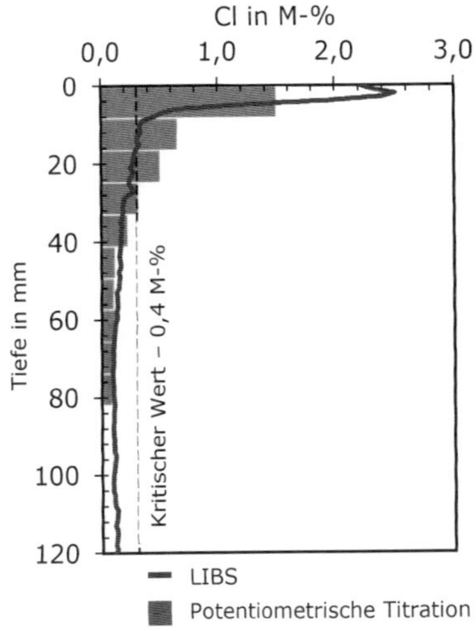

15.02.2018 Fachtagung Bauwerksdiagnose 18

Mobiles LIBS - BauLIBS

siehe Vortrag André Molkenthin

SECOPTA laser based sensor systems | SPECHT KALLEJA PARTNER | BAM

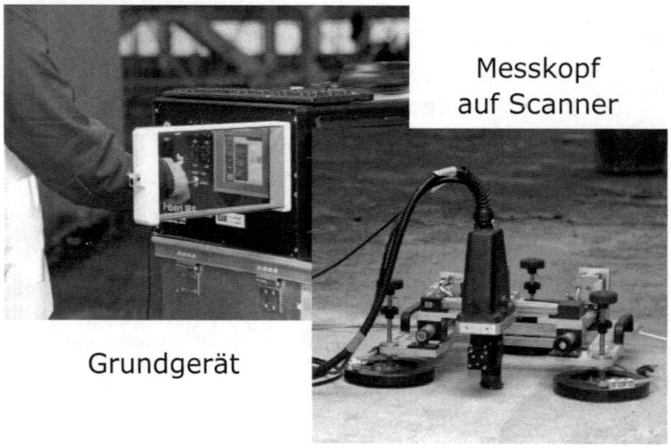

Messkopf auf Scanner

Grundgerät

Energie:	**3 mJ**
Pulslänge:	**1.5 ns**
Frequenz:	**100 Hz**
Spotgröße:	**100 µm**
Lebensdauer:	**3 x 10^9 Pulse**
Leistungs-dichte:	**≈ 40 GW/cm²**
Messfläche:	**140 mm x 170 mm**
Höhenverfahrung:	**3. Achse**
Spektrometer:	**NIR/UV**

Laborsystem – FiberLIBSlab

siehe Vortrag Christian Bohling

SECOPTA laser based sensor systems | BAM

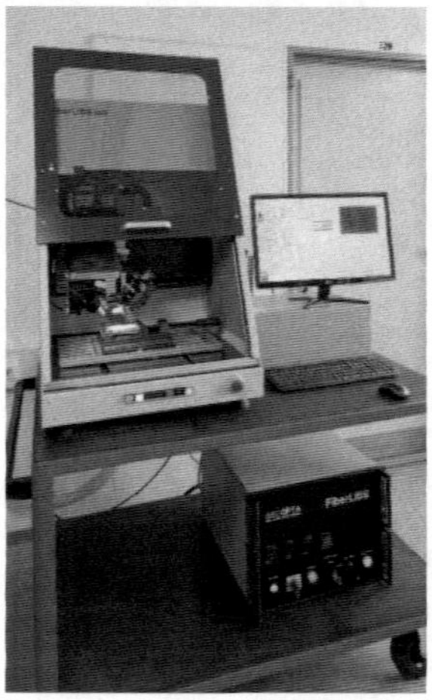

Zusammenfassung

BAM

- LIBS an Beton erfolgreich eingesetzt
- Heterogenität wird im Ergebnis berücksichtigt
- Schnelles und automatisiertes 2D-Scannen auch an rauen Flächen (Fokusnachführung)
- Mobiles System erfolgreich eingesetzt
- Set von Referenzproben zur Kalibrierung ist verfügbar
- Kommerzielle LIBS Geräte für das Labor und mobil
- Beginn der Erarbeitung von Merkblättern und der Normung

LIBS Team

BAM

Vielen Dank für Ihre Aufmerksamkeit!

Fragen?

15.02.2018 Fachtagung Bauwerksdiagnose 23

Analyse des Tausalzeintrages in Fahrbahndeckenbetone im Kontext der Alkali-Kieselsäure-Reaktion

Frank WEISE [1], Steven Millar[1], Tobias GÜNTHER[1]
[1] BAM Bundesanstalt für Materialforschung und -prüfung, Berlin
Kontakt E-Mail: frank.weise@bam.de

Kurzfassung

In den letzten Jahren sind im deutschen Bundesautobahnnetz (BAB-Netz) vermehrt AKR-Schäden an Betonfahrbahndecken aufgetreten, die zum Teil zu einer Halbierung ihrer geplanten Nutzungsdauer von 30 Jahren führte. Ursächlich hierfür ist die Verwendung alkaliempfindlicher Gesteinskörnung, die bei gleichzeitiger Anwesenheit von Wasser infolge der Exposition der Fahrbahndecke und dem alkalischen Milieu durch den Einsatz alkalireicher Portlandzemente bei der Betonherstellung zu einer Alkali-Kieselsäure-Reaktion (AKR) führt. Zusätzlich wird der AKR-Schädigungsprozess in Betonfahrbahndecken durch den externen Tausalzeintrag (primär NaCl) im Winter begünstigt. Vor diesem Hintergrund kommt der Ermittlung des Tausalzeintrags in den Fahrbahndeckenbeton eine große Bedeutung zu.

Die Analyse des Tausalzeintrags erfolgte bisher ausschließlich nasschemisch an gemahlenen Bohrkernsegmenten. Nachteilig ist hierbei die fehlende differenzierte Betrachtung des Natriumgehaltes im Zementstein und in der Gesteinskörnung. Der alternative Einsatz von LIBS (Laser-induced breakdown spectroscopy) eröffnet in diesem Kontext neue Möglichkeiten. So wird in diesem Beitrag an Hand von Bohrkernen aus einem AKR-geschädigten BAB-Abschnitt exemplarisch die Vorgehensweise bei der LIBS-Analyse zur Ermittlung der Na- und interagierenden Cl-Verteilung an vertikalen Schnittflächen des Bohrkerns aufgezeigt. Da der Tausalzeintrag primär über den Zementstein erfolgt, wurde der verfälschende Na-Grundgehalt der Gesteinskörnung mittels Zementsteinkriteriums (Nutzung unterschiedlichen Ca-Gehalts in Zementstein und Gesteinskörnung) eliminiert. Vergleichend durchgeführte Cl-Mappings mit Mikroröntgenfluoreszenzanalyse (MRFA) belegen die Güte der durchgeführten LIBS-Messungen.

Aber auch bei der Verifizierung der Übertragbarkeit der Ergebnisse der zum Ausschluss reaktiver Gesteinskörnung bei Neubau und Erneuerung im BAB-Netz eingesetzten Performanceprüfungen mit externem Alkalieintrag auf Praxisverhältnisse hat sich das LIBS-Verfahren bewährt. So wurde festgestellt, dass die mit NaCl-Lösung beaufschlagten Laborprüfkörper aus einem repräsentativen Fahrbahndeckenbeton bei der Klimawechsellagerung (KWL) über ihre gesamte Höhe von 10 cm einen Eintrag von Na und Cl erfahren. Weiterhin konnte im Gegensatz zu bisherigen Annahmen erstmals mit LIBS und Nasschemie gezeigt werden, dass die Frost-Tauwechsel-Phase bei der KWL zu keinem erhöhten Tausalzeintrag führt.

Sicherheit in Technik und Chemie

BAM
Bundesanstalt für Materialforschung und -prüfung

15.02.2018

ANALYSE DES TAUSALZEINTRAGES IN FAHRBAHNDECKENBETONE IM KONTEXT DER ALKALI-KIESELSÄURE-REAKTION

Frank Weise, Steven Millar, Tobias Günther

Fachtagung Bauwerksdiagnose
Berlin, 15.-16. Februar 2018

Motivation

BAM

- Vermehrt auftretende AKR-Schäden an Betonfahrbahndecken
  ⇨ Reduzierung der Lebensdauer von 30 auf 15-10 Jahre

SK I: Dunkelfärbung

SK II: + Rissbildung

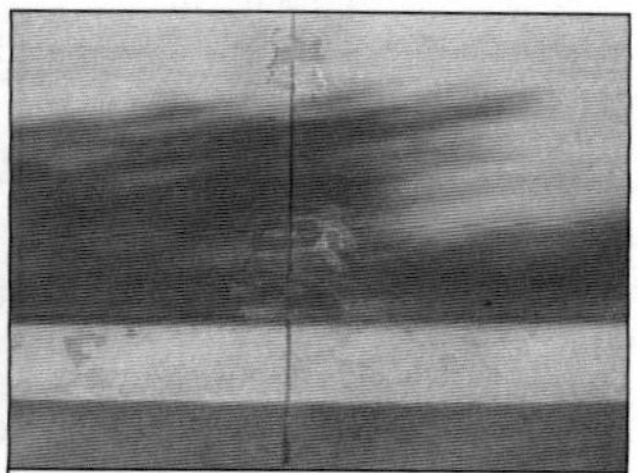

SK III: + Ausbrüche

- Bundesweite Befahrung des BAB-Streckennetzes 2010/2011 (BASt)

↳ **Fazit: AKR-Verdacht bei zahlreichen BAB-Abschnitten**

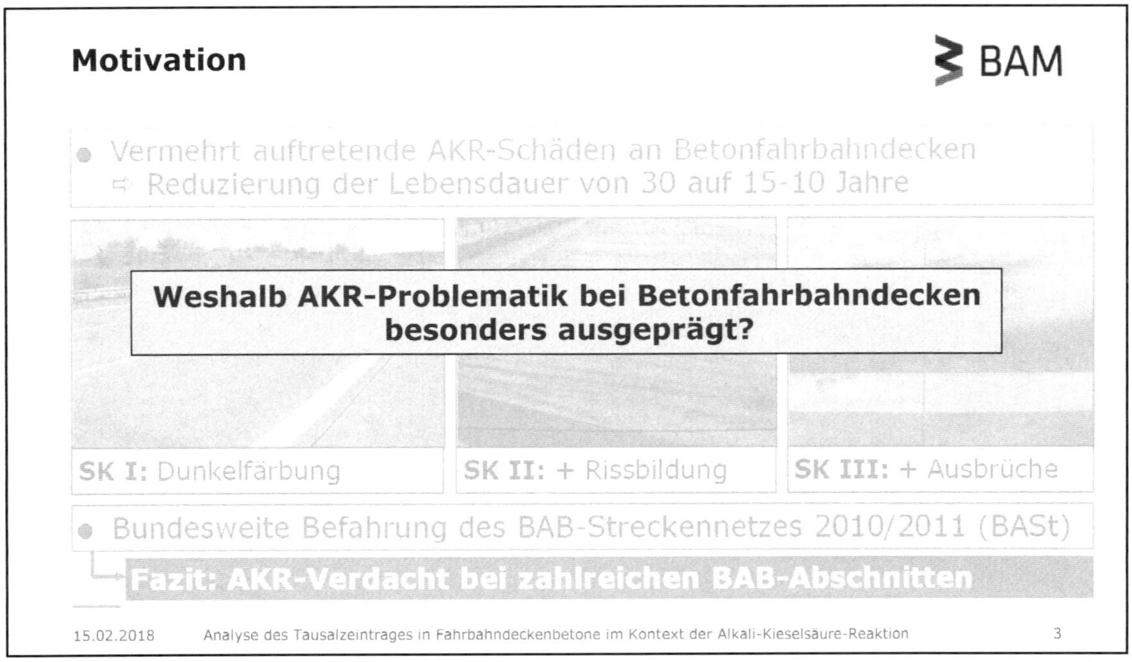
Motivation
BAM
Vermehrt auftretende AKR-Schäden an Betonfahrbahndecken
⇨ Reduzierung der Lebensdauer von 30 auf 15-10 Jahre
Weshalb AKR-Problematik bei Betonfahrbahndecken besonders ausgeprägt?
SK I: Dunkelfärbung
SK II: + Rissbildung
SK III: + Ausbrüche
Bundesweite Befahrung des BAB-Streckennetzes 2010/2011 (BASt)
Fazit: AKR-Verdacht bei zahlreichen BAB-Abschnitten
15.02.2018
Analyse des Tausalzeintrages in Fahrbahndeckenbetone im Kontext der Alkali-Kieselsäure-Reaktion
3

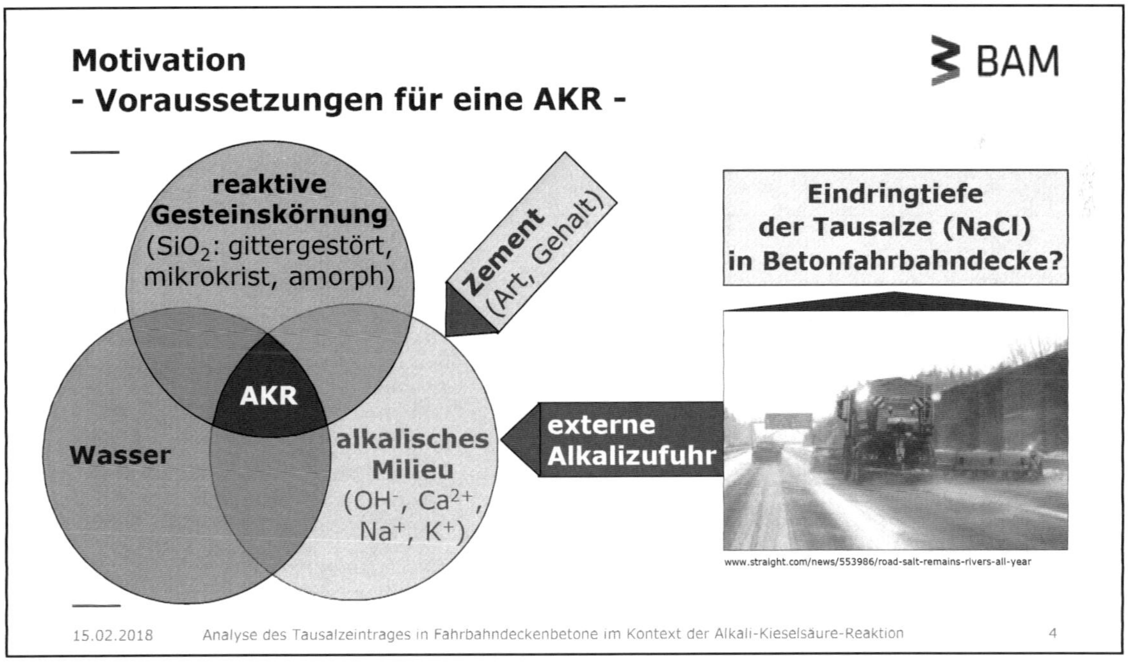
Motivation
- Voraussetzungen für eine AKR -
BAM
reaktive Gesteinskörnung
(SiO_2: gittergestört, mikrokrist, amorph)
Zement (Art, Gehalt)
AKR
Wasser
alkalisches Milieu
(OH^-, Ca^{2+}, Na^+, K^+)
externe Alkalizufuhr
Eindringtiefe der Tausalze (NaCl) in Betonfahrbahndecke?
www.straight.com/news/553986/road-salt-remains-rivers-all-year
15.02.2018
Analyse des Tausalzeintrages in Fahrbahndeckenbetone im Kontext der Alkali-Kieselsäure-Reaktion
4

Ermittlung des Tausalzeintrags in Betondecke
- Analysemethoden -

BAM

Nasschemie	LIBS	MRFA
HNO_3-Aufschluss aufgemahlener Bohrkernsegmente mit anschließender - potent.Titrat. (Cl) - ICP-OES (Na)	Analyse elementspez. Strahlung bei Plasmazerfall nach Anregung der BK-Schnittfl. mit fokuss. Laserstrahl	Analyse elementspez. Röntgenfloureszensstr. nach Anregung der BK-Schnittfl. mit fokuss. Röntgenstrahl

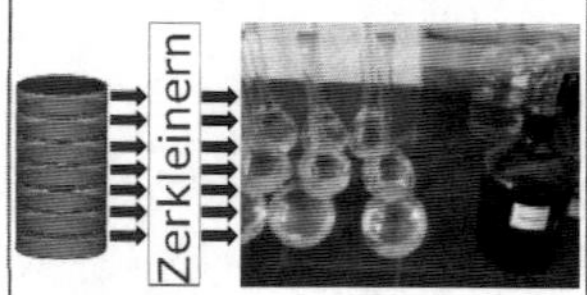

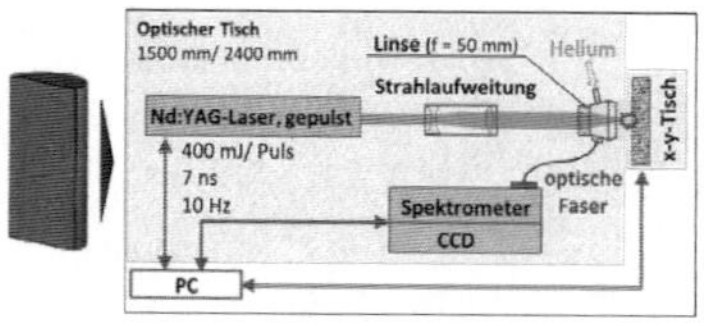

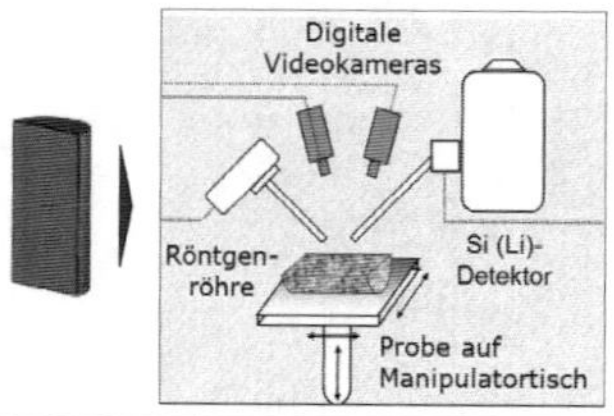

Ermittlung des Tausalzeintrags in Betondecke
- Bewertung der Analysemethoden -

BAM

Kriterium	Nasschemie	LIBS	MRFA
Elemente	Na + Cl		Cl
Quantifizierung	ja	nein (keine Kalibrierung an gleicher Betonrezeptur)	
Messbereich	Volumen	Fläche	
Ortsauflösung	$V_{min.}$ = 8 cm³	100 - 500 µm bei Linienscan	30 - 200 µm
Separierung GK und Feinmörtel	nein	ja	
Zeitaufwand	mittel	gering	

Ermittlung des Tausalzeintrags in Betondecke - Restriktionen und Erfahrungen -

BAM

- Unkenntnis der Na- und Cl-Verteilung unmittelbar nach Einbau der Betondecke (Referenz)

↳ Abschätzung der Mindesteindringtiefe über Gradienten-bewertung über die Tiefe

Analyse des Tausalzeintrags bei ca. 70 BAB-Abschnitten mit **LIBS** (MRFA (Cl)) begleitend in 3 BASt-Vorhaben

Messbeispiel (BAB A 9-3)

15.02.2018 Analyse des Tausalzeintrages in Fahrbahndeckenbetone im Kontext der Alkali-Kieselsäure-Reaktion 7

Messbeispiel BAB A9-3 - Allgemeine Angaben -

BAM

Probe-nahme:

- Schadenskategorie: I
- Bauweise: einschichtig, einlagig
- Aufbau:

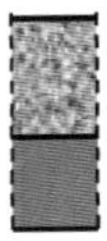

28 cm Betondecke

10 cm Asphalttragschicht

- Alter: 19 Jahre

15.02.2018 Analyse des Tausalzeintrages in Fahrbahndeckenbetone im Kontext der Alkali-Kieselsäure-Reaktion 8

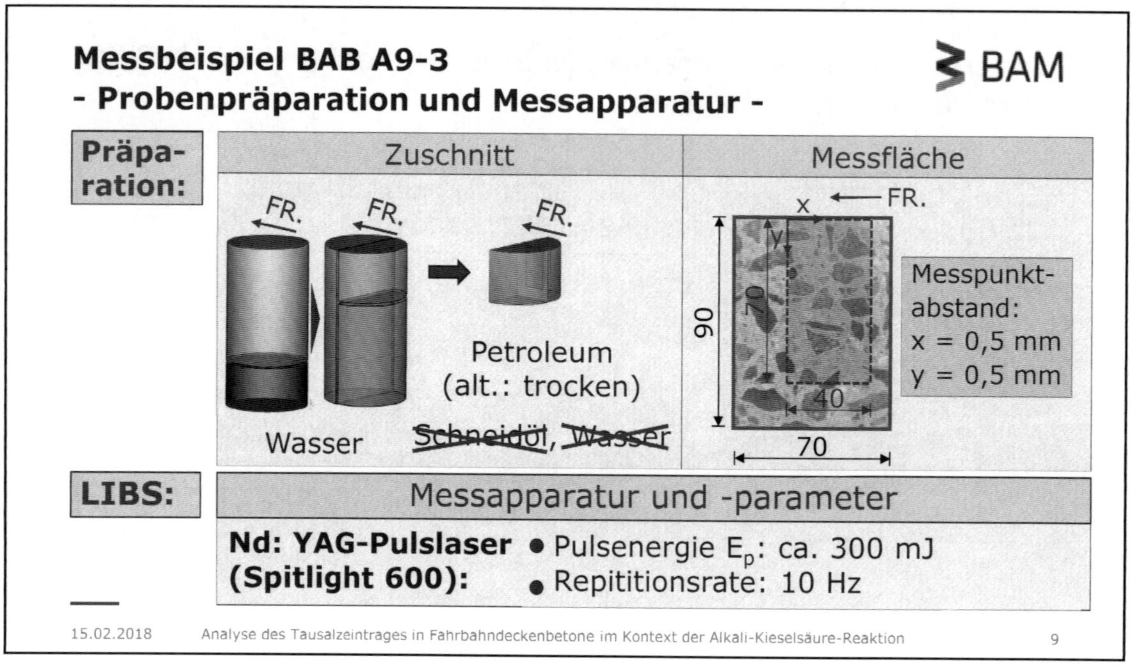
Messbeispiel BAB A9-3
- Probenpräparation und Messapparatur -
BAM
Präpa-ration:
Zuschnitt
FR.
FR.
FR.
Petroleum
(alt.: trocken)
Wasser
Schneidöl, Wasser
Messfläche
x
FR.
y
70
90
40
70
Messpunkt-abstand:
x = 0,5 mm
y = 0,5 mm
LIBS:
Messapparatur und -parameter
Nd: YAG-Pulslaser
(Spitlight 600):
• Pulsenergie Ep: ca. 300 mJ
• Repititionsrate: 10 Hz
15.02.2018
Analyse des Tausalzeintrages in Fahrbahndeckenbetone im Kontext der Alkali-Kieselsäure-Reaktion
9

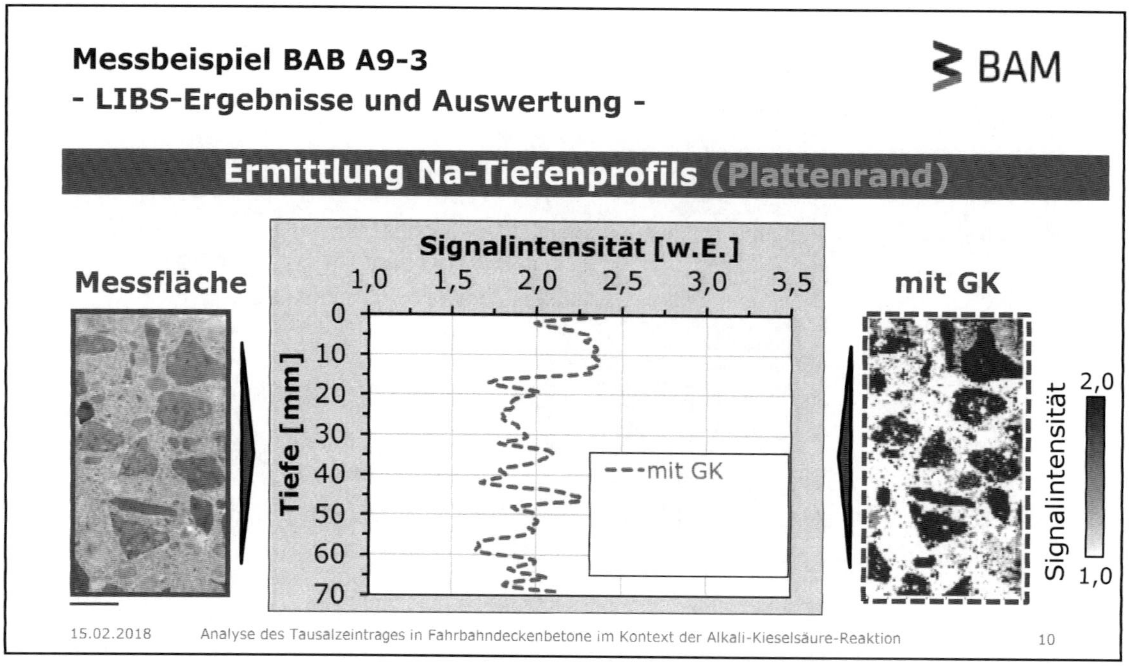
Messbeispiel BAB A9-3
- LIBS-Ergebnisse und Auswertung -
BAM
Ermittlung Na-Tiefenprofils (Plattenrand)
Messfläche
Signalintensität [w.E.]
1,0
1,5
2,0
2,5
3,0
3,5
0
10
20
30
40
50
60
70
Tiefe [mm]
mit GK
mit GK
Signalintensität
2,0
1,0
15.02.2018
Analyse des Tausalzeintrages in Fahrbahndeckenbetone im Kontext der Alkali-Kieselsäure-Reaktion
10

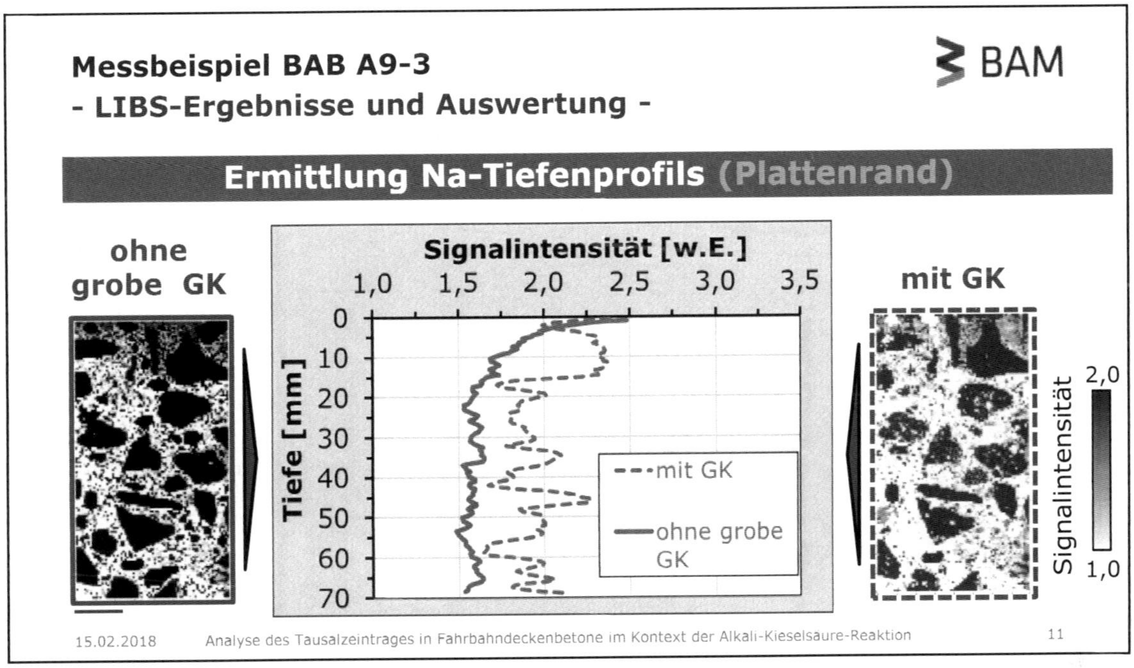
Messbeispiel BAB A9-3
- LIBS-Ergebnisse und Auswertung -
BAM
Ermittlung Na-Tiefenprofils (Plattenrand)
ohne grobe GK
Signalintensität [w.E.]
1,0 1,5 2,0 2,5 3,0 3,5
Tiefe [mm]
0 10 20 30 40 50 60 70
mit GK
ohne grobe GK
mit GK
Signalintensität
2,0
1,0
15.02.2018
Analyse des Tausalzeintrages in Fahrbahndeckenbetone im Kontext der Alkali-Kieselsäure-Reaktion
11

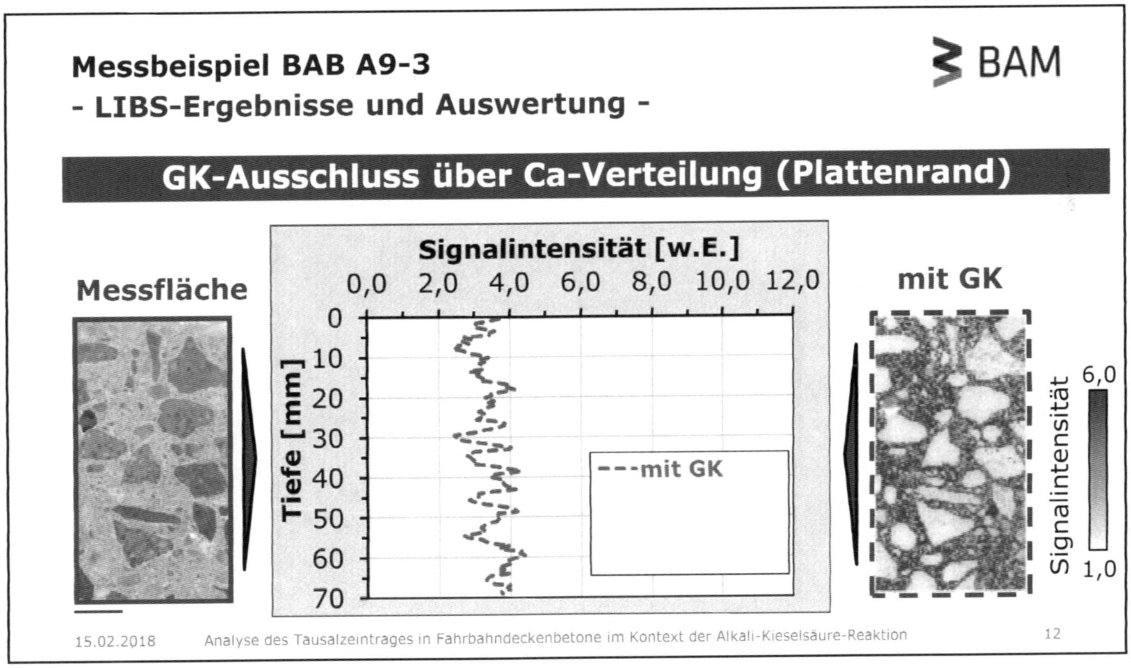
Messbeispiel BAB A9-3
- LIBS-Ergebnisse und Auswertung -
BAM
GK-Ausschluss über Ca-Verteilung (Plattenrand)
Messfläche
Signalintensität [w.E.]
0,0 2,0 4,0 6,0 8,0 10,0 12,0
Tiefe [mm]
0 10 20 30 40 50 60 70
mit GK
mit GK
Signalintensität
6,0
1,0
15.02.2018
Analyse des Tausalzeintrages in Fahrbahndeckenbetone im Kontext der Alkali-Kieselsäure-Reaktion
12

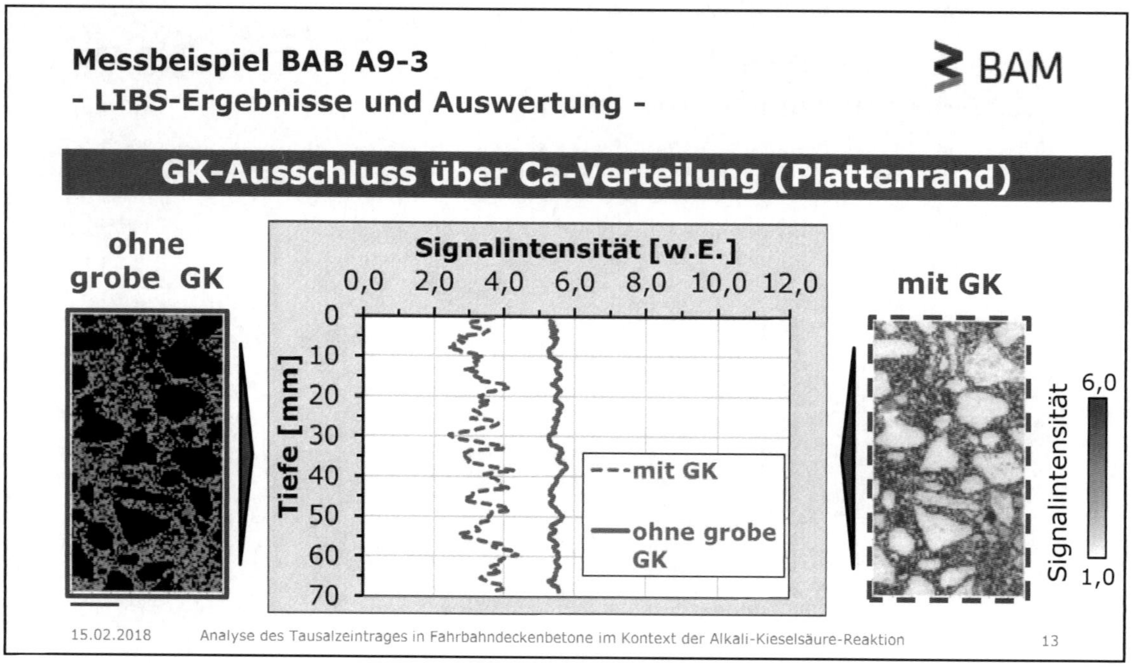
Messbeispiel BAB A9-3
- LIBS-Ergebnisse und Auswertung -
BAM
GK-Ausschluss über Ca-Verteilung (Plattenrand)
ohne grobe GK
mit GK
Signalintensität [w.E.]
0,0 2,0 4,0 6,0 8,0 10,0 12,0
Tiefe [mm]
0 10 20 30 40 50 60 70
---mit GK
—ohne grobe GK
Signalintensität
6,0
1,0
15.02.2018
Analyse des Tausalzeintrages in Fahrbahndeckenbetone im Kontext der Alkali-Kieselsäure-Reaktion
13

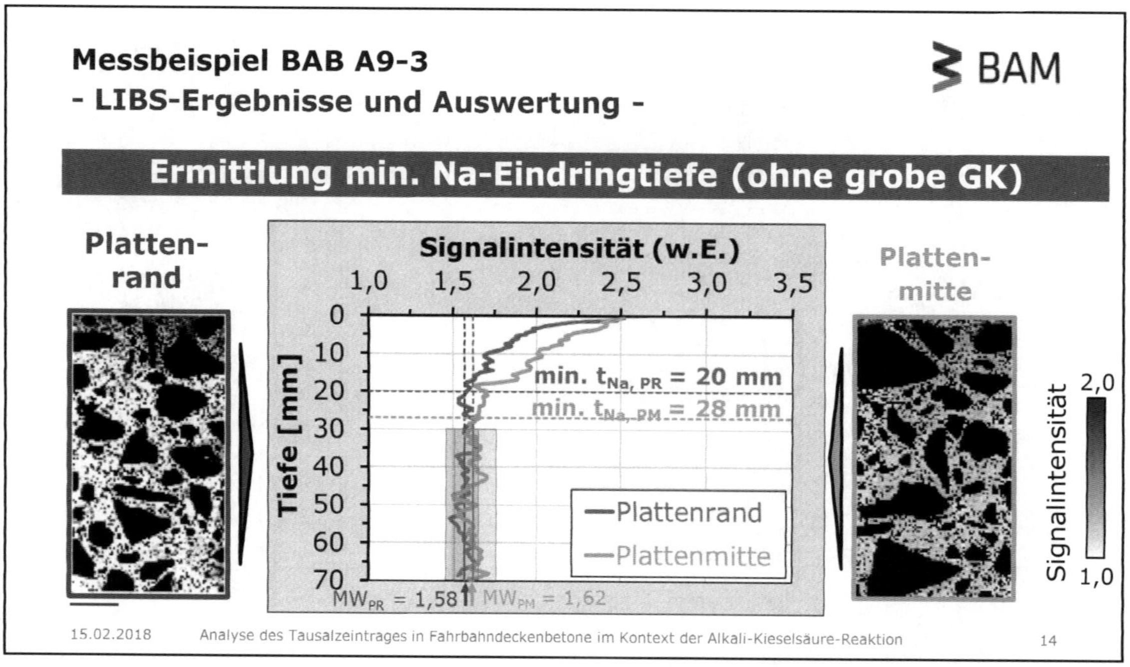
Messbeispiel BAB A9-3
- LIBS-Ergebnisse und Auswertung -
BAM
Ermittlung min. Na-Eindringtiefe (ohne grobe GK)
Platten-rand
Platten-mitte
Signalintensität (w.E.)
1,0 1,5 2,0 2,5 3,0 3,5
Tiefe [mm]
0 10 20 30 40 50 60 70
min. $t_{Na, PR}$ = 20 mm
min. $t_{Na, PM}$ = 28 mm
—Plattenrand
—Plattenmitte
MW_{PR} = 1,58
MW_{PM} = 1,62
Signalintensität
2,0
1,0
15.02.2018
Analyse des Tausalzeintrages in Fahrbahndeckenbetone im Kontext der Alkali-Kieselsäure-Reaktion
14

Messbeispiel BAB A9-3
- LIBS-Ergebnisse und Auswertung -

BAM

Ermittlung min. Cl-Eindringtiefe (ohne grobe GK)

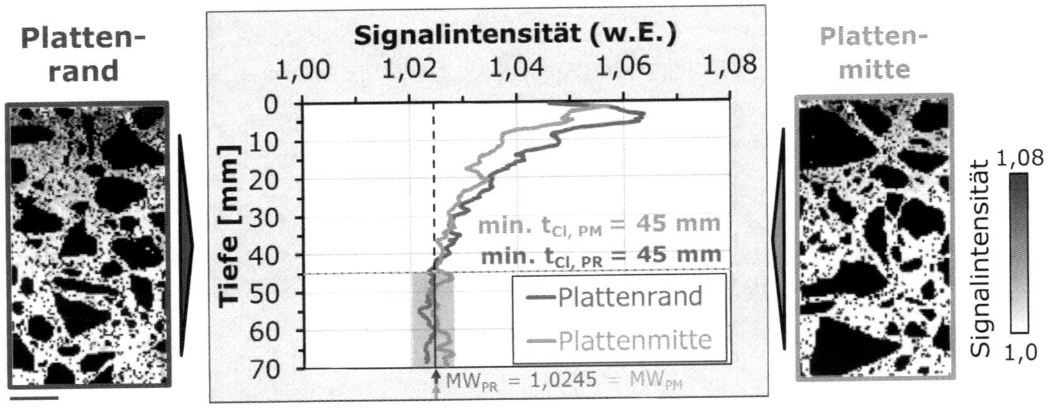

Messbeispiel BAB A9-3
- Vergleich von LIBS/MRFA -

BAM

Cl-Profile am Plattenrand (ohne grobe GK)

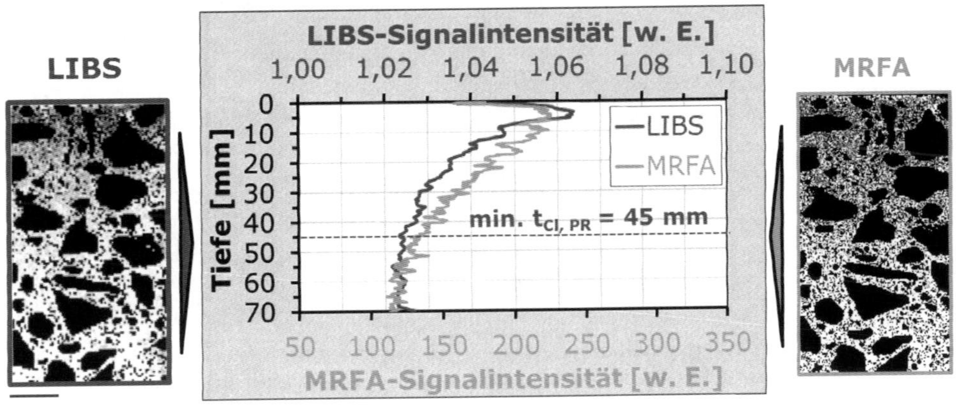

Messbeispiel BAB A9-3
- Vergleich von LIBS/MRFA -

BAM

Zwischenfazit

- Nachweis der Eignung von LIBS für qualitative Abschätzung der Na- und Cl-Eindringtiefe in Betonfahrbahndecke
- Mindesteindringtiefe bei Messbeispiel von BAB A9-3 PR/PM: Na: ca. 20/28 mm; Cl: ca. 45/45 mm

Frage

Höhe des Tausalzeintrags in Beton bei AKR-Performanceprüfung?
(Übertragbarkeit der Laborprüfungen auf die Praxis)

15.02.2018 Analyse des Tausalzeintrages in Fahrbahndeckenbetone im Kontext der Alkali-Kieselsäure-Reaktion 17

Tausalzeintrag bei AKR-Performanceprüfung
- Basis -

BAM

Bundesministerium
für Verkehr, Bau
und Stadtentwicklung

Allgemeines Rundschreiben Straßenbau Nr. 04/2013
➡Ausschluss reaktiver GK bei Neubau und Erneuerung von BAB's durch Eignungsnachweise

Klimawechsellagerung

60°C Betonversuch mit externer Alkalizufuhr

17.04.2015 Thema der Präsentation 18

Tausalzeintrag bei AKR-Performanceprüfung
- Prüfprozedere bei Klimawechsellagerung -

BAM

12 Zyklen
(12 x 21 d)

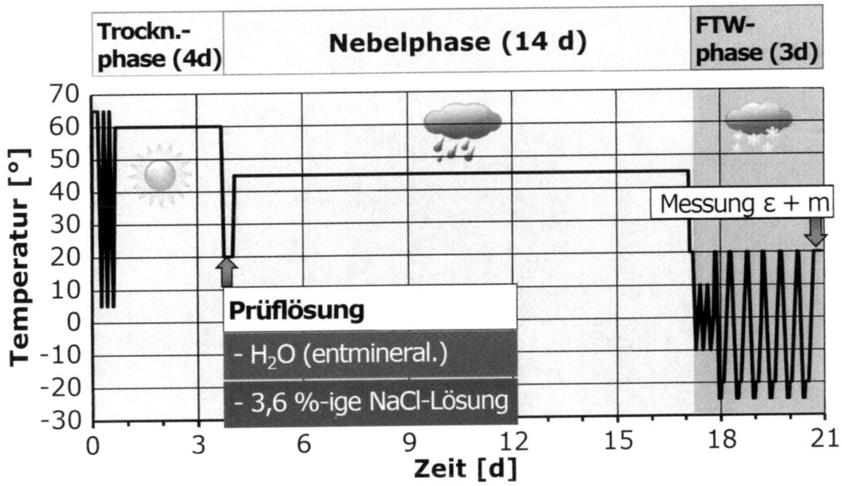

Tausalzeintrag bei AKR-Performanceprüfung
- PK-Herstellung -

BAM

Charakteristika					**OB (D > 8) / UB**
Art der Gesteins-körnung	0/2	[mm]	Okrilla	[Vol.-%]	30,0
	2/5		Grau-wacke		10,5
	5/8				4,5
	8/16				25,0
	16/22				30,0
WS-Prüfzement CEM I 42,5 N (sd)	$Na_2O_{äqu.}$ = 0,76 M.-%			[kg/m³]	360
w/z-Wert				-	0,45
Zusatzmittel: Sika LPS A-94				[M.-%]	0,2 (bez. auf z)

Tausalzeintrag bei AKR-Performanceprüfung
- LIBS-Messapparatur und Messparameter -

BAM

FiberLIBSlab-System

NdCr YAG-Mikrochip-Laser:

- Pulsenergie E_p: ca. 3 mJ
- Pulsfrequenz: 100 Hz

Messfläche:

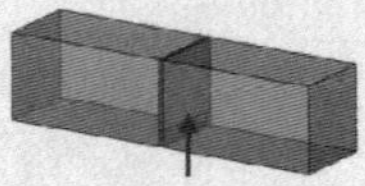

10 cm x 8 cm

Messpunkt-abstand:
x = 0,5 mm
Y = 0,5 mm

Tausalzeintrag bei AKR-Performanceprüfung
- LIBS-Ergebnisse -

BAM

PK-Zustand

Ausgangs-zustand

nach KWL

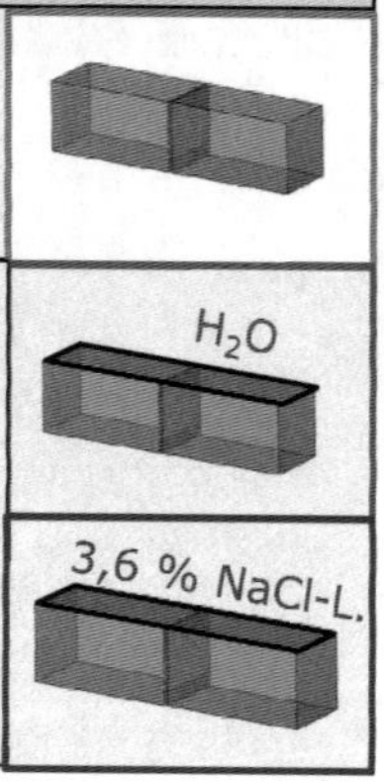

Tiefenprofile (ohne grobe GK)

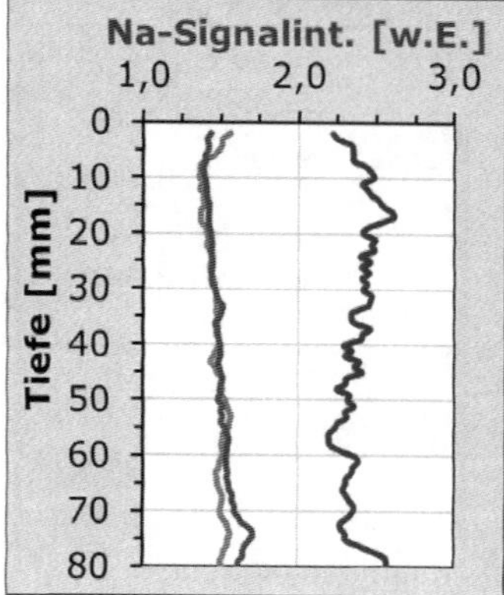

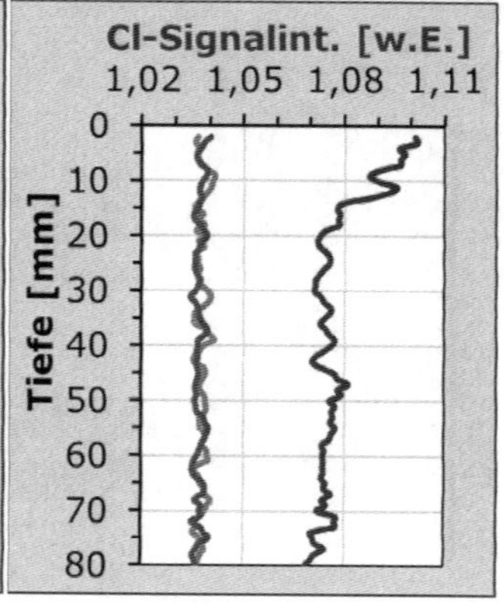

Tausalzeintrag bei AKR-Performanceprüfung - LIBS-Ergebnisse -

BAM

Zwischenfazit

- Nachweis eines vollständigen Tausalzeintrags über die Höhe des PK`s nach KWL (3,6 %-ige NaCl-Lösung)

↷ Einschränkung der Übertragbarkeit von Laborprüfung auf Praxis für gewähltes Messbeispiel

Frage

Rolle der FTSW-Phase bei Tausalzeintrag?
(Annahme: Erhöhung des Tausalzeintrags durch Mikroeislinsenpumpe)

15.02.2018 Analyse des Tausalzeintrages in Fahrbahndeckenbetone im Kontext der Alkali-Kieselsäure-Reaktion 23

Tausalzeintrag bei AKR-Performanceprüfung - Prüfprozedere bei Klimawechsellagerung -

BAM

12 Zyklen
(12 x 21 d)

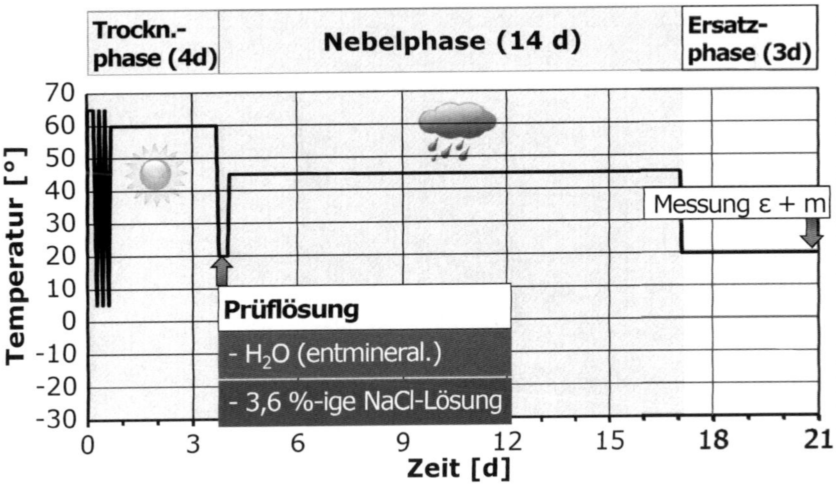

15.02.2018 Analyse des Tausalzeintrages in Fahrbahndeckenbetone im Kontext der Alkali-Kieselsäure-Reaktion 24

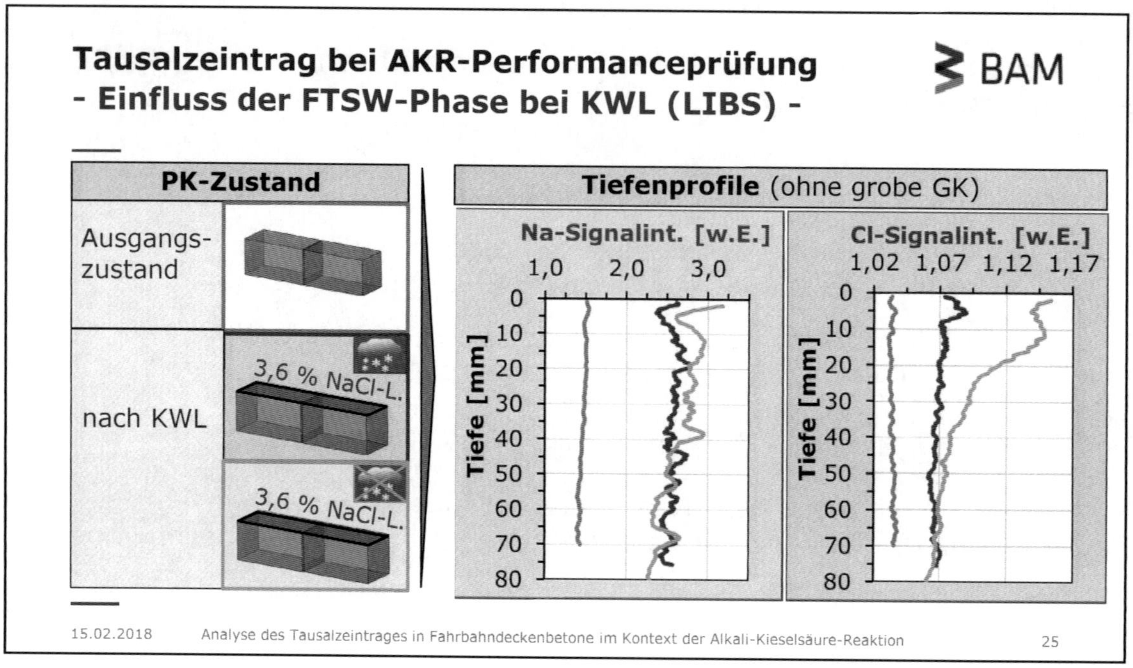
Tausalzeintrag bei AKR-Performanceprüfung
- Einfluss der FTSW-Phase bei KWL (LIBS) -
BAM
PK-Zustand
Ausgangs-zustand
nach KWL
3,6 % NaCl-L.
3,6 % NaCl-L.
Tiefenprofile (ohne grobe GK)
Na-Signalint. [w.E.]
1,0 2,0 3,0
Cl-Signalint. [w.E.]
1,02 1,07 1,12 1,17
Tiefe [mm]
0 10 20 30 40 50 60 70 80
15.02.2018
Analyse des Tausalzeintrages in Fahrbahndeckenbetone im Kontext der Alkali-Kieselsäure-Reaktion
25

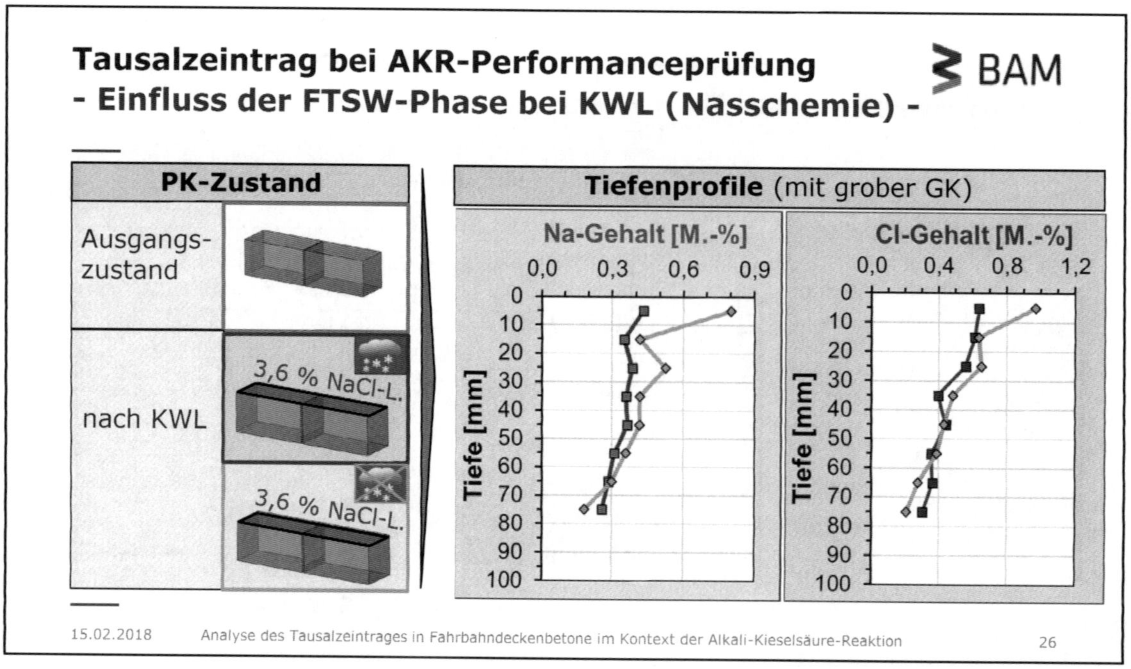
Tausalzeintrag bei AKR-Performanceprüfung
- Einfluss der FTSW-Phase bei KWL (Nasschemie) -
BAM
PK-Zustand
Ausgangs-zustand
nach KWL
3,6 % NaCl-L.
3,6 % NaCl-L.
Tiefenprofile (mit grober GK)
Na-Gehalt [M.-%]
0,0 0,3 0,6 0,9
Cl-Gehalt [M.-%]
0,0 0,4 0,8 1,2
Tiefe [mm]
0 10 20 30 40 50 60 70 80 90 100
15.02.2018
Analyse des Tausalzeintrages in Fahrbahndeckenbetone im Kontext der Alkali-Kieselsäure-Reaktion
26

Tausalzeintrag bei AKR-Performanceprüfung
- Einfluss der FTSW-Phase bei KWL (Nasschemie) -

BAM

Zwischenfazit

Widerlegung bisheriger Annahme eines verstärkten Tausalzeintrags in Fahrbahndeckenbeton durch FTSW-Phase bei KWL (LIBS + Nasschemie)

15.02.2018 Analyse des Tausalzeintrages in Fahrbahndeckenbetone im Kontext der Alkali-Kieselsäure-Reaktion 27

Analyse des Tausalzeintrags mit LIBS
- Globales Fazit und Ausblick -

BAM

- Nachweis der Eignung von LIBS zur qualitativen Ermittlung der Mindesteindringtiefe von Tausalz in Fahrbahndeckenbetone
  - Zuschnitt der Messfläche mit Petroleum oder trocken
  - Notwendigkeit der Identifikation und Eliminierung der GK
- Eröffnung neuer Möglichkeiten der Aufklärung der Transport- und Schädigungsmechanismen in Fahrbahndeckenbetonen
- Erfordernis weitergehender Grundlagenuntersuchungen
  - Optimierung der Ortsauflösung für Ermittlung Na- und Cl-Profile
  - Quantifizierung des Tausalzeintrags in Laborbetone (Na)

15.02.2018 Analyse des Tausalzeintrages in Fahrbahndeckenbetone im Kontext der Alkali-Kieselsäure-Reaktion 28

BAM
Vielen Dank!
Bundesministerium für Verkehr, Bau und Stadtentwicklung
15.02.2018
Analyse des Tausalzeintrages in Fahrbahndeckenbetone im Kontext der Alkali-Kieselsäure-Reaktion
29

LIBS zur Bestimmung der Eindringtiefe und des Wirkstoffgehaltes einer Tiefenhydrophobierung

Klaus BIENERT [1]
[1] Specht, Kalleja + Partner GmbH Beratende Ingenieure, Berlin
Kontakt E-Mail: bienert@skp-ingenieure.com

Kurzfassung. In diesem Beitrag wird die Entwicklung eines Verfahrens vorgestellt, mit dem durch die Anwendung der „Laser-Induced Breakdown Spectroscopy" (LIBS) die Ausführungsqualität von Tiefenhydrophobierungen der Betonrandzone überprüft werden kann.

Durch die Einwirkung von tausalzhaltigen Wässern, die kapillar und über Diffusionsvorgänge in die Betonrandzone eindringen, kann es zu Schäden an der Konstruktion von Stahlbetonbauwerken der Verkehrsinfrastruktur kommen.

Die Applikation einer Tiefenhydrophobierung auf die Betonoberflächen ist ein wirksames Mittel die kapillare Wasseraufnahme und die damit verbundenen Schädigungsprozesse zu verhindern. Dabei werden die Wirksamkeit und die Dauerhaftigkeit der Hydrophobierung im Wesentlichen durch die Eindringtiefe und den Wirkstoffgehalt in der Betonrandzone bestimmt.

Tiefenhydrophobierungen bestehen aus siliziumorganischen Verbindungen. Damit ist der elementare Unterschied zu Beton zu gering, um ihn mit LIBS detektieren zu können. Es musste daher ein „reaktive Marker" entwickelt werden, der dem eigentlichen Hydrophobierungsmittel zugesetzt wird. Während der Applikation wird dieser „Marker" parallel zu den eigentlichen siliziumorganischen Verbindungen in die Betonrandzone transportiert und durch chemische Reaktion in den Polysiloxanfilm eingebaut.

Durch die anschließende tiefenaufgelöste Detektion mit einem LIBS – System kann dann anhand der Verteilung des Markers, qualitativ und quantitativ der Wirkstoffgehalt der Hydrophobierung in der Betonrandzone bestimmt werden. Mit dieser Messmethodik lassen sich die an eine Hydrophobierung zu stellenden Qualitätsanforderungen schnell und zeitnah überprüfen. Durch Messkampagnen an Ersatz-und Praxisbauwerken konnte die grundsätzliche Eignung der entwickelten Messmethodik belegt werden.

1.0 Einführung und Ziele

Brücken, Parkhäuser, Tunnel und andere Stahlbetonbauwerke der Verkehrsinfrastruktur sind nutzungsbedingt Umwelteinwirkungen ausgesetzt, die zu Schäden an der Konstruktion führen können. Dabei ist in erster Linie die Einwirkung von tausalzhaltigen Wässern im Winter zu nennen, die durch den Beton kapillar und über Diffusionsvorgänge aufgenommen werden.

Abb. 1. und 2. Typische Schadensbilder an Stahlbetonkonstruktionen

Eine Möglichkeit die kapillare Wasseraufnahme zu unterbinden ist die Tiefenhydrophobierung der Werkstoffoberflächen durch siliziumorganische Verbindungen, vorzugsweise durch Silane. Durch Ausbildung eines Polysiloxanfilms auf den inneren Porenoberflächen wird hierbei der Werkstoff derart funktionalisiert, dass der Schadstofftransport zum Erliegen kommt.

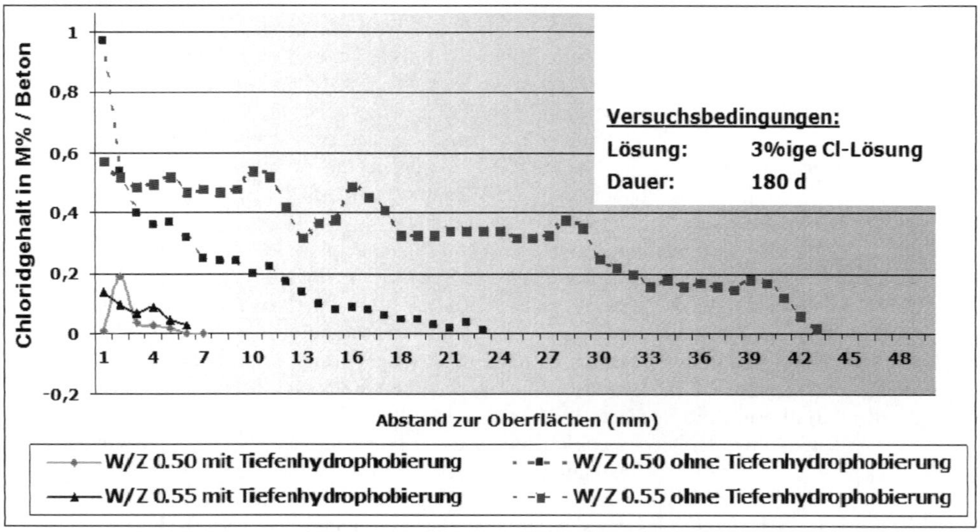

Abb. 3. Ergebnisse von Chlorideindringversuchen an Probekörpern mit und ohne Tiefenhydrophobierung StoCretec [9]

Die Wirksamkeit und die Dauerhaftigkeit dieser Tiefenhydrophobierungen werden im Wesentlichen durch die Eindringtiefe und den Wirkstoffgehalt in der Betonrandzone bestimmt. Die Prüfung der Hydrophobierung erfolgt derzeit nach der ZTV-ING mit einem Hydrophobierungsmessgerät, das auf dem Prinzip des Stromtransports in elektrolytischen Lösungen basiert. Aussagen über die Wirkstoffverteilung und Eindringtiefe sind mit diesem Gerät nicht möglich.

Andere Verfahren zur Qualitätssicherung sind mit Analysen im Labor nach Bohrkernentnahmen verbunden. Somit ist es nicht möglich die Qualität von Hydrophobierungsmaßnahmen schnell vor Ort festzustellen. Das Fehlen eines geeigneten analytischen Qualtitätssicherungsverfahren hat eine breitere Anwendung der als technisch sehr leistungsfähig geltenden Tiefenhydrophobierungen bisher verhindert.

Im Rahmen des vom BMBF geförderten Forschungsvorhabens „SILAMARK“ sollte ein Verfahren entwickelt werden mit dem direkt vor Ort die Hydrophobierung nachgewiesen und die Wirkstoffverteilung in der Betonrandzone detektiert werden kann. Das Vorhaben wurde als Verbundprojekt unter Beteiligung der Sto SE & Co. KGaA, der Bundesanstalt für Materialforschung und –prüfung, der Hochschule Karlsruhe – Technik und Wirtschaft (HsKa), der Aqua Stahl GmbH und der Specht Kalleja + Partner Beratende Ingenieure GmbH realisiert.

2.0 Markerauswahl und Markeranbindung

2.1 Anforderungen an den Marker

Aufgrund des zu geringen elementaren Unterschiedes zwischen Hydrophobierung und Beton war die Hauptanforderung an den auszuwählenden Marker, dass dieser nicht Bestandteil der üblichen Betone und Zusatzstoffe ist und sich mit dem LIBS-System exakt detektieren lässt. Weiterhin durfte er die Eigenschaften der Hydrophobierung nicht verändern und den Hydrophobierungsprozess des Systems Hydrophobierungsmittel – Beton nicht negativ beeinflussen.

Um Chromatographie-Effekte zu verhindern war eine feste Anbindung des Markers an die Hydrophobierung erforderlich. Die Eindringtiefe des Markers in die Betonrandzone musste der Eindringtiefe der Hydrophobierung entsprechen. Im Hinblick auf den Nachweis der Wirkstoffverteilung ist zudem ein konstantes Verhältnis von Marker und Hydrophobierung erforderlich. Zudem durfte durch den Marker weder die Wirksamkeit noch die Dauerhaftigkeit der Hydrophobierung vermindert werden. So muss die markierte Hydrophobierung unempfindlich gegen äußere Einflüsse (Karbonatisierung, Alkalien und Chloride, Witterung) bleiben.

Der Marker bzw. die Markeranbindung sollte auch unter Einwirkung typischer Einflüsse wie Sauerstoff, Feuchte und Licht ausreichend lagerstabil bleiben und die Verarbeitung sowie die Applikationstechnik der Hydrophobierung nicht negativ beeinflussen. Im Hinblick auf die Arbeitssicherheit war darauf zu achten, dass ein Zusatz toxisch wirkender Verbindungen nicht zulässig war. Zudem durften keine gefährlichen Zersetzungsprodukte entstehen, die eine Einstufung in eine Wassergefährdungsklasse nach sich gezogen hätte.

2.2 Auswahl und Anbindung des Markers an die Hydrophobierung

Um Störungen durch den zementgebundenen Werkstoff auszuschließen, wurden die Zusammensetzungen von Zementen und üblichen Zuschlagsstoffen recherchiert bzw. entsprechende Elementaranalysen durchgeführt. Nach zahlreichen Löse- und Komplexierungsversuchen mit verschiedenen Lösemitteln ergab der Ansatz, Metallsalze durch Komplexbindung in die Hydrophobierung zu integrieren, die besten Ergebnisse. Neben Elementen Cobalt und Nickel konnte dabei Silber als besonders geeignetes Markerelement ermittelt werden. Im folgender Abbildung sind die messbaren Intensitäten der jeweils favorisierten Kobalt- (345 nm), Nickel- (352 nm) und Silberlinien (328 nm) als Vergleich gegenübergestellt.

Das durch die HsKa entwickelte und mittlerweile patentierte Markersystem besteht aus IOTES (Hydrophobierungswirkstoff), Poly-Amin-Siloxan (Komplexbildner) und ethanolischer Metallsalzlösung (Ag bzw. Ni, Co). Für die Untersuchungen wurden drei verschiedene Markerkonzentrationsverhältnisse verwendet: 100 ppm, 500 ppm, 1000 ppm (jeweils in der fertig gemischten Hydrophobierung).

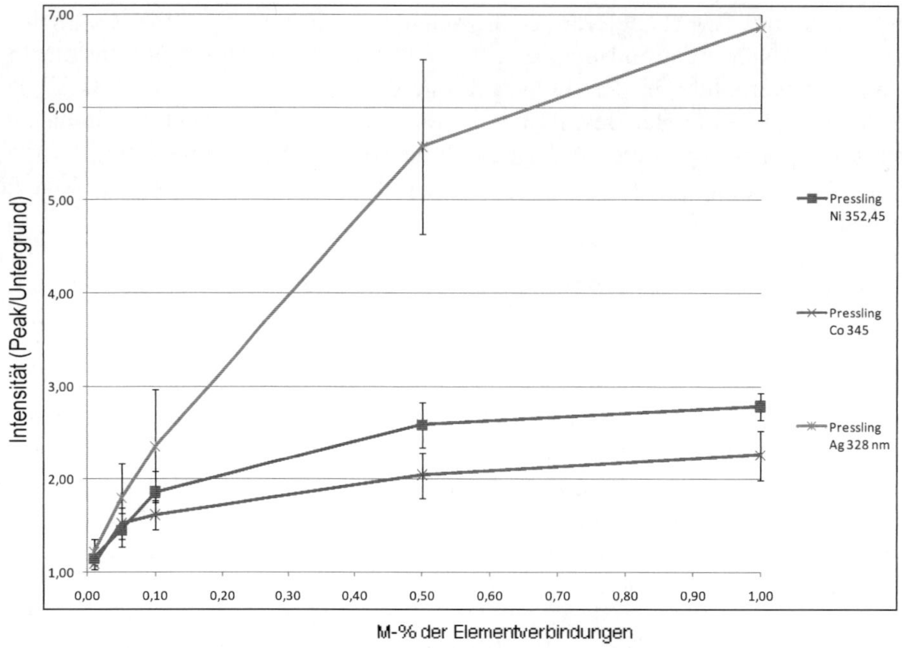

Abb. 4. Kalibrierkurven Zementpresslinge für Ag, Co und Ni

Im Rahmen zahlreicher Messkampagnen wurde mit diesen Mischungen das Transportverhalten in zementgebundenen Werkstoffen untersucht. Dabei wurden überwiegend Zementstein- und Mörtelprobekörper verwendet. Eine Validierung der Ergebnisse erfolgte mittels der FTIR (Fourier-Transform-Infrarot-Spektroskopie).

3.0 Optimierung des LIBS Messverfahrens für das Nachweissystem

3.1 Anpassung der LIBS-Laborsysteme zum Nachweis des Markers

Die Laser-Induced Breakdown Spectroscopy (LIBS) ist ein analytisches Werkzeug, das eine quantitative Messung der Elementverteilung auf Oberflächen ermöglicht. Dabei wird ein kurzer Laserpuls auf die Probenoberfläche fokussiert. Aufgrund der hohen Energiedichte im Brennpunkt, wird dadurch Plasma gebildet.

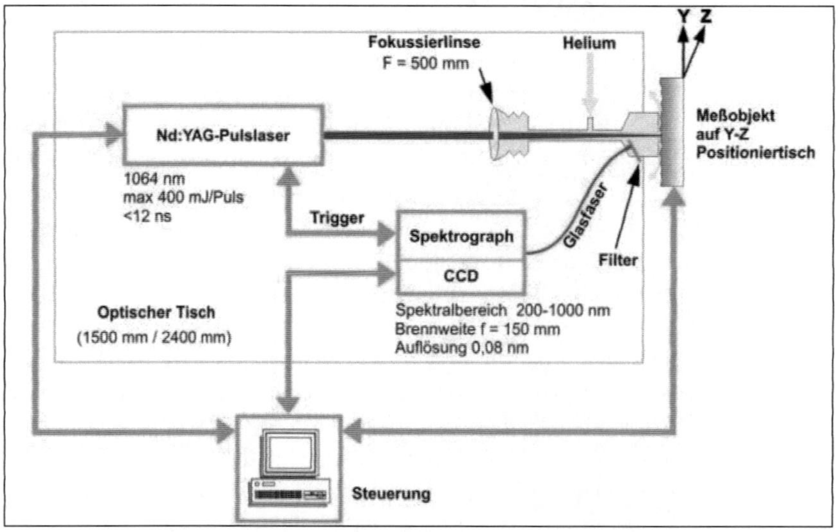

Abb. 5. schematischer Aufbau des LIBS-Labor-Systems

Die Plasma-Strahlung liefert Informationen über die Art und Menge eines bestimmten Elements in der verdampften Masse. Eine Verfahreinheit bewegt die Proben in einer Ebene senkrecht zum Laserstrahl. Der schematische Aufbau eines LIBS-Labor-Systems ist in Abbildung 4 dargestellt.

Zur Ermittlung der maßgeblichen Nachweisgrenzen wurden Presslinge aus Zement mit bekannter Zugabe des als Marker vorgesehenen Elementes hergestellt und mit den oben aufgeführten LIBS-System untersucht. Zur Herstellung wurden nicht hygroskopische Verbindungen benutzt (Nickelcarbonat, Kobaltoxid und Silbernitrat). Die Auswertung der Messergebnisse ergab für die drei untersuchten Markerelemente eine Bestätigung der guten Detektierbarkeit auch in den unteren Konzentrationsbereichen. Es konnten Kalibrierkurven für die spezifischen Emissionslinien abgeleitet werden. Nach Auswertung der Ergebnisse war festzustellen, dass die Silberintensitäten bei jeweils gleichem prozentualem Masseanteil die höchsten Werte lieferten. Es erfolgte daher eine Festlegung auf Silber als Markerelement.

In einem nächsten Schritt wurde das Eindringverhalten der markierten Hydrophobierung bei komplexeren Betonproben untersucht. Dabei wurden die Betonbohrkerne 24 Stunden bzw. 66 Stunden in eine mit Silber (Ag-1000) markierten Hydrophobierung gestellt. Nach dem Saugen wurde der Bohrkern für die Untersuchung des Eindringprofils in der Mitte trocken gesägt. Bei den Messungen erfolgte die Erfassung der Elementverteilung von Ag über die Tiefe und eine entsprechende visuelle Darstellung. Wie nachfolgend abgebildet konnte ein „Eindringen" der markierten Hydrophobierung nachgewiesen werden.

Abb. 6. und 7 links: Foto der Messfläche. rechts: Visualisierung des Eindringprofil der markierten Hydrophobierung. (Messung nach 24 Stunden saugen von IOTES + 1000 ppm Ag)

3.2 Mobiles LIBS-System

Nach den erfolgreichen Tests des Messkonzeptes im Labor wurde ein mobiles LIBS-System für den Nachweis des Markers entwickelt und optimiert. Dazu wurde ein an der BAM vorhandenes mobiles LIBS-System als Basis genutzt und mit einem Spektrometer für den Wellenlängenbereich von 232 – 503 nm ergänzt. Der Scanner wurde mit Saugfüssen ausgestattet (vgl. auch Abb. 12 und 13), sodass vor Ort auch Messungen an senkrechten Flächen möglich sind.

Wie in Abbildung 8 nachfolgend dargestellt, konnten auch bei den Testmessungen mit dem mobilen LIBS-System die zum Nachweis der markierten Hydrophobierung geeigneten Spektrallinien eindeutig detektiert werden.

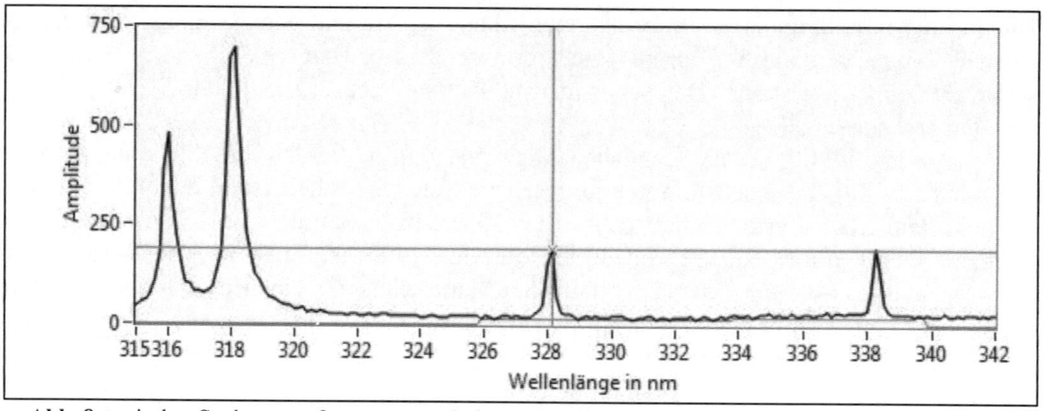

Abb. 8. typisches Spektrum aufgenommen mit dem portablen Spektrometer an einer Betonprobe die 1% Silber enthält und dem Silber zugeordnete Peaks bei 327,8 nm und 338,1 nm

4.0 Referenzmessungen und Praxisversuche

4.1 Messkampagnen an Ersatzbauwerken

Zunächst wurden mit der entwickelten Nachweismethodik Messkampagnen an eigens für das Forschungsvorhaben hergestellten Ersatzbauwerken durchgeführt. In Anlehnung an typischen Betonrezepturen für Infrastrukturprojekte wurden für die Herstellung der Ersatzbauwerke drei geeignet Zemente (CEM I 42,5 R; CEM II / B-S 42,5 N und CEM III / A 32,5 N-LH/NA) und zwei Wasser-Zement-Werte (w/z= 0,45 / 0,55) ausgewählt.

Abb. 9. Ersatzbauwerke auf dem BAM-Testgelände

Durch die gewählte Form der Ersatzbauwerke konnten vertikale, horizontale und schräge Testflächen modelliert werden. Weiterhin war es möglich direkt beregnete („außen") und nur der Außenluft ausgesetzte („innen") Flächen zu erhalten. Zur Simulation der maßgeblichen Expositionen wurde ein Chloridbeaufschlagungs- und Beregnungssystem geplant und angewendet.

Nach unterschiedlichen Expositionszeiträumen wurden dann Messungen durchgeführt bzw. Bohrkerne für Validierungsmessungen im Labor entnommen. Bei den Oberflächenmessungen konnte das Markerelement eindeutig detektiert werden. Es somit mit der Messmethodik eine schnelle und eindeutige Identifikation der markierten Hydrophobierung möglich. Auch bei den Messungen an geschnittenen Bohrprofilen konnten überwiegend eindeutige Tiefenprofile festgestellt werden.

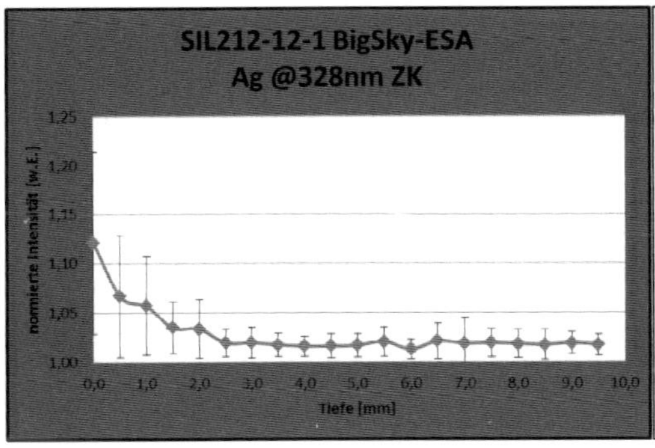

Abb. 10. Tiefenprofil Marker LIBS

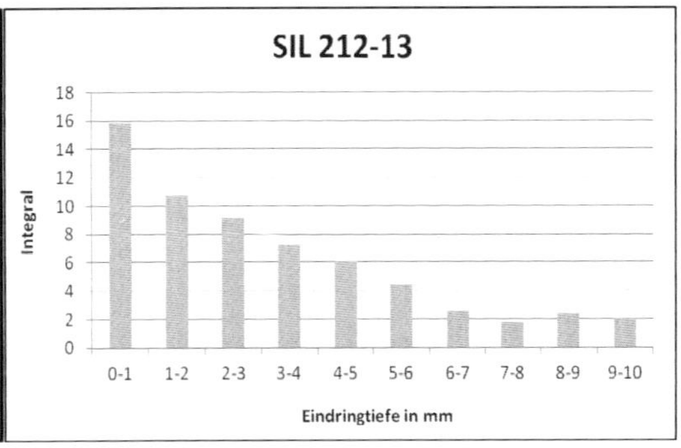

Abb. 11. Wirkstoffprofil Hydrophobierung FTIR

Mit den durch die HsKa durchgeführten Validierungsmessungen mittels FT-IR konnte ein paralleles Eindringen des Hydrophobierungswirkstoffes in die Betonrandzone festgestellt werden. Auf den Abbildungen 10 und 11 sind die mittels LIBS festgestellten Tiefenprofile des Markers den vergleichenden Wirkstoffprofilen aus den FT-IR Messungen der HsKa gegenübergestellt. Es handelt sich hierbei um das Tiefenprofil der beregneten horizontalen Außenfläche des Ersatzprobekörpers SIL 212 (CEM I 42,5 R; w/z= 0,55; Ag 1000 ppm).

Ergänzend wurden an der HsKa die jeweiligen Wasseraufnahmekoeffizienten überprüft. Es ergab sich eine ausreichende Wirksamkeit der Hydrophobierung für alle simulierten Expositionen, sowohl mit als auch ohne Markierung.

4.2 Praxismessungen an Referenzobjekten

Zur Überprüfung der Praxistauglichkeit der Messmethodik wurde im Rahmen des Vorhabens an einem Parkhaus und an zwei Brückenbauwerken LIBS-Messungen durchgeführt. Diese dienten insbesondere der Überprüfung des mobilen LIBS-Systems unter Praxisbedingungen sowie der Optimierung des Handlings und der Bedienbarkeit. Das ausgewählte Parkhaus wurde Mitte der 1960er-Jahre als Stahlbetonbau errichtet.

Aufgrund der im Nutzungszeitraum entstandenen zahlreichen Schäden an der Betonkonstruktion erfolgte ab 2013 eine Grundinstandsetzung des Parkhauses. Vor den durchzuführenden Betoninstandsetzungsarbeiten wurde an zwei jeweils vertikalen und horizontalen Testflächen eine Hydrophobierung mit und ohne Markierung appliziert. Nach ca. Monaten 4 Monaten erfolgte ein Messeinsatz mit dem mobilen LIBS – System.

Abb. 12. und 13. Einsatz mobiles LIBS in einem Parkhaus; links Gesamtansicht und rechts mobiler Scanner an Wandfläche

Mit der angewendeten Messmethodik konnte sofort messbegleitend die markierte Hydrophobierung auf den Bauteiloberflächen nachgewiesen werden. Wie nachfolgend abgebildet war ein deutlicher Unterschied zwischen den Flächen mit bzw. ohne markierter Hydrophobierung mit LIBS detektierbar.

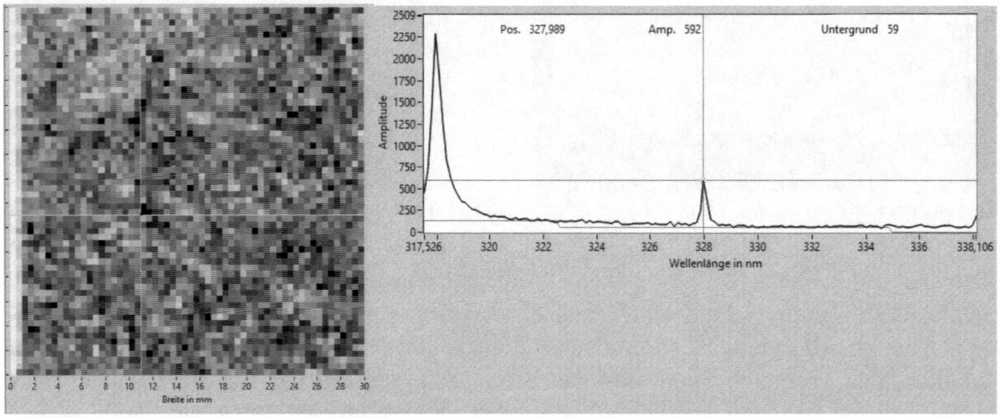

Abb. 14. Oberflächenmessung Parkhaus mit Messsignal (Hydrophobierung + Ag 1000)

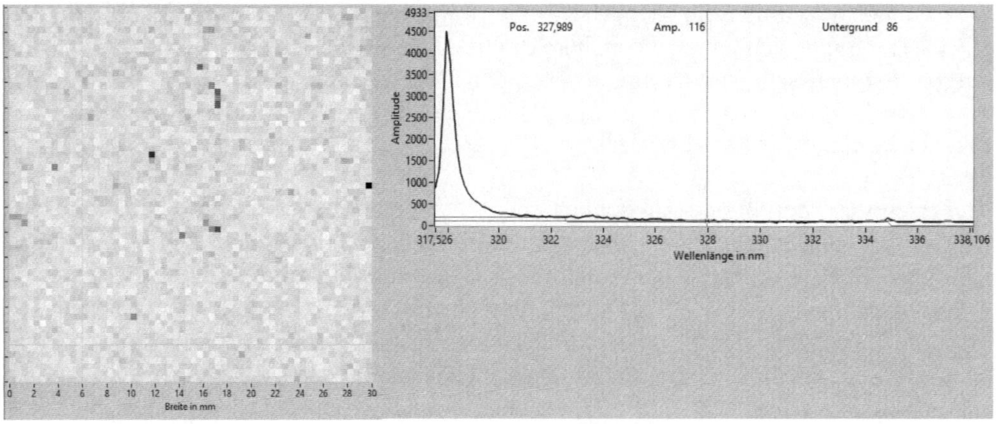

Abb. 15. Oberflächenmessung Parkhaus ohne Messsignal (Hydrophobierung ohne Ag 1000)

Aufgrund des mit Saugfüßen ausgestatteten Grundrahmens waren dabei auch Messungen an vertikalen Flächen möglich. Je nach gewählter Auflösung muss mit Messzeiten zwischen 3 und 20 Minuten kalkuliert werden. Die Messdaten können unmittelbar vor Ort ausgewertet werden. Dazu wurde das Programm LIBS Auswertung V 0.49 der BAM verwendet. Die Rohdaten werden hierbei zeilenweise eingeladen und im Programm als Fläche dargestellt. Weitere Angaben zur Messung werden automatisch in einer Datei abgelegt. So können alle Parameter der Messung nachvollzogen werden. Wegen möglicher wechselnder äußerer Randbedingungen (z. B. Temperatur) ist es bei jedem Messeinsatz erforderlich, parallel Kalibrierungsmessungen an genormten Prüfkörpern durchzuführen.

5.0 Zusammenfassung und Ausblick

Im Rahmen des Forschungsvorhabens SILAMARK ist es gelungen eine Messmethodik zu entwickeln mit der, basierend auf dem entwickelten Markersystem und der darauf abgestimmten Laser Induced Breakdown Spectroscopy als Prüfverfahren, ein Nachweis der Hydrophobierung auf der Baustoffoberfläche und deren Eindringtiefe in die Betonrandzone möglich ist. Voraussetzung war die Entwicklung einer chemisch stabilen Anbindung eines Markers an die Tiefenhydrophobierung durch die Hochschule Karlsruhe, ohne die Eigenschaften der Hydrophobierung negativ zu verändern.

Die Anwendung des mobilen LIBS-Systems hat sich bei den ersten unter Praxisbedingungen durchgeführten Messungen an den Referenzbauwerken bewährt und somit konnte die prinzipielle Baustellentauglichkeit der entwickelten Messmethodik nachgewiesen werden. Damit ist es möglich direkt nach der Applikation der Hydrophobierung das verwendete Produkt zu identifizieren und die erforderliche Qualitätssicherung durchzuführen.

Durch den zunehmenden Bestand älterer Infrastrukturbauwerke und den damit einhergehenden immer längeren Nutzungszeiträumen erhalten Instandhaltungsmaßnahmen mit der zugehörigen Qualitätssicherung zukünftig eine immer größere Bedeutung. Mit der vorgestellten Messmethodik könnte die Qualität von Hydrophobierungsmaßnahmen direkt bei der technischen Anwendung, sowie auch im Rahmen der Bauwerksuntersuchungen innerhalb der Nutzungsphasen vor-Ort erfolgen.

Mit weiteren Praxistests im größeren Maßstab, der Entwicklung einer standardisierten Präparationstechnik und insbesondere mit einer Aufnahme des Messverfahrens in einschlägige Richtlinien und Normen könnte die allgemeine Akzeptanz für eine Anwendung von Tiefenhydrophobierungen damit deutlich gesteigert werden. Das mobile LIBS-System mit integriertem Scanner ließe sich parallel auch für andere Prüfaufgaben vor Ort einsetzen. So wäre der Einsatz für die Detektion von Chloriden, Sulfaten und Alkalien denkbar. Eine Markierung und entsprechende Detektion wäre prinzipiell auch zur Erkennung und Identifizierung von Bauprodukten, Bauchemikalien und korrekten Mischungsverhältnissen einsetzbar.

Referenzen

[1] Gerdes, A.; Herb, H.: Teilschlussbericht Verbundprojekt SILAMARK FKZ 13N10648. Hochschule Karlsruhe Technik und Wirtschaft (September 2014).

[2] Müller, J.: Teilschlussbericht Verbundprojekt SILAMARK FKZ 13N10652. Sto SE & Co. KGaA (August 2014).

[3] Brösamle, S.: Teilschlussbericht Verbundprojekt SILAMARK FKZ 13N10651. Aqua Stahl GmbH Kißlegg (September 2014).

[4] Gerdes, A.: Transport und chemische Reaktion siliciumorganischer Verbindungen in der Betonrandzone. Building Materials Report No 15, AEDIFICATIO Verlag, Freiburg i. B., (2001).

[5] Wilsch G., Schaurich D., Weritz F.: Determination of chloride content in concrete structures with laser-induced breakdown spectroscopy. Construction and Building Materials, 19, 724-730 (2005).

[6] Kramida A., Ralchenko Yu., Reader J. and NIST ASD Team (2014).: NIST Atomic Spectra Database (version 5.2), [Online]. Available: http://physics.nist.gov/asd [Friday, 10-Oct-2014 05:48:47 EDT]. National Institute of Standards and Technology, Gaithersburg, MD.

[7] Molkenthin, A., Weritz, F., Schaurich, D., Wilsch, G.: Imaging of cation and anion transport in building materials by laser-induced breakdown spectroscopy. In: Proceedings of 5th International Essen Workshop, Transport in concrete, Essen, Germany, 2007.

[8] Molkenthin, A.: Laser-induzierte Breakdown Spektroskopie (LIBS) zur hochauflösenden Analyse der Ionenverteilung in zementgebundenen Feststoffen., Dissertation, Universität Duisburg-Essen, Essen 2008.

[9] Müller, J.: Tiefenhydrophobierung – präventiver Schutz von Betonbauwerken., Vortrag StoCretec 2006

Einsatz des mobilen LIBS zur Qualitätssicherung bei der Instandsetzung

André MOLKENTHIN [1]
[1] IPG INGENIEUR- UND PRÜFGESELLSCHAFT mbH, Berlin
Kontakt E-Mail: molkenthin@ipg-ingenieure.com

Kurzfassung

In Vorbereitung von Instandsetzungsprozessen an Beton- oder Stahlbetonbauwerken erfolgt, oft mit geringem Budget, lediglich eine stichprobenartige Untersuchung der Verdachtsbereiche. Die gewonnenen Untersuchungsergebnisse bilden zwar Grundlage für ein Instandsetzungskonzept, können aber noch keine genauen Aussagen zur Quantität der schadhaften Flächen beitragen.

Das tatsächliche Ausmaß und die Intensität der Schadensprozesse sind häufig erst nach einem flächigen Freilegen und Rückbau der geschädigten Bereiche zu erkennen. Inmitten solcher Aktivitäten ist es umso wichtiger, ein rasches und umfassendes Bild über die Belastungen mit schadensauslösenden Faktoren im Baustoff zu erlangen.

Ebenfalls im eher geringen Maß werden die neu entstandene baustoffliche Beschaffenheit und der unmittelbare Erfolg während einer Instandsetzung, etwa im Zuge einer Qualitätssicherung, überprüft.

Für die vorweg geschilderten Situationen liegen derzeit aber auch kaum geeignete Verfahren und Untersuchungsmethoden zur Verfügung, um direkt auf der Baustelle Elementkonzentrationen im Baustoff zu bestimmen und auszuwerten.

Die bislang angewendeten Verfahren, beispielhaft zur Chloridbestimmung in Beton- und Stahlbetonbauwerken, arbeiten klassisch über die Entnahme von Probenmaterial und dessen Analyse im Labor. Solche Methodiken erfordern Zeit und generieren erhöhte Aufwendungen. Prüfverfahren, die direkt und zuverlässig solche Untersuchungen am Bauteil oder Bauwerk vornehmen können, waren bislang nicht vorhanden oder ermöglichten nur bestenfalls eine grobe Bestimmung.

Die bereits bekannte Methode der Laser-induzierten Breakdown Spektroskopie wurde innerhalb eines aktuellen Forschungsvorhabens so weiter entwickelt, dass mit Hilfe eines neuartigen mobilen und kompakten Analysegerätes Elementkonzentrationen im Baustoff nun direkt und unmittelbar auf den Oberflächen bestimmt werden können.

Im vorliegenden Beitrag können nun bereits erste Beispiele einer erfolgreichen Anwendung dieses Verfahren und des entwickelten mobilen LIBS auf verschiedenen Instandsetzungsvorhaben mit unterschiedlichen Messaufgaben vorgestellt werden.

Einführung

In der Schadensanalytik von Beton- und Stahlbetonbauwerken sind für den sachkundigen Ingenieur und Planer neben physikalischen Parametern wie z.B. Druck- und Haftzugfestigkeiten vor allem chemisch-physikalische Aussagen zum IST-Zustand des Materials Beton von erheblicher Bedeutung.

Dies gilt sowohl für die Bauwerkserkundung im Vorfeld einer Instandsetzung als auch im operativen Instandsetzungsprozeß bei Auffälligkeiten und Abweichungen zum prognostizierten Zustand.

Durch das innerhalb eines Forschungsprojekts entwickelte mobile LIBS-Gerät erlangt nun ein Verfahren Praxisreife, mit dem direkt vor Ort und inmitten von Baustellenaktivitäten die Elementverteilung im Baustoff gemessen und sofort ermittelt werden kann.

Die noch heute allgemein angewendeten Methoden zur Chloridanalyse von Betonproben lassen sich im Heft 401 des DAfStb [1] finden. Darin enthalten sind jene quantitativen als auch halbquantitativen Analyseverfahren, die in fast allen einschlägigen Baustofflaboren verwendet werden. Neben der im Heft 401 beschriebenen potentiometrische Titration, der Photometrie und der Bestimmung mit ionensensitiven Elektroden haben sich in den letzten Jahrzehnten ebenfalls spektroskopische Verfahren der Ionenchromatografie und Röntgenfluoreszenzanalyse (RFA) am Markt etabliert.

In der Praxis kommt es allerdings bei Anwendung der vorgenannten Verfahren häufig vor, dass die Wartezeit auf die Ergebnisse von Chloriduntersuchungen mehrere Tage bis einige Wochen andauert. Inzwischen sind aber bereits wichtige Entscheidungen für den Fortgang der Instandsetzungsarbeiten zu treffen, ohne auf die Analysewerte zurückgreifen zu können. Die nachfolgenden Beispiele verdeutlichen demgegenüber, dass mit der Überführung der Methode der Laser-induzierten Breakdown Spektroskopie (LIBS) auf ein mobiles, baustellentaugliches Analysegerät viele der zuvor zeitlich aufwendigen Messaufgaben direkt vor Ort vorgenommen werden können.

1. Chlorbestimmung mit Alkali-Kieselsäure-Reaktion in einer Tiefgarage

Innerhalb der Instandsetzung einer Tiefgarage in Norddeutschland mit schweren Schäden aus chloridinduzierter Bewehrungskorrosion in Verbindung mit einer Alkali-Kieselsäure-Reaktion (AKR), wurde das mobile LIBS während des Bauprozesses zur Bestimmung der

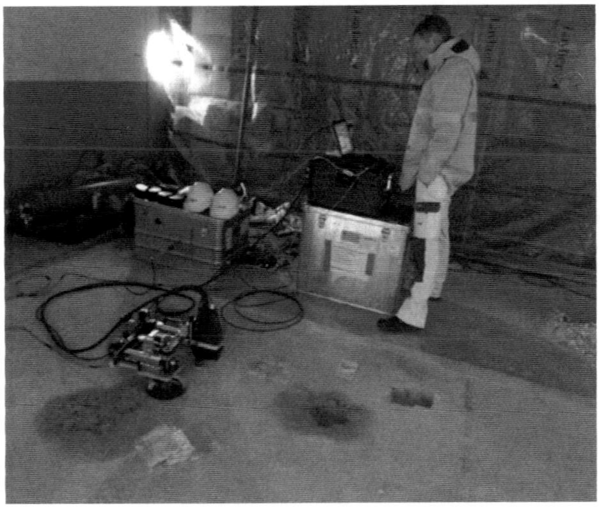

Abbildung 1: Aufbau des mobilen LIBS zur Messung der Chlorkonzentrationen

Abbildung 2: Messbedingungen in der Tiefgarage

Chlorkonzentrationen auf den jeweiligen Abtragstiefen eingesetzt. Auf einer der instand zu setzenden Parkebenen waren bereits die wesentlichen Stemm- und Abtragsarbeiten bis zur planerisch vorgegebenen Tiefe vorgenommen worden. Für die Bauüberwachung und das Instandsetzungsunternehmen kam es in dieser Situation darauf an zu erfahren, ob noch schadensauslösende Chloridkonzentrationen in diesen Tiefen bestanden. Aufgrund der zeitlichen Vorgaben für den Bauablauf war eine Sofortanalyse vor Ort erforderlich.

Innerhalb des Messeinsatzes konnten an einem Tag -mit vorheriger abendlicher Vorbereitung- bis zu 30 Messstellen am Boden und im Spritzwassersockel der aufgehenden Bauteile (Wände und Stützen) direkt gemessen und ausgewertet werden. Vor Ort wurden die Ergebnisse sofort generiert und an jedem Messpunkt ausgewiesen. Als Konsequenz dieser Überprüfung musste 5 Bereiche nachgearbeitet und tiefer abgetragen werden.

Ein wesentlicher aber auch erschwerender Aspekt bestand darin, dass die Instandsetzungsarbeiten während der Zeit der Messungen weiter liefen. Für die Baustelle war dies sicherlich ein Vorteil: somit traten keine Verzögerungen auf. Das mobile LIBS-Gerät und die Messvorgänge waren andererseits permanenten Erschütterungen und zum Teil erheblicher Staubbelastung ausgesetzt. Solche Randbedingungen führten aber zu keiner Zeit zum Ausfall des Gerätes oder zum Abbruch der Messvorgänge.

Nasschemische Untersuchungen an Bohrkernen und Rückstellproben bestätigten im Nachgang -ohne nennenswerte Abweichungen- die vor Ort festgestellten Konzentrationen

2. Instandsetzung Parkhausebene in Fertigteilbauweise

Ein im Jahre 1980 errichtetes Parkhaus im Südwesten Deutschlands ist Bestandteil eines innerstädtischen Einkaufszentrums. Insgesamt verfügt das Gebäude über sechs Ebenen, wobei die oberen drei Ebenen als Parkdecks (P1–P3) ausgeführt wurden.

Die massiven Betondecken der einzelnen Geschosse bestehen aus vorgespannten PI-Platten, die auf Stützen, Unterzügen und Konsolen aufgelagert sind. Die Stärke der schlaff bewehrten Fahrbahnplatte beträgt allerdings nur 10 cm. Die Spannglieder befinden sich als Biegezugglieder in den Stegen der PI-Platten und wurden unter Vorspannung mit sofortigem Verbund verbaut. Die zur Gebäudestabilisierung erforderliche Scheibenwirkung der Deckenebenen erfolgte entsprechend der vorliegenden Bestandsplanung durch Einbauteile in den Fertigteildecken, die nach dem Verlegen untereinander verschweißt und mit Ortbeton vergossen wurden.

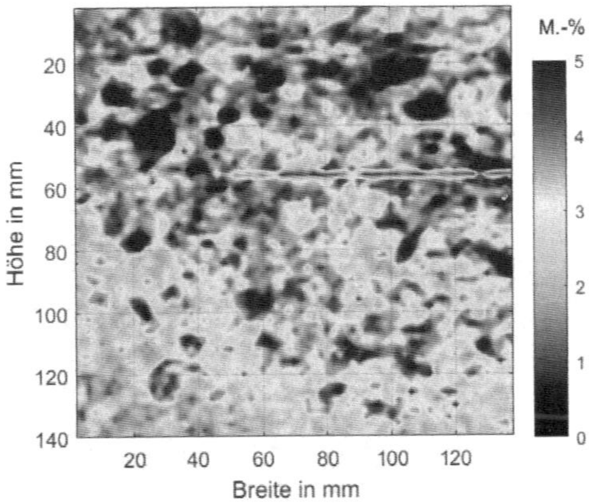

Fläche:	140 × 140 mm²
Messraster:	2,0 × 2,0 mm²
Pulsfrequenz:	50 Hz
Kumulationen:	3
Messdauer:	ca. 15 min
Ø Cl—-Konzentration	3,48 M.-%
SD	± 1,28 M.-%

Abbildung 3: links die Chloridverteilung an der Oberfläche der Fahrbahnplatte, rechts die Messparameter

An insgesamt sieben Bereichen erfolgten Oberflächenmessungen mit LIBS. Die Messflächen mit einer Größe von je 140 mm × 140 mm wurden mit einer Auflösung von 2 × 2 mm abgescannt. Die Entnahme eines zusätzlichen Bohrkerns je Messfläche resultierte aus der Überlegung, auch vergleichend den Chloridgradienten in der Platte zu ermitteln. Bereits vor den Messungen hatte ein weiteres Labor Potentialfeldmessungen vorgenommen, um die korrosionsaktiven Bereichen einzuengen und für die nachfolgenden LIBS-Untersuchungen einzugrenzen.

Im Ergebnis der LIBS- Messungen konnten die bereits auf der Betonoberfläche vermuteten deutlich erhöhten Chloranlagerungen bestätigt werde. Dieses Depot war noch nicht in den Baustoff vorgedrungen, würde aber unter Zutritt von Feuchtigkeit für die Migration bereit stehen. An einem Messbereich konnten die oberen Betonschichten durch Strahlen abgetragen und so die oberen Bewehrungen sowie die Stahlanschlüsse der Fertigteile freigelegt werden. Infolge der teils sehr hohen Chloridkonzentrationen von bis zu 3,48 M% bezogen auf den Bindemittelgehalt war festzustellen, dass der Korrosionsfort-

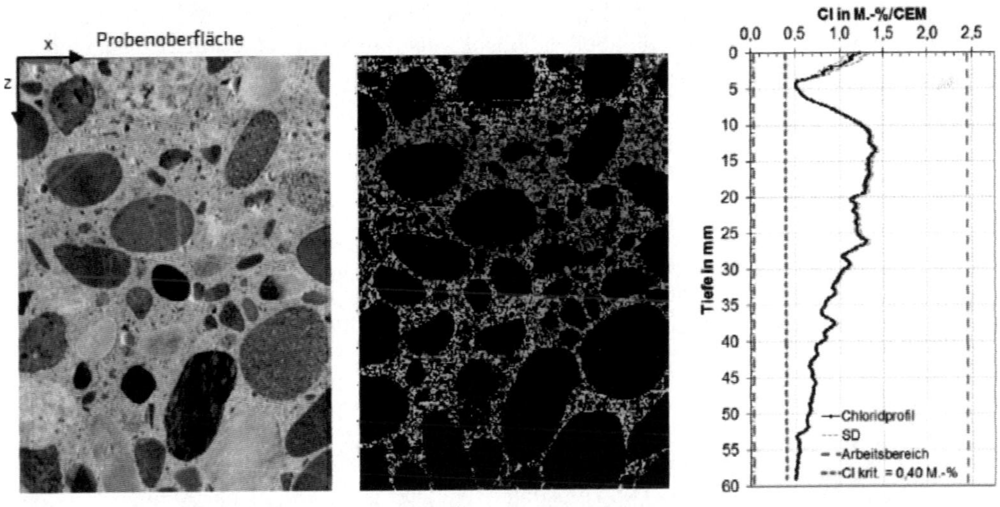

Messfläche des Bohrkerns BK2	2D-Darstellung der Chloridverteilung	Chlorideintrag Bohrkern BK1
x = 50 mm; z = 60 mm	(GK extrahiert)	Cl_{min} = 0,50 M.-%/CEM
		Cl_{max} = 1,42 M.-%/CEM

Abbildung 4: bildgebende Chlorverteilung und der Chloridgradient bis zur einer Tiefe von 60mm in der Platte

schritt sowohl an den oberen Bewehrungslagen als den Stahlbauteilen teils im erheblichen Umfang vorlag.

Im Zuge der Instandsetzung des am stärksten geschädigten Parkdecks P2 sollte vor Ort an ausgewählten Flächen die Chloridbelastung auf der Oberfläche bestimmt und auch das Eindringprofil ausgewiesen werden.
Als wesentlich für die Planer und den Bauherrn stellte sich nun die Frage, ob die 10 cm starke Stahlbetonplatte flächig entfernt werden muss. Dieser Eingriff hätte auch wesentliche Auswirkungen auf die vorgespannten Stege der Π-Platten zur Folge. Durch den Wegfall der Druckzone während der Instandsetzung könnten sich die noch verbleibenden vorgespannten Stege aufwölben und so eine unkontrollierte Verformung erfahren.

Mithilfe der LIBS- Messungen war es jedoch möglich, den maßgeblichen Chlorideintrag den Verbindungsfugen der Fertigteile untereinander zuzuordnen. Die anschließende Instandsetzung bezog sich daher im Wesentlichen auf den Abtrag der oberflächennahen Randzone (Betondeckung der oberen Lage) und dem Freilegen der Verbindungsbereiche der Fertigteilkonstruktionen.

3. Schwefelbestimmung in einer Biogasanlage

In einer 2009 errichtete Biogasanlage wird auf der Grundlage von landwirtschaftlichen Abfälle Biomethan produziert. Die Anlage besitzt u. a. neun in Stahlbetonbauweise errichtete Rundbehälter in zwei verschiedenen Größen. Es handelt sich dabei um fünf Gärproduktlager, drei Fermenter sowie einen Nachgärer. In der zwischenzeitlich achtjährigen Nutzungszeit waren auf den Außenwandflächen der Fermenter und der Gärproduktlager zahlreiche Risse erkennbar. Deren Ursprung liegen in Schwind- und Kriechvorgängen der etwa 12m hohen Behälter.

Aufgrund der schon von weitem deutlich sichtbaren Risse infolge schwarz-brauner Verfärbungen aus den durchtretenden Gärflüssigkeiten, entschloss sich der Betreiber 2015, nicht zuletzt im Zuge seiner Verkehrssicherungspflicht, zu umfangreichen äußeren Untersuchungen hinsichtlich aufgetretener Schädigungen und einer eventuell dadurch eingeschränkten Standsicherheit.

Über die Untersuchungen an den Außenseiten hinaus erfolgte zudem im Sommer 2016 die Leerung und Reinigung eines Fermenters, sodass für ein kurzes Zeitfenster auch lokale Untersuchungen auch auf der Innenseite eines Behälters möglich waren. Für die Begehung der Innenseite wurde der Fermenter vollständig geleert, entgast sowie anschließend unter Wasserdruck gereinigt. Mit Ausnahme einiger Randbereiche entlang des Wandkopfes waren dadurch die Wandflächen weitestgehend von Rückständen befreit (Abbildung 4).

Abbildung 5: Innenansicht des Behälters

Abbildung 6: LIBS-Messungen auf der Behälterwand

Tabelle 1: Sulfatkonzentrationen in den oberen 20mm der Innenwand

Probe	Bauteil	Prüftiefe [mm]	Sulfatgehalt SO4 im Beton [Masse-%]	[mg/kg]
2	Innenwand	0 – 10 10 – 20	0,84 0,75	8.383 7.490
3	Innenwand	0 – 10 10 – 20	0,83 0,82	8.252 8.193
4	Fermenterkopf	0 – 10 10 - 20	0,98 0,81	9.806 8.147

Hiernach zeigten sich erkennbare Kraterbildungen auf dem oberen, unbeschichteten Wandabschnitt, der zugleich einen Teil des Gasraums bildet. Diese Bereiche wiesen darauf hin, dass bereits eine Materialauflösung des Zementsteins -wenn auch in geringem Umfang- vorlag. Die chemischen Analysen des Betreibers zeigten allerdings bei der Recherche, dass das Gärsubstrat einen neutralen pH-Wert von ca. 7 bis 8 besitzt. Es war daher im Vorfeld erkennbar, dass eine Gefährdung der Behälter durch einen flächigen chemischen Angriff infolge des Gärsubstrates als gering einzustufen ist.

Die Untersuchungen der Rissstrukturen auf der Behälteraußenseite bestätigten diese Annahmen. In keinem der Risse konnten Schäden an der Bewehrung und/oder dem Betongefüge festgestellt werden.

Demgegenüber kam allerdings als noch gefährdender Schadensprozess die biogene Schwefelsäure-Korrosion mit dem Angriff auf die Bindemittelmatrix und den Betonstahl in Betracht. Die infolge der mikrobiologische Umsetzungen des Gärsubstrats in den Behältern entstehende Schwefelsäure (H_2SO_4) führt zum chemischen Angriff auf Betonoberflächen. Sulfatreduzierende sowie schwefeloxidierende Bakterien verwenden den im Gärsubstrat frei werdenden elementaren Schwefel energetisch in ihren verschiedenen Stoffwechselprozessen.

Das mobile LIBS-Gerät wurde während des Ortstermins auf der Innenseite der Behälterwand befestigt (Abbildung 5). In dieser wurden zwei Messbereiche mit unterschiedlicher Auflösung in situ untersucht.

Messfläche 1: 80 cm x 80 cm mit 3 Oberflächenmessungen

Messfläche 2: 10 cm x 10 cm mit 1 Oberflächenmessung

Für weitere Laboruntersuchungen mit dem LIBS-Verfahren wurden zwei Bohrkerne

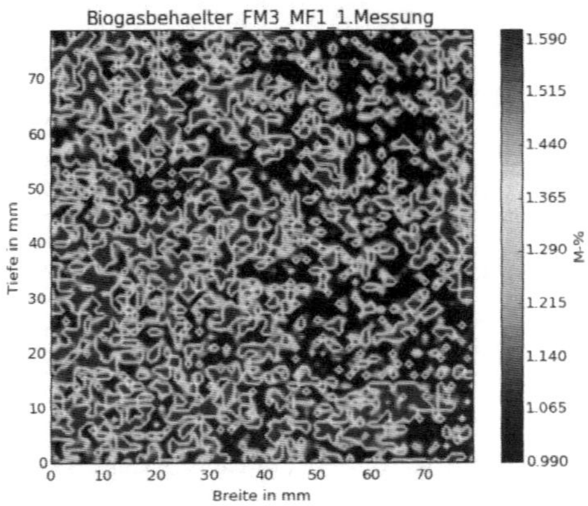

Abbildung 7: Oberflächenverteilung Schwefel

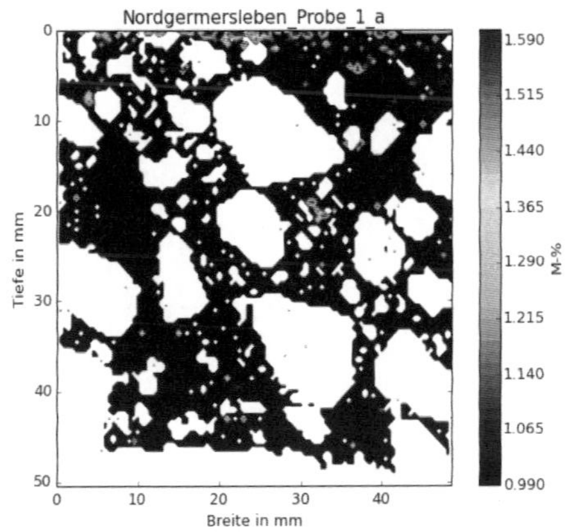

Abbildung 8: Schwefelprofil am Bohrkern 1

(Durchmesser 50 mm) entnommen: einer auf der Innenseite des Behälters im handnah erreichbaren Bereich sowie einer auf der horizontalen Fläche des Wandkopfes. Sowohl die Untersuchungen des Schwefelgehalts an der Oberfläche und auch die Messungen der Schwefelkonzentrationen im Profil (Bohrkerne) zeigten eine deutliche, jedoch nur auf die Oberfläche bezogene Belastung. Während die angelagerten Schwefelanteile auf der Innenwand eine durchaus auffällige Größenordnung aufwiesen, nahmen nach 1 bis 2 mm die Schwefelkonzentrationen soweit ab, dass kaum mehr Schwefelanteile nachzuweisen waren. Gemäß DIN EN 206 [6] konnte somit in Anlehnung an die Vorgaben für den chemischen Angriff aus Grundwasser ein mäßiger Angriff für die Betonoberflächen abgeleitet werden.

Für den Betreiber bedeuteten die Ergebnisse der Messungen, dass aufgrund der verhältnismäßig geringen Nutzungszeit der chemische Angriff ausschließlich auf die Betonoberflächen, sowohl im Gasraum als auch in der Flüssigphase des Behälters, eingesetzt hatte. Bei den kommenden Entleerungen solcher Behälter soll nun durch wiederkehrende Messungen die Zunahme der Schädigungen erfasst und bewertet werden.

Referenzen

[1] HEFT 401 DAfStb: Teil 1 Anleitung zur Bestimmung des Chloridgehaltes von Beton / Teil 2 Schnellbestimmung des Chloridgehaltes von Beton/ Teil 3 Bestimmung des Chloridgehaltes von Beton durch Direktpotentiometrie Beuth Verlag (1989)

[2] MOLKENTHIN, A.: Laser-induzierte Breakdown Spektroskopie (LIBS) zur hochauflösenden Analyse der Ionenverteilung in zementgebundenen Feststoffen; Universität Duisburg-Essen 2008 und BAM Dissertationsreihe 42

[3] BRUNS, M.; BALZER, H.; WILSCH, G.: Bildgebende Laseranalyse der Chlorid- und Sulfatverteilung im Beton, 3. Kolloquium Verkehrsbauten, Esslingen 2008

[4] MOLKENTHIN, A.: Frühreaktionen beim Beschichten von Betonflächen mit Neigung zur Alkali-Kieselsäure-Reaktion, 4. Kolloquium Verkehrsbauten, Esslingen 2010

[5] MILLAR, S.; WILSCH, G.; EICHLER, T.; GOTTLIEB, C., WIGGENHAUSER, H.: Laser Induced Breakdown Spectroscopy (LIBS) im Bauwesen - automatisierte Baustoffanalyse, Beton- und Stahlbetonbau, , 110 (8), 501-510

[6] DIN EN 206-1: Beton - Festlegung, Eigenschaften, Herstellung und Konformität; 2013/2016

[7] MOLKENTHIN, A.; WILSCH, G.; GÜNTHER, T., MILLAR, S.: Sofortige Chloridbestimmung am Bauwerk mit LIBS; 8. Kolloquium Verkehrsbauten, Esslingen 2018

Hard- und Software zur Untersuchung der chemischen Zusammensetzung von mineralischen Baustoffen

Christian BOHLING [1] Jens-Uwe GÜNTHER [1] Tobias JOCHUM[1] Constanze SCHILDER[1] Andreas JOHN[1] SECOPTA analytics GmbH, Teltow

Kontakt E-Mail: christian.bohling@secopta.de

Kurzfassung

Die genaue Kenntnis der quantitativen Elementverteilung hat bei der Prüfung und Untersuchung von mineralischen Baustoffen eine herausragende Bedeutung. So können beispielsweise Schädigungsprozesse in Beton durch die Bestimmung von Chlorid-Konzentrationen bewertet werden.

Bei der laserinduzierten Breakdownspektroskopie (LIBS) wird ein Laserpuls hoher Intensität auf einen kleinen Spotdurchmesser fokussiert. Kurze Pulsdauer und gute Strahlqualität ermöglichen den Einsatz von robusten und kostengünstigen Strahlquellen mit relativ moderaten Pulsenergien. Ein kleiner Teil der Probenoberfläche wird ablatiert, verdampft und auf >8.000°K erhitzt. Dabei werden Kristall und Molekülverbände aufgelöst und es kommt zur Ionisierung und somit zur Ausbildung eines Plasmas. Die Anregungsphase dauert entsprechend der Laserpulsdauer nur wenige Nanosekunden. In der anschließenden Abkühlphase emittieren die einzelnen Elemente Photonen unterschiedlicher Wellenlängen. Diese Emission wird über eine spektral breitbandige Optik aufgesammelt und über optische Fasern an ein oder mehrere Spektrometer geleitet.

Das Grundprinzip der LIBS ist seit den 1960 Jahren bekannt und es wurden im Laufe der Jahre eine Vielzahl von Anwendungen im Labor entwickelt. Mit der Verfügbarkeit robuster optischer Komponenten, wie Lasern und Spektrometern hält die LIBS nunmehr Einzug in die industrielle Anwendung. Notwendig für den Einsatz außerhalb von reiner Forschungstätigkeit ist dabei:

- Kompakte und langzeitstabile optische Komponenten
- Temperaturstabiliserte Spektrometer
- Spülgassystem und Schnellwechselfenster
- Stabile chemometrische Auswertealgorithmen

Die heute verfügbaren hohen Rechenleistungen erlauben eine schnelle Auswertung der LIBS-Signale in Echtzeit. In Kombination mit schnellen Kompaktspektrometern und Lasern mit hohen Repetitionsraten werden sehr schnelle Messsysteme möglich. So lassen sich mit dem FiberLIBS lab System der Secopta Aufnahmegeschwindigkeiten von mehreren hundert Messungen je Sekunde realisieren.

Der Messkopf wird dabei in drei Dimensionen über die Probenoberfläche geführt. Die stabile und präzise CNC-Technik erlaubt hohe Verfahrgeschwindigkeiten bei größter Positioniergenauigkeit. Es besteht die Möglichkeit, Prozessgase zielgenau einzusetzen und den entstandenen Materialabtrag abzusaugen. Die gesamte Messkammer verschließt während der Messung sicher und ist mit einer zertifizierten Laserschutzscheibe ausgestattet, so dass das Gesamtsystem als Laser Klasse 1 betrieben werden kann.
Ein umfangreiches Softwarepaket (LIBS Software Suite, LSS) ermöglicht die Steuerung des Systems und die vollautomatisierte Auswertung der gewonnenen Daten. Es können 1D, 2D- und 3D-Elementkarten der Oberflächen erstellt werden. Durch Mausklick oder zeigen am Touchscreenmonitor auf eine einzelne Messposition kann das Spektrum im ausgewählten Punkte angezeigt werden, sowie quantitative oder qualitative Analytik durchgeführt werden. Für die spezielle Anwendung der Tiefenprofilmessung lassen sich alle Messwerte einer Reihe kombinieren und als Tiefenverteilungskurve darstellen. Mit dem zusätzlich erhältlichen SEC Analysis Tool lassen sich eigene chemometrische Modelle auf Basis uni- oder multivariater Methoden erstellen und auf das System laden.

Hard- und Software zur Untersuchung der chemischen Zusammensetzung von mineralischen Baustoffen

Christian Bohling, Jens-Uwe Günther, Tobias Jochum, Constanze Schilder, Andreas John

Contact: christian.bohling@secopta.de

SECOPTA
laser based sensor systems

Fachtagung Bauwerksdiagnose 2018

Analytics of Minerals	Offline analytics	Inline XRF (Gamma in, Gamma out)	Inline Neutrons (Neutron in Gamma out)	Inline LIBS (Heat in Photons out)
Speed of result	Very slow	fast	slow	fast
elements	all	Light difficulty	Heavy difficulty	all
precision	Very good	Semi quantitative	qualitative	Typ. 5% rel.
Lateral resolution	meters	>5mm	meters	100µm
Measurements/ min	< 1	60	1-2	6000
Safety regulations	no	high	high	Low if in housing
others	Sampling error, sampling costs	Distance sensitive	much material needed	Just point by point

LIBS Basics

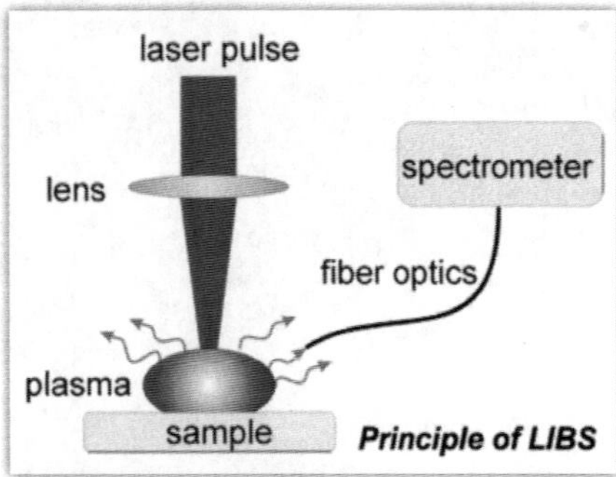

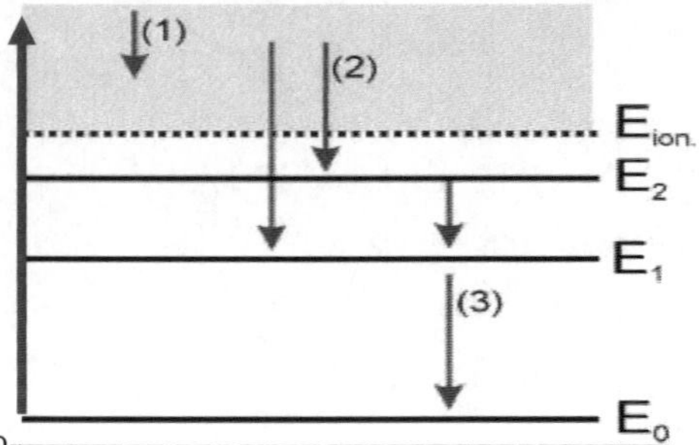

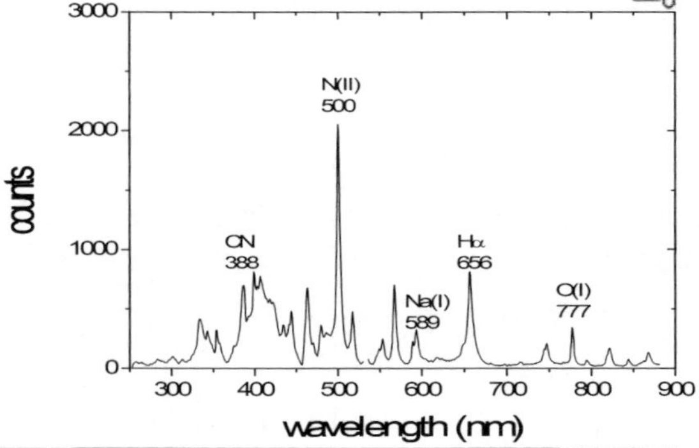

Each Element has a unique fingerprint

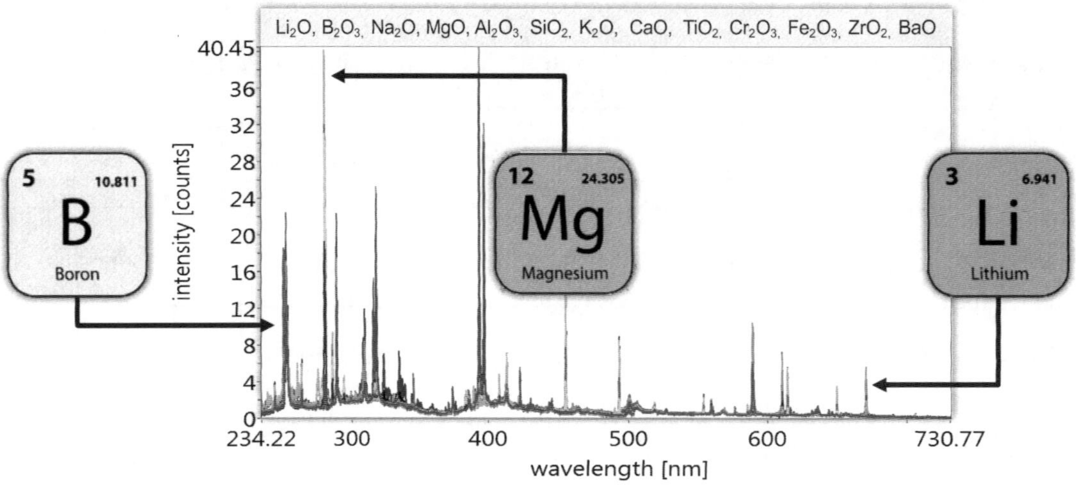

LIBS Basics – Advantages of the method

Universal and flexible

- each element is detected, even lightweight
- identification of complex objects by "fingerprint"
- adjustable by software

 Quantitative  Qualitative  Process qualified

Fast and straight forward

- **Online** – full automated data analysis in ~1 ms
  FiberLIBS with up to 100 measurements per second
  applicable for monitoring und process control
- **Inline** – compact sensor head for integration directly into machinery
- **Insitu** – no sampling and no sample preparation

USPs SECOPTA LIBS Technology

fast.

- **Results within milliseconds**
- **> 350 measurements / s**
- **Up to 20.000 measurement points / s**

precise.

- **Quantitative Measurements <0,1 wt%**
- **Typical error of approx. 5% rel. possible @ 3m/s**
- **Simultaneous measurement of all elements (even lightweight)**

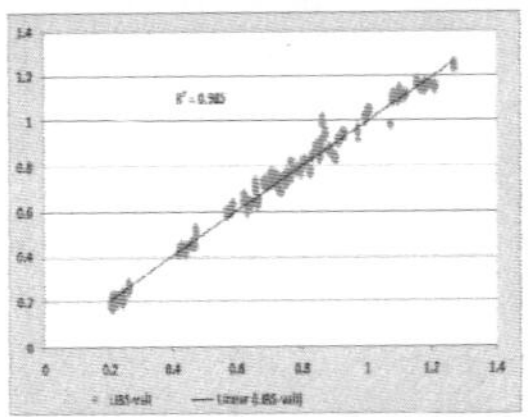

robust.

- **SECOPTA sensors in industry quality**
- **IP67, sealed in clean room environment, air stream**
- **Connection to PLC via common industrial interfaces**

LIBS solutions from SECOPTA: Even more USPs

- **Non-contact-measuring**
- **Product feature: autofocus**
- Works under extreme conditions (e.g. directly on liquid metal)
- Directly on conveyor belt / in motion
- **No sample preparation**
- Element mapping: additional source of information
- Continuous , **100% quality control** (diversification!)
- Cleaning and measuring may be one production step (PA feature)
- Ready for industry 4.0
- Team of experts
- SECOPTA team and Japanese Partners provides exceptional service
- Consistent product quality Made in Germany

SECOPTA
laser based sensor systems

Fachtagung Bauwerksdiagnose 2018 7

Quantitative calibration

- **Quantitative calibration**
  - ✓ Multivariate: Use the hole spectrum, PLS (Partial least square regression)
  - ✓ Pattern recognition in complex data (fingerprints)
- **Advantages over conventional methods**
  - ✓ Using all lines – fingerprint
  - ✓ Solving problems with matrix effects

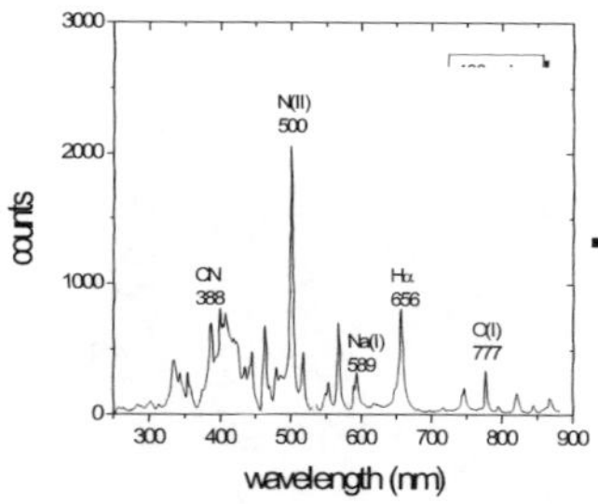

→ c_n

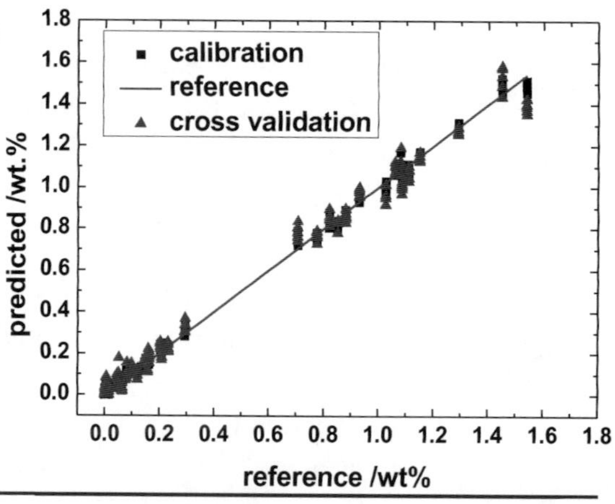

SECOPTA
laser based sensor systems

Fachtagung Bauwerksdiagnose 2018

LIBS solutions from Secopta

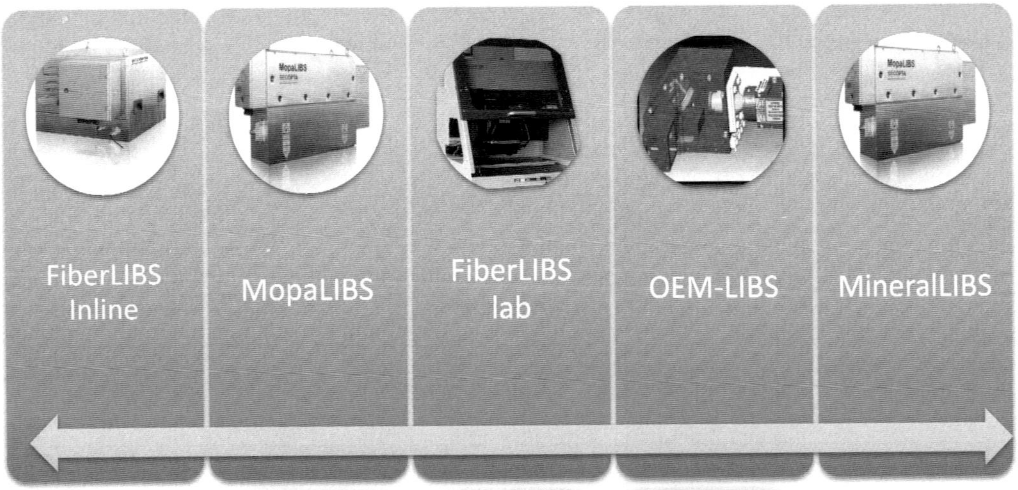

SECOPTA
laser based sensor systems

Fachtagung Bauwerksdiagnose 2018

9

Comparision Spectrometers for LIBS

Spectrometers for LIBS	Echelle + ICCD	Paschen-Runge	Compact (Tscherney Turner)
Speed	20 Hz	1 kHz	800 Hz
resolution	< 20 pm	50 pm	0.15 nm
Stability under industrial conditions	poor	ok	**good**
Price	high	mid	low
others	High sensitive	Combination of photomultipliers and CCD lines	easy to stabilize temperature

SECOPTA
laser based sensor systems

Fachtagung Bauwerksdiagnose 2018

Laser for LIBS	High Power (NdYAG)	Low Power / short pulse	FiberLaser (1ns)	FiberLaser (100ns) + Sparc
Repetition rate	80Hz	100Hz	10kHz	**20kHz**
Pulse energy	25-1000mJ	3mJ	1mJ	1mJ
Beam quality	good	Very good	good	good
Size/weight	big / >10kg	3kg	4kg	2 kg
Long Term stability	< 1year	1-3 years	?	**10 years**
Price	high	middle	high	**low**
others	Degeneration while working	Not stable within first shots	Not a standard product yet	**Well establish in laser marking**

FiberLIBS lab – MK II

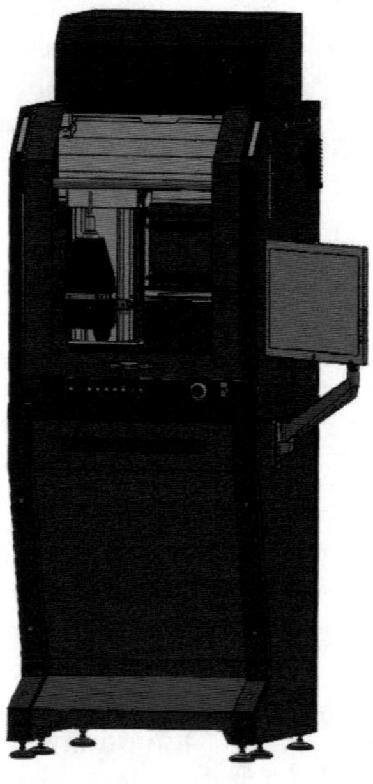

- Offline material analysis
- Detection of contaminations
- Determination of layer thickness1D – 2D – 3D Scans
- Element-Mapping
- Depth- profiles

Features

Laser Distance Measurement
Full automated 3D-Scanning

Software Package: Chemometrics
2D-Elemental Mapping

Class 1

No problems with Laser Safety

SECOPTA
laser based sensor systems

Fachtagung Bauwerksdiagnose 2018

12

Example: 2D- Element mapping

Analysis of Fe and Si concentration
depending on mineralic composition of the sample

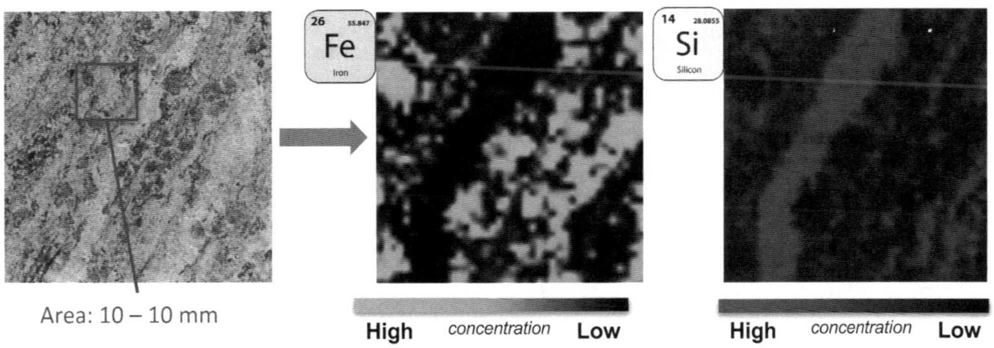

SECOPTA
laser based sensor systems

Fachtagung Bauwerksdiagnose 2018

13

Summary

- LIBS is an innovative universal elemental analysis technique
- **fast.** LIBS is extreme fast, results within ms, >350 measurements/s
- **precise.** LIBS is much more precise than other process measurement techniques like XRF or neutrons
- **robust.** LIBS systems from Secopta are extremely robust: Low maintenance
- LIBS can be used under harsh industrial environmental conditions, e.g. for primary raw materials - sorting or quality control
- LIBS can be used quantitative or qualitative (classification), Secopta provides standard applications as well as individual chemometric models

SECOPTA
laser based sensor systems

Fachtagung Bauwerksdiagnose 2018

14

Customers Benefit

- High add Value for the Customer
  Low Cost of Ownership
- Reliable long term Partnership is our Key Value
- Our local Partners are essential for our sales approach
- Professional Service together with our
  Japanese - German Service Team
- Easy and mediate Remote maintenance possible upon request
- High Quality - Made in Germany

Thank You! Contact us...

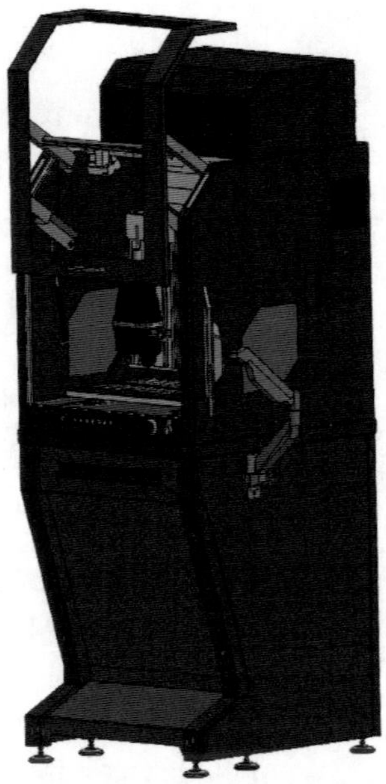

Schnellfahrende Zustandsuntersuchung von Bahntrassen mit dem Georadar-Verfahren

Julia WOLF [1], Daniela HOFMANN [1], Jürgen NIESSEN [1]
[1] DB Engineering & Consulting GmbH Umwelt, Geotechnik & Geodäsie
Technologiezentrum, Bremen

Kontakt E-Mail: julia.j.wolf@deutschebahn.com

Kurzfassung. Die Richtlinie RIL 821 der Bahn sieht Inspektionen der Bahntrassen in regelmäßigen Abständen vor. Die Regelinspektionen umfassen die visuelle Überprüfung der Strecken sowie den Einsatz von Gleismessfahrzeugen zur Prüfung der Gleisgeometrie. Direkte Untersuchungen zum Ober- und Unterbau der Eisenbahngleise erfolgen bei auftretenden Auffälligkeiten in Form von Aufschlüssen in regelmäßig platzierten Abständen. Eine zerstörungsfreie, lückenlose Untersuchung des Gleisaufbaus ohne Streckensperrung ist auf diese Art nicht möglich.

Das Georadar-Verfahren gehört heute zum Stand der Technik bei der Erkundung und Qualitätssicherung des Oberbaus und Unterbaus von Eisenbahngleisen. Es ermöglicht die lückenlose Dokumentation des Gleisaufbaus. Durch die Erhöhung der Messgeschwindigkeit, die Verbesserung der Mess- und Auswertetechnik sowie den Einsatz optimierter Analysesoftware konnte die Leistungsfähigkeit des Verfahrens gesteigert werden. Durch die Kombination mit zusätzlichen Sensoren wird eine exakte örtliche Zuordnung der Messdaten realisiert. Das Messsystem wird auf die Puffer einer Lok montiert. Zusammen mit einer schnellen und berührungslosen Datenerfassung ermöglicht dies Messgeschwindigkeiten von 80 km/h. Die Georadar-Messfahrten können sich dadurch in den Streckenfahrplan einpassen lassen. Der normale Zugverkehr bleibt dann unbeeinflusst.

Durch die Befahrung von Streckenabschnitten mit dem Georadar-Messsystem kann die Schadensursache objektiver erkannt, der Schadensverlauf besser beobachtet werden und es können bei Erreichen eines festgelegten Grenzwertes Instandhaltungsmassnahmen eingeleitet werden. Wegen der örtlichen Zuordnung der Messdaten, kann die Instandhaltung gezielt und konkret gestaltet werden, was Kosten und Streckensperrzeiten reduziert.

Eine Kombination der Georadar Messungen mit beispielsweise hochauflösenden Kameras, Lasern zur Gleislagenbestimmung und Wirbelstromgeräten würde die komplette Untersuchung der Trasse vom Unterbau über die Schwellen bis hin zu den Schienen mit nur einer Befahrung ermöglichen.

In dem Beitrag wird die Georadar-Messtechnik für Messungen entlang Bahntrassen an einem Anwendungsbeispiel der Schadensanalyse vorgestellt.

Einführung

Das Georadarverfahren ist ein geophysikalisches Standardverfahren für die Erkundung des Untergrundes. Im Bauingenieurwesen wird es überwiegend verwendet um Einbauteile (Bewehrung, Spannkanäle) in Betonbauteilen zu detektieren sowie deren Geometrie zu bestimmen. Der Vorteil des Georadar-Verfahrens ist, dass sich Objekte zerstörungsfrei, flächendeckend und kontinuierlich untersuchen lassen.

Bei der Bahn wird das Georadar-Verfahren zur Erfassung des Zustandes von Untergrund und Oberbau von Strecken eingesetzt. Hierbei geht es insbesondere um die Detektion von Verschmutzungen im Schotter, die Ortung von Hohlräumen, Feuchtigkeit/Entwässerung und sonstigen Inhomogenitäten sowie um die Bestimmung von Schichtmächtigkeiten und deren Verlauf.

Durch regelmäßige Messungen auf den Strecken lässt sich mit dem Verfahren die zeitliche Entwicklung von Schäden bewerten. Dadurch können Sanierungs- und Umbaumaßnahmen priorisiert werden.

Mit dem Einsatz des Georadar-Verfahrens auf Bahnstrecken, lassen sich Instandhaltungsmaßnahmen örtlich und zeitlich effizienter planen, was die gezielte Nutzung knapper Geldmittel fördert.

In diesem Beitrag wird kurz auf Methoden eingegangen mit denen der Oberbau durch die DB Netz AG überprüft wird. Ein Fallbeispiel mit Fehlern im Oberbau und deren Konsequenz soll zusätzlich die Notwendigkeit regelmäßiger Kontrollen verdeutlichen. Als nächstes wird der Einsatz vom Georadar-Verfahren für die Kontrolle von Bahnstrecken vorgestellt, insbesondere wird auf die verwendete Technik eingegangen. Übliche Untersuchungsziele bei der Anwendung des Georadar-Verfahrens werden benannt. Abgeschlossen wird mit den Anwendungsbeispielen Feuchtedetektion, Schadstellenidentifikation und Monitoring.

Kontrolle des Oberbaus

1.1 Aufbau von Bahntrassen

Bahntrasse bestehen aus dem Oberbau, dem Unterbau und dem Untergrund (Abb. 1). Der Oberbau, bestehend aus Schienen, Schwellen, Schienenbefestigungen, Bettung und Schutzschicht (Planum), leitet die Kraftwirkung der Eisenbahnfahrzeuge in den Unterbau über. Der Unterbau fasst Dammschüttungen, verbesserte Untergründe, Durchlässe, Über- und Unterführungen zusammen. Ist der Oberbau gestört kann dessen Funktionsfähigkeit für das jeweilige Anforderungsprofil gefährdet sein.

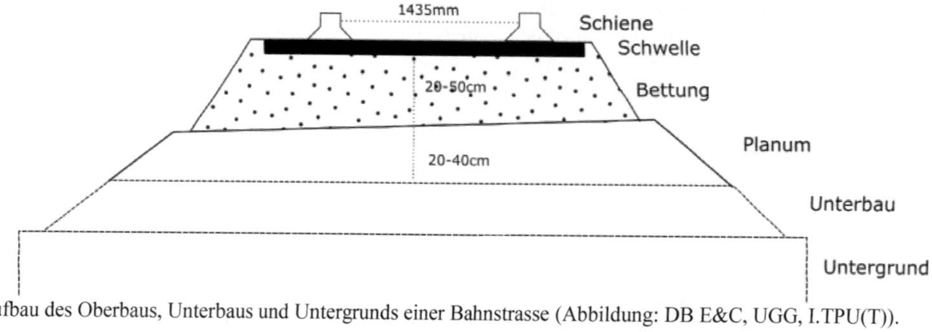

Abb. 1 Aufbau des Oberbaus, Unterbaus und Untergrunds einer Bahnstrasse (Abbildung: DB E&C, UGG, I.TPU(T)).

1.2 Richtlinie 821 (RIL 821)

Die Beanspruchung des Oberbaus durch den Eisenbahnbetrieb und Witterungseinflüsse verursachen materiellen Verschleiß, biologischen Zerfall und Veränderungen der Gleisgeometrie, die sich auf die Funktionsfähigkeit des Oberbaus auswirken. Bei der Richtlinie 821 (RIL 821) [1] der DB Netz AG geht es um die Einhaltung der Funktionsfähigkeit des Oberbaus für das jeweilige Anforderungsprofil. Ein Anforderungsprofil beinhaltet die Geschwindigkeit mit der ein Streckenabschnitt befahren wird und die Belastung die auf ihn wirkt. Die Belastung ist abhängig von der Achsenzahl der Züge, deren Masse und der Frequenz der Befahrung. Ist die Funktionsfähigkeit für ein bestimmtes Anforderungsprofil nicht mehr gegeben, muss das Anforderungsprofil verändert oder der Gleisabschnitt gesperrt werden [1].

Durch Inspektionen wird der Istzustand des Oberbaus festgestellt. Inspektionen werden regelmäßig in planbaren, festen Zeitabständen durchgeführt oder auch zusätzlich, wenn Schadstellen, Bauzustände, Auswirkungen von außergewöhnlichen Witterungsbedingungen oder erhöhte Beanspruchungen es erfordern [1]. Die Inspektionen, Inspektionsmittel und Abstände sind verschiedenartig und abhängig vom Anforderungsprofil der Bereiche. Die RIL 821 regelt die „Planung, Durchführung, Auswertung und Beurteilung“ der Inspektionen

- der Gleisgeometrie [2]
- der Fahrtechnik [3]
- der augenscheinlichen Begebenheiten [4] [5]

1.3 Störung des Oberbaus

Ist der Oberbau gestört, kann dessen Funktionsfähigkeit für das jeweilige Anforderungsprofil eingeschränkt sein. Störungen können u.a. Fehler in der Gleisgeometrie und dem Fahrverhalten des Zuges verursachen.

Werden während der Inspektionen nach der RIL 821 Störungen im Oberbau detektiert, die die Funktionsfähigkeit einschränken könnten, wird zunächst das Anforderungsprofil des betroffenen Streckenabschnittes angepasst, d.h. die Befahrungsgeschwindigkeit, Frequenz der Befahrung und deren Masse können reduziert werden.

Zur weiteren Untersuchung des Streckenabschnittes werden die Inspektionsabstände verkürzt und zusätzliche Inspektionsmethoden veranlasst.

Die durchgeführten Inspektionen sind beschränkt auf die Detektion der Auswirkungen der Änderungen des Unterbaus auf die Oberfläche, wie veränderte Gleislage oder der Zustand des Schotters. Für Informationen über den Zustand der Bettung, des Planums oder des Unterbaus können äquidistante Aufschlüsse veranlasst werden. Diese Aufschlüsse ermöglichen jedoch keine lückenlose Kontrolle des Unterbaus. Für eine lückenlose Kontrolle des Unterbaus kann das Georadar-Verfahren hinzugezogen werden.

2. Georadar an Bahntrassen

2.1 Georadar-Verfahren

Das Georadarverfahren ist ein geophysikalisches Standardverfahren für die Erkundung des Untergrundes. Im Bauingenieurwesen wird es überwiegend verwendet, um Einbauteile (Bewehrung, Spannkanäle, Dübel, ...) in Ingenieurbauten zu detektieren und um die

Bauteilgeometrie zu bestimmen ([6], [7]). Die Vorteile des Georadar-Verfahrens sind, dass sich Objekte zerstörungsfrei, flächendeckend und lückenlos untersuchen lassen.

Grundlage des Verfahrens bilden die unterschiedlichen dielektrischen Eigenschaften von Materialen. Radarantennen senden elektromagnetische Wellen in das Untersuchungsobjekt, diese werden an den Grenzflächen von Materialien, mit unterschiedlichen dielektrischen Eigenschaften gestreut und reflektiert und von Empfangsantennen wieder erfasst. Das Untersuchungsobjekt und die Aufgabenstellung bestimmen die Art der verwendeten Radarantennen und deren Frequenz. Die empfangenen Wellen werden als Funktion der Zeit bzw. Tiefe in sogenannten Radargrammen dargestellt ([6]).

Bei der Bahn wird mit dem Georadar-Verfahren der Zustand von Untergrund und Oberbau von Strecken erfasst. Hierbei geht es insbesondere, um die Detektion von Verschmutzungen im Schotter, um die Ortung von Hohlräumen, Feuchtigkeit und sonstigen Inhomogenitäten sowie um die Bestimmung von Schichtmächtigkeiten und deren Verlauf.

Durch regelmäßige Messungen auf den Strecken lässt sich mit dem Verfahren die zeitliche Entwicklung von Schäden bewerten. Dadurch können Sanierungs- und Umbaumaßnahmen priorisiert werden.

Mit dem Einsatz des Georadar-Verfahrens auf Bahnstrecken, lassen sich Instandhaltungsmaßnahmen örtlich und zeitlich effizienter planen, was die gezielte Nutzung knapper Geldmittel fördert.

2.2 Georadar an Bahntrassen

Der Anbau der Hardware ist an verschiedenen Eisenbahnfahrzeugen möglich. Voraussetzung sind Puffer (Abb. **2** und Abb. **3**) und eine Ladefläche für das Abstellen des Generators. An die Puffer vorn wird der Antennenadapter montiert (Abb. **2**). An die hinteren Puffer wird der Weggeber befestigt (Abb. **3**). Der Weggeber ist ein Dopplerradar, das Positionszuodnungen von +/- 1 m bei mehreren hundert Kilometern Messtrecke ermöglicht. Zusätzlich erfolgt eine Positionsaufnahme über GPS Koordinaten. Eine, mit den Radargrammen synchronisierte HD Videokamera nimmt zusätzlich die Messfahrt auf, um die Auswertung der Radargramme zu vereinfachen (Abb. **4**). Für die Datenaufnahme wird eine 8-kanalige Messaparatur der Firma GSSI verwendet, die es ermöglicht, Messungen mit bis zu acht Antennen gleichzeitig durchzuführen. Die Antennen werden auf die Feldseite, Gleisachse und Bahnseite der Strecke verteilt. Verwendet werden, je nach Aufgabenstellung, 1000 MHz und 2000 MHz Hornantennen, sowie 400 MHz Schmetterlingsantennen (Abb. **5**). Die Eindringtiefen liegen zwischen 0,5 m und 4 m. Die verwendete Messtechnik erlaubt Fahrgeschwindigkeiten von 80 km/h, was die Mitfahrt mit eigenem Streckenfahrplan im normalen Streckenverkehr ermöglicht und eine Streckensperrung unnötig macht.

Die Abb. **6** zeigt den fertigen Aufbau an der Vorderseite einer GAF, markiert sind: GPS-Antenne, HD-Kamera, Schmetterlingsantennen und Hornantennen.

Abb. 2 Anbau der Haltevorrichtung an die Puffer einer GAF (Foto: DB E&C, UGG, I.TPU(T)).

Abb. 3 Dopplerradar zur Wegaufzeichnung, befestigt an den hinteren Puffern der GAF (Foto: DB E&C, UGG, I.TPU(T)).

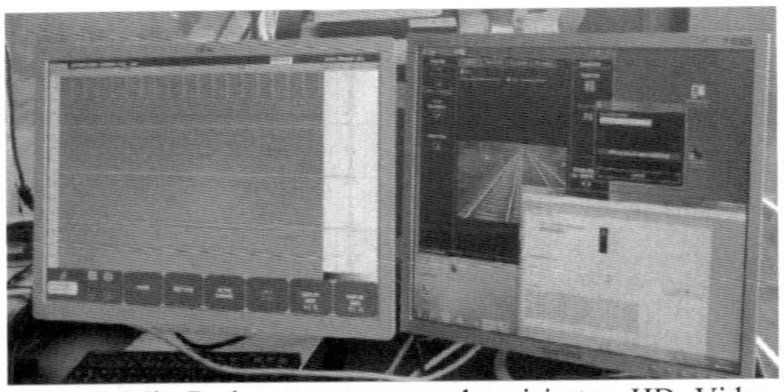

Abb. 4 Mit Radargrammen synchronisiertes HD Video (Foto: DB E&C, UGG, I.TPU(T)).

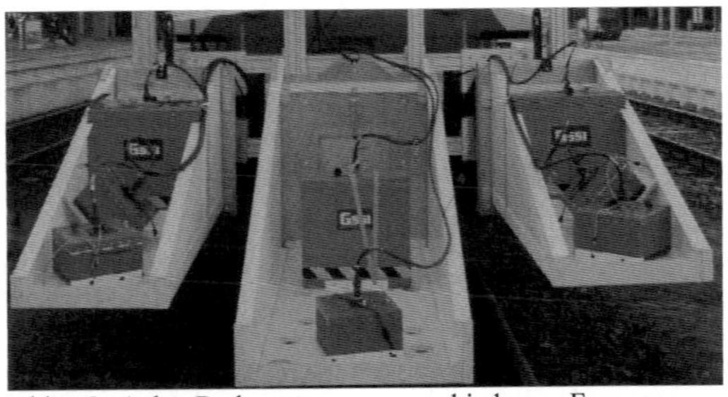

Abb. 5 Acht Radarantennen verschiedener Frequenzen: 2000 MHz, 1000 MHz und 400 MHz (Foto: DB E&C, UGG, I.TPU(T)).

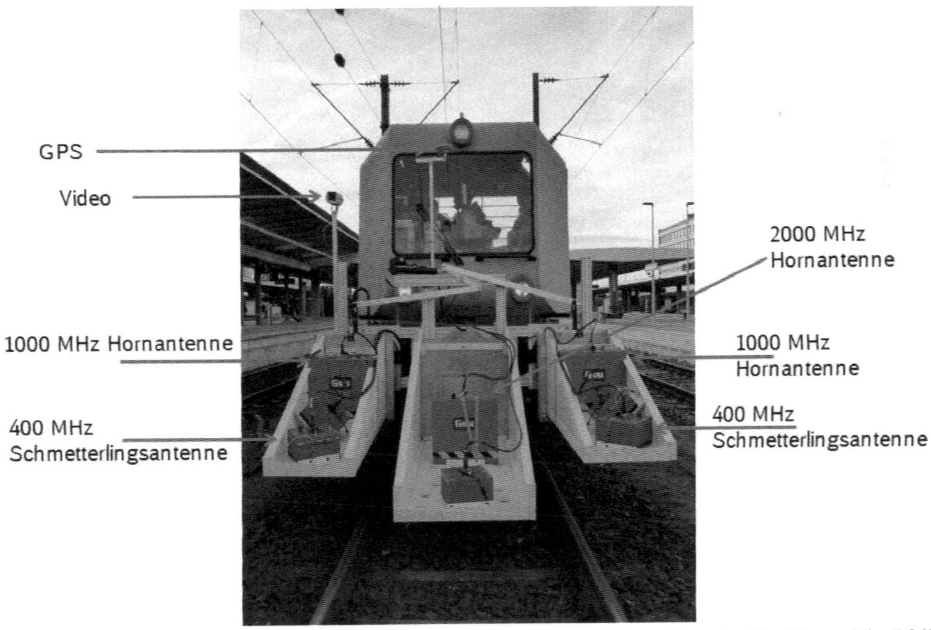

Abb. 6 Frontalansicht des Aufbaus für die Messungen von Bahntrassen mit dem Georadar-Verfahren. Die Pfeile markieren die einzelnen Hardware Komponenten (Foto: DB E&C, UGG, I.TPU(T)).

2.3 Untersuchungsziel

Häufige Untersuchungen betreffen die Überprüfung des Schichtaufbaus. Insbesondere geht es um die Kontrolle des Schichtverlaufs und der Schichtmächtigkeiten. Auch ist die Detektion von Inhomogenitäten ein Untersuchungsziel. Inhomogenitäten können Verschmutzungen in der Schotterschicht sein, Schlammstellen, Schottersäcke oder Mulden, oder auch feuchte Stellen, die auf mangelhafte Entwässerung oder defekte Durchlässe schließen lassen.

2.4 Auswertung der Georadarmessungen

Ausgewertet werden die Messungen mit hauseigener Software, die es ermöglicht die Radargramme zusammen mit dem synchronisierten Streckenvideo zu betrachten. Das Streckenvideo hilft bei der Auswertung der Radargramme. Falsche Interpretationen von Einflussfaktoren der Streckenumgebung (z.B. Masten, Zäune, etc.) lassen sich so leichter vermeiden. Mit der Software, von hier an als GeoInspector bezeichnet, lassen sich in den Radargrammen Schichten verfolgen und benennen, Inhomogenitäten markieren und, wenn möglich, bezeichnen. Die markierten Schichten und Auffälligkeiten lassen sich in einer 2-D Ansicht darstellen. Sind Aufschlüsse vorhanden, lassen sich die Tiefen kalibrieren. In der Regel werden die Feldseite, Gleisachse und Bahnseite übereinander dargestellt und zusammen ausgewertet. Die Abb. **7** zeigt die Radargramme der Feldseite, Gleisachse und Bahnseite zusammen mit dem Streckenvideo eines Streckenabschnittes der DB AG. Die Schichten „Unterkante Schotter“ (rot), „verschmutzter Schotter“ (weiß), „Unterkante Schutzschicht“ (blau) und „Erdkörper“ (braun) wurden bereits farbig nachgezogen und feuchte Stellen mit entsprechender Symbolik markiert. Die 2-D Darstellung in der Abb. **8** verdeutlicht den Schichtaufbau und ermöglicht die Verwendung spezifischer Symbolik zur Schichtbeschreibung.

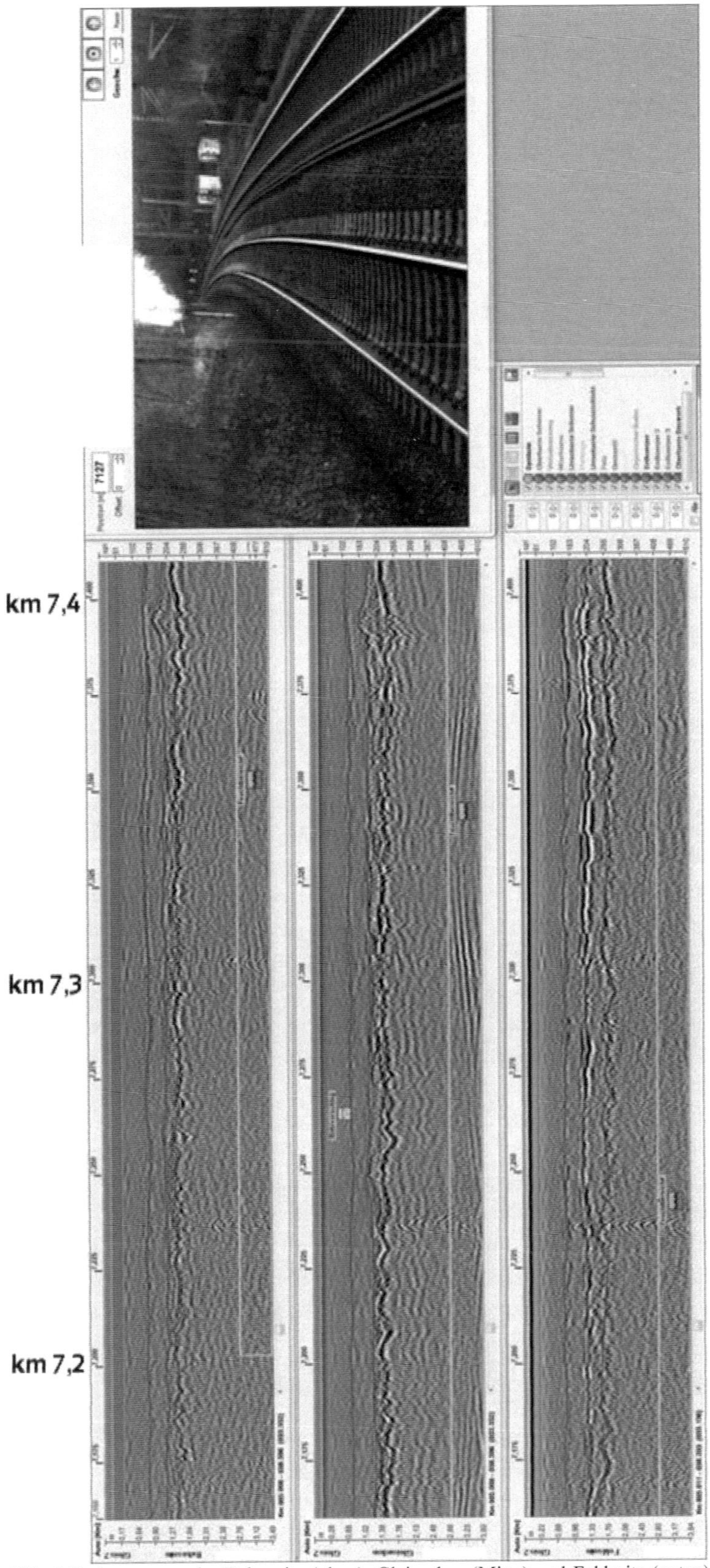

Abb. 7 Radargramme der Bahnseite (oben), Gleisachse (Mitte) und Feldseite (unten) mit Videobild des entsprechenden Streckenabschnittes. Die detektierten Schichtverläufe sind bereits farblich nachgezogen (Abbildung: DB E&C, UGG, I.TPU(T)).

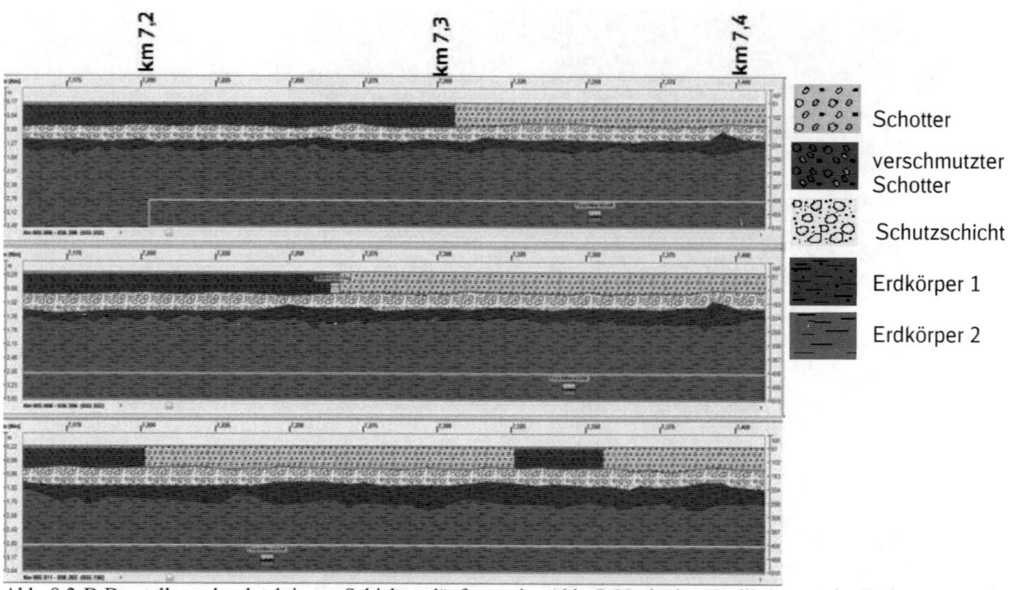

Abb. 8 2-D Darstellung der detektierten Schichtverläufe aus der Abb. 7. Nach einer Kalibrierung der Radargramme durch Aufschlüsse, lassen sich die Schichtmächtigkeiten bestimmen (Abbildung): DB E&C, UGG, I.TPU(T)).

3. Anwendungsbeispiel

Als Anwendungsbeispiel werden Untersuchungen an einer Strecke der DB Netz AG vorgestellt. Reguläre Inspektionen zeigten Auffälligkeiten in der Gleisgeometrie, woraufhin das Inspektionsintervall verkürzt und Teilstreckenabschnitte ausgebessert wurden. Da die Auffälligkeiten in der Gleisgeometrie immer wieder auftraten und bei visuellen Inspektionen keine Ursachen detektiert werden konnten, wurde das Georadar-Verfahren für die Untersuchung der Strecke eingesetzt. Die Abb. **9** zeigt die Entwicklung der Längshöhenfehler zwischen dem km 33 und dem km 34 der betroffenen Strecke. Nach der Inspektion vom 01.02.2016 wurde der Bereich zwischen km 33,2 und 33,4 ausgebessert. Bis zur damals aktuellsten Kontrolle am 10.02.2017 wurde der Bereich jedoch wieder auffällig. Das Radargramm, in der Abbildung unten, gibt die dielektrischen Eigenschaften des Untergrundes dieses Streckenabschnittes über die Tiefe wieder. Gemessen wurde im Dezember 2016. Zwischen dem km 33,2 und km 33,4 ist eine eindeutige, fortgeschrittene Inhomogenität des Untergrundes zu sehen, die sich über 120 m aus 2 m Tiefe bis beinahe an die Schotteroberkante zieht.

Nach der Untersuchung mit dem Georadar-Verfahren wurden Aufschlüsse in ausgewählten Bereichen durchgeführt, um die Ergebnisse zu evaluieren, die Tiefenangaben zu kalibrieren und die Auffälligkeiten zu identifizieren. Neben Inhomogenitäten in unterschiedlichster Ausprägung, wurden bei der untersuchten Strecke feuchte Abschnitte detektiert, die auf eine ungenügende Entwässerung schließen ließen, Verschmutzungen im Schotter sowie Bereiche mit einer nicht mehr ausreichend vorhandenen Planumsschicht. Mit dieser Information konnte der Streckenabschnitt gezielt ausgebessert werden.

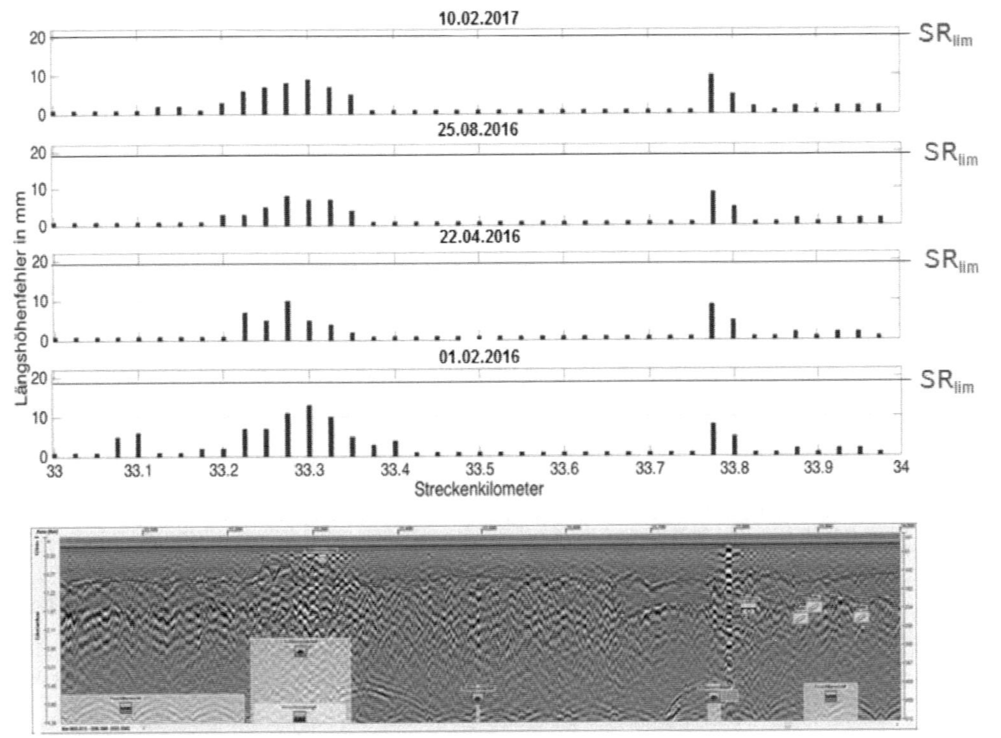

Abb. 9 Darstellung der Entwicklung von Längshöhenfehler (oben) in der Gleisgeometrie über das Radargramm der Gleisachse desselben Streckenabschnittes (unten) (Abbildung: DB E&C, UGG, I.TPU(T)).

3.3 Regelmäßige Kontrolle

Die folgende Abb. **10** zeigt Radargramme, jeweils aufgenommen in der Gleisachse, der Strecke zwischen dem km 32,95 bis km 33,4 aus den Jahren 1998, 2003 und 2016. Die Stelle zwischen km 33,2 und 33,3 ist 1998 noch unauffällig. 2003 werden mit dem Georadar-Verfahren bereits Inhomogenitäten über etwa 40 m Länge detektiert. 2016 ist diese Inhomogenität bereits dreimal so lang und führt zu Auffälligkeiten in der Gleisgeometrie.

Durch eine regelmäßige Kontrolle von Streckenabschnitten mit dem Georadar-Verfahren kann die Entwicklung von Inhomogenitäten beobachtet werden, wodurch sich Fehlstellen frühzeitig und gezielt ausbessern lassen.

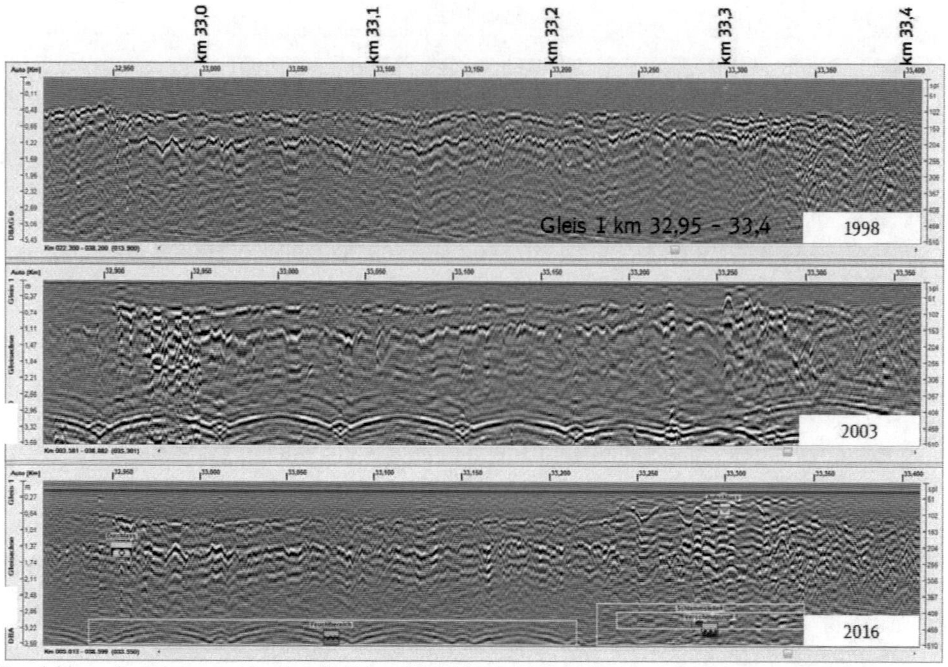

Abb. 10 Entwicklung der Inhomogenität über die Jahre 1998 (oben), 2003 (Mitte) und 2016 (unten), detektiert mit dem Georadar-Verfahren (Abbildung: DB E&C, UGG, I.TPU(T)).

4. Zusammenfassung

Mit dem Georadar-Verfahren lässt sich der Zustand von Bahntrassen untersuchen. Das Verfahren ergänzt dabei die bestehenden Streckeninspektionen durch einen zerstörungsfreien, lückenlosen und kontinuierlichen Blick in den Untergrund. Dadurch lassen sich der Verlauf und die Mächtigkeit von Schichten im Unterbau untersuchen, Inhomogenitäten lokalisieren und Feuchtigkeit detektieren. Die Hardware ermöglicht die Aufnahme von mehreren parallelen Profilen, wodurch die Bahnseite, Gleisachse und Feldseite mit verschiedenen Antennenfrequenzen, und damit Untersuchungstiefen, erkundet werden können. Die Messungen lassen sich mit Fahrgeschwindigkeiten von über 80 km/h durchführen, was die Fahrt mit einem normalen Streckenfahrplan ermöglicht. Streckensperrungen sind bei Standarduntersuchungen in der Regel nicht notwendig. Durch die Verwendung von GPS Daten und einem Weggeber, lassen sich Fehlstellen auf bis zu einen Meter Genauigkeit lokalisieren. Bei der Messfahrt aufgenommene Videoaufnahmen ermöglichen eine zusätzliche visuelle Inspektion der Strecke. Die Datenauswertung erfolgt durch eine hauseigene Software, die das Markieren, die Bezeichnung und die Darstellung der Schichten ermöglicht. Streckenmerkmale wie Brücken, Durchlässe und Eisenbahnübergänge werden durch entsprechende Symbole markiert, ebenso Auffälligkeiten wie Inhomogenitäten, Feuchtigkeit, Mulden und Schottersäcke.

In dem Beitrag wurde gezeigt, wie das Georadar-Verfahren angewandt wird, um Inhomogenitäten im Unterbau einer Bahnstrecke zu lokalisieren und deren Ausmaße zu beurteilen. Basierend auf den Ergebnissen der Georadar Untersuchungen werden gezielt Aufschlüsse durchgeführt, um die Ergebnisse zu evaluieren, die Auffälligkeiten zu Identifizieren und die Tiefenachse der Radargramme zu kalibrieren. Basierend auf den Ergebnissen werden die betroffenen Stellen zielgerichtet ausgebessert und die Entwässerung verbessert. Zudem wurde gezeigt, dass durch regelmäßige Messungen derselben Streckenabschnitte entstehende Fehlstellen beobachtet werden können, um diese frühzeitig und gezielt auszubessern.

Referenzen

[1] DB Netz AG, *Richtlinie 821.1000 - Grundlagen der Oberbauinspektion,* 2016a.

[2] DB Netz AG, *Richtlinie 821.2001 - Prüfung der Gleisgeometrie mit Gleismessfahrzeugen,* 2016b.

[3] DB Netz AG, *Richtlinie 821.2002 - Fahrtechnische Inspektion,* 2016c.

[4] DB Netz AG, *Richtlinie 821.2003 - Gleisbegehung durchführen,* 2016d.

[5] DB Netz AG, *Richtlinie 821.2004 - Gleisbefahrung durchführen,* 2016e.

[6] H. W. Alexander Taffe, „Zerstörungsfreie Zustandsermittlung und Qualitätssicherung in der Betoninstandsetzung," *Beton- und Stahlbetonbau Spezial,* 2005.

[7] DGZfP UA Radar, *Merkblatt für das radarverfahren zur Zerstörungsfreien Prüfung im Bauwesen,* DGZfP, 2008.

Georadar in Regelwerken und Anwendung im Straßenwesen

Claudia PODOLSKI [1], Dirk JANSEN [1]
[1] Bundesanstalt für Straßenwesen (BASt), Bergisch Gladbach
Kontakt E-Mail: podolski@bast.de

Kurzfassung

Die Beurteilung des Straßenzustands wird regelmäßig durch die ZEB (Zustandserfassung und -bewertung) geleistet. Diese untersucht schnellfahrend mittels verschiedener zerstörungsfreier Methoden die Straßenoberfläche und zieht daraus Rückschlüsse auf den aktuellen Zustand einer Straße. Durch Materialermüdung entstehen Schäden und Risse jedoch nicht nur an der Oberfläche, sondern breiten sich i. d. R. auch von unten nach oben aus. Mit Methoden wie Georadar und durch Tragfähigkeitsmessungen können Rückschlüsse auch auf den Zustand der unter der Straßenoberfläche liegenden Schichten gezogen werden. Diese sind allerdings nicht Bestandteil der etablierten Zustandserfassung und -bewertung von Straßen.

Die Bewertung der strukturellen Substanz des Oberbaus hingegen greift auf diese Methoden zurück, Richtlinien dazu liegen derzeit im Entwurf vor (RSO Asphalt). Das Ziel ist hierbei, die strukturelle Restsubstanz einer Straße zu bestimmen. Georadarmessungen liefern kontinuierlich und über längere Strecken die Schichtdicke des Asphaltpakets sowie Änderungen im Schichtenaufbau, welche zusammen mit anderen Informationen in die Festlegung von homogenen Abschnitten einfließen.

Weiterhin wird das Georadarverfahren häufig z. B. im Rahmen von Erneuerungsmaßnahmen zur Schichtdickenbestimmung des Asphaltoberbaus genutzt. In dem straßenbautechnischen Regelwerk der FGSV (Forschungsgesellschaft für Straßen- und Verkehrswesen) finden sich Beschreibungen und Möglichkeiten für den Einsatz von Georadarmessungen, jedoch gibt es für die Anwendung keine bindenden Vorschriften und keine Vorgaben zur Qualitätskontrolle. Somit müssen sich der Anwender und auch der Auftraggeber aus dem Straßenbaubereich der Möglichkeiten und vor allem der Grenzen des Verfahrens bewusst sein, um belastbare und verwertbare Ergebnisse zu erhalten. Die Herausforderungen liegen darin, dieses Georadar-Expertenwissen auf den Straßenbaubereich auszudehnen und somit dort die Akzeptanz der Methode zu erweitern.

Es wird angestrebt, mit Hilfe von Georadarmessungen Aussagen über den Zustand des Schichtaufbaus zu treffen, wie beispielsweise mangelnden Schichtenverbund, Hohlräume oder auch durch die Nutzung zerstörte Schichten zu erkennen. Insbesondere in Kombination mit Tragfähigkeitsmessungen und durch die gemeinsame Auswertung der Daten zeigt sich das Potential dieser zerstörungsfreien, kontinuierlichen Datenerhebungen. Dies ist allein durch herkömmliche Methoden wie punktuelle Beprobungen mittels Bohrkernentnahmen nicht zu erreichen.

Fachtagung Bauwerksdiagnose
Berlin, 15.-16. Februar 2018

Georadar in Regelwerken und Anwendung im Straßenwesen

Dr. Claudia Podolski
Dr.-Ing. Dirk Jansen

Bundesanstalt für Straßenwesen

Gliederung

1. **Fragestellungen im Straßenbau**
2. Georadar in der Substanzbewertung
3. Georadar in Regelwerken
4. Herausforderungen
5. Ausblick

Fachtagung Bauwerksdiagnose
15.-16. Februar 2018 C. Podolski / D. Jansen 2

1. Fragestellungen im Straßenbau

bast

- **Wie lange hält die Straße noch?**
  - Welche Maßnahmen müssen zum Erhalt der Straße durchgeführt werden?
  - Wie werden Maßnahmen im Netz priorisiert?

→ Was zerstört eine Straße?

Fachtagung Bauwerksdiagnose
15.-16. Februar 2018

C. Podolski / D. Jansen

3

1. Fragestellungen im Straßenbau

bast

Was zerstört die Substanz einer Befestigung?

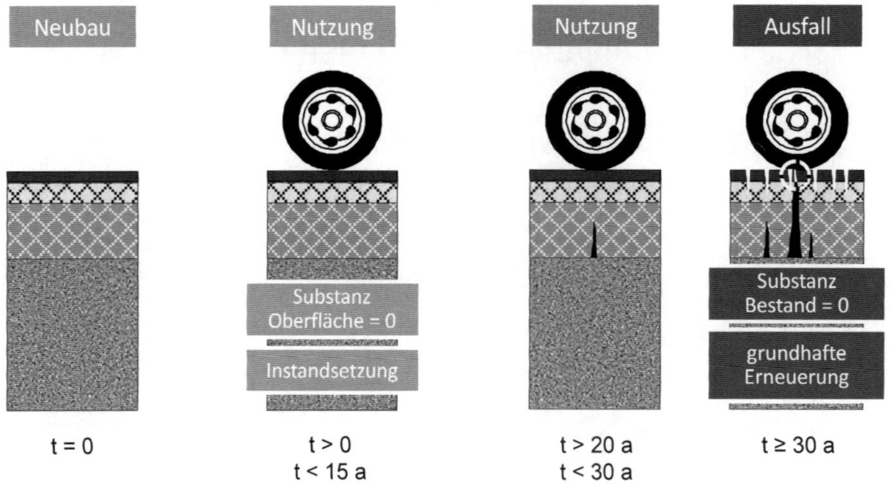

Abbildungen: Bundesanstalt für Straßenwesen

Fachtagung Bauwerksdiagnose
15.-16. Februar 2018

C. Podolski / D. Jansen

4

Was zerstört die Substanz einer Befestigung?

- von oben: Verschleiß

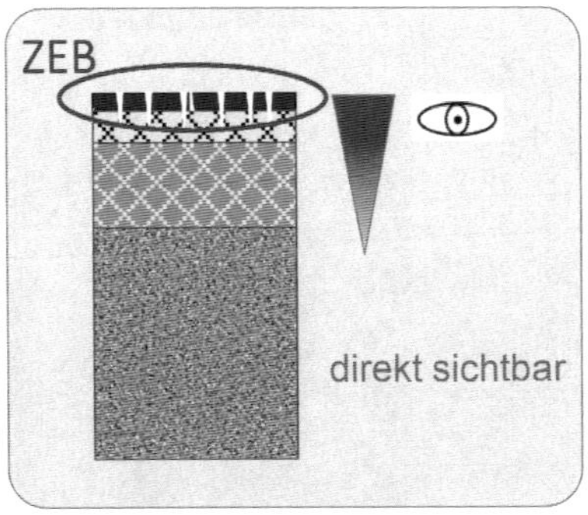

- von unten: Materialermüdung

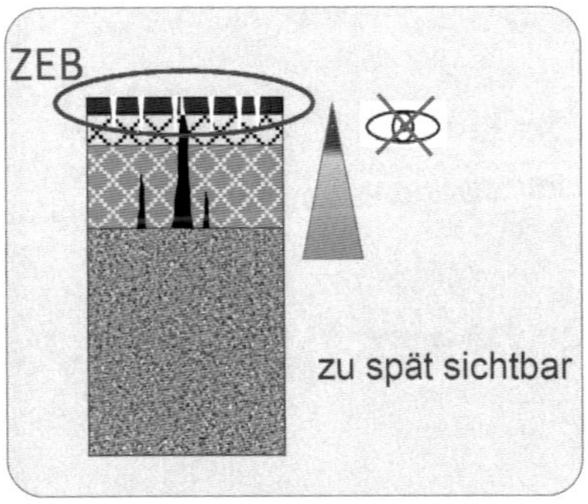

➢ Instandsetzung

➢ grundhafte Erneuerung

Abbildungen: Bundesanstalt für Straßenwesen

Zustandserfassung und -bewertung (ZEB)

- Untersuchung der <u>Oberfläche</u>

  Schäden / Oberflächenmerkmale
  Ebenheit
  Griffigkeit

- etabliertes Verfahren
- u. a. Versuch, von oben auf unten zu schließen

→ reaktives Erhaltungsmanagement

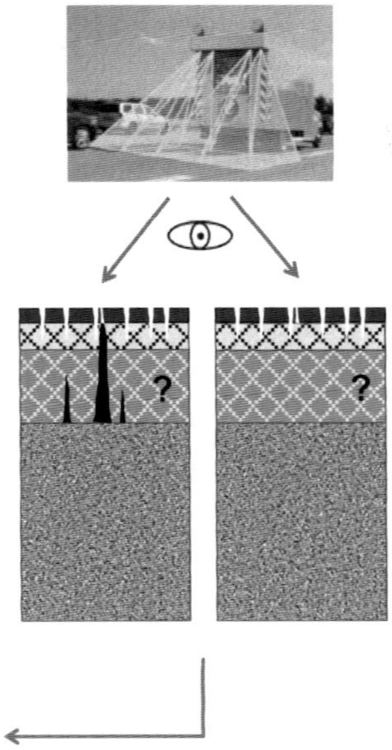

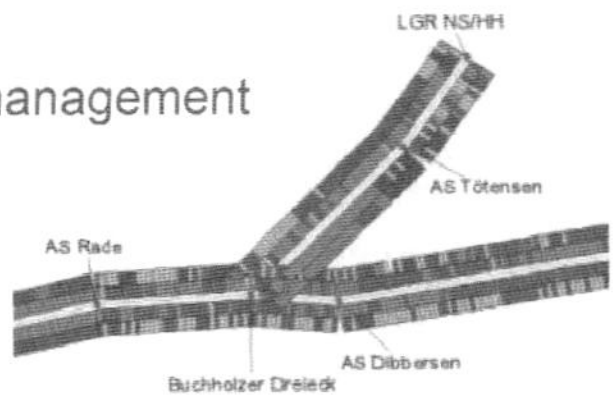

Abbildungen: Bundesanstalt für Straßenwesen

Substanzerfassung

- Messtechnik (u.a. GPR) macht beginnende Schäden von unten sichtbar

  größere Hohlräume und Risse
  veränderte Schichtstrukturen

- ist (noch) kein etabliertes Verfahren im Straßenwesen

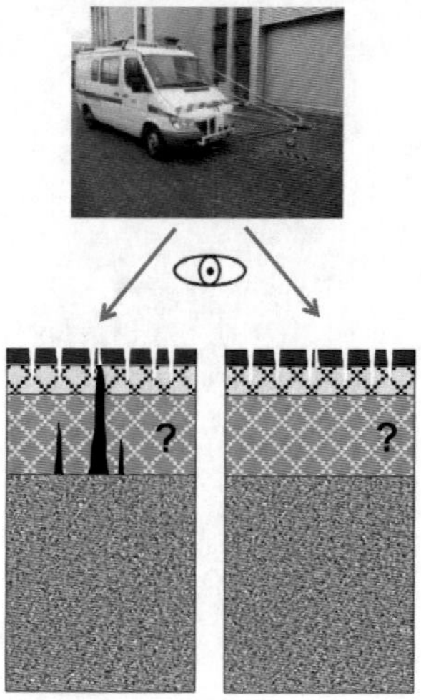

→ proaktives Erhaltungsmanagement

GPR – Ground Penetrating Radar

Abbildungen: Bundesanstalt für Straßenwesen

Nutzung von GPR im Straßenbau

Asphaltstraßen

- Schichtdicken
- Einbauqualität
- Anomalien/ Inhomogenitäten

Betonstraßen

- Schichtdicken
- Lagebestimmung von Dübeln und Ankern
- Hohllagerungen
- Anomalien/ Inhomogenitäten

bast

Gliederung

1. Fragestellungen im Straßenbau
2. **Georadar in der Substanzbewertung**
3. Georadar in Regelwerken
4. Herausforderungen
5. Ausblick

bast

Ziel: Strukturelle Restsubstanz ermitteln

(Wie lange hält die Straße noch?)

Informationen sammeln:

- Aufbaudaten
- Alter
- Bauweise
- Materialwechsel
- **Schichtdicken** (GPR)
- Tragfähigkeiten
- ...

- Zusammenfassung zu „strukturell homogenen Abschnitten"

→ strukturelle Restsubstanz

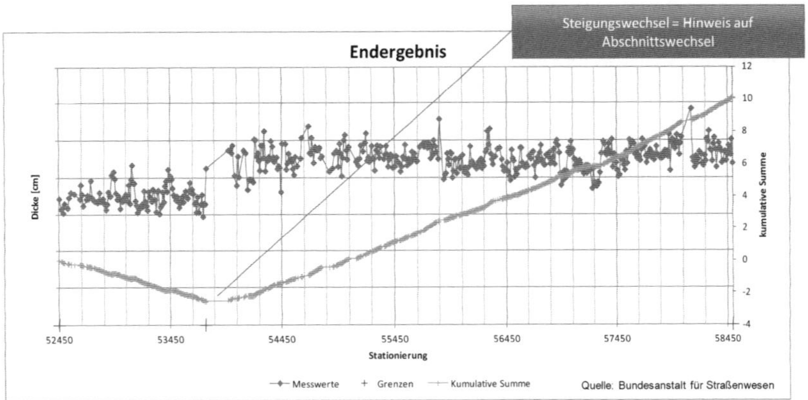

Quelle: Bundesanstalt für Straßenwesen

Ziel: Strukturelle Restsubstanz ermitteln

(Wie lange hält die Straße noch?)

Informationen sammeln:
- Aufbaudaten
- Alter
- Bauweise
- Materialwechsel
- **Schichtdicken** (GPR)
- Tragfähigkeiten
- ...

- Zusammenfassung zu „strukturell homogenen Abschnitten"

→ strukturelle Restsubstanz

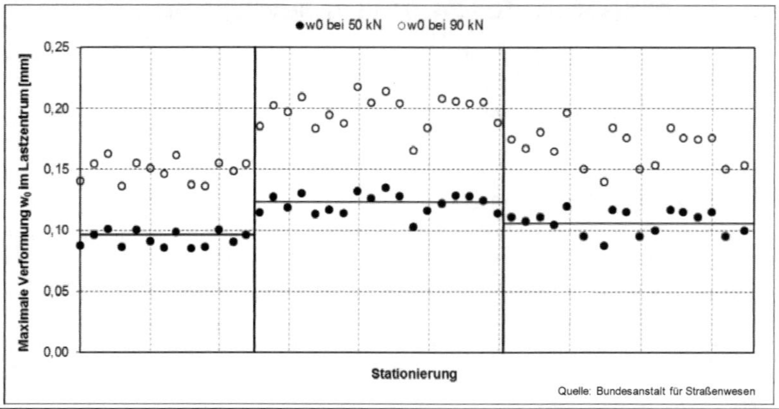

Ziel: Strukturelle Restsubstanz ermitteln

RSO Asphalt (Entwurf):

Festlegung von homogenen Abschnitten

Entnahme von Bohrkernen

Ermittlung der Steifigkeiten und Ermüdungsfunktionen im Labor

Bestimmung der strukturellen Restsubstanz
Nachweisführung entsprechend RDO Asphalt

Beitrag GPR

← Schichtdicken (unkalibriert)

← ggf. Potential: Festlegung von Entnahmestellen aufgrund GPR-Messung? *in Verbindung z.B. mit Tragfähigkeitsmessungen*

← ggf. Potential: Beitrag zur Materialansprache/ Materialcharakterisierung aus GPR? *in Verbindung z.B. mit Tragfähigkeitsmessungen*

← Schichtdicken (kalibriert)

→ „Wie lange hält die Straße noch?"

RSO Asphalt – Richtlinien zur Bewertung der strukturellen Substanz des Oberbaus
RDO Asphalt – Richtlinien für die rechnerische Dimensionierung von Verkehrsflächen mit Asphaltdeckschicht

Gliederung

1. Fragestellungen im Straßenbau
2. Georadar in der Substanzbewertung
3. **Georadar in Regelwerken**
4. Herausforderungen
5. Ausblick

Überblick

„Die Technischen Regelwerke zum Straßen- und Verkehrswesen werden von der FGSV herausgebracht."
(www.fgsv.de)

Treffer für die Suche „Georadar": 15 Dokumente

kumente: 15

Abkürzung	Titel
Inhaltsübersich	Inhaltsübersicht der im Premium-Ausstattungspaket enthaltenen Dokumente sowie Gesetze und Verordnungen
M EFB	Merkblatt zur Erhaltung von Flugbetriebsflächen
	Arbeitspapier - Grundlagen zur Ermittlung homogener Abschnitte zur Bewertung der strukturellen Substanz von Straßenbefestigungen
	Arbeitspapier Tragfähigkeit - Teil B 2.1: Falling Weight Deflectometer (FWD): Gerätebeschreibung, Messdurchführung - Asphaltbauweisen
	Arbeitspapier Tragfähigkeit - Teil B 2.2: Falling Weight Deflectometer (FWD): Gerätebeschreibung, Messdurchführung - Betonbauweisen
	Arbeitspapier Tragfähigkeit - Teil B 4: Curviametro: Gerätebeschreibung, Messdurchführung
AP Trag Teil C	Arbeitspapier Tragfähigkeit von Verkehrsflächenbefestigungen - Teil C 1: Benkelman-Balken: Auswertung und Bewertung von Einsenkungsmessungen
	Arbeitspapier Anwendung des Georadars zur Substanzbewertung von Straßen. Teil A: Bestimmung von Schichtdicken des Oberbaus von Verkehrsflächenbefestigungen mit dem Georadar-Impulssystem
AP 9 K 4.1	Arbeitspapiere zur Systematik der Straßenerhaltung. Reihe K: Kommunale Belange - Abschnitt K 4: Rechnergestützte Erhaltungsplanung - K 4.1: Grundlagen eines Erhaltungsmanagements
RDO Asphalt	Richtlinien für die rechnerische Dimensionierung des Oberbaus von Verkehrsflächen mit Asphaltdeckschicht
RStO	Richtlinien für die Standardisierung des Oberbaus von Verkehrsflächen
	Merkblatt über Straßenbau auf wenig tragfähigem Untergrund
H GeoMess	Hinweise zur Anwendung geotechnischer und geophysikalischer Messverfahren im Straßenbau
	Hinweise zum Straßenbau in Erdfallgebieten
	Prüfung der Lagebestimmung von Dübeln und Ankern in Fahrbahndecken aus Beton

FGSV – Forschungsgesellschaft für Straßen- und Verkehrswesen

Quelle: FGSV

Erwähnung von GPR in Regelwerken

Beispiele aus Dokumenten

- Lagebestimmung von Dübeln und Ankern (Arbeitspapier)
- Baugrunderkundung → Erdbau (R2)
- Schichtdicken in Kombination:
  - GPR+Tragfähigkeitsmessungen (R2)
- Schichtdickenbestimmung (RDO Asphalt, R1)
- Flugbetriebsflächen: Detektion von Leitungen, Störstellen, repräsentative Festlegung von Bohrpunkten (Merkblatt, R2)
- **„Bestimmung von Schichtdicken des Oberbaus von Verkehrsflächenbefestigungen mit dem Georadar-Impuls-System" (Arbeitspapier, W2)**

- in Kombination mit Georadarmessungen zur Ermittlung homogener Abschnitte für die Festlegung von Bohrkernentnahmestellen.

ten. Wegen der Mehrdeutigkeit bei der Auswertung und Interpretation geophysikalischer Messergebnisse ist eine enge Zusammenarbeit zwischen dem Sachverständigen für Geotechnik und einem erfahrenen Geophysiker unerlässlich.

→ allgemeine Aussage:

„Für Schichtdicken, Aufbaudaten kann z.B. Georadar angewendet werden."

Quelle: FGSV

Erwähnung von GPR in Regelwerken

Art	Typ	Titel/ Bezeichnung	Formulierungen (Beispiele)	Charakter der Regelungen	Abstimmung intern (FGSV)	Abstimmung extern	Verfasser	Art der Bekanntgabe
Regelwerk	R1	**Technische Vertrags-bedingungen (ZTV, TL, TP)**	muss / darf nicht	Anforderungen	mit den betroffenen Ausschüssen aller Arbeits-gruppen	mit den Straßenbau-verwaltungen und Industrie-verbänden, ggf. mit den Straßen-behörden	FGSV	regelmäßig Bekanntgabe zur Einführung durch BMVI
		Richtlinien	soll / soll nicht sollte / sollte nicht	Regelfälle, Empfehlungen				
	R2	**Merkblatt / Empfehlungen**	sollte / sollte nicht	Empfehlungen	mit den betroffenen Ausschüssen aller Arbeits-gruppen	mit den Straßenbau-verwaltun-gen, falls Bekanntgabe durch BMVI	FGSV	Veröffentlich-ung, fallweise Bekanntgabe durch BMVI
Wissensdokument	W1	**Hinweise**	kann / kann nicht ist zweckmäßig / nicht zweckmäßig	Möglichkeiten	mit den betroffenen Ausschüssen aller Arbeits-gruppen	-	FGSV	Veröffentlichung
	W2	**Arbeitspapier**	ist zweckmäßig / nicht zweckmäßig	Möglichkeiten	im zuständigen AA plus Freigabe durch AG-Leitung	-	zuständiger AA in der FGSV	Veröffentlichung

→ Fazit für GPR: kann man anwenden, Beschreibungen, Möglichkeiten, Hinweise

Quelle: FGSV

Gliederung

1. Fragestellungen im Straßenbau
2. Georadar in der Substanzbewertung
3. Georadar in Regelwerken
4. **Herausforderungen**
5. Ausblick

Fachtagung Bauwerksdiagnose
15.-16. Februar 2018 — C. Podolski / D. Jansen — 17

4. Herausforderungen

Allgemein

„Abhilfe“

- Anwenderwissen (im <u>Straßenbau</u>) ist zum Teil unspezifiziert
  - Einflüsse auf Messungen
  - Genauigkeiten
  - Möglichkeiten und Grenzen von GPR
  - Kalibrierung am Bohrkern

→ Richtlinien, Merkblätter

- Akzeptanz des Verfahrens
  - Schlechte Erfahrungen? (Anfragen zu zertifizierten GPR-Anbietern)
  - Qualitätssicherung nicht gewährleistet („das Blaue vom Himmel versprechen“)

→ Anerkennungsverfahren?

- GPR-Expertenwissen existiert, ist im Straßenbau aber nicht so präsent, gebündelt verfügbar

→ u.a. FE-Projekt „Möglichkeiten und Grenzen des Georadarverfahrens“

→ begrenzte Schnittmenge zwischen Auftraggeber und GPR-Anbieter

→ Schulungen, Workshops

Fachtagung Bauwerksdiagnose
15.-16. Februar 2018 — C. Podolski / D. Jansen — 18

4. Herausforderungen

bast

Datenbearbeitung / Verfahrensoptimierung

- Geschwindigkeitsbestimmung und Zeit-Tiefen-Konversion
  - Standard: Bohrkerne
    - ➢ ohne Bohrkerne möglich? (wenige? gezielte?)
    - ➢ CMP-Messungen?
    - ➢ … ?
  - Einflüsse
    - ➢ Schwankungen im Hohlraumgehalt, Verdichtung
    - ➢ Feuchte
    - ➢ …

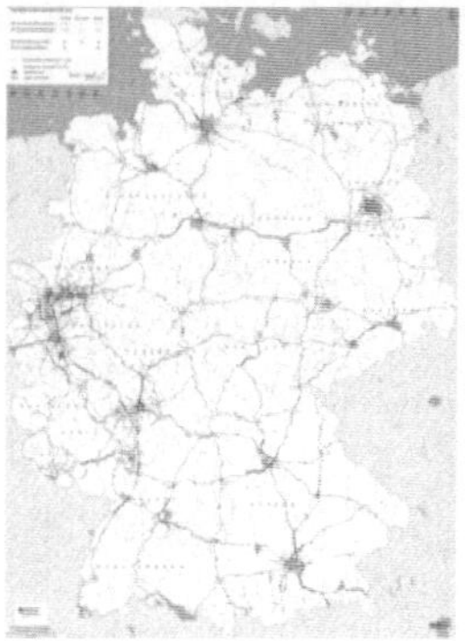

Quelle: BMVI

Objektebene:	Nicht-Standard-Auswertemethoden eher möglich
Netzbetrachtung:	50+ km/h, Tausende km, etablierte Auswertemethoden

→ Wirtschaftlichkeit, Anwendbarkeit !

Fachtagung Bauwerksdiagnose
15.-16. Februar 2018 C. Podolski / D. Jansen 19

bast

Gliederung

1. **Fragestellungen im Straßenbau**
2. **Georadar in der Substanzbewertung**
3. **Georadar in Regelwerken**
4. **Herausforderungen**
5. **Ausblick**

Fachtagung Bauwerksdiagnose
15.-16. Februar 2018 C. Podolski / D. Jansen 20

Potenzial von GPR im Straßenbau

- Bildung von homogenen Abschnitten → Regelwerk
- gezielte Bohrkernentnahmen → Entnahmestellen verringern, bessere Auswertung
- Einbauqualität von Straßen
- Materialansprache?
- Aussagen über Zustand des Schichtaufbaus wünschenswert:
  - mangelnder Schichtenverbund
  - aufgelöste/zerstörte Schichten
  - Hohlräume, Verdrückungen, Absackungen, Ausspülungen, hoher Wasserstand, etc.

→ als belastbares Verfahren etablieren

Ausblick

- Vorteile von Mehrkanal-Messungen im Straßenwesen
  - Betonstraßen: Quer- und Längsfugen, Hohlräume! (Arbeitspapier)
  - inhomogene Aufbauten, Leitungen detektierbar
- Kombination mit anderen Messverfahren
  - Validierung der Ergebnisse + GPR-Akzeptanz erhöhen

Kombination von GPR mit Tragfähigkeitsmessungen

Beispiel

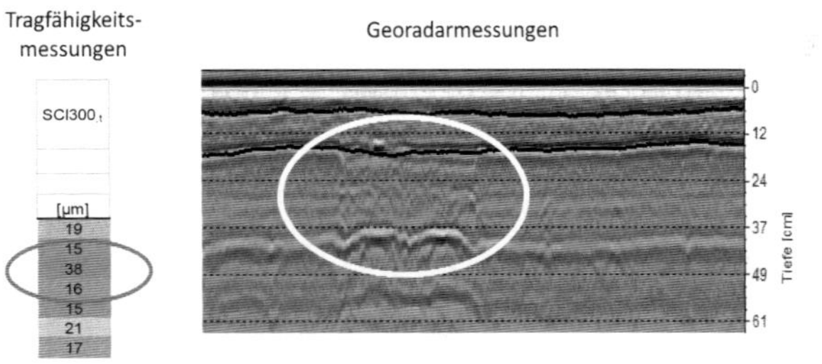

Kombination von GPR mit Tragfähigkeitsmessungen
→ Aussagen über Anomalien

Betonstraße mit Asphaltstück!

Quelle: Bundesanstalt für Straßenwesen

MESAS
Multifunktionales Erfassungssystem zur Substanzbewertung und zum Aufbau von Straßen

→ Gleichzeitige Erfassung: Oberflächenmerkmale und strukturelle Substanz

Tragfähigkeit
Dopplerlaser

Schichtdicken / Inhomogenitäten
Georadar

Oberflächenbild
Kamera/Laser

Ebenheit
Laser

Frontbild/Straßenraum
Kamera

Quelle: Bundesanstalt für Straßenwesen

Dickenmessung mit dem Impakt-Echo-Verfahren – meist zügig, manchmal überraschend

Martin SCHICKERT [1]
[1] Materialforschungs- und -prüfanstalt (MFPA)
an der Bauhaus-Universität Weimar, Weimar

Kontakt E-Mail: martin.schickert@mfpa.de

Kurzfassung. Die Dicke von Betonbauteilen kann mit dem Impakt-Echo-Verfahren zerstörungsfrei ermittelt werden. Einsatzmöglichkeiten sind beispielsweise die Qualitätskontrolle oder Schadensanalyse. Aufgrund seines Messprinzips ist das Verfahren gut geeignet, um Dicken großflächig auf einem grobmaschigen Messraster oder an einzelnen Messpositionen zu messen. Indirekt lassen sich so auch größere Hohlstellen lokalisieren.

Im Beitrag werden praktische Erfahrungen mit dem Impakt-Echo-Verfahren anhand dreier Messbeispiele vorgestellt und aus messtechnischer Sicht diskutiert. Es zeigt sich, dass das Verfahren im Allgemeinen zügig einzusetzen und auszuwerten ist, beim Auftreten von Besonderheiten z. B. durch rückseitig angrenzende Schichten aber eine sorgfältige Interpretation der Messsignale notwendig wird.

1. Einführung

Bei der Qualitätskontrolle oder Schadensanalyse von Betonbauwerken besteht oft die Notwendigkeit, die Dicke eines Betonbauteils bei einseitigem Zugang großflächig zu ermitteln. Für derartige Messungen bietet sich das Impakt-Echo-Verfahren an, das aufgrund seines Messprinzips in der Lage ist, die Dicke eines ausgedehnten Bauteils aus einzelnen Messungen bestimmen, ohne dass an jeder Position mehrere nebeneinander liegende Einzelmessungen aufgenommen werden müssten [1]. Für derartige Messaufgaben wird die Anwendung des Impakt-Echo-Verfahrens daher auch in Richtlinien geregelt ([2], [3]). Das Messprinzip basiert auf der Dickenresonanz einer Plattenwelle mit relativ großer Wellenlänge, weshalb die Bewehrung nur einen geringen Einfluss auf das Messergebnis hat ([1], [4]). Dicken auf einem grobmaschigen Messraster oder an einzelnen Messpositionen können so zügig gemessen werden, und auch größere Hohlstellen lassen sich indirekt lokalisieren.

Dieser Beitrag stellt praktische Erfahrungen mit dem Impakt-Echo-Verfahren anhand dreier Messbeispiele aus messtechnischer Sicht vor. In einer Giebelwand, die als Elementwand ausgeführt ist, wurden auf einem Messraster großflächige Hohlstellen lokalisiert. Bei zwei Messeinsätzen an großen Behälterkuppeln traten Besonderheiten auf, die durch die rückseitige Ausführung der Kuppelschale entstanden sind und eine sorgfältige Interpretation der Messsignale erforderten.

2. Messbeispiele

2.1 Prüfsystem

Für die nachfolgenden Messungen wurde das Impakt-Echo-Mess-System DOCter 1000 der Fa. Germann Instruments A/S in Verbindung mit dem Programm Viking 5.1 bzw. dem Programm *ImpEcho* der MFPA Weimar eingesetzt. Als Impaktor diente ein Kugel-Impaktor mit 10 mm Durchmesser bzw. bei Messungen mit Reflexionen im Nahbereich ein Impaktor mit 8 mm Durchmesser. Bei jeder Einzelmessung wurden 2048 Datenpunkte mit einem Zeitintervall von 4 μs aufgenommen, woraus eine Frequenzauflösung von 0,122 kHz und, bei einer Schallgeschwindigkeit von 4000 m/s und einer Dicke von 200 mm, eine Dickenauflösung von 1,2 mm folgen. Bei einer Dicke von 120 mm beträgt die Dickenauflösung 0,8 mm.

2.2 Lokalisierung von Hohlstellen in einer Giebelwand

Beim Neubau eines Hauses wurde die Giebelwand des daneben liegenden Bestands-Wohn- und Geschäftshauses von Betonanhaftungen gereinigt. Dabei stellte sich heraus, dass sie teilweise hohl war. Die Giebelwand sollte deshalb in ihrem unteren, ungedämmten Bereich auf Hohlstellen untersucht werden. Der Wandabschnitt von ca. 16 m Breite und ca. 5 m Höhe lag ursprünglich unterhalb des Erdniveaus und wurde durch die daneben liegende Baugrube freigelegt. Nach den vorliegenden Plänen ist die Wand dreischalig aufgebaut mit vorgefertigten Beton-Fertigteilplatten als Außenschalen und einem Kern aus Ortbeton (Elementwand). Die Wanddicke beträgt insgesamt 20 cm; das auf der Wandinnenseite angrenzende Material ist unbekannt und kann mit der Messposition variieren. Die Oberfläche der Wand ist von schalglatt bis rau sehr unterschiedlich ausgeprägt.

Nach Absprache mit dem Auftraggeber sollte die Giebelwand zerstörungsfrei auf einem Messraster von 0,5 m x 0,5 m auf Hohlstellen untersucht werden, um die Hohlstellen anschließend nachverpressen zu können.

Bild 1. Messung Giebelwand: Ausschnitt des Messbereichs mit Gerüst und Messraster

Für die Messung wurde ein Gerüst gestellt und das Messraster mit Hilfe von selbstnivellierenden Kreuzlinienlasern aufgebracht (Bild 1). Da die Wanddicke zwar bekannt war, nicht jedoch, ob sich auf der Rückseite fest anhaftende Putze oder andere Materialien befinden, wurde auf eine Kalibrierung verzichtet. Stattdessen wurde mit einer geschätzten Schallgeschwindigkeit von $c = 4000$ m/s gearbeitet. Wären Zweifelsfälle aufgetreten, hätte die

Schallgeschwindigkeit an einer zerstörend bestimmten Dicke rekalibriert werden müssen. An einem Loch der Außenschale wurde die Dicke der vorderen Außenschale zu 6 cm und die der Innenschale zu 8 cm bestimmt, so dass die Dicke der hinteren Außenschale ebenfalls 6 cm misst.

Die Messungen konnten – abhängig von der Oberflächenqualität – meist zügig aufgenommen werden. Sie wurden durch Klassifizierung der gemessenen Dicken in Dickenklassen und durch Bewertung des Zeitsignals ausgewertet. Dicken im Bereich der Nenndicke wurden als „verfüllt", geringere Dicken als „Reflexion aus dem Ortbeton" klassifiziert. Scheinbar größere Dicken wurden bei einem schnellen Ausklingen des Zeitsignals als „Verdacht auf Hohlstelle" eingeordnet, in der Annahme, dass der Schall die Rückwand nur auf Umwegen um unverfüllte Bereiche herum erreicht hat. Eine scheinbar große Dicke mit einem lang ausklingenden Zeitsignal deutet auf einen frei schwingenden Bereich der vorderen Schale (Biegeschwingung, [1]) und damit auf eine „Hohlstelle" hin; zwischen flächigen Ablösungen und Hohlstellen kann dabei allerdings nicht unterschieden werden. Alle weiteren Messergebnisse wurden als „Unklar" bezeichnet.

Bild 2 zeigt die Messergebnisse zum Wandausschnitt aus Bild 1. Der Befund ist recht klar. Danach konzentrieren sich die Hohlstellen auf den unteren Wandbereich und werden teilweise von Bereichen mit Verdacht auf Hohlstelle und von unklaren Messergebnissen begrenzt. Vor allem im linken unteren Bereich besteht der Verdacht auf weitere Hohlstellen. Offensichtlich war der Ortbeton nicht überall bis zum Boden der Schalung gelangt.

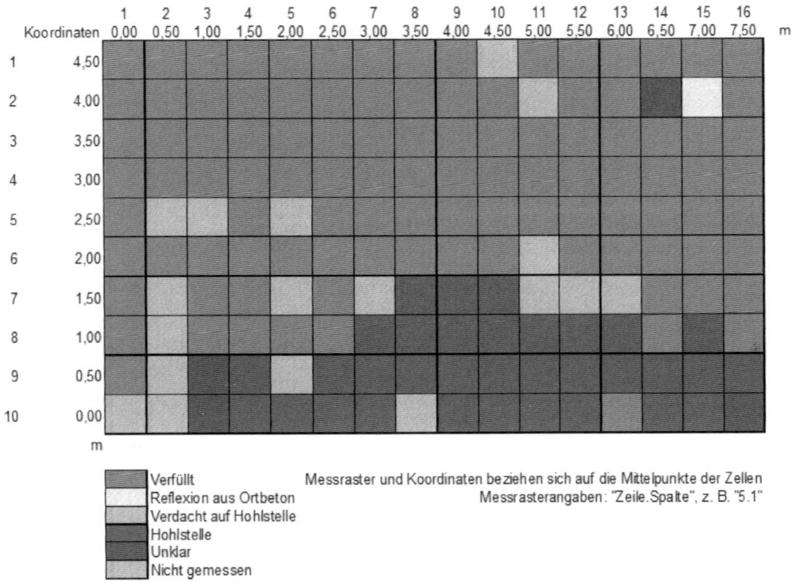

Bild 2. Messung Giebelwand: Ergebnisbild zum Wandbereich aus Bild 1

Die Hohlstellen wurden anschließend nachverpresst, wobei das Volumen des Verpressguts in etwa dem aufgrund des Messergebnisses Erwarteten entsprach. Lediglich in einem Bereich erstreckte sich ein Hohlraum offensichtlich noch weiter nach unten bis unter die Fundamentplatte.

2.3 Dickenmessung einer Betonkuppel 1

In einem Prüfauftrag sollte die Betondicke der Kuppel eines Trinkwasserspeichers vor der Instandsetzung gemessen werden. Der Durchmesser der Kuppel aus Stahlbeton betrug 33 m bei einer Höhe über dem Behälterboden von 6 m am Rand und 11 m in der Mitte. Der Kuppelbeton hatte eine Solldicke von 120 mm. Aus einer früheren Entnahme von zwei Bohrkernen war bekannt, dass Minderdicken zu erwarten waren.

Die Messungen sollten auf vom Auftraggeber nach statischen Gesichtspunkten vorgegebenen Messpositionen mit 88 Hauptmesspunkten zerstörungsfrei mit dem Impakt-Echo-Verfahren vorgenommen werden. Die Messungen wurden von einem Gerüst aus aufgenommen, das je nach Messposition aufgestockt oder in der Höhe reduziert wurde (Bild 3). Die Messpositionen wurden zunächst auf den Boden gezeichnet und dann auf die Kuppelinnenseite projiziert.

Bild 3. Messung Kuppel 1: Messsituation mit Gerüst

Gleich zu Beginn der Messungen wurde deutlich, dass die Signale an den meisten Messpunkten schwach oder unklar waren. Die Messungen mussten deshalb teilweise sehr oft wiederholt werden, um auswertbare Spektren zu erhalten. Bei Wiederholungen an derselben Messposition waren die Messergebnisse im Allgemeinen reproduzierbar. Die Betonoberfläche, die ständig einer feuchtegesättigten Umgebung ausgesetzt war, machte einen weichen Eindruck. Um die Oberflächenqualität als Quelle der schwierigen Signalaufnahme auszuschließen, wurde die Oberflächen an einigen Messpunkten gebürstet bzw. ca. 0,5 mm tief mit einer Schleifscheibe angeschliffen. Dies brachte keine Verbesserung der Signalqualität.

Trotz mehrfacher Wiederholung der Messung waren an manchen Messpositionen keine auswertbaren Signale zu erhalten. Bild 4 zeigt als Beispiel ein schwaches, schnell abklingendes Zeitsignal mit einem unklaren Spektrum. In einigen Fällen konnte ein auswertbares Spektrum durch zeitliche Begrenzung des Zeitsignals auf seinen ersten Zeitabschnitt (*Clippen*) erreicht werden, wodurch das Nutzsignal gegenüber zeitlich späteren Störungen verstärkt wurde (Bild 5).

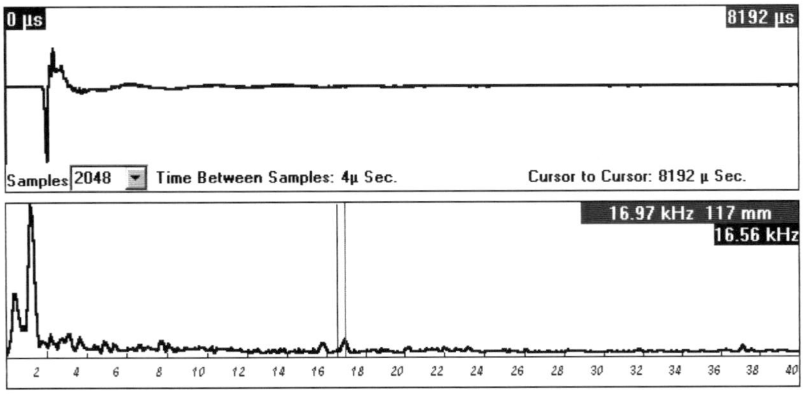

Bild 4. Messung Kuppel 1: Beispiel für ein schwaches, nicht auswertbares Messsignal

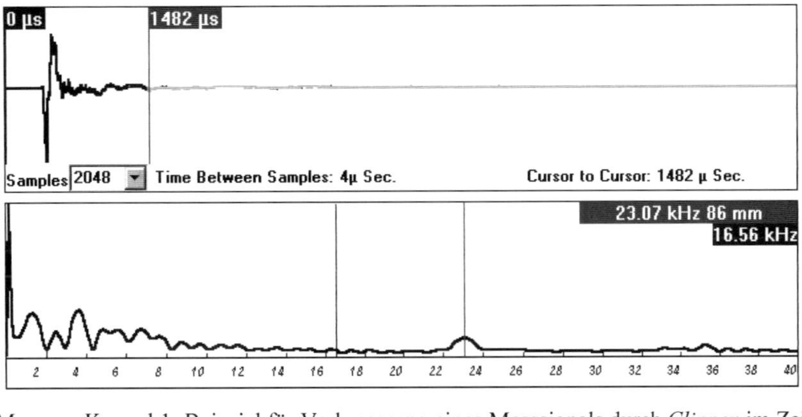

Bild 5. Messung Kuppel 1: Beispiel für Verbesserung eines Messsignals durch *Clippen* im Zeitbereich

Zur Kalibrierung vor Ort wurde die Betondicke in einer Bohrung neben einer Messung mit gut auswertbarem Spektrum gemessen. Nach dem Einbringen von weiteren Bohrungen und der Entnahme von Bohrkernen wurden die Messungen nachträglich auf eine Schallgeschwindigkeit von $c = 3974$ m/s rekalibriert.

Eine Erklärung für die zahlreichen schwachen Signale war die rückseitige Abdichtung der Kuppel mit einer Bitumenschicht (Bild 6). Bei dem vorliegenden guten Kontakt der Bitumenschicht mit dem Kuppelbeton wurde die stehende Welle der Dickenresonanz dadurch offensichtlich stark gedämpft.

Bild 6. Messung Kuppel 1: Bohrkern mit rückseitiger Bitumenschicht (Fotos: M. Krüger, MFPA Weimar)

Beim Auftreten von Minderdicken kleiner 100 mm wurde deren Fläche auf einem Messraster von 0,5 m x 0,5 m abgegrenzt. In Bild 7 ist als Beispiel das Raster N8 dargestellt. Trotz einiger unsicherer Messergebnisse (Dickenwerte in Klammern) und unklarer Messungen ohne Ergebnis („--") lässt sich die Ausdehnung der Minderdicke aus der Darstellung abschätzen. Ausgewählte Messpunkte mit gemessenen Dicken kleiner 100 mm wurden zerstörend durch Bohrkernentnahme überprüft.

Raster N8 — Breite / m; Höhe / m

Höhe / m	-1,00	-0,50	0,00	0,50	1,00	1,50
4,00	124	(113)	101	97	(99)	107
3,50	124	115	97	103	97	--
3,00	113	92	(84)	--	102	101
2,50	116	(95)	--	96	99	--
2,00	118	103	(84)	111	(113)	109
1,50	(109)	(102)	--	107	121	
1,00	111	93	--	99	98	
0,50	109	92	--	100	93	
0,00	109	97	86	97	109	
-0,50	110	106	92	111	113	
-1,00	(106)	--	115	121	112	

Bild 7. Messung Kuppel 1: Messergebnisse von Raster N8 (Dicken in mm)

Die gemessenen Dicken wurden tabellarisch dargestellt und farbkodiert in die Karte der Messpositionen eingetragen, wobei jeder 10 mm breiten Dickenklasse eine Farbe zugeordnet wurde. Unsichere Messergebnisse wurden besonders gekennzeichnet, und bei unklaren Messergebnissen wurde keine Dicke angegeben. Letztlich waren 76 % der Messungen an den Hauptmesspunkten verwendbar, 10 % unsicher und 14 % unklar.

Das Histogramm der gemessenen Dicken an den Hauptmesspunkten in Bild 8 zeigt, dass die Solldicke von 120 mm an den meisten Messpositionen (85 % aller Hauptmesspunkte) unterschritten wird. Der Median der gemessenen Dicken liegt mit 110 mm um 10 mm unter der Solldicke, die geringste an einem Hauptmesspunkt gemessenen Dicke beträgt 82 mm.

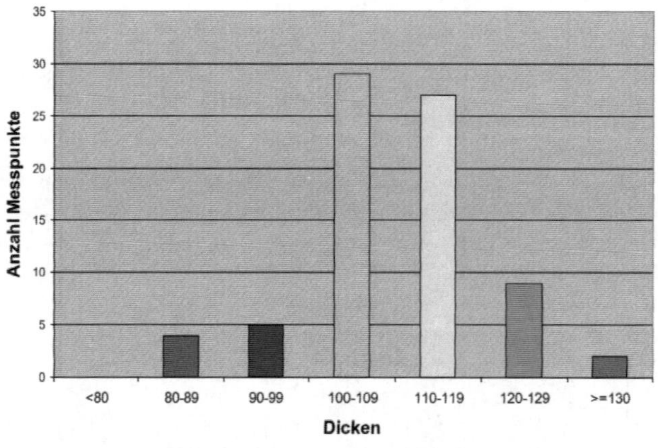

Bild 8. Messung Kuppel 1: Histogramm der gemessenen Dicken

2.4 Dickenmessung einer Betonkuppel 2

In einem weiteren Prüfauftrag sollte die Betondicke eines ähnlichen Wasserbehälters vor der Instandsetzung gemessen werden. Die Solldicke war wieder 120 mm. Auch hier traten häufig schwache, schnell abklingende Zeitsignale auf. Wie Bohrkerne zeigten, war die Rückseite mit einer haftenden Bitumenschicht unterschiedlicher Dicke bedeckt.

Ein weiteres Problem ergab ich bei der Kalibrierung der Schallgeschwindigkeit vor Ort. Messungen neben einer Bohrung, die eine Betondicke von 125 mm ergab, führten zu einem deutlichen Frequenzpeak bei 10,01 kHz (Bild 9). Aus beiden Werten errechnet sich allerdings eine Schallgeschwindigkeit von nur 2503 m/s. Falls dies zuträfe, würde es auf einen sehr schlechten Beton hinweisen.

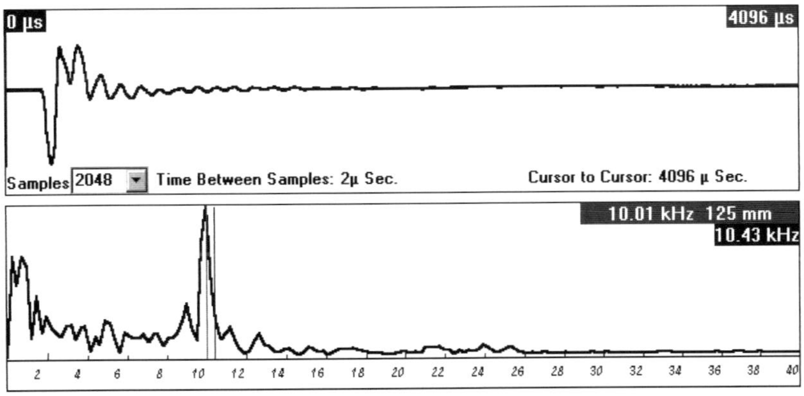

Bild 9. Messung Kuppel 2: Messsignal der Kalibrierung an einer inkorrekt angenommenen Betondicke

Da der Beton einen festen Eindruck machte, wurde die Kalibrierung an einer anderen Messposition wiederholt, bei der die Bohrung eine Dicke von 105 mm ergab. Die Messungen dort zeigten zusätzliche schwache Peaks, aus denen sich eine glaubwürdigere Schallgeschwindigkeit berechnet. Insbesondere führten zwei Messungen zu Peaks bei $f = 21{,}85$ kHz (Bild 10) entsprechend $c = 4589$ m/s und bei $f = 22{,}10$ kHz entsprechend $c = 4641$ m/s. Der Mittelwert beider Schallgeschwindigkeiten ist 4615 m/s, als Kalibrierwert wurde schließlich $c = 4600$ m/s verwendet.

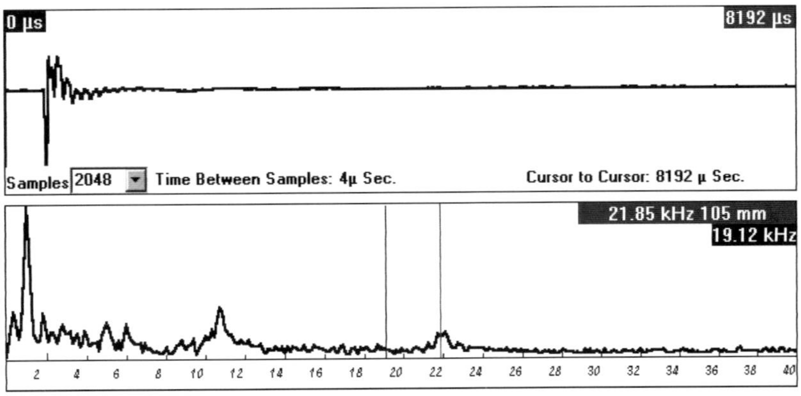

Bild 10. Messung Kuppel 2: Messsignal einer korrekten Kalibrierung

Die zusätzlichen Resonanzen, die einer Betondicke von ca. 180 bis 220 mm entsprechen, waren in den meisten Spektren präsent. Nach Rücksprache mit dem Auftraggeber kann es sich hierbei um eine zusätzliche Betonschicht handeln, die nachträglich von außen aufgebracht wurde und anscheinend an vielen Stellen einen Schalldurchgang erlaubt.

Insgesamt wurden vor Ort drei Kalibriermessungen neben Bohrungen mit dem Impakt-Echo-Verfahren durchgeführt, die eine mittlere Schallgeschwindigkeit von $c = 4555$ m/s ergaben. Drei weitere Ultraschall-Transmissionsmessungen im Labor an geschliffenen Bohrkernen (die Schallgeschwindigkeit der Dehnwellen entspricht ungefähr der der resonanten Plattenwelle S1 [1]) hatten einen Mittelwert von $c = 4641$ m/s. Der Mittelwert aller sechs Kalibriermessungen betrug c = 4598 m/s, so dass die Messungen mit dem Kalibrierwert vor Ort von $c = 4600$ m/s ausgewertet wurden und keine Rekalibrierung erforderlich war. Die maximalen Abweichungen der Einzelkalibriermessungen vom gemeinsamen Mittelwert betrugen +2,4 % bzw. –1,9 %.

An 84 % der Hauptmesspunkte der Betonkuppel wurden Minderdicken gemessen; der Median aller Dicken lag bei 114 mm und damit 6 mm unter der Solldicke.

3. Zusammenfassung

Die Messbeispiele zeigen die gute Eignung des Impakt-Echo-Verfahrens, um Dicken auf einem grobmaschigen Messraster oder an einzelnen Messpositionen zu messen. Die Messungen können, wie bei der Messung an der Giebelwand, meist zügig durchgeführt werden, und eine Auswertung auf größere Hohlstellen gelingt im Allgemeinen problemlos, selbst wenn die Schallgeschwindigkeit wie hier geschätzt wurde. Bei konstanter Wanddicke und einer Kalibrierung ist eine quantitative Dickenmessung möglich.

Für klare Messergebnisse sind eindeutige Randbedingungen an der Vorder- und Rückseite des Betons erforderlich. Wenn an die Rückseite einer Bitumenschicht anhaftet wie bei den Kuppelmessungen, können die Zeitsignale stark gedämpft werden, wodurch die Frequenzspektren nicht mehr auswertbar sind. Befinden sich zwei Betonschichten in direktem Kontakt, kann die Grenzfläche für den Schall transparent und damit die Rückseite der vorderen Betonschicht quasi unsichtbar werden.

Für die Interpretation derartiger Fälle sind messtechnisches Fachwissen durch eine Aus- oder Weiterbildung des Prüfers und Erfahrung erforderlich. Bei den Messungen und ihrer Auswertung müssen immer die Zeitsignale und Frequenzspektren interpretiert werden; die ausschließliche Beachtung des Dickenwertes kann zu Fehlinterpretationen führen. Bei der Ergebnisdarstellung hat sich bewährt, nur nach Stand der Technik sichere Ergebnisse ohne Kommentar anzugeben. Unsichere Messergebnisse sollten als solche kenntlich gemacht und unklare Ergebnisse gar nicht erst aufgeführt werden.

Die Interpretation von Impakt-Echo-Messungen wird erleichtert, wenn genügend Informationen über das Messobjekt aus Plänen oder Besprechungen mit dem Auftraggeber vorliegen. Dabei kann nicht erwartet werden, dass der Auftraggeber mögliche messtechnische Probleme vorab erkennt.

Danksagung

Der Autor dankt seinen Kollegen Bernd Müller, Ulrich Tümmler und Alexander Ulanov (alle MFPA Weimar) für die Durchführung der Messungen. Die Impakt-Echo-Software *ImpEcho*, die bei den Messungen an der Giebelwand eingesetzt wurde, wurde von Alexander Ulanov (MFPA Weimar) programmiert.

Referenzen

[1] DGZfP-Merkblatt B11: *Merkblatt über die Anwendung des Impakt-Echo-Verfahrens zur Zerstörungsfreien Prüfung von Betonbauteilen*; Ausgabe 2011-04. Berlin: Deutsche Gesellschaft für Zerstörungsfreie Prüfung (DGZfP), 2011.

[2] RI-ZFP-TU: *Richtlinie für die Anwendung der zerstörungsfreien Prüfung von Tunnelinnenschalen*; Ausgabe 2007-12. In: ZTV-ING, Teil 5: Tunnelbau, Abschnitt 1: Geschlossene Bauweise, Anhang A. Verkehrsblatt-Sammlung Nr. S 1056 (2007), S. 29–35.

[3] ASTM C 1383-15: *Standard Test Method for Measuring the P-Wave Speed and the Thickness of Concrete Plates Using the Impact-Echo Method*; Edition 2015. West Conshohocken, PA: ASTM International, 2015.

[4] Sansalone, Mary J.; Streett, William B.: *Impact-Echo – Nondestructive Evaluation of Concrete and Masonry*. Jersey Shore, Pennsylvania: Bullbrier Press, 1997.

Herausforderungen beim Nachweis der Betondeckung an Ingenieurbauwerken

Carsten LOHSE [1]
[1] Bewehrungsnachweis & -analyse, Augustusburg
Kontakt E-Mail: carsten.lohse@bewehrungsnachweis.de

Kurzfassung

Die Durchführung von Betondeckungsmessungen wird zwar in einigen Normen und Regelwerken erwähnt, aber nicht alle bestehenden Merkblätter und deren Festlegungen haben Einzug in die Praxis gehalten und sind dort allgemein anerkannt. Dies führt in der Praxis regelmäßig zu Unsicherheiten hinsichtlich der zu beachtenden Regelungen.
Einflüsse im Hinblick auf Präzision und Genauigkeit der Messergebnisse ergeben sich zudem durch die zum Einsatz kommenden Messgeräte sowie durch Art und Lage der Bewehrung, so dass in vielen Fällen die Notwendigkeit der Ermittlung eines Korrekturfaktors besteht.
Die konkreten Herausforderungen werden vom Autor anhand von einzelnen Anwendungsbeispielen (Tunnel, Tübbingsteine, Stützwand) anschaulich dargestellt.
Dabei wird aufgezeigt, wo die derzeit bestehenden Regelungen einer Anpassung/Erweiterung bedürfen, um den aktuellen Herausforderungen in der Durchführung von Betondeckungsmessungen Rechnung zu tragen.
Zusammenfassend wird deutlich, dass die Komplexität von Betondeckungsmessungen in der Praxis häufig unterschätzt wird, obwohl die Beurteilung der Messergebnisse tiefe Kenntnisse des Verfahrens und seiner Grenzen voraussetzt.
Bei richtiger Anwendung führen die Betondeckungsmessungen gerade bei Neubauten zu einer erhöhten Ausführungsqualität und niedrigeren Unterhaltungskosten.

BEWEHRUNGSNACHWEIS und -ANALYSE

Herausforderungen beim Nachweis der Betondeckung an Ingenieurbauwerken

Bauwerksdiagnose 2018 / 15.02.-16.02.2018

BEWEHRUNGSNACHWEIS und -ANALYSE

Agenda

- **Normen/Regelwerke**
- Einflüsse auf das Messergebnis
- Anwendungsbeispiele
- Regelungsbedarf
- Fazit

Bauwerksdiagnose 2018 / 15.02.-16.02.2018

Regelwerk

BEWEHRUNGSNACHWEIS und -ANALYSE

- **DIN EN 1992-1-1 (Eurocode 2)**
  „Bemessung und Konstruktion von Stahlbeton- und Spannbetontragwerken - Teil 1-1: Allgemeine Bemessungsregeln und Regeln für den Hochbau“, insbesondere mit Abschnitt 4: Dauerhaftigkeit Betondeckung und den Abschnitten 8 und 9: Allgemeine Bewehrungsregeln und Konstruktionsregeln...

- **DIN EN 1992-2 (Eurocode 2)**
  „Bemessung und Konstruktion von Stahlbeton- und Spannbetontragwerken - Teil 2: Betonbrücken - Bemessungs- und Konstruktionsregeln

Regelwerk

BEWEHRUNGSNACHWEIS und -ANALYSE

- **ZTV-ING**
  - Teil 3 Massivbau – Abschnitt 2 Bauausführung (Verweis auf DIN EN 1992-2)
  - Teil 5 Tunnelbau (Festlegung von c_{min} und c_{nom})

- **Auszug Bahnregelwerke**
  - ELTB (Eisenbahnspezifische Liste der technischen Baubestimmungen)
  - RIL 804, 836 und 853 (teilweise Verweis auf DIN EN 1992-2 und Festlegung von c_{min} und c_{nom})

Regelwerk

BEWEHRUNGSNACHWEIS und -ANALYSE

- **Merkblatt „Betondeckung und Bewehrung" in der Fassung vom Dezember 2015**

  ... DEUTSCHER BETON- UND BAUTECHNIK-VEREIN E. V. nimmt Bezug auf das neue europäische Regelwerk des Betonbaus, welches ab 2011 in Deutschland bauaufsichtlich eingeführt ist ...

  - Der Anhang (Beurteilung) des DBV-Merkblattes ist bei der DB AG nicht eingeführt, gleichwohl wird die Auswertung gem. 5%-Quantil für angemessen erachtet.

- **DGZFP-Merkblatt B 02**

  Merkblatt zur zerstörungsfreien Betondeckungsmessung und Bewehrungsortung an Stahl- und Spannbetonbauteilen

Bauwerksdiagnose 2018 / 15.02.-16.02.2018

Agenda

BEWEHRUNGSNACHWEIS und -ANALYSE

- Normen/Regelwerke
- **Einflüsse auf das Messergebnis**
- Anwendungsbeispiele
- Regelungsbedarf
- Fazit

Bauwerksdiagnose 2018 / 15.02.-16.02.2018

Einflüsse auf das Messergebnis

Geräte

Magnetisches Wechselfeld
Verfahren (niederfrequent/ hochfrequent)

Bildquelle: www.hilti.com

Bildquelle: www.proceq.ch

Bildquelle: www.wuerth.de

Radar Verfahren/ Multidetektoren

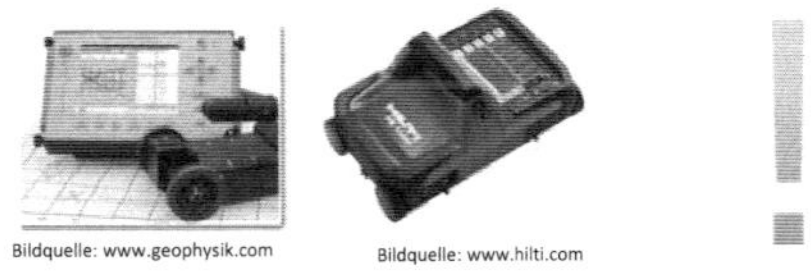

Bildquelle: www.geophysik.com

Bildquelle: www.hilti.com

Bildquelle: www.hilti.com

Bildquelle: www.bosch.de

Einflüsse auf das Messergebnis

BEWEHRUNGSNACHWEIS und -ANALYSE

Präzision/Genauigkeit

- (Wiederhol-)Präzision:

  Anforderungen an Geräte (DBV-Merkblatt)
  ≤ ± 1 mm im Messbereich bis 40 mm
  ≤ ± 2 mm im Messbereich bis 40 - 60 mm

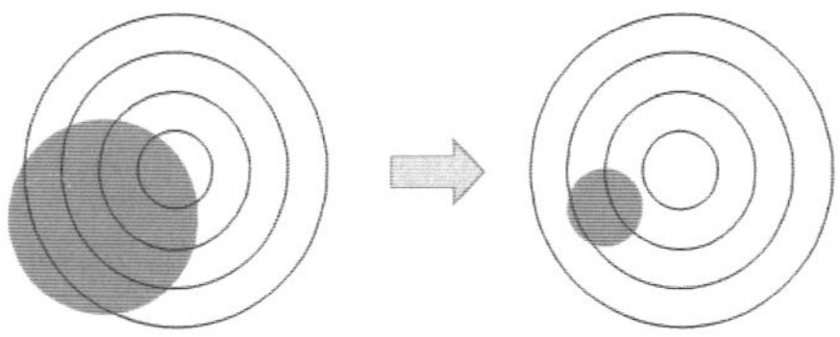

- Genauigkeit:

  = Übereinstimmung zwischen Messwert und wahrem Wert

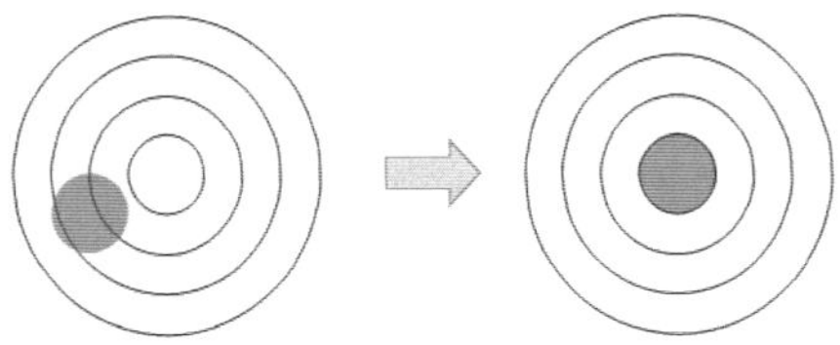

Einflüsse auf das Messergebnis

Einflüsse auf Präzision

BEWEHRUNGSNACHWEIS und -ANALYSE

- Art der Bewehrung
- Lage der Bewehrung

Bauwerksdiagnose 2018 / 15.02.-16.02.2018

Einflüsse auf das Messergebnis

Korrekturfaktor

BEWEHRUNGSNACHWEIS und -ANALYSE

- Ermittlung Korrekturfaktor
  - Aufbringen Plexiglasplatte, Kanthölzer oder Klemmvorrichtung
  - Messung der Betondeckung 1.) mit Messgerät und 2.) mittels Gliedermaßstab
  - Gegenüberstellung der zwei Messwerte
  - Ermittlung eines Faktors je Bewehrungssituation

Bauwerksdiagnose 2018 / 15.02.-16.02.2018

BEWEHRUNGSNACHWEIS
und -ANALYSE

Agenda

- Normen/Regelwerke
- Einflüsse auf das Messergebnis
- **Anwendungsbeispiele**
- Regelungsbedarf
- Fazit

BEWEHRUNGSNACHWEIS
und -ANALYSE

Anwendungsbeispiele

Tunnel

Bauwerksdiagnose 2018 / 15.02.-16.02.2018

Anwendungsbeispiele
Tunnel

BEWEHRUNGSNACHWEIS und -ANALYSE

- Betondeckungsmessungen im Zuge der Herstellung der Innenschale
- Messkonzept
  - Messung aller Blöcke, davon der ersten fünf Blöcke mit zehn Messbahnen und aller weiteren mit je drei Messbahnen
  - Messzyklus: ca. alle zwei Wochen
- Anforderungen
  - ZTV-ING
  - c_{min} 50 mm, c_{nom} 60 mm
  - 5 %-Quantil

Anwendungsbeispiele
Tunnel

BEWEHRUNGSNACHWEIS und -ANALYSE

- Systematischer Fehler in den ersten 15 Blöcken
  →zu geringe Betondeckung

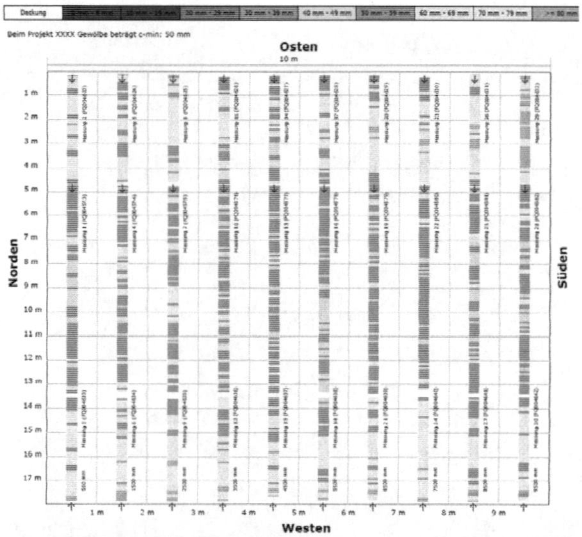

Anwendungsbeispiele

Tunnel

BEWEHRUNGSNACHWEIS und -ANALYSE

- Abstandhaltertyp prüfen
- Überprüfung Verlegemaß
- Überprüfung Maßhaltigkeit und Steifigkeit des Bewehrungskorbes

Anwendungsbeispiele

Tunnel

BEWEHRUNGSNACHWEIS und -ANALYSE

- Was wurde geändert?
    - Vorhaltemaß auf 15 mm
    - Mehr Abstandhalter je m²
- Was für eine Quantil zählt?
    - Vorhaltemaß gem. ZTV-ING 10 mm → 10 %
    - Geändertes Vorhaltemaß 15 mm → 5 %

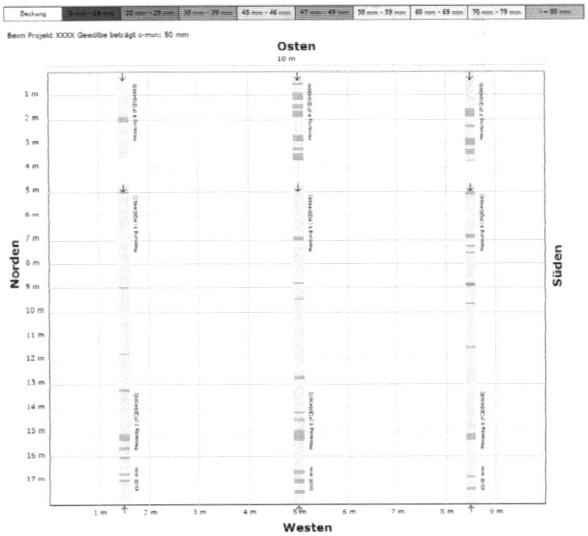

Anwendungsbeispiel
Tübbingsteine

BEWEHRUNGSNACHWEIS und -ANALYSE

Anwendungsbeispiele
Tübbingsteine

BEWEHRUNGSNACHWEIS und -ANALYSE

- Betondeckungsmessungen während der Herstellungsphase
- Messkonzept
  - zwei bis drei Messbahnen luft- und erdseitig
  - Abwicklung umlaufend
  - ca. 10-15 % aller Steine
  - Messzyklus: alle zwei Wochen
- Anforderungen
  - luft- und erdseitig c_{min} 40 mm/c_{nom} 45 mm
  - Abwicklung c_{min} 20 mm/c_{nom} 25 mm

Bauwerksdiagnose 2018 / 15.02.-16.02.2018

Anwendungsbeispiele
Tübbingsteine

BEWEHRUNGSNACHWEIS und -ANALYSE

- Wahl und Anordnung Abstandhalter

Bauwerksdiagnose 2018 / 15.02.-16.02.2018

Anwendungsbeispiele
Tübbingsteine

BEWEHRUNGSNACHWEIS und -ANALYSE

- Ermittlung Korrekturfaktor

Bauwerksdiagnose 2018 / 15.02.-16.02.2018

Anwendungsbeispiele

Tübbingsteine

BEWEHRUNGSNACHWEIS und -ANALYSE

1. Betonüberdeckungsmessung Tübbing-Stein 14108 (65er)

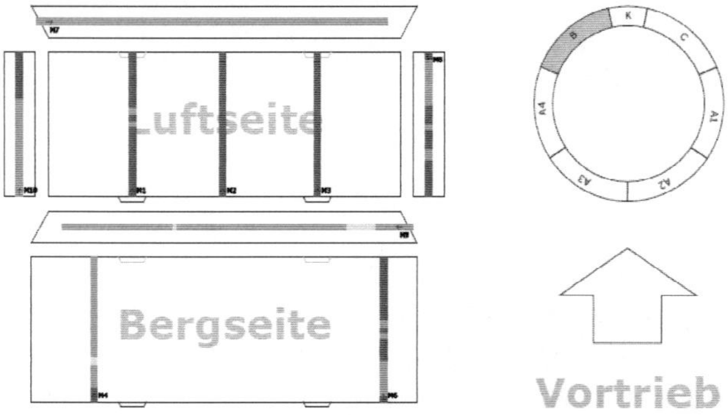

Übersicht / Zusammenfassung

Mindestbetondeckung

Messung	c-min	Scan Nr.	Länge Messung	quant. Nachweis	5% Quantil
M1	40 mm	FQ_07114002_004146	1.854 m	*qualitativ*	Annahme
M2	40 mm	FQ_07114002_004147	1.867 m	*qualitativ*	Annahme
M3	40 mm	FQ_07114002_004148	1.869 m	*qualitativ*	Annahme
	40 mm			2%	Annahme
Die Betondeckung des Tübbing-Steins Nr. 14108 gilt für das 5%-Quantil als angenommen. Grundlage bilden das DBV-Merkblatt (Betondeckung und Bewehrung Fassung 2011) und die Anzahl der ausgeführten Messflächen.					
M4	40 mm	FQ_07114002_004149	1.878 m	*qualitativ*	Annahme
M6	40 mm	FQ_07114002_004150	1.879 m	*qualitativ*	Annahme
	40 mm			0%	Annahme
Die Betondeckung des Tübbing-Steins Nr. 14108 gilt für das 5%-Quantil als angenommen. Grundlage bilden das DBV-Merkblatt (Betondeckung und Bewehrung Fassung 2011) und die Anzahl der ausgeführten Messflächen.					
M7	20 mm	FQ_07114002_004142	4.941 m	0%	Annahme
M8	20 mm	FQ_07114002_004143	1.914 m	*qualitativ*	Annahme
M9	20 mm	FQ_07114002_004144	4.476 m	0%	Annahme
M10	20 mm	FQ_07114002_004145	1.825 m	*qualitativ*	Annahme
	20 mm			0%	Annahme
Die Betondeckung des Tübbing-Steins Nr. 14108 gilt für das 5%-Quantil als angenommen. Grundlage bilden das DBV-Merkblatt (Betondeckung und Bewehrung Fassung 2011) und die Anzahl der ausgeführten Messflächen.					
	20 mm			0%	Annahme
Die Betondeckung des Tübbing-Steins Nr. 14108 gilt für das 5%-Quantil als angenommen. Grundlage bilden das DBV-Merkblatt (Betondeckung und Bewehrung Fassung 2011) und die Anzahl der ausgeführten Messflächen.					

Anwendungsbeispiele

Stützwand

BEWEHRUNGSNACHWEIS und -ANALYSE

Anwendungsbeispiele

BEWEHRUNGSNACHWEIS und -ANALYSE

Stützwand

- Betondeckungsmessungen im Zuge der Abnahme nach Fertigstellung
- Messkonzept
  - Je 50 cm eine Messbahn
  - Wasser- und Landseite sowie Kappe
  - Sämtliche Blöcke
- Anforderungen
  - ZTV-ING Wasserbau
  - c_{min} 50 mm, c_{nom} 60 mm
  - 5 %-Quantil (Expositionsklasse XC4)

Bauwerksdiagnose 2018 / 15.02.-16.02.2018

Anwendungsbeispiele

BEWEHRUNGSNACHWEIS und -ANALYSE

Stützwand

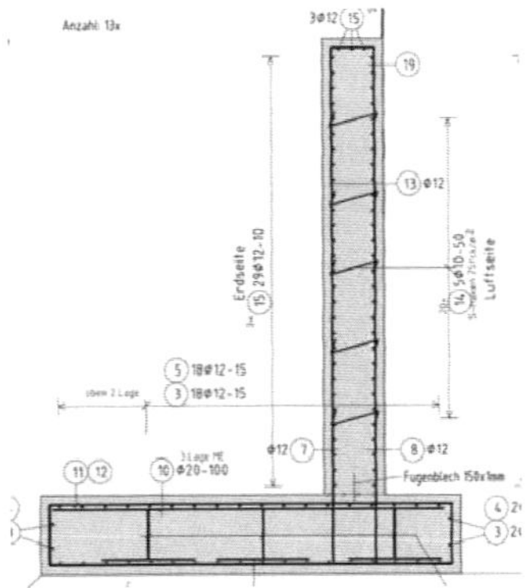

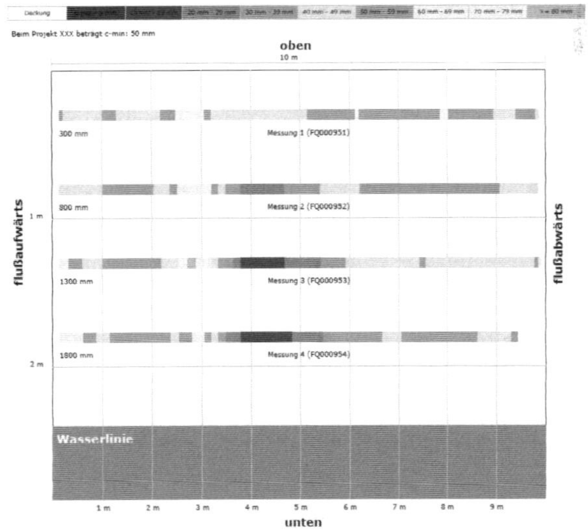

Bauwerksdiagnose 2018 / 15.02.-16.02.2018

Anwendungsbeispiele

Stützwand

BEWEHRUNGSNACHWEIS und -ANALYSE

- Häufige Ursachen für Abweichungen
  - Fehlerhafter Einbau wegen mangelndem Fachwissen (z. B. Rastermaß, Abstandhalter zu groß)
  - Verwendung ungeeigneter Materialien (z. B. falsche Abstandhalter)
  - fehlende Überprüfung im Zuge der Baumaßnahme

- Daraus abgeleitete Schritte für Nachfolgeprojekte
  - Baubegleitende Durchführung der Messungen
  - Verwendung geeigneter Materialien (z. B. Abstandhalter)
  - Schaffung eines einheitlichen Messkonzeptes für Stützwände
  - Sensibilisierung aller Beteiligten

Agenda

BEWEHRUNGSNACHWEIS und -ANALYSE

- Normen/Regelwerke
- Einflüsse auf das Messergebnis
- Anwendungsbeispiele
- **Regelungsbedarf**
- Fazit

Regelungsbedarf

BEWEHRUNGSNACHWEIS und -ANALYSE

- Konsistente Festlegungen im Regelwerk z.B. bei $\Delta_{c_{dev.}}$
- Festlegungen zum Nachweis der Betondeckung am fertigen Bauteil (Art und Umfang)
- Fortschreibung der RI-ZFP-TU
- Verbindliche Leistungspositionen in Ausschreibungsunterlagen

Agenda

BEWEHRUNGSNACHWEIS und -ANALYSE

- Normen/Regelwerke
- Einflüsse auf das Messergebnis
- Anwendungsbeispiele
- Regelungsbedarf
- **Fazit**

BEWEHRUNGSNACHWEIS und -ANALYSE

Fazit

- Die **Komplexität** des ZFP-Prüfverfahrens „Betondeckungsmessung“ wird von den Anwendern oft **unterschätzt**.
- Die von den Messgeräten ausgegebenen Ergebnisse bedürfen einer **fachlichen Prüfung und Beurteilung**.
- Hierzu bedarf es **guter Kenntnisse des Verfahrens und dessen Grenzen**.
- **Ermittlung von Korrekturfaktoren** gem. DGZFP-Merkblatt B02
- Betondeckungsmessungen im Neubau **erhöhen die Ausführungsqualität** und **reduzieren die Unterhaltungskosten.**

Bauwerksdiagnose 2018 / 15.02.-16.02.2018

BEWEHRUNGSNACHWEIS und -ANALYSE

Bauwerksdiagnose 2018 / 15.02.-16.02.2018

LAUS - Erste praktische Erfahrungen mit einem neuartigen Ultraschallsystem großer Eindringtiefe

Ernst NIEDERLEITHINGER [1], Herbert WIGGENHAUSER[1] & Boris MILMANN[1]
[1] BAM Bundesanstalt für Materialforschung und -prüfung, Berlin
Kontakt E-Mail: ernst.niederleithinger@bam.de

Kurzfassung. Konventionelle Systeme zur Ultraschall-Echo-Prüfung von Betonbauteilen sind in ihrer Eindringtiefe auf etwa einem Meter begrenzt. Zur Prüfung stärkerer Objekte war die Entwicklung eines neuartigen Prüfsystems notwendig. Das LAUS-System (Large Aperture UltraSound) besteht aus 12 einzelnen Arrays, die mit jeweils 32 Einzelprüfköpfen (Scherwellen, 25 – 50 kHz) als Sender oder Empfänger betrieben werden können. Sie werden unabhängig auf Betonoberflächen mit Unterdruck befestigt und kommunizieren drahtlos untereinander und mit der Zentraleinheit. Alle möglichen Kombinationen ergeben 132 Einzelmessungen, die zur Rekonstruktion des durchschallten Volumens genutzt werden. Mehrere dieser Datensätze lassen sich zu einer 3D-Auswertung kombinieren. Das System wurde an mehreren Testobjekten und Bauwerken erfolgreich erprobt. So konnte die fünf Meter dicke, sehr stark bewehrte Fundamentplatte des Fallturms auf dem BAM-Testgelände bei Horstwalde durchschallt werden. Ein zweites Beispiel ist die erfolgreiche Detektion von Spannkanälen in 1,8 m Tiefe in einem massiven Brückenbauwerk.

1. Einführung

Die zerstörungsfreie Ultraschall-Echo-Prüfung von Betonbauwerken ist seit etwa 10 Jahren Stand der Technik. In den letzten Jahren haben sich vor allem bildgebende Verfahren durchgesetzt, mit denen schon vor Ort eine erste Einschätzung und nach Kombination vieler Messungen und Datennachbearbeitung eine 3D-Darstellungen des Inneren von Bauteilen möglich ist. So können Spannkanäle und Bewehrungen sicher geortet werden, die Dicke von Wänden oder Schichten und oberflächenparallele Ablösungen bestimmt werden [1][2][3][4]. Die Anwendung von Ultraschall-Echo-Verfahren ist einem DGZfP-Merkblatt geregelt, dass sich in Überarbeitung befindet.

Bei den derzeit kommerziell angebotenen Ultraschall-Echo-Systemen kommen in der Regel federnd gelagerte Punktkontakttransducer zum Einsatz, da sie kein Koppelmittel benötigen und sich auch an raue Oberflächen anpassen. Mehrere solcher Transducer werden zusammengefasst und bilden ein Array, das als Sender oder Empfänger genutzt werden kann. Mehrere Arrays können in einem Gehäuse untergebracht werden.

Mit derartigen Geräten liegen inzwischen langjährige Erfahrungen vor, so zum Beispiel mit dem monostatischem System ACS A1220 Transvisor (je ein Sender-

/Empfängerarray in gemeinsamen Gehäuse) oder dem ACS 1040 MIRA mit 10 schaltbaren Arrays, welches eine bildgebende Darstellung fast in Echtzeit erlaubt. Die Aperturlänge des MIRA Arrays beträgt 330 mm und ist damit besonders gut zur Untersuchung von Bauteilen mit einer Stärke bis etwa 100 cm geeignet. In jüngster Zeit sind vergleichbare Systeme auch von anderen Hersteller erhältlich.

Bildgebende Untersuchungen mit dem einfachen A1220 System erfordern eine linienförmige oder flächige Aufnahme von Daten, damit das Innere eines Bauteils rekonstruiert werden kann. Dies kann mit automatisierten Scannern erfolgen und hat sich bei der Untersuchung von Brücken und anderen Bauwerken sehr gut bewährt. Der erfassbare Tiefenbereich bei diesen Messungen reicht im Normalfall etwa bis 150 cm, falls nicht ein zu hoher Bewehrungsgrad, Risse oder ein zu großer Porengehalt die Schallausbreitung behindert und der Beton den Schall gut leitet.

Betonbauteile größerer Dicke konnten bisher nicht zerstörungsfrei mit Ultraschall untersucht werden. So mächtige Bauteile sind Bestandteil vieler Bauwerke, etwa als Fundament, Brückenträger, Stützbauwerke, Abschirmung und sie finden sich in Dämmen, Kraftwerken oder kerntechnischen Installationen. Die Lösung dieser Prüfaufgaben konnte nur auf der Basis einer Geräteneuentwicklung gelingen. Das hier präsentierte Material wurde zum Teil schon in [5] gezeigt.

2. Das LAUS-System

2.1 Anforderungen

Die Anforderungen an das neu zu entwickelnde System waren:

- Möglichst hohe Signalintensität der einzelnen Transducerarrys
- Großer Öffnungswinkel, um einen möglichst großen Bereich zu beschallen
- Flexibilität bei der Prüfkopfanordnung
- Drahtlose Kommunikation und Synchronisation
- Untere Grenzfrequenz max. 25 kHz abdecken, um von der geringeren Dämpfung langwelliger Ultraschallwellen zu profitieren

2.2 Prinzipieller Aufbau

Das mit diesen Anforderungen spezifizierte und realisierte System besteht aus 12 Prüfköpfen und einem Steuerrechner (Abb. 1). Die Einheiten synchronisieren sich über Funk und kommunizieren mit dem Steuerrechner über WLAN. Die Prüfköpfe können einzeln positioniert werden, um einerseits Stellen mit schlechten Ankoppelbedingungen zu vermeiden und andererseits die Prüfköpfe gezielt in bewehrungsfreie Zwischenräume platzieren zu können. Das LAUS System wurde für Forschungszwecke konzipiert und von der Firma ACSYS realisiert [6].

2.3. Prüfköpfe

Jeder der 12 Prüfköpfe enthält 32 dicht gepackte Punktkontakttransducer, die wahlweise gemeinsam als Sender oder Empfänger arbeiten (**Abb. 2**). Sie sind in acht Reihen zu je 4 Sensoren, alternierend um eine halbe Sensorbreite versetzt, angeordnet. Diese kompakte Anordnung gewährleistet einen breiten Öffnungswinkel bei gleichzeitig hoher Schallintensität, der Grundvoraussetzung für eine möglichst große Eindringtiefe. Die

einzelnen Transducer sind federnd gelagert und können sich damit auch an raue Oberflächen anpassen.
Die Transducer generieren wie in den oben erwähnten kommerziell erhältlichen Geräten horizontal polarisierte Scherwellen. Diese haben gegenüber Kompressionswellen bei gleicher Frequenz eine kürzere Wellenlänge und ermöglichen damit eine höhere geometrische Auflösung. Zudem können sie mit höherer Effizienz erzeugt werden und konvertieren bei Reflektion nur in geringerem Maße in andere Wellentypen. Der Frequenzbereich der Transducer kann durch die Variation des elektrischen Anregungspulses zwischen 25 und 150 kHz variiert werden.

Der Prüfkopf enthält außer den Transducern auch die Unterdruck-Ansaugvorrichtung, Stromversorgung sowie Sende-, Empfangs- und Kommunikationselektronik.

Abb. 1: Das LAUS-System: 12 per Unterdruck an der Oberfläche haftende Prüfköpfe und Steuerrechner. Die roten Leitungen dienen der Pressluftzufuhr.

Abb. 2: LAUS-Prüfkopf mit 32 Punktkontakttransducern.

2.4 Software

Die Software auf dem Steuerrechner erhält vom Nutzer die für die Messung notwendigen Parameter, protokolliert diese und gibt sie an die Prüfkopfelektronik weiter. Sie steuert auch den Modus der Prüfköpfe (Sender oder Empfänger). Aus den insgesamt 132 möglichen Einzelmessungen (A-Scans) eines Datensatzes wird ein linienhafter Vertikalschnitt (B-Scan) berechnet, allerdings unter der vereinfachenden Annahme, dass alle Prüfköpfe auf einer Linie und mit gleichem Abstand untereinander aufgestellt sind. Das Programm berechnet auch eine vereinfachte SAFT-Rekonstruktion, die nach wenigen Sekunden auf dem Bildschirm dargestellt wird.

Wenn die Prüfköpfe irregulär angeordnet werden oder verschiedene Messdatensätze kombiniert werden sollen, wird eine externe Software zur Auswertung eingesetzt. Diese benötigt zur 2D- bzw. 3D-Berechnung die genauen Positionen und Orientierungen der Prüfköpfe. Eingesetzt wird eine spezielle Version des Programmsystems InterSAFT von Dr. K. Mayer, Universität Kassel [7].

3. Anwendungsbeispiele

3.1 Dicke einer Fundamentplatte

Die BAM betreibt bei Horstwalde ca. 50 km südlich von Berlin ein „Testgelände Technische Sicherheit“ (BAM-TTS). Ein Fallturm zur Prüfung von Transportbehältern von bis zu 200 t steht dort auf einer massiv bewehrten, fünf Meter starken Betonplatte unter der zusätzliche Bohrpfähle jegliche Setzung bei den Versuchen unterbinden (Abb. 3).

Abb. 3: Fallturm auf dem BAM-Testgelände bei Horstwalde.

Auf der Fundamentplatte wurden 40 Einzeldatensätze gemessen, wobei die Prüfköpfe so dicht wie möglich aneinander standen (10 cm Mittelpunktabstand). Das Array wurde senkrecht zu seiner Ausrichtung jeweils um 10 cm versetzt, bis eine Messfeldlänge von 2 m erreicht war. Das Ganze wurde mit seitlichem Versatz von 60 cm wiederholt. Die Überlagerung beider Messfelder ergibt einen Messbereich von 160 cm * 200 cm.

Abb. 4: Messungen mit dem LAUS-System auf dem Fundament des Fallturms.

Die Daten wurden kombiniert mit dem InterSAFT Programm ausgewertet und das Volumen unter der Messfläche rekonstruiert. Abb. 5 zeigt einen repräsentativen Vertikalschnitt durch das rekonstruierte Datenvolumen.

Die hohen Amplituden im Nahbereich unter der Oberfläche bis etwa 150 cm, vereinzelt auch noch tiefer, sind auf die starke, mehrlagige Bewehrung zurückzuführen. Einzelne Bewehrungsstäbe können nur im Einzelfall abgebildet werden. Die Unterkante der Fundamentplatte in 5 m Tiefe lässt sich eindeutig identifizieren. Das am linken Rand schwächer werdende Echo ist wohl auf Streuung der Ultraschallwellen durch die hier angeordnete Randbewehrung zurückzuführen. Eine weitergehende Bearbeitung der Daten zeigt auch ein Echo bei der doppelten Tiefe, was einer zweimal reflektierten Welle entsprechen würde.

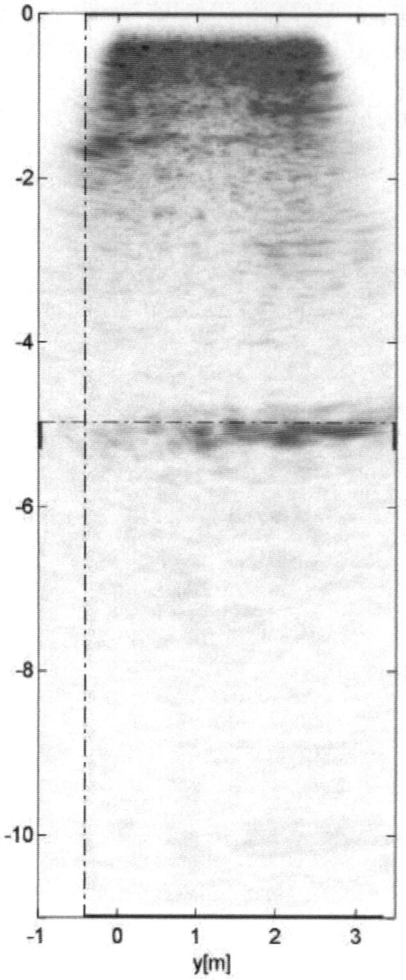

Abb. 5: SAFT Rekonstruktion der LAUS-Messungen auf der Fundamentplatte des Fallturms. Das Echo der Rückwand ist bei 5 m deutlich zu erkennen. Die hohen Amplituden bis ca. 1,5 m sind auf die dichte, mehrlagige Bewehrung zurückzuführen.

2.2 Ortung von Spannkanälen in einem massiven Brückenträger

Nach dem Ausschalen eine Spannbetonbrücke ergab sich der Verdacht auf Gefügestörungen im Inneren des massiven Brückenträgers. Solche Strukturen sind direkt nur schwer mit Ultraschall abzubilden. Daher wurde versucht, über etwaige Schwankungen in der Amplitude von Echos der Spannkanäle indirekt auf etwaige Mängel zu schließen. Während dies von unten mit kommerziellen Geräten gut möglich war, musste von oben aufgrund der großen Betonüberdeckung das LAUS-System eingesetzt werden (Abb.6). Die Messgeometrie ähnelte der am Fallturm eingesetzten Methode. Es wurde aber eine wesentlich größere Messfläche abgedeckt.

Abb.7 zeigt einen der gemessenen und mit SAFT rekonstruierten Schnitte durch die Brücke. Die Oberkante der Spannkanäle ist klar zu erkennen. Die Abschwächung der Amplituden am Rand ist auf die dort geringere Überdeckung mit Messungen zurückzuführen. Es ergeben sich hier keine Hinweise auf Gefügestörungen. Zwischen den Spannkanälen ist auch die Rückwand zu erkennen.

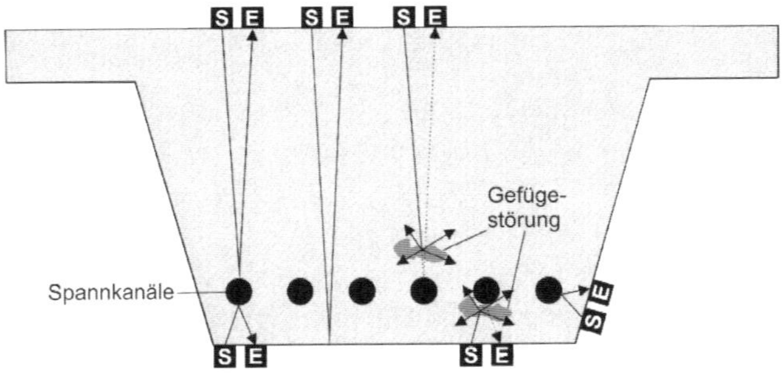

Abb. 6: Laus-Messungen auf einem massiven Brückenträger. Links: Skizze (Querschnitt). Rechts: Messsituation.

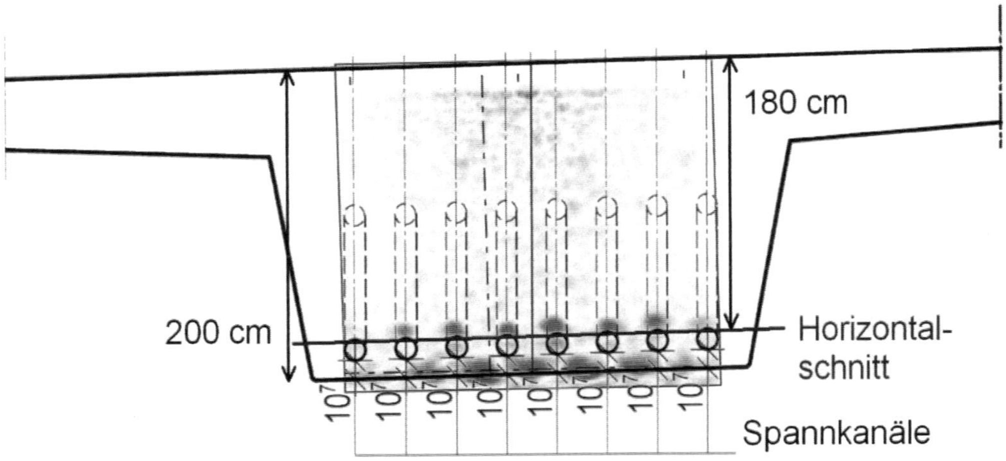

Abb. 7: Querschnitt durch die Brücke mit überlagerter SAFT-Rekonstruktion der LAUS-Messungen.

3. Zusammenfassung

Das LAUS-Messsystem hat sich bei ersten Einsätzen bewährt. Es wurden Eindringtiefen bis fünf m erreicht, ein mehrfach höherer Wert als bei jedem kommerziell verfügbaren Gerät. Es ist auch unter Baustellenbedingungen einsetzbar.

An weiteren Verbesserungen wird derzeit gearbeitet. So soll die Messelektronik in Zukunft noch größere Eindringtiefen ermöglichen, um auch einen Einsatz zur Qualitätssicherung bei Verschlussbauwerken in Endlagern für radioaktiven Abfall zu ermöglichen. Die Applikation (Aufbau und Versatz der Prüfköpfe) wird optimiert. Bei der Auswertung der Messungen sollen zukünftig auch andere Verfahren als SAFT eingesetzt werden, die auch komplexe Strukturen abbilden können [8].

Referenzen

[1] Schulze, S., Krause, M., Mayer, K., Redmer, B. and Wiggenhauser H. (2014). "Grouting Defects Localized by Ultrasonic Testing Including Phase Evaluation". *Proc., ASNT Topical Conference, NDE/NDT for Highways and Bridges, Structural Materials Technology (SMT)*, Washington, DC, USA, pp. 321-328.

[2] Taffe, A., Krause, M., Milmann, B. and Niederleithinger, E., (2005). „Assessment of foundation slabs with US-echo in the re-use process." In: Alexander, M., Beushausen, H.-D., Dehn, F. and P. Moyo (eds); Proceedings of the International Conference on Concrete Repair, Rehabilitation and Retrofitting (ICCRRR), 21.-23.11.05, Cape Town, South Africa, pp. 525-530.

[3] Schulze, S., Mayer, K. and Krause, M., (2013): „Spannbetonuntersuchung mit bildgebenden Ultraschallecho-Verfahren." *Beton- und Stahlbetonbau,* 108(12).

[4] Schickert, M., Krause, M. and Müller, W. (2003): "Ultrasonic Imaging of Concrete Elements Using Reconstruction by Synthetic Aperture Focusing Technique." Journal of Materials in Civil Engineering (JMCE), ASCE Vol. 15, pp. 235-246.

[5] Wiggenhauser, H., Niederleithinger, E., und Milmann, B. (2017): „Zerstörungsfreie Ultraschallprüfung dicker und hochbewehrter Betonbauteile." *Bautechnik* 94, 10: 682–88. https://doi.org/10.1002/bate.201700040.

[6] Wiggenhauser, H., Samokrutov, A., Mayer, K., Krause, M., Alekhin, S., & Elkin, V. (2016). "Large Aperture Ultrasonic System for Testing Thick Concrete Structures". *Journal of Infrastructure Systems*, B4016004.

[7] Mayer, K., Chinta, P., Langenberg, K.-J. und Krause, M. (2012) "Ultrasonic Imaging of Defects in Known Anisotropic and Inhomogeneous Structures with Fast Synthetic Aperture Methods". Proceedings of the 18th World Conference on Non-Destructive Testing, Durban, South Africa, 16.-20.04.2012, CD-ROM, 10 pages.

[8] Grohmann, M., Müller, S., Niederleithinger, E., und Sieber, S. (2017):„Reverse Time Migration: Introducing a New Imaging Technique for Ultrasonic Measurements in Civil Engineering." *Near Surface Geophysics* 15, 3 (Juni 2017): 242–58. https://doi.org/10.3997/1873-0604.2017006.

Fast Impact-Echo Scanner: Mit IE schnell und kontaktfrei große Bauteile untersuchen

Robin GROSCHUP [1], Christian U. GROSSE [1], Stephan FREUDENSTEIN [1], Marko WIELAND [2], Christoph BECKER [2]
[1] Technische Universität München,
[2] Bundesanstalt für Straßenwesen (BASt), Bergisch Gladbach
Kontakt E-Mail: robin.groschup@tum.de, zfp@cbm.bgu.tum.de

Kurzfassung. Für den messtechnischen Nachweis von Delaminationen und horizontalen Rissen in plattenförmigen Betonstrukturen stehen nur eingeschränkt praxistaugleiche Geräte zur Verfügung. Konventionelle Inspektionsverfahren wie z. B. Bohrkernbeprobungen oder manuelles Abklopfen können aufgrund des begrenzten Stichprobenumfangs oft keine ausreichenden Informationen liefern. Es gibt zwar ZfP-Verfahren und -Geräte, welche die genannten Schädigungen abbilden können, sie sind für den großflächigen Einsatz jedoch oft zu zeit- und kostenintensiv.

Deshalb wurde ein scannendes Prüfgerät auf Basis des Impakt-Echo-Verfahrens (IE) entwickelt. Bei IE werden Strukturschwingungen aufgezeichnet und interpretiert, die sich nach einem mechanischen Impakt ausbilden. Das Verfahren ist sensitiv auf strukturelle Schädigungen, lässt sich aber auch zum Nachweis von Plattendicken und zur Ableitung von Materialparametern einsetzen.

Die Grundvoraussetzung zum scannenden Einsatz des Verfahrens ist eine kontaktfreie Aufzeichnung der relevanten Strukturantwort. Dies wurde im hier vorgestellten Ansatz durch ein luftgekoppeltes Messprinzip ermöglicht. Das Gerät ist aktuell optimiert für den Einsatz auf Fahrbahndecken aus Beton (Autobahnen und sonstige Verkehrsflächen). Das Messprinzip bietet aber auch Potenzial für andere Objekte und Messaufgaben, wo scannende Messungen notwendig sind.

1. Einführung

Um messtechnisch begründete Informationen über die strukturelle Substanz von Bauwerken zu erhalten, die über stichprobenhafte Messungen hinausgehen, sind ZfP-Verfahren notwendig, die sich in scannender Betriebsweise und somit zeit- und kosteneffizient anwenden lassen. Die Verfügbarkeit von scannenden Verfahren zur ZfP von Beton und Stahlbeton beschränkt sich aktuell hauptsächlich auf Verfahren mit elektrischem, magnetischem bzw. elektromagnetischem Messprinzip (z. B. Impulsradar, Potentialfeldmessung mit Radelektroden). Scannende Anwendungen auf Basis von anderen Messprinzipien beruhen oft auf einem Stop-and-Go-Betrieb und sind deshalb messtechnisch aufwendig, da z. B. Scannerrahmen installiert, oder Prüfköpfe wiederholt angekoppelt werden müssen.
Innenliegende Risse mit geringen Öffnungsweiten in Betonkörpern können aufgrund von Beschränkungen im Auflösungsvermögen in der Regel nicht mit elektromagnetischen Verfahren abgebildet werden. Solche Schadensbilder können dagegen gut mit elastischen

Wellen, die direkt mit der Schädigung wechselwirken, erfasst werden. Die Ultraschall-Technik beruht auf elastischen Wellen und ist damit prinzipiell sehr gut zur Abbildung von Rissen geeignet. Sie ist jedoch nur sehr aufwendig in scannender Weise einsetzbar. Deshalb beschränkt sich die Anwendung dieses Verfahrens in der Praxis oft auf ausgewählte Bereiche. Eine Extrapolation der lokalen Befunde auf nicht direkt durch die Messung erfasste Bereiche ist in der Regel nicht möglich.
Das Impakt-Echo-Verfahren [1-2] nutzt ebenfalls elastische Wellen (wie Ultraschall), bietet aber aufgrund der zugrunde liegenden physikalischen Prinzipien großes Potenzial, um ein Messgerät zur Anwendung in kontinuierlicher Messfahrt von einer bewegten Plattform aus zu erstellen.
Der folgende Beitrag beschreibt einen Prototyp auf Basis des Impakt-Echo-Prinzips mit luftgekoppelter Sensorik [3-6] und exemplarische Anwendungen. Hauptsächliche Zielsetzung des entwickelten Gerätes war die Detektion horizontaler Risse und Delaminationen im Inneren von Betonfahrbahndecken in scannender Betriebsweise. Das Gerät bzw. das implementierte Verfahren kann aber auch bei anderen Objekten und für andere Fragestellungen zum Einsatz kommen.

2. Impakt-Echo: messtechnisches Abklopfen

2.1 Grundlagen

Impakt-Echo (IE) kann als messtechnische Umsetzung einer „Klopfprüfung" aufgefasst werden. Beim IE-Verfahren werden durch einen mechanischen Impakt (z.B. Schlag mit Hammer, Aufprall einer Stahlkugel) auf der Oberfläche des zu untersuchenden Bauteils elastische Wellen angeregt. Die durch diese Wellen erzeugten Schwingungen an der Bauteiloberfläche werden bei der klassischen Anwendung von IE mit einem Sensor, der in der Nähe des Impakts angebracht wird, gemessen. Zur Auswertung und Interpretation werden diese Signale dann in den Frequenzbereich transformiert. Aus der Lage von Frequenzmaxima in den erzeugten Signalspektren kann auf strukturelle Eigenschaften wie Plattendicken oder Fehlstellen geschlossen werden. Damit kann man IE der Verfahrensgruppe der Lokalen Akustischen Resonanz-Spektroskopie (LARS) zuordnen [7].
Von besonderer Relevanz ist dabei die Ausbildung einer sog. „Dickenresonanz" bei plattenförmigen Strukturen. Bei früheren Erklärungen dieses Messeffekts ging man von mehrfach zwischen Plattenober- und -unterseite reflektierten P-Wellen (Kompressionswellen) aus. Physikalisch korrekter ist die Erklärung über die Theorie der Lambwellen, wo die Dickenresonanz als Frequenz einer symmetrischen Plattenwelle beschrieben werden kann [8].
In Bezug auf die Detektion von Schäden, insbesondere von horizontalen Rissen und Delaminationen (auch kompletten Hohllagen von Plattenteilen) ergibt sich ein weiterer durch den Impakt hervorgerufener Messeffekt: Lokal begrenzte Bereiche können zu flexuralen Schwingungen (Biegeschwingungen) angeregt werden [9]. Für ingenieurbautechnisch relevante Dimensionen von Plattendicken und Störstellen haben diese Schwingungen in der Regel tiefere Frequenzen als die Dickenresonanz (Abb. 1). Die beschriebenen Messeffekte bei IE lassen sich somit für eine Schadensdetektion nutzen:
Weisen die Messdaten ein klar erkennbares Frequenzmaximum auf, das mit der Dickenresonanz korreliert, so ist von einer ungestörten Plattenstruktur auszugehen.
Dominieren tiefere Frequenzen das Messsignal, können flexurale Vibrationen aufgrund delaminierter Bereiche vorliegen.

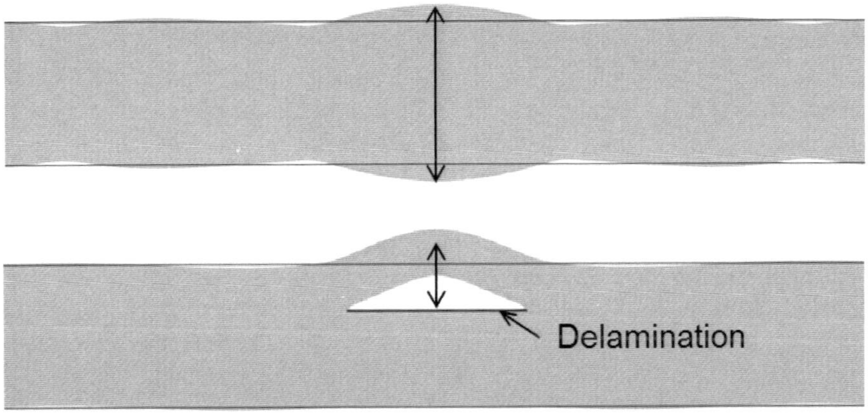

Abb. 1. Oben: Plattenschwingung der Dickenresonanz bei ungestörter Struktur nach Impaktanregung. Unten: Biegeschwingung eines delaminierten Bereichs nach Impaktanregung.

Bei den für IE typischen Frequenzen ergibt sich außerdem ein messtechnischer Vorteil: die relevanten Frequenzen befinden sich im Luftschallbereich und die bei typischen Impaktormassen auftretenden Energien verursachen eine messbare Schallabstrahlung des Körperschalls aus dem Betonkörper in die Luft. Dadurch können die für IE relevanten Signale auch mit Mikrofonen aufgezeichnet werden, die keinen direkten Kontakt zur Oberfläche benötigen. Bei der Aufzeichnung des Luftschalls ergeben sich zwar nachteilige Effekte durch Umgebungslärm und Geräusche der Apparatur selbst, durch ein optimiertes Sensordesign [10] ist es aber trotzdem möglich die relevanten Signale auch unter Betriebsbedingungen auf Autobahnen mit ausreichendem SNR (Signal-zu-Rausch-Verhältnis) aufzuzeichnen.

Bei der Entwicklung des Sensorelements und zur Ermittlung zu erwartender Messeffekte bei Delaminationen erwiesen sich numerische Simulationen als sehr hilfreich. Durch die Kopplung der elastischen Wellenausbreitung im Betonkörper mit der Schallausbreitung in Luft kann das abgestrahlte Luftschallfeld illustriert und vermessen werden (Abb. 2).

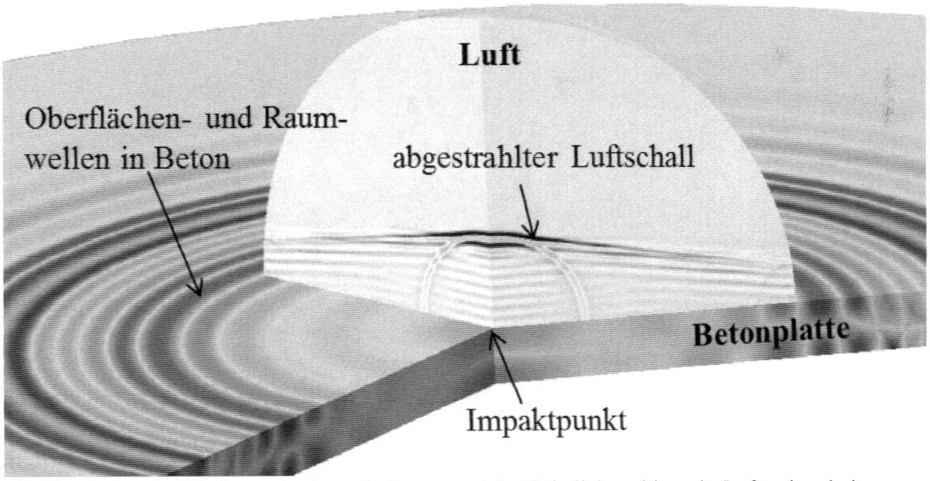

Abb. 2. Simulation der Wellenausbreitung in Beton und der Schallabstrahlung in Luft anhand eines radialsymmetrischen Materialmodells.

2.2 Prototyp Scanner

Mit speziell auf die Messaufgabe abgestimmten Mikrofonarrays und automatisierten Impaktgebern, die reproduzierbare und sich schnell wiederholende Einzelsignale anregen, wurde der Prototyp (Abb. 3) eines modularen Scannersystems realisiert, der in der aktuellen Ausbaustufe bis zu drei parallele Messspuren aufzeichnen kann. Ein Wegsensor erlaubt eine positionsgesteuerte Programmierung von Impaktanregung und Messintervallen. Über ein RTK-GPS-System ist auch über lange Messstrecken eine hinreichend genaue Positionsbestimmung möglich. Zusätzliche optional einsetzbare Sensorik, wie Kameras und Lasersensoren erlauben eine Lokalisierung von Fugen und liefern Informationen über den allgemeinen Zustand der Oberflächen. In den positionsreferenzierten Kamerabildern können so Materialvariationen (wie z.B. Ausbesserungsstellen) identifiziert und mit den Messdaten abgeglichen werden.
Die Prüfgeschwindigkeit (und damit das Messraster) muss auf die zu erwartenden Fehlergrößen abgestimmt werden. Außerdem ist sie durch die maximal mögliche Impaktfrequenz limitiert. In der aktuellen Entwicklungsstufe des Geräts kann mit Schrittgeschwindigkeit geprüft werden. Eine Erhöhung der Messgeschwindigkeit ist das Ziel aktueller Entwicklungsarbeiten.

Abb. 3. Impakt-Echo-Scanner-Prototyp beim Einsatz auf einer Betonfahrbahn.

3. Anwendungsbeispiele

3.1. Risse im Fugenbereich von Betonfahrbahnen

Ein relevantes Schadensbild von Fahrbahndecken aus Beton sind horizontale Risse im Fugenbereich. Solche Risse können verschiedene Ursachen haben, wie z. B. Alkali-Kieselsäure-Reaktion (AKR) oder thermische und mechanische Beanspruchung. Der entwickelte Prototyp konnte an Fahrbahndecken verschiedener Bauweisen mit Verdacht auf solche horizontale Rissbildungen im Fugenbereich zur Anwendung gebracht werden. Abb. 4 (links) zeigt das Messergebnis einer Messung über eine Querscheinfuge hinweg. Anzeigen der Dickenresonanz bei ca. 9 kHz werden durch tieffrequente Anzeigen an der

Fuge unterbrochen. Die tieffrequente Anzeige kann als Indiz auf eine flexurale Schwingungsform eines delaminierten Bereichs interpretiert werden.
Als Negativbefund (keine Rissanzeige) zeigt Abb. 4 (rechts) eine Messung an einer Fuge ohne Rissbildung. Hier zeigt sich die Dickenresonanz über die Position der Fuge hinweg. Es ist keine tieferfrequente Anzeige sichtbar.
Die Befunde konnten an diesen Messstellen sowohl mit Ultraschallmessungen in Übereinstimmung gebracht als auch exemplarisch durch Bohrkernbeprobungen verifiziert werden. (Abb. 5).

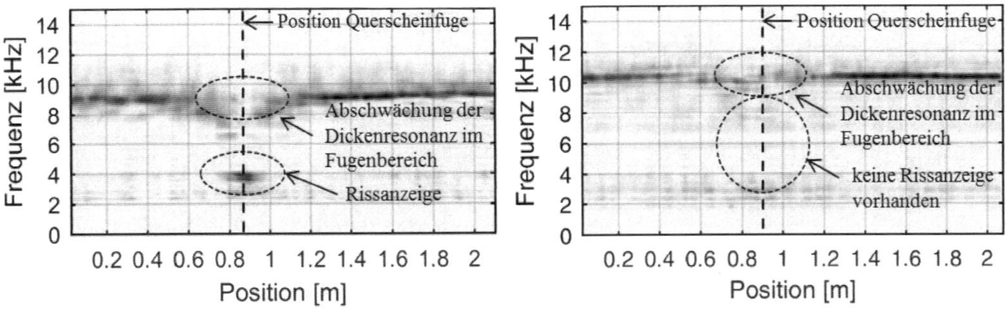

Abb. 4. Messergebnisse an Fahrbahnplatten mit ca. 20 cm Plattendicke. Darstellung der Messfrequenz in Abhängigkeit von der Position. Die gestrichelte Linie markiert die Position der Querscheinfugen. Links: Messung an Fuge mit horizontaler Rissbildung, rechts: Messung an Fuge ohne Rissbildung.

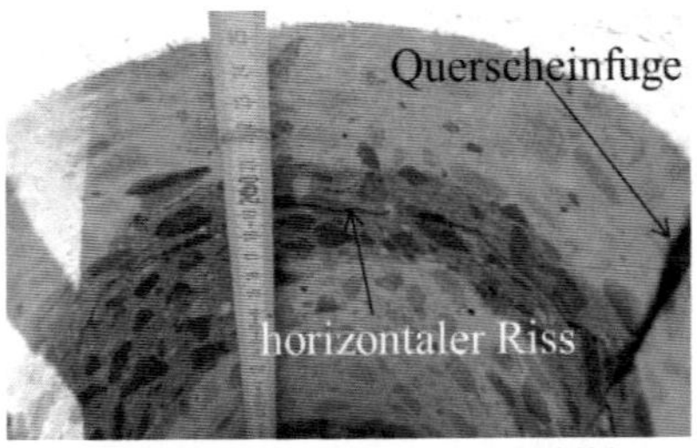

Abb. 5. Innenwand eines Bohrlochs an Fuge mit horizontaler Rissbildung ausgehend vom Kerbschnittgrund. Vor der Bohrung durchgeführte Messung an dieser Fuge s. Abb. 4, links.

3.2 Delaminationen an Brückenplatte

Neben den oben gezeigten Fällen, bei denen die Schadensbilder auf Fugenbereiche konzentriert sind, gibt es natürlich auch Anwendungsszenarien, bei denen eine kontinuierliche Erfassung von Messdaten notwendig ist. Dies gilt z.B. für Brückenbauwerke wo die Lokalisierung flächiger Delaminationen das Detektionsziel darstellt.
Im Rahmen eines Piloteinsatzes des IE-Scanners wurden auf einem Brückenbauwerk zusammenhängende Linienscans mit insgesamt ca. 7 km Messspurlänge aufgezeichnet.
Die Messergebnisse konnten automatisch ausgewertet werden. Anzeigen, die auf Delaminationen schließen lassen (d. h. hohe Amplitudenwerte unterhalb der Frequenz der Dickenresonanz) wurden segmentiert und in ein CAD-basiertes Schadenskataster übertragen. So ist ein Abgleich mit konventionell gewonnenen Informationen zum Bauwerkszustand möglich (Abb. 6). Der Bauwerkseigner kann die Messergebnisse somit zielgerichtet z. B. zur Planung von Instandsetzungsmaßnahmen verwerten.

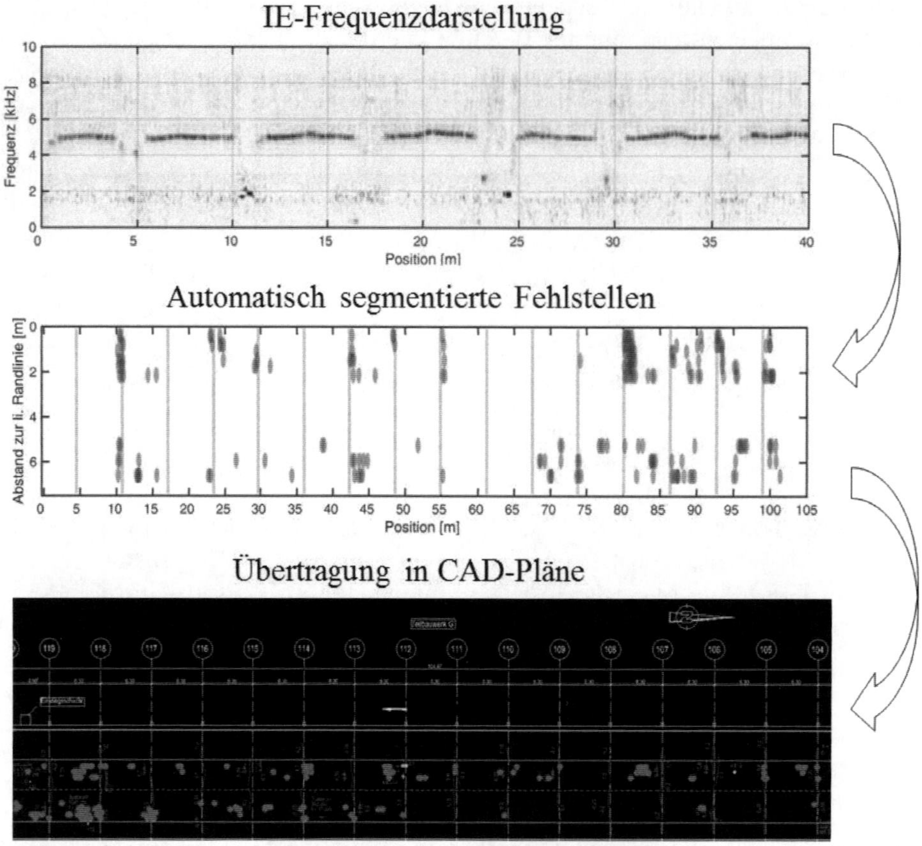

Abb. 6. Exemplarische Illustration der automatisierten Auswertung ausgehend von Impakt-Echo-Daten zu CAD-basiertem Schadenskataster.

4. Zusammenfassung

Mit dem hier entwickelten System steht ein feldtaugliches ZfP-Gerät für Betonstrukturen zur Verfügung, welches auf Basis des Impakt-Echo-Verfahrens kleinräumige Rissbildungen und Delaminationsstörungen in scannender Weise abbilden kann. Es stellt somit eine wesentliche Verbesserung bestehender Prüftechnik dar. Bisher waren messtechnische Nachweise von oberflächlich nicht sichtbaren Rissbildungen hauptsächlich mit Ultraschalltechnik durchführbar und mit hohem Zeitaufwand verbunden.

Bei Einsatz des IE-Scanners können in praxisgerechten Messzeiten aussagekräftige Informationen über den Bauwerkszustand gewonnen werden.

Aufgrund des physikalischen Messprinzips sind für den Praxiseinsatz gewisse Einschränkungen zu beachten. Bei Vorliegen mehrerer horizontaler Rissebenen trägt nur die oberste Rissebene zum Messeffekt bei. D.h. das Verfahren kann bei Detektion einer Rissbildung keine Aussage darüber liefern, ob unter einem detektierten Riss noch weitere Rissebenen vorliegen.

Der entwickelte Scanner lässt sich in der aktuellen Entwicklungsstufe in Schrittgeschwindigkeit betreiben. Die maximal mögliche Messgeschwindigkeit muss dabei auf das Detektionsziel angepasst werden. Eine Erhöhung der Scangeschwindigkeit und die Bestimmung von Detektionswahrscheinlichkeiten (Probability of Detection, POD) sind Gegenstand aktueller Forschungs- und Entwicklungsaktivitäten.

Die luftgekoppelte IE-Messtechnik könnte auch an anderen Strukturen zur Klärung struktureller Eigenschaften Anwendung finden. So wäre z. B. der Einsatz zur Detektion von

Delaminationen in Fahrbahnaufbauten aus Asphalt denkbar. Hierzu müsste vor allem durch eine Modifikation der Impaktormassen der Frequenzbereich der Anregung angepasst werden. Auch die Ableitung von Materialparametern (z. B. dynamischer E-Modul) ist mit impakt-basierten Messungen möglich.
Außerdem wäre ein Einsatz zur Detektion korrosiv bedingter Delaminationseffekte (bei Brücken, Parkdecks, Tiefgaragen), zur Dickenmessung (z. B. Bodenplatten, Tunnelinnenschalen) und der Einsatz zur Qualitätssicherung von Betonstrukturen, bei denen Materialverbünde oder Hinterfüllungen überprüft werden müssen (z. B. Tübbinge im Tunnelbau), möglich. Hier erscheinen eine Weiterführung der Entwicklungsarbeiten und eine Anpassung auf die speziellen Prüfsituationen auch wirtschaftlich sinnvoll, da für viele Anwendungen keine scannend einsetzbaren, zerstörungsfreien Prüfverfahren zur Verfügung stehen.

Danksagung

Die dem Artikel zugrunde liegenden Arbeiten wurden im Auftrag des Bundesministeriums für Verkehr und digitale Infrastruktur unter FE-Nr. 08.0238/2015/CRB durchgeführt. Wir danken der Bundesanstalt für Straßenwesen für die Förderung der Forschungsarbeiten sowie den Expertinnen und Experten des Betreuungsausschusses für die hilfreichen Hinweise. Die Verantwortung für den Inhalt des Artikels liegt allein bei den Autoren.
Weiterhin bedanken wir uns bei der Niedersächsischen Landesbehörde für Straßenbau und Verkehr und dem Ingenieurbüro Inros Lacker für die Erlaubnis zur Präsentation der Ergebnisse von Messungen an einem Brückenbauwerk. Zudem sind wir dem Centrum Baustoffe und Materialprüfung (cbm) der Technischen Universität München für die vielfältige Unterstützung dankbar und insbesondere Herrn Sebastian Münchmeyer für die fachkundige Mithilfe bei der technischen Realisierung des IE-Scanners.

Referenzen

[1] Sansalone, M.J. und Carino, N.J. (1986). Impact-echo: A method for flaw detection in concrete using transient stress waves. *National Bureau of Standards*. Rep. No. NBSIR, 86-3452.

[2] (2011). *DGZfP-Merkblatt B11: Merkblatt über die Anwendung des Impakt-Echo-Verfahrens zur Zerstörungsfreien Prüfung von Betonbauteilen; Ausgabe 2011-04*. Berlin: Deutsche Gesellschaft für Zerstörungsfreie Prüfung (DGZfP).

[3] Groschup, R. und Grosse, C.U. (2015). *Enhancing Air-Coupled Impact-Echo with Microphone Arrays*. Tagungsband *Proceedings of the 2015 International Symposium on Non-Destructive Testing in Civil Engineering, NDT-CE*. Berlin.

[4] Groschup, R. und Grosse, C.U. (2016). Mikrofon-Array-Technik für scannendes Impakt-Echo-System – ein neuer messtechnischer Ansatz zur schnellen automatisierten Inspektion von Betonbauteilen. *Ernst & Sohn Special 2016 Messtechnik im Bauwesen*. 49-54.

[5] Zhu, J.Y. und Popovics, J.S. (2006). Air-coupled impact-echo method for NDT of concrete. *Review of Progress in Quantitative Nondestructive Evaluation, Vols 25A and 25B*. 820, 1351-1357.

[6] Zhu, J.Y. und Popovics, J.S. (2007). Imaging concrete structures using air-coupled impact-echo. *Journal of Engineering Mechanics-Asce*. 133(6), 628-640.

[7] Grosse, C.U., Jüngert, A. und Jatzlau, P. (2018). Local Acoustic Resonance Spectroscopy. In *Handbook of Advanced Non-Destructive Evaluation* (N. Ida and N. Meyendorff Hrsg.). Heidelberg: Springer.

[8] Gibson, A. und Popovics, J.S. (2005). Lamb wave basis for impact-echo method analysis. *Journal of Engineering Mechanics-Asce*. 131(4), 438-443.

[9] Oh, T., Popovics, J.S. und Sim, S.H. (2013). Analysis of vibration for regions above rectangular delamination defects in solids. *Journal of Sound and Vibration*. 332(7), 1766-1776.

[10] Groschup, R. und Grosse, C.U. (2015). MEMS Microphone Array Sensor for Air-Coupled Impact-Echo. *Sensors*. 15(7), 14932-14945.

ProTimB - Monitoring von konstruktiv geschützten Holzbrücken

Johannes KOCH [1], Ralf ARNDT [1], Antje SIMON [1], Markus JAHREIS [1]
[1] Fachhochschule Erfurt Fakultät Bauingenieurwesen und Konservierung / Restaurierung, Erfurt
Kontakt E-Mail: ralf.arndt@fh-erfurt.de

Kurzfassung. Der Holzbrückenbau hat eine jahrtausendealte Tradition in Europa. Im Zuge der Industrialisierung sind jedoch zunehmend andere Baumaterialien beliebter geworden. Um langlebige, beständige und damit konkurrenzfähige Brücken aus Holz zu bauen, müssen sie vor allem gegen Niederschlag und Feuchteeintrag geschützt sein. Denn ein niedriger Feuchtegehalt ist der Schlüssel zu dauerhaften Holzkonstruktionen mit einer langen Nutzungsdauer. So sollten alle tragenden Bauteile von Holzbrücken konstruktiv geschützt sein, um eine ständige Durchfeuchtung der Bauteile und einen daraus resultierenden Befall durch Holz zerstörende Pilze zu verhindern [1].

Um die Effizienz von konstruktiven Holzschutzmaßnahmen unter realen Bedingungen zu evaluieren, wurden Feuchtemonitorings an neun geschützten Holzbrücken initiiert. Neben dem Feuchtegalt werden auch die klimatischen Bedingungen der Umgebung aufgezeichnet.

Das Paper beschreibt den Aufbau und die Anwendung des Monitoringsystems. Erste Messergebnisse und Schlussfolgerungen werden präsentiert.

Einführung

Holzbrücken werden in den letzten Jahren in Deutschland immer seltener gebaut. Bauherren haben oft erhebliche Vorbehalte, in Holzbrücken zu investieren. Hohe Wartungskosten sowie eine geringe Dauerhaftigkeit und kurze Lebensdauer werden häufig als Gründe benannt. Die Verwendung des nachhaltigen Baustoffs Holz bietet jedoch entscheidende Vorteile. Denn es ist der einzige nachwachsende Rohstoff für Ingenieurbauwerke und wird durch eine nachhaltige Forstwirtschaft auch in Zukunft in ausreichender Menge verfügbar sein. Ein weiterer großer Vorteil ist die Fähigkeit zur Kohlenstoffspeicherung über die gesamte Nutzungsdauer eines Bauwerks. Diese Eigenschaft kann dazu beitragen, dem globalen Klimawandel entgegenzuwirken.

Die Dauerhaftigkeit sollte für Holzbrücken kein Problem darstellen, sofern die Bauteile konstruktiv vor Feuchteeinwirkung geschützt werden. Dieses Prinzip hat sich im deutschsprachigen Raum als moderne und ökologische Methode zur Konstruktion von Holzbrücken ohne chemische Schutzmaßnahmen etabliert. Auch der deutsche nationale Anhang zum Eurocode 5, Teil 2 [1] fordert den konstruktiven Schutz der Haupttragelemente von Holzbrücken. Bauliche Schutzmaßnahmen sind etwa Dächer und Dachüberstände sowie Verkleidungen und Abdeckungen, von denen Beispiele in Abb. 1 zu sehen sind.

Um zu zeigen, dass die Aspekte der Dauerhaftigkeit, Nutzungsdauer und Wartungskosten für konstruktiv geschützte Holzbrücken kein Problem sind und um die

Akzeptanz des natürlichen Baustoffs Holz als echte Option für neue Brückenbauwerke zu erhöhen, wurde ein Monitoring-Programm, im Rahmen des vom Bundesministerium für Bildung und Forschung (BMBF) geförderten FHprofUnt Projektes "Entwicklung einheitlicher Richtlinien für den Entwurf, den Bau, die Überwachung und Prüfung geschützter Holzbrücken" (ProTimB), initiiert.

Abb. 1. Beispiele für konstruktive Schutzmaßnahmen - Dach, Einhausung, Verkleidung, Blechabdeckung, Dachüberstand und Holz- Beton- Verbundkonstruktion.

1. Überwachung von neun geschützten Holzbrücken

1.1 Initiierung eines Monitoring-Programms

Das wichtigste Ziel des Monitoring-Programms ist der Nachweis der Dauerhaftigkeit von gut geschützten Holzbrücken. Deshalb wurden neun baulich geschützte Holzbrücken mit einem Überwachungssystem zur Messung von Feuchtegehalt und Umgebungsklima ausgerüstet, ausgelegt auf einen Zeitraum von mindestens zwei Jahren.

Grundlage des Monitoringkonzepts ist es, die Dauerhaftigkeit auf Basis der langfristigen Holzfeuchteentwicklung zu bewerten. Hintergrund dafür ist die Tatsache, dass ein hoher Feuchtegehalt oberhalb des Fasersättigungspunktes (um 30 Masse-%) für Holz dramatische Folgen haben kann, da ein Pilzbefall nicht ausgeschlossen werden kann. Bereits geringere Feuchtigkeitsgehalte von mehr als 20 Masse-%, insbesondere ca. 25 Masse-%, über einen längeren Zeitraum können hier problematisch sein [2]. Im Umkehrschluss ist ein Pilz- und Schädlingsbefall unwahrscheinlich bis unmöglich, bei einem Feuchtigkeitsgehalt der ständig niedriger ist als 20 Masse-%. Die Brücke wird dauerhaft und eine lange Nutzungsdauer kann vorausgesetzt werden.

Ein weiteres Ziel des Monitorings ist die Untersuchung des Einflusses bestimmter örtlicher Klimata auf den Holzfeuchtegehalt. Die Nähe zu Gewässern und Sprühnebelbereiche über Straßen oder bei Wasserfällen könnten extreme klimatische Bedingungen darstellen. Es wird untersucht, um wie viel der Feuchtegehalt infolge dieser Einflüsse im Gegensatz zu anderen Orten ohne diese Einflüsse zunimmt.

1.2 Funktionsprinzip des Monitoringsystems

Das Monitoringsystem nutzt das Prinzip der elektrischen Widerstandsmessmethode und wurde bereits in anderen Forschungsprojekten erfolgreich eingesetzt [3], [4], [5]. Diese Methode basiert auf der Abhängigkeit von elektrischem Widerstand und Materialfeuchte. Der elektrische Widerstand nimmt ab, wenn der Feuchtegehalt zunimmt und umgekehrt.

Um den Feuchtegehalt zu messen, müssen Elektroden in den Holzbauteilen der Brücken installiert werden. Die Elektroden bestehen aus unterschiedlich langen Edelstahlschrauben. In Vorversuchen wurden auch andere Arten von Elektroden getestet. Es stellte sich jedoch heraus, dass Schrauben im Vergleich zu angespitzten Gewindestangen und eingeklebten Stahlseilen exaktere und nachvollziehbarere Ergebnisse liefern [6], [7]. Die

Schrauben sind zum Teil mit einem Schrumpfschlauch isoliert, um den Feuchtegehalt in einer definierten Tiefe des Querschnitts messen zu können.

Ziel ist es, mehr Informationen über die Feuchteverteilung im Querschnitt zu erhalten da vorausgesetzt wird, dass sich eine aktive und eine passive Feuchtezone in den Holzbauteilen einstellt. In der inneren passiven Zone gibt es eine geringe Änderung des Feuchtegehalts, während die äußere aktive Zone durch einen sich stärker ändernden Feuchtegehalt gekennzeichnet ist. Infolge dieses Verhaltens können hohe Spannungsdifferenzen auftreten und daraus resultierende Risse in den Bauteilen nicht ausgeschlossen werden [8].

Auch die Holzarten beeinflussen die Messergebnisse. Daher sind Kalibrierkurven für jede Holzart erforderlich. Sieben der neun Brücken, die Teil des Monitoring- Programms sind, wurden mit Brettschichtholz aus Fichte gebaut. Zwei Brücken sind aus Lärche. Ein weiterer relevanter Einflussfaktor ist die Temperatur des Materials [9]. Daher werden zusätzliche Sensoren verwendet, um die Holztemperatur in der Nähe der Elektroden zu messen. Dies ermöglicht eine Kompensation der gemessenen Holzfeuchtewerte.

Zur Untersuchung der lokalen Klimabedingungen wurden zusätzlich Klimasensoren installiert. Diese Sensoren wurden in der Nähe der Feuchte- und Temperaturmessstellen der meisten Messbereiche platziert. Alle Messwerte werden von Dataloggern gespeichert und Woche für Woche von einem Datenfernübertragungsgerät über das Mobilfunknetz versendet. Für eine der Brücken ist diese Art der Datenfernübertragung unmöglich, da sie sich in einem Gebiet mit unzureichender Netzabdeckung befindet. In diesem Fall werden die Daten zwei bis dreimal jährlich manuell ausgelesen.

1.3 Überwachte Brücken im Monitoring-Programm

Abb. 2. Lage und Konstruktionstyp der überwachten Brücken.

Die neun ausgewählten Brücken sind, wie in Abb. 2 dargestellt, über ganz Deutschland verteilt. Darüber hinaus werden unterschiedliche Konstruktionstypen untersucht, wie etwa Holz-Beton-Verbundbrücken (HBV), Trogbrücken, Bogenbrücken, Fachwerkbrücken und

Deckbrücken. Diese sind in Abb. 2 durch verschiedene Farben dargestellt. Die Brücken in Höngesberg, Schiffarth und Wippra sind Straßenbrücken. Die anderen Brücken sind Fußgänger- und Radwegbrücken. Alle Brücken überspannen Flüsse oder Bäche, die Fachwerkbrücke in Lörrach, überspannt zusätzlich eine Straße. Diese Standorte wurden ausgewählt, um die Feuchteexposition infolge Gewässer und Straßenverkehr zu untersuchen.

1.4 Implementierung des Systems

Die erste Brücke (Lohmar Höngesberg) wurde im August 2015 mit einem Monitoringsystem ausgestattet. Die anderen Brücken wurden im Oktober und November 2016 ausgerüstet.

Jede Brücke verfügt über mindestens zwei Messbereiche an tragenden Bauteilen. Ein Messbereich wurde immer über dem Gewässer platziert. Der zweite Messbereich wurde über dem Vorland eingerichtet, üblicherweise in der Nähe des Widerlagers. Diese Anordnung ermöglicht die Untersuchung des Einflusses der Gewässernähe auf die klimatischen Umgebungsbedingungen und infolge dessen auf den Holzfeuchtegehalt. Bei einigen Brücken wurde ein dritter Messbereich an interessanten Stellen der Konstruktion implementiert, z.B. an tragenden Bauteilen unterhalb des offenen Brückenbelags oder oberhalb einer Straße im Sprühnebelbereich.

Die Messbereiche wurden in ähnlicher Weise ausgestattet, wie in Abb. 3 gezeigt. Zwei bis vier Elektrodenpaare wurden in mehreren Tiefen eingebracht. In Abb. 3 sind vier Elektrodenpaare zu sehen. Die Messtiefen betragen in diesem Beispiel 20, 40, 60 und 100 mm. Wie in der Abbildung zu sehen ist, wird normalerweise ein Temperatursensor (rotes Kabel) in der Nähe der Elektroden implementiert. Die letzte Komponente ist der Sensor zur Messung der Umgebungsbedingungen (Lufttemperatur und relative Luftfeuchtigkeit). In Abb. 3 ist das der kleine Kasten zwischen den Elektroden und dem Temperatursensor.

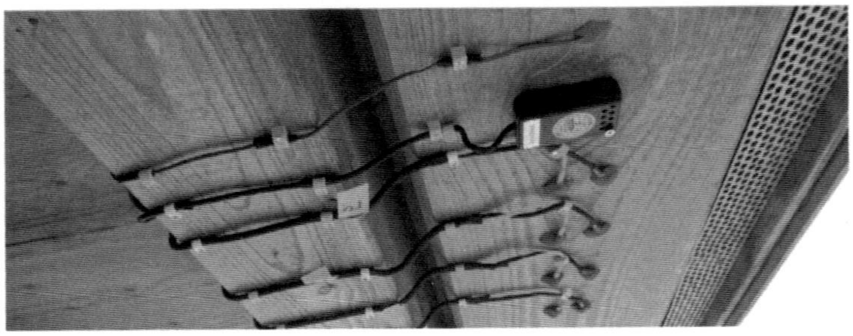

Abb. 3. Beispiel eines Messbereichs an einer Radwegbrücke in Frankenroda.

1.5 Datenauswertung

Die gesammelten Daten werden in mehreren Schritten analysiert. Zunächst wird der Holzfeuchtegehalt aus dem gemessenen elektrischen Widerstand unter Verwendung der Kalibrierkurve für die jeweilige Holzart berechnet. Der zweite Schritt ist die Temperaturkompensation, um den Feuchtegehalt zu korrigieren.

Die Klimabedingungen werden als berechnete Gleichgewichtsfeuchte angezeigt, der sich aufgrund des hygroskopischen Verhaltens von Holz theoretisch auf der Oberfläche der Bauteile ergibt. Die Berechnung der Gleichgewichtsfeuchte basiert auf einem mathematischen Modell von A. J. Hailwood und S. Horrobin (Gleichung 1) [10] in Kombination mit den materialspezifischen Parametern von W. T. Simpson von 1973 (Gleichungen 2 bis 5) [11]:

$$u = \frac{1800}{M_p} \cdot \left[\frac{K \cdot h}{1 - K \cdot h} + \frac{K_1 \cdot K \cdot h + 2 \cdot K_1 \cdot K_2 \cdot K^2 \cdot h^2}{1 + K_1 \cdot K \cdot h + K_1 \cdot K_2 \cdot K^2 \cdot h^2}\right] \quad (1)$$

$$M_p = 330 + 0{,}452 \cdot T + 0{,}00415 \cdot T^2 \quad (2)$$

$$K = 0{,}791 + 0{,}000463 \cdot T - 0{,}000000844 \cdot T^2 \quad (3)$$

$$K_1 = 6{,}17 + 0{,}00313 \cdot T - 0{,}0000926 \cdot T^2 \quad (4)$$

$$K_2 = 1{,}65 + 0{,}0202 \cdot T - 0{,}0000934 \cdot T^2 \quad (5)$$

wobei h = relative Luftfeuchte und T = Umgebungstemperatur.

2. Erste Ergebnisse an der Pilotbrücke

Eine Straßenbrücke, die den kleinen Fluss Agger überspannt, wurde bereits im August 2015 mit einem Monitoringsystem ausgestattet. Die Brücke befindet sich in Lohmar Höngesberg bei Köln in Nordrhein-Westfalen und wurde 2014 errichtet. Sie ist eine vollständig geschützte Holzbogenbrücke mit zwei Holz- Beton- Verbundvorlandbrücken. Alle Holzbauteile der Tragkonstruktion bestehen aus Fichtenbrettschichtholz (Abb.4).

Abb. 4. Straßenbrücke in Lohmar Höngesberg.

Drei Messbereiche wurden implementiert, wobei zwei davon dicht beieinander über dem Fluss liegen. Der erste Messbereich wurde an dem Zugband des Bogens eingerichtet, der aus Brettschichtholz besteht. Zwei Elektrodenpaare wurden eingebracht, um den Feuchtegehalt in Tiefen von 20 und 100 mm zu messen. Derselbe Aufbau wurde am zweiten Messbereich gewählt. Dieser wurde an der Unterseite der Fahrbahnplatte installiert, die ebenfalls aus Brettschichtholz besteht. Außerdem wurden ein Temperaturmesspunkt und ein Klimamesspunkt platziert. Beide Messbereiche sind in Abb. 5 zu sehen.

Abb. 5. Zwei Messbereiche über dem Fluss an der Unterseite der Fahrbahnplatte (links) und dem Zugband des Bogens (rechts).

Der dritte Messbereich wurde oberhalb des Vorlandes im Hirnholz eines Hauptträgers platziert. Die Holzfeuchte wird in Tiefen von 20, 60, 100 und 135 mm gemessen, ein Temperatursensor wurde in der Nähe installiert. Im Oktober 2016 wurde ein Klimasensor eingerichtet.

Die Zwischenergebnisse des Monitorings sind in den Diagrammen der Abb. 6 bis 8 dargestellt. Diese zeigen die Holzfeuchte in den verschiedenen Messtiefen und die Gleichgewichtsfeuchte, die aus den klimatischen Umgebungsbedingungen berechnet wurde. Es wird ein dreitägiger gleitender Durchschnitt der ermittelten Holzfeuchte und der Gleichgewichtsfeuchte dargestellt. Einerseits wurde dieser Durchschnitt gewählt, um die Tag- und Nachtschwankungen und sehr kurze Perioden extremer klimatischer Bedingungen, die für die langfristige Entwicklung nicht relevant sind, zu glätten. Andererseits wurde das Intervall des gleitenden Durchschnitts so kurz wie möglich gewählt, um unerwartete Spitzen zu erfassen, z.B. als Folge von eindringendem Wasser.

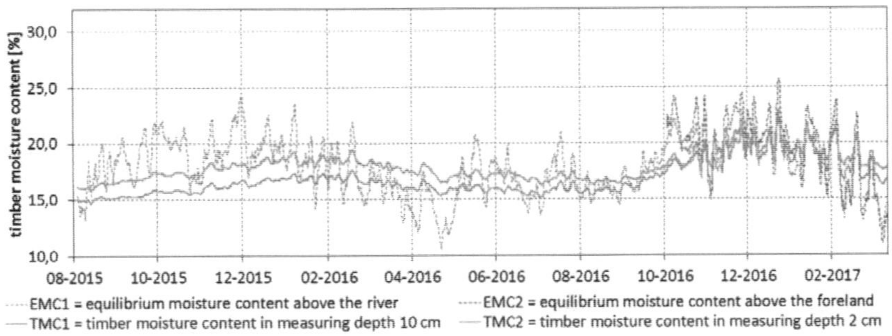

Abb. 6. Messergebnisse des Messbereichs am Zugband über dem Fluss.

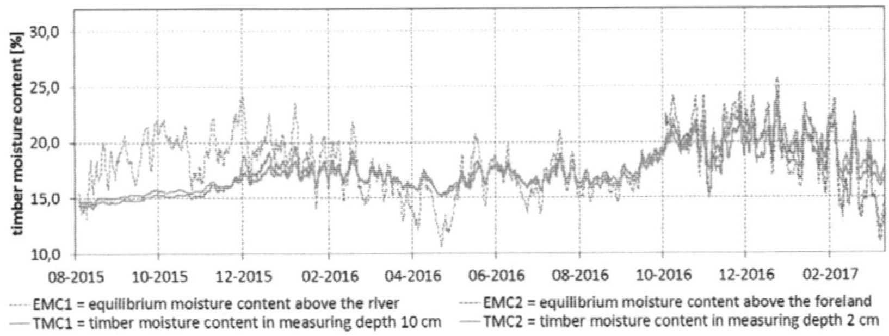

Abb. 7. Messergebnisse des Messbereichs an der Fahrbahnplatte über dem Fluss.

Die Messergebnisse der Messbereiche über dem Fluss sind in Abb. 6 und 7 dargestellt. Es stellte sich heraus, dass die Holzfeuchte in den ersten 14 Monaten die Grenze von 20 Masse-% nicht überschritten hat. Im Winter 2015/16 wurde ein mittlerer Anstieg von 3 Masse-% festgestellt. Im Winter 2016/2017 war es viel kälter als im Jahr zuvor. Als Ergebnis stieg der Feuchtegehalt teilweise auf bis zu 24 Masse-% an. Die meiste Zeit verblieb die Feuchte jedoch auf einem Niveau von ca. 20 Masse-%. Eine ähnliche Entwicklung im zweiten Winter wurde über dem Vorland beobachtet. Dieses Verhalten muss im Weiteren ständig beobachtet werden. Die durchschnittliche Holzfeuchte beträgt für die gesamte betrachtete Messdauer beider Messbereiche und beider Messtiefen über dem Gewässer ca. 17,4 Masse-%. Dies liegt nahe am Durchschnitt der berechneten Gleichgewichtsfeuchte oberhalb des Flusses, der etwa 17,8 Masse-% beträgt. Nach gegenwärtigen Kenntnisstand ist daher davon auszugehen, dass die konstruktiven Schutzmaßnahmen die Erwartungen erfüllen.

Abb. 8 zeigt die Entwicklung der Holzfeuchte der Messstelle über dem Vorland. Der Feuchtegehalt stieg im November 2015 und im ersten Quartal 2016 stark an. Es stellten sich Feuchtewerte oberhalb des Fasersättigungspunktes ein. Eine Inspektion ergab, dass die Übergangskonstruktion genau über dem Messbereich undicht war. Deshalb drang Regenwasser in die Konstruktion ein und lief über den Messbereich. Eine hinterlüftete Verkleidung wurde am Hirnholz der Hauptträger angebracht, um sie vor dem eindringenden Wasser zu schützen. Die Arbeiten dazu wurden im April 2016 durchgeführt und es zeigt sich, dass die Holzfeuchte im Sommer abnimmt. Dies zeigt die Wichtigkeit von baulichen Schutzmaßnahmen für einen niedrigen Holzfeuchtegehalt. Bereits der einfache Einbau einer Verkleidung verbesserte die Situation erheblich.

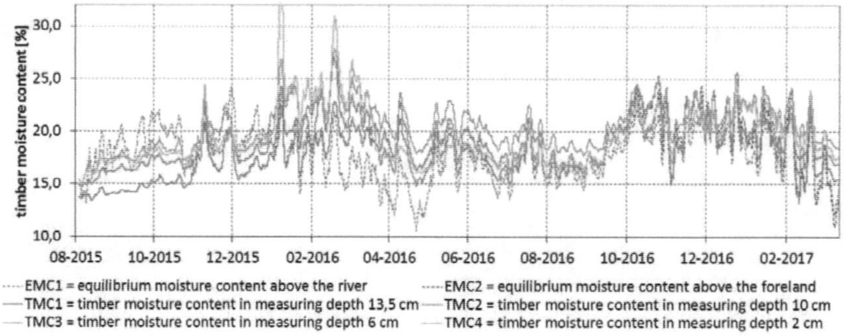

Abb. 8. Messergebnisse des Messbereichs an einem Hauptträger über dem Vorland.

3. Weitere Ergebnisse

Ein weiterer Indikator für die Wirksamkeit der Schutzmaßnahmen ist durch den Mittelwert der gemessenen Holzfeuchte für die verschiedenen Messbereiche an allen Brücken gegeben. Der hier betrachtete Auswertungszeitraum der Ergebnisse vom Monitoring in Höngesberg beträgt mehr als anderthalb Jahre von August 2015 bis März 2017. Der Auswertungszeitraum der anderen Brücken beträgt etwa ein halbes Jahr von Oktober oder November 2016 bis März 2017.

Die niedrigsten Mittelwerte stellten sich in Schiffarth und Breitungen bei 16,3 Masse-% ein und der höchste in Höngesberg bei 19,2 Masse-%, wobei die extrem hohen Werte mit berücksichtigt wurden, welche durch eindringenden Niederschlag verursacht worden waren. Es wird ersichtlich, dass die Holzfeuchte im Allgemeinen an allen Brücken unter der kritischen Grenze von 20 Masse-% liegt. Ein relevanter Unterschied zwischen der gemessenen Holzfeuchte über dem Vorland und dem jeweiligen Gewässer wird im Bewertungszeitraum nicht festgestellt.

4. Zusammenfassung und Ausblick

Ziel des Monitoring- Programmes im Rahmen von ProTimB ist es, den Einfluss bestimmter örtlicher Klimata auf den Holzfeuchtegehalt und die Wirksamkeit von konstruktiven Holzschutzmaßnahmen auf die Holzfeuchte und letztlich die Dauerhaftigkeit von Holzbrücken zu untersuchen. Dazu wurden neun Holzbrücken mit Monitoringsystemen ausgestattet, welche den Holzfeuchtegehalt und die klimatischen Umgebungsbedingungen aufzeichnen. Unterschiedliche Konstruktionstypen und unterschiedliche klimatische Umgebungsbedingungen charakterisieren diese Brücken. Acht von ihnen wurden im Oktober und November 2016 mit den Geräten ausgestattet. Für eine Brücke, die im August 2015 ausgerüstet wurde, liegen die Ergebnisse einer längeren Auswertungszeit vor.

Erste Ergebnisse zeigen, dass bauliche Schutzmaßnahmen einen akzeptablen Holzfeuchtegehalt garantieren können. Weiterhin wurde ein Problem an einer undichten Übergangskonstruktion festgestellt. Eine hinterlüftete Verkleidung wurde eingebaut, um die betroffenen Bauteile vor eindringendem Niederschlag zu schützen, bevor sich schwerwiegende Sekundärschäden am Holztragwerk einstellen können. Dies zeigt auch das Potenzial von Monitoringsystemen zur Vermeidung kostspieliger Schäden.

Derzeit wird eine große Menge an Daten gesammelt. Die Messung und Auswertung dieser läuft mindestens bis Herbst 2018, wenn das Forschungsprojekt abgeschlossen wird.

Danksagung

Für die Förderung von ProTimB gilt unser Dank dem Bundesministerium für Bildung und Forschung (BMBF) und den Unternehmen der Qualitätsgemeinschaft Holzbrückenbau e. V.: Schaffitzel Holzindustrie GmbH + Co. KG, Schmees & Lühn Holz- und Stahlingenieurbau GmbH, Grossmann Bau GmbH & Co.KG sowie Setzpfandt Beratende Ingenieure GmbH & Co. KG.

Referenzen

[1] DIN EN 1995-2/NA:2011-08, Nationaler Anhang – National festgelegte Parameter – Eurocode 5: Bemessung und Konstruktion von Holzbauten – Teil 2: Brücken.

[2] Graf E., Meili M.: "Holzzerstörende Pilze und Insekten - Analyse, Prognose, Bekämpfung", Lignum, Schweizerische Arbeitsgemeinschaft für das Holz (Ed.), Lignatec: Die technischen Informationen der Lignum EMPA/LIGNUM-Richtlinie 14. CH-Zurich, 2001.

[3] Brischke C., Rapp A. O., "Untersuchung des langfristigen Holzfeuchteverlaufs an ausgewählten Bauteilen der Fußgängerbrücke in Essing", Arbeitsbericht Nr. 2007/2, Bundesforschungsanstalt für Forst- und Holzwirtschaft, Institut für Holzbiologie und Holzschutz, DE-Hamburg, 2007.

[4] Franke B., Müller A., Vogel M., Tannert T., "Langzeitmessung der Holzfeuchte und Dimensionsänderung an Brücken aus blockverleimtem Brettschichtholz", Forschungsbericht, Berner Fachhochschule, Architektur Holz und Bau, CH-Biel, 2012.

[5] Gamper A., Dietsch P., Merk M., Winter S., "Building Climate – Long-term measurements to determine the effect on the moisture gradient in timber structures", Final report, TU München, DE-München, 2014.

[6] Koch J., "Feuchtemonitoring an geschützten Holzbrücken - Planung, Durchführung und Auswertung" Master Thesis, Fachhochschule Erfurt - University of Applied Sciences, DE-Erfurt, 2015.

[7] Koch, J.; Simon, A.; Arndt, R. W.: "Monitoring of moisture content of protected timber bridges", CD-ROM Proceedings of the World Conference on Timber Engineering (WCTE 2016), AT-Vienna, August 22-25, 2016.

[8] Franke B., Franke S., Schiere M., Müller A., "Moisture diffusion in wood – Experimental and numerical investigations", CD-ROM Proceedings of the World Conference on Timber Engineering (WCTE 2016), AT-Vienna, August 22-25, 2016.

[9] Keylwerth, R., Noack, D., Über den Einfluß höherer Temperaturen auf die elektrische Holzfeuchtigkeitsmessung nach dem Widerstandsprinzip, Holz als Roh- und Werkstoff, Vol. 14, No. 5, 1956, pp. 162-172.

[10] Hailwood A. J., Horrobin S.: "Absorption of water by polymers: analysis in terms of a simple model", Transactions of the Faraday Society, Vol. 42B, 1946, pp. 84-92.

[11] Simpson W. T.: "Prediction equilibrium moisture content of wood by mathematical model", Wood and Fiber, Vol. 5, No. 1, 1973, pp. 41-49.

Betoflux – Stand der Technik in der Spannstahlbruchortung

Martin WILCKE [1], Andrei WALTHER [1], Klaus SZIELASKO [2], Sargon YOUSSEF [2]
[1] BauConsulting Dr. Walther GmbH, Brandenburg
[2] Fraunhofer-Institut für Zerstörungsfreie Prüfverfahren IZFP, Saarbrücken
Kontakt E-Mail: Wilcke@bauconsulting.com

Kurzfassung. [Von Beginn des Spannbetonbaus bis in die 80-iger Jahre wurde spannungsrissgefährdeter Spannstahl verwendet. Für viele Tragwerke besteht das Erfordernis zur eingehenden Untersuchung auf Spannstahlbrüche im Rahmen der ohnehin regelmäßig erforderlichen Bauwerksprüfung. Auch durch die natürliche Alterung der Bausubstanz von Spannbetontragwerken sowie vielfältig mögliche Mängel und Fehler in der Bauausführung besteht die Notwendigkeit zur Überprüfung auf Unversehrtheit der standsicherheitsrelevanten Spannstahlkonstruktionen.
Durch die magnetische Streuflussprüfung der Vorspannelemente (Litzenbündel und Einzelglieder) können diese Untersuchungen zerstörungsfrei erfolgen. Das Prüfverfahren ist seit mehr als 30 Jahren Gegenstand der Forschung sowie an einer Vielzahl von Spannbetontragwerken erfolgreich angewandt und validiert worden. Ausgehend vom physikalischen Messprinzip der Streufeldmessung an Dipol-Bildungen im Bereich von Bruchstellen der magnetisierten Spannstahlglieder wird die praktische Anwendungsmöglichkeit anschaulich wiedergegeben.
Mit der nachfolgend vorgestellten Weiterentwicklung des BetoFlux-Systems steht eine Prüftechnik zur Verfügung, die die Vorteile des rein physikalischen Messprinzips mit den wirtschaftlichen Anforderungen der Anwendung zur frühzeitigen Erkennung von versagensgefährdeten Spanngliedlagen kombiniert.
Die Darstellung eines praktischen Anwendungsbeispiels an Spannbetonträgern in Ortbetonbauweise demonstriert die robuste Baustellentauglichkeit einer Untersuchungsmethode mit einem mittlerweile verbreiteten und anerkannten zerstörungsfreien Prüfverfahren.]

1. Einführung

In den 1950er bis 1970er wurden viele Neubauten in der Spannbetonbauweise ausgeführt. Insbesondere Brücken-, Park-, Fertigteilbauten und Viehställe wurden aus Spannbeton hergestellt. Durch das Einbringen einer Vorspannung mittels hochfester Stähle, werden Druckspannungen im Betonquerschnitt erzeugt, die auch nach Aufbringen der äußeren Lasten und Wirkung der zeitabhängigen Verformungen, keine bzw. geringe Überschreitungen der Betonzugfestigkeit hervorrufen. Dies ermöglicht rissfreie Zugzonen im Bauteilquerschnitt, geringere Durchbiegungen, schlankere Tragwerke, größere Spannweiten und Materialeinsparungen der schlaffen Betonstahlbewehrung.
Mittels zerstörungsfreier Materialprüfung der Spannstahlelemente im eingebauten Zustand können Risse bzw. Bruchzustände im Inneren der Konstruktion ohne Beeinträchtigung der Gebrauchstauglichkeit des untersuchten Bauwerks detektiert werden.

Die energetische Wechselwirkung des Prüfsystems mit dem Untersuchungsobjekt wird unter Ausnutzung der bekannten physikalischen Abhängigkeiten bzw. Effekte ausgewertet und in eine Prüfaussage überführt.
Ab den 1980er Jahren traten vermehrt Schadensfälle und plötzliches Tragwerksversagen von Spannbetonbauwerken auf (z.B. 1980 Kongresshalle Berlin, 1985 Hallenbad Uster Schweiz, 1989 Fabrikhalle Mannheim, 2005 Brückenbauteil Lake View Bridge USA, s. Abb. 1).

Abb. 1: Einsturz Lake View Drive Bridge am 27.12.2005

Die Ursachen der meisten bekannten Schadensfälle sind zu meist auf eine wasserstoffinduzierte Spannungsrisskorrosion (SpRK) der Spannstähle im Spannbeton zurückzuführen. Die SpRK ist ein Vorgang, bei dem Korrosion und Dehnungen eines Metalls als Folge innerer oder aufgebrachter Zugspannungen auftreten. Begünstigt wird diese durch ungenügendes/ fehlerhaftes Verpressen der Hüllrohre, Kerbungen im Spannstahl, geringe Betondeckung, schadhafte Abdichtung und mangelhafte Entwässerung. Die besondere Gefahr der SpRK liegt darin begründet, dass der Prozess von außen nicht sichtbar ist, verformungsarm abläuft und ein plötzliches Versagen ohne Vorankündigung eintritt. Bruchzustände in Spannstahlgliedern führen in aller Regel anfänglich zu keinen äußerlich am Bauwerk wahrnehmbaren Veränderungen. Treten Risse und starke Verformungen am Tragwerk auf, so ist im Allgemeinen zumindest die Gebrauchstauglichkeit nicht mehr gegeben und eine kostenintensive Instandsetzung, sofern überhaupt möglich, ist die Folge. Zur Sicherung der Standsicherheit ist bei Spannbetontragwerken das sogenannte „Riss-vor-Bruch“-Kriterium durch einen Prüfingenieur für Baustatik nachzuweisen.
Durch regelmäßige Untersuchung von vorgespannten Stahlbetonbauwerken können potentielle Gefahrenmomente frühzeitig erkannt und auf diese Weise Instandhaltungsbedarfe zur Sicherstellung von Standsicherheit, Gebrauchstauglichkeit und Dauerhaftigkeit von wirtschaftlich bedeutsamer Infrastruktur identifiziert werden.

2. Verfahrensentwicklung

Der Beginn einfacher Anwendungen in der Praxis erfolgte u.a. bereits Ende der 1989er Jahre durch die Arbeiten von Hillemeier und Flohrer bei den groß angelegten Untersuchungen von Viehstalldächern in Bayern. Mittels Linienmessungen an Spannbetonfertigteilen im sofortigen Verbund wurden an unteren Flansch von I-Trägern der Deckenkonstruktionen gerissene Einzelspannglieder detektiert.
Im weiteren Verlauf der Forschungsarbeiten erfolgte der Entwicklungsschritt zur automatischen Aufzeichnung der Messergebnisse für die einzelnen Sensorelemente um eine spätere Detailauswertung am PC vornehmen zu können, s. Abb. 2.

Abb. 2: Line-Scanning-System (Elektromagnet, kabelgebundene Signalübermittlung)

Bildgebende Prüfverfahren mit Praxisrelevanz durch Ausnutzung des Remanenz-Magnetismus der Spannbewehrung ermöglichten Flächenmessungen mit weiterentwickelter bzw. größerer Gerätetechnik ab Mitte der 2000er Jahre, s. Abb. 3.

Abb. 3: System Mobi-Rem (Großmagnet, Messrichtung quer zum Spanngliedverlauf)

Durch den neuentwickelten Betoflux existiert die Möglichkeit bildgebende Linienmessungen ohne externe Stromversorgung und mit kabelloser Messwertübertragung zur Aufzeichnung am Messrechner durchzuführen, s. Abb. 4. Eine senkrecht zur Prüfrichtung orientierte Sensorzeile erzeugt eine flächenartige Ergebnisauflösung der Messstrecke. Die Messungen erfolgen im aktiven Magnetfeld ohne vorherige Magnetisierungsschritte.

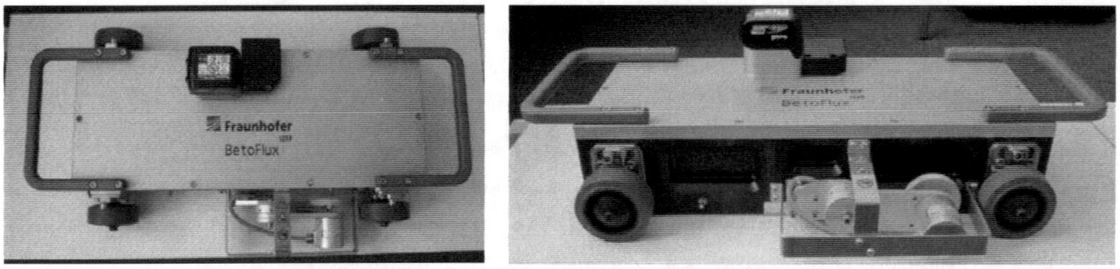

Abb. 4: System BetoFlux (kabellos, Messrichtung in Spanngliedachse)

3. Messprinzip

Das magnetische Streuflussverfahren eignet sich prinzipiell sehr gut zur Detektion von rissartigen Fehlern in ferromagnetischen Werkstoffen. Dieses Verfahren wird sowohl im remanenten als auch im aktiven Magnetfeld in der zerstörungsfreien Prüfung zur Spannstahlortung im Bauwesen eingesetzt ([1] und [2]).
Das Verfahren beruht auf einem physikalischen Effekt, welcher auch bei der Magnetpulverprüfung ausgenutzt wird, die z.B. in den Stahl verarbeitenden Industrien verbreitet und standardisiert ist An scharfkantigen Unterbrechungen der Oberfläche eines Bauteiles bilden sich bei Anlegen eines externen Magnetfeldes zusätzliche magnetische Dipole, die ein oberflächennahes magnetisches Streufeld hervorrufen, s. Abb. 5.

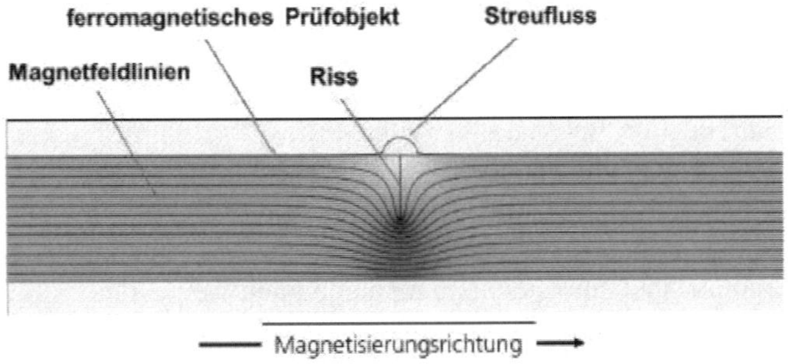

Abb. 5: Verlauf des Magnetfeldes an einem Riss in einem magnetisierten Bauteil

Mit Hilfe von Elektro- bzw. Permanentmagneten in Kombination mit dem ferromagnetischen Spannstahl wird ein magnetischer Kreis geschlossen. Durch die magnetische Permeabilität der Betonüberdeckung und des Luftspaltes (beide ≈ 1) wird das Magnetfeld über den Abstand zum Spannstahl mit dem reziproken des Abstandquadrates abgeschwächt. Dies muss in Form einer ausreichend starken Magnetisierung berücksichtigt werden. Mit wachsendem Abstand vom beschädigten Spannstahl wird das magnetische Streufeld abgeschwächt und unschärfer, wodurch eine entsprechend starke Magnetisierung nicht ausreichend ist, um beliebige benachbarte Fehler zu erkennen. Vielmehr ist die Kombination von Stärke der Magnetisierung, den Dimensionen des Jochs und der Abstand zum Spannstahl bei der Auslegung der Magnetisierung entscheidend für die mögliche Fehlererkennbarkeit.
Zur Detektion kann prinzipiell sowohl die zur Oberfläche tangentiale Komponente (axial) des Magnetfeldvektors als auch die zur Oberfläche normale Komponente (transversal) herangezogen werden. Die Erfassung der Normalkomponente bietet sich aufgrund des Aufbaus potentieller Magnetfeldsensoren an. Abb. 6 zeigt den qualitativen Verlauf der Normalkomponente über eine feste Strecke beim unbeschädigten Spannstahl (links) und beim beschädigten Spannstahl (rechts).

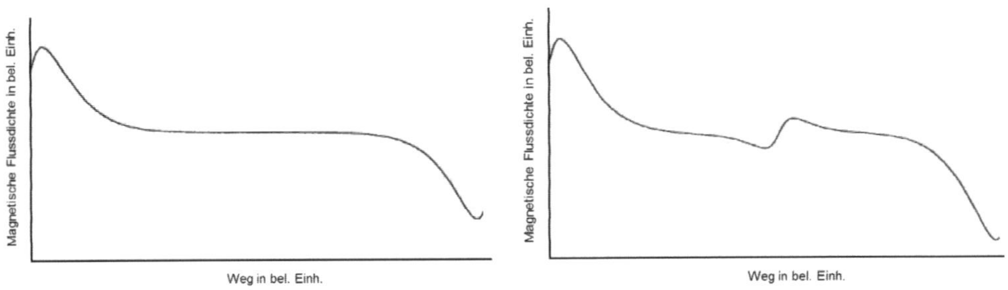

Abb. 6: Verlauf der Normalkomponente (transversal zur Stabachse) zwischen den Magnetpolen links ohne und rechts mit Fehler [1]

Um die Stelle des Fehlers im Spannstahl bildet sich ein neues magnetisches Pol-Paar, exakt über dem Fehler ist aufgrund des Polwechsels die Normalkomponente des magnetischen Streufeldes gleich Null. Die Veränderungen in magnetischen Fluss durch Streufelder an Fehlstellen und Trennrissen können durch Hall-Sensoren erfasst und in der Ergebnisdarstellung visualisiert werden. Durch Nutzung des Hall-Effekts erfolgt eine Spannungsinduktion bei Magnetfeldänderung in der stromdurchflossenen Leiterschleife im Sensorelement.

4. Prüfverfahren zur magnetischen Spannstahlbruchortung

Mit dem zerstörungsfreien Verfahren auf Basis der magnetischen Streufeldmessung können qualitative Aussagen über den Zustand verbauter Spannglieder in Tragwerken und gegebenenfalls Brüche in Spanngliedern lokalisiert und werden. Die Verbundart der Spannstähle ist beliebig. Es können sowohl Spannstahlbrüche im sofortigen Verbund (Spannstahl ist während der Betonage bereits vorgespannt) und nachträglichen Verbund (Spannen des Spannstahls erfolgt nach der Betonerhärtung) festgestellt werden. Auch bei Berührungskontakt beider Bruchufer ist eine Ortung möglich.
Da es sich um eine schnelle zerstörungsfreie Prüfung handelt, müssen die Tragwerke für die Überprüfung nicht vollständig gesperrt oder die Betondeckung über den Spanngliedern großflächig abgetragen werden. Allen magnetischen Methoden gemeinsam ist die Tatsache, dass durch ein von außen wirkendes magnetisches Feld die Spannbewehrung magnetisiert werden kann und durch die Detektion des Streufeldes im remanenten Zustand oder durch Messung des aktiven Streufeldes Brüche detektiert werden können. An Bruchstellen vollzieht sich ein Polwechsel der magnetischen Flussdichte, der dann im Streuflussdiagramm zu erkennen ist.
Über das zu untersuchende Spannglied wird ein magnetisches Prüfsystem an der Betonbauteiloberfläche geführt. An Bruchstellen einzelner Spanndrähte bilden sich magnetische Streufelder, die auch an Bruchstellen gebrochener Stabmagneten beobachtet und als Dipolbildung an Bruchstellen bezeichnet werden. (s. Abb. 7 links).

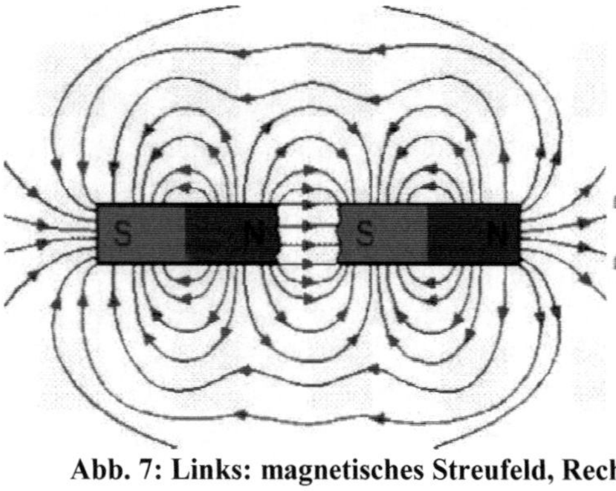

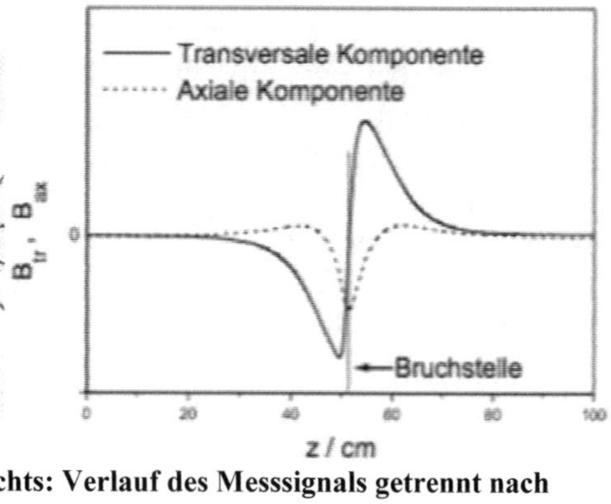

Abb. 7: Links: magnetisches Streufeld, Rechts: Verlauf des Messsignals getrennt nach Richtungskomponenten

An einer Bruchstelle liegen sich eng benachbart ein magnetischer Nordpol (N) und ein magnetischer Südpol (S) gegenüber. Das Messsignal zeigt einen charakteristischen Verlauf, wie er in der Abbildung 7 rechts dargestellt ist. Zwischen den beiden Polen (Extremwerten) befindet sich der Wendepunkt des Signalverlaufs, der exakt die Mitte der Bruchstelle anzeigt.

5. Gerätetechnische Entwicklung BetoFlux

Bereits 2007 wurde ein erstes BetoFlux-Prüfsystem am Fraunhofer IZFP konzipiert. Dieses allerdings mit der Prämisse zur Detektion von Korrosionsschäden an Spannbetonmasten durch Messungen entlang der umfänglichen Mantelfläche einer Höhenstufe. Das hier vorgestellte neue BetoFlux-System soll für Untersuchungen an üblichen Spannbetonkonstruktionen des Ingenieurbaus verwendet werden. Das bedeutet zum einen größere Durchmesser und zum anderen deutlich höhere Betondeckungen der zu prüfenden Spannstahlelemente. Aufgrund der zum Teil für Untersuchungszwecke stark eingeschränkten Zugänglichkeit der Prüfstellen an größeren Stahlbetontragwerken besteht Bedarf für ein Prüfsystem, welches den mobilen und einfach zu handhabenden Einsatz des magnetischen Streuflussverfahrens ermöglicht. Die besondere Herausforderung liegt, neben der einfachen Handhabung, der Auswahl und Anordnung geeigneter Sensorik, in der Konzeption der Prüftechnik mit möglichst geringem Stromverbrauch für den mobilen Einsatz. Zur Optimierung der Einsatzmobilität des Prüfsystems BetoFlux, werden Permanentmagneten in Kombination mit einem Joch als Flussbrücke, statt eines Elektromagneten verwendet. Abb. 8 zeigt den Verlauf der magnetischen Feldlinien im Spannstahl sowohl im unbeschädigten (links), als auch im beschädigten (rechts) Fall.

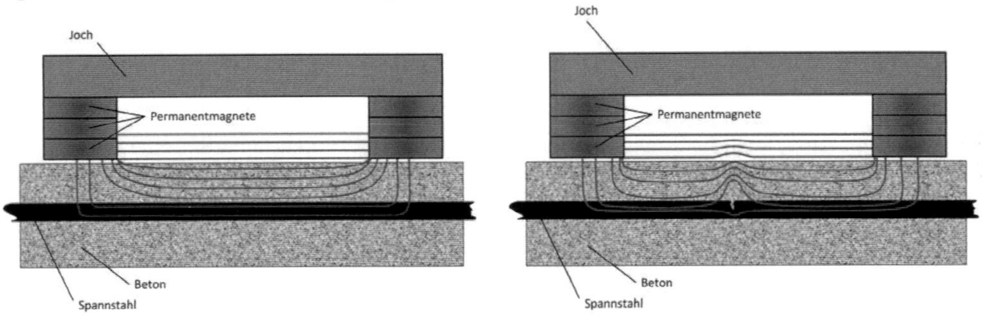

Abb. 8: Feldlinienverlauf an unbeschädigten (links) und beschädigtem (rechts) Spannstahl

Zur Messung der magnetischen Flussdichte werden Hallsonden verwendet, die sich bei ausreichender Empfindlichkeit durch eine baustellengerechte Robustheit und einfache Handhabbarkeit auszeichnen. Die Messvorrichtung ist mit einem Hallsonden-Array mit 80 Sonden bestückt. Die Signale werden mittels Funkverbindung auf einem Messrechner wegabhängig dargestellt und für die Dokumentation abgespeichert. Die Zuordnung der Signaländerungen zu der eventuellen Verdachtsstelle ist immer gegeben. Das Rohsignal kann als eine schwarz-weiß abgestufte Übersetzung über die Messlänge abgebildet werden.
Durch eine mehrstufige Entwicklungszusammenarbeit von der Definition der Leistungsparameter für die praktische Anwendung in der Bauwerksuntersuchung über die rechnergestütze Simulation und Testmessungen an verschiedenen realitätsnahen Laborkonfigurationen bis hin zur Optimierung der softwareseitigen Ergebnisdarstellung bzw. Auswertungsalgorithmen ist ein baustellentaugliches Prüfsystem entstanden, welches die Standardkonstruktionen in Spannbetonbau abdecken kann.
An reproduzierbar dokumentierten Testszenarien sind u.a. Komplettbrüche von Monolitzen mit einem Durchmesser von 8 mm in einer Sensorabhebung von 15 cm Tiefe eindeutig detektierbar, s. Abb. 9.
Mittels eines individuell konstruierten Schienensystems sind gleichförmig geführte Messung an vertikalen und horizontalen Unterseiten von Prüfobjekten möglich, s. Abb. 10.

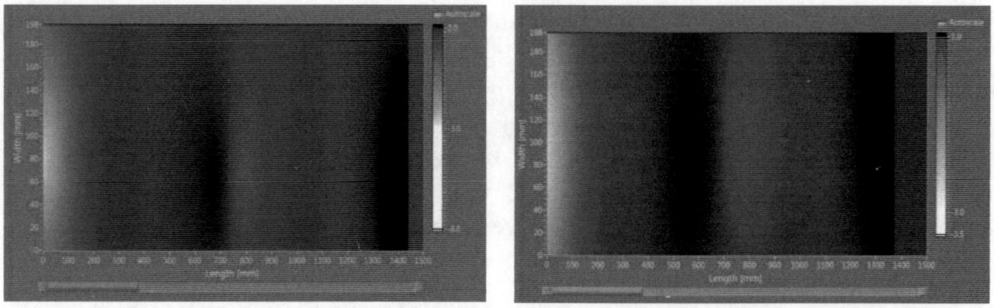

Abb. 9: Eindeutig detektierbarer Komplettbruch eines Monolitzen-Spannstahl im realen Testszenario, Links 10 cm, Rechts 15 cm Überdeckung

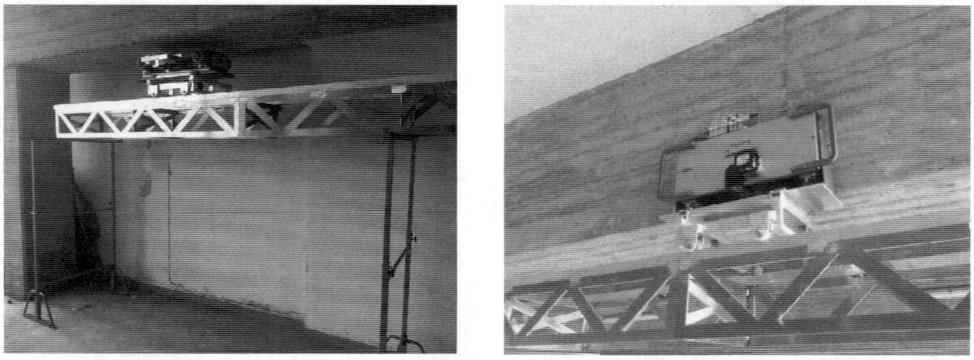

Abb. 10: Prüfsystem BetoFlux zur Lokalisierung von Spannstahlbrüchen auf Schienensystem

6. Anwendungsbeispiel

Von den Autoren wurden diverse Bauwerke in der Spannbetonbauweise zerstörungsfrei auf Spannstahlbrüche mittels magnetischer Streufeldmessung untersucht.
Ein repräsentatives Anwendungsbeispiel für das neuentwickelte BetoFlux-System wird nachfolgend dargestellt.
Die Binder der Deckenkonstruktion eines zweigeschoßigen Hallengebäudes im Erdgeschoss und im 1. Obergeschoss wurden als Spannbetonträger in Ortbetonbetonbauweise hergestellt. Die Vorspannung erfolgte in nachträglichen Verbund durch in metallischen Hüllrohren geführte Spanngliedbündel, s. Abb. 11. Im Erdgeschoss befinden sich eine Kfz-Werkstatt und ein Reifenlager. Das 1. Obergeschoss wird als Parkdeck genutzt.

Abb. 11: Spannbetonbinder über Parkhausebene, Spanngliedführung in nachträglich verpressten Hüllrohren

Ein im Vorfeld durch ein Ingenieurbüro für Tragwerksplanung erstellter statischer Bericht, verdeutlichte die Notwendigkeit weiterer messtechnischer Zustandsfeststellungen zur Beurteilung der dauerhaften Standsicherheit der Hallenkonstruktion. Unter anderem sollte der Zustand der Spanndrähte in den Spannbetonbindern als Entscheidungsgrundlage für statische Nachrechnungsmodelle dienen.
Im Zuge der vorhergehenden Begehung zur Aufklärung und Abstimmung mit dem Auftraggeber wurden Festlegungen bezüglich der Baufreiheit getroffen und Änderungen der Kabelführung veranlasst. Binder hinter massiven Abhangdecken und Verkleidungen, wurden nach Absprache mit dem Tragwerksplaner nicht untersucht.
Eine grafische Dokumentation der Messbereiche, unter Berücksichtigung der Zugänglichkeiten, ist in der Abb. 12 dargestellt. Für die Messungen an den Unterseiten der Binder im Obergeschoss und an allen Seitenflächen in beiden Ebenen wurden Stützkonstruktionen verwendet. Für die kontinuierlichen Messungen an den Binderunterseiten im Erdgeschoss wurde ein rollfähiges Gerüstsystem eingesetzt.
Aufgrund der nur ungefähr bekannten Spanngliedlage erfolgten zur Vorbereitung bzw. Qualitätssicherung der Streufeldmessungen Radaruntersuchungen um die Messlinien für das Prüfsystem exakt entlang der Spanngliedachsen festzulegen.
Um die nebeneinanderliegenden Spanngliedkanäle von der Unterseite der Spannbetonbinder zu erfassen, wurden zwei Spuren aufgenommen.

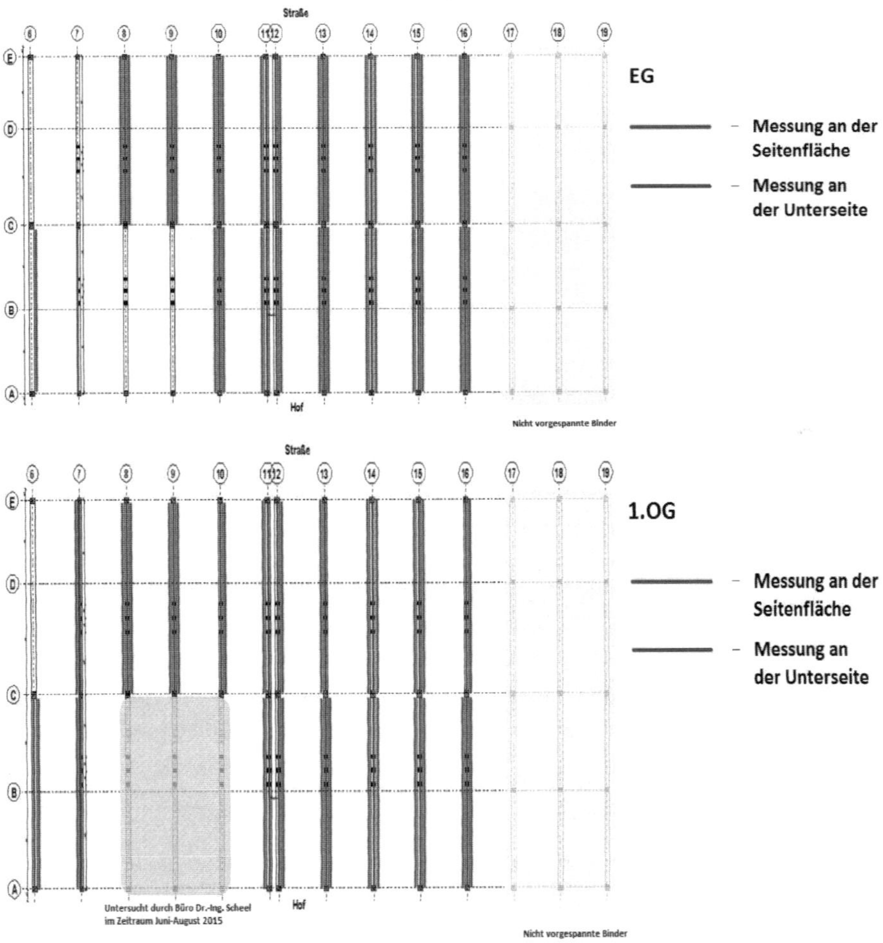

Abb. 12: Schematische Darstellung des Prüfplans für den die Untersuchungen zur Spannstahlbruchortung mittels magnetischer Streufeldmessungen

In Abb. 13 oben sind exemplarische Messsignale wiedergegeben. Es sind sowohl quer zur Messrichtung angeordnete Bügel der schlaffen Betonstahlbewehrung, als auch die entlang der Messrichtung angeordneten metallischen Einbauteile zu erkennen. Es ist eine deutliche Herausbildung von einem magnetischen Nordpol und einem magnetischen Südpol an vermutlich beiden Enden des Reflektors zu erkennen (vergrößerter Bildausschnitt).

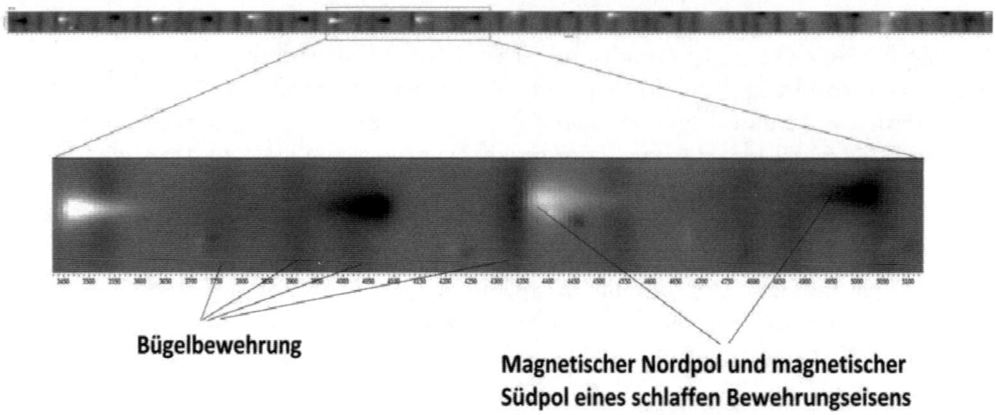

Abb. 13: Ausschnitt einer Messlinie an der Unterseite eines Spannbetonbinders

In der Abb. 14 unten sind exemplarische Messsignale einer Messung an einer Seitenfläche dargestellt. Es sind quer zur Messrichtung angeordnete Bügel zu erkennen.

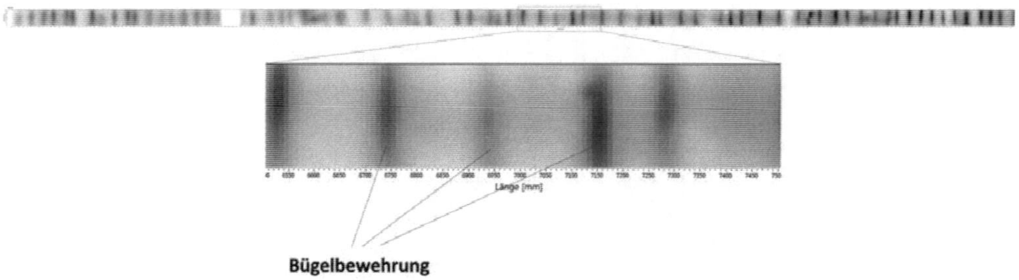

Abb. 14: Ausschnitt einer Messlinie an der Seitenfläche eines Spannbetonbinders

Insgesamt wurden an 20 Spannbetonbindern der Hallenkonstruktion im EG und 1.OG etwa 900 Meter Messungen an den Seitenflächen sowie etwa 1200 Meter an den Unterseiten durchgeführt. Durch eine abschnittsweise Sperrung einzelner Teilflächen konnte der Gebäudebetrieb und die tägliche Nutzung der Parkebene aufrechterhalten werden. Die messtechnischen Untersuchungen nahmen mit zeitlichen Unterbrechungen etwa 10 Messtage in Anspruch.

Die Auswertung aller Messdaten aller Spannbetonbinder der Hallenkonstruktion ergab keine bruchähnlichen Signale, die auf Brüche in der Spannbewehrung hindeuteten.

7. Fazit

Aussagen über den Zustand von spannungsrissgefährdeten Spannstählen sind nicht nur für die Umnutzung und Umbau von Bauwerken von großer Bedeutung. Mit der Spannstahlbruchortung ist es möglich, zerstörungsfreie Prüfaussagen zu treffen. Wesentlich ist die Abstimmung mit dem Auftraggeber bezüglich der Möglichkeiten und Grenzen der jeweiligen Prüfungsaufgabe. Gemeinsam ist ein Prüfplan zu entwickeln, der den genauen Prüfumfang und die erforderlichen bzw. vorhandenen Zugänglichkeiten klärt.

Das Wissen über den konstruktiven Aufbau ist unumgänglich, damit die Messsignale ingenieurtechnisch ausgewertet werden können.
Die Spannstahlbruchortung ist ein Prüfverfahren, mit dem vergleichsweise schnell, bildgebende und vor Ort auswertbare Verdachtsstellen lokalisiert werden können.
In der mittlerweile fast 30-jährigen Entwicklungs- und Anwendungsgeschichte der magnetischen Spannstahlbruchortung sind stetig substanzielle Verfahrensoptimierungen der z.T. unabhängig voneinander arbeitenden Teams zu verzeichnen. Als ein unter Fachleuten verbreitetes zerstörungsfreies Prüfverfahren steht die magnetische Spannstahlbruchortung auf dem Sprung zur anerkannten Regel der Technik in der Bauwerksprüfung für Spannbetontragwerke.
Der Unterausschuss Magnetische Verfahren zur Spannstahlbruchortung des Fachausschusses ZfP im Bauwesen der Deutschen Gesellschaft für zerstörungsfreie Prüfung befasst sich mit der Weiterentwicklung und Verbreitung des Verfahrens. Ein Positionspapier mit weiteren Erklärungen zum Verfahren der Spannstahlbruchortung ist Ende 2017 veröffentlicht worden.
Zukünftige Weiterentwicklungen könnten z.B. die quantitative Erfassung der genauen Bruchanzahl gerissener Litzen, eine optimierte Automatisierung der Ergebnisauswertung und neue Geräte zur Erreichung größerer Detektionstiefen in den Fokus der Anwendungsorientierten Forschung stellen.

Literatur

[1] Walther, A. „Vergleichende Signalinterpretation von Spannstahlbrüchen im remanenten und aktiven magnetischen Streufeld“, Dissertation, Technische Universität Berlin, Berlin 2012

[2] Youssef S., Szielasko K., Birringer R., Kurz, J, Sourkov A., Pushkarev S.; BetoFlux: Mobiles Streufluss-Prüfsystem zur Detektion von Korrosionsschäden an Spannbetonmasten, DGfZfP-Jahrestagung, 2014

[2] Hillemeier, B., Flohrer, C. und Schaab, A. „Zerstörungsfreie Ortung von Spannstahlbrüchen in Spannbeton-Deckenträgern“, Beton- und Stahlbetonbau 84, 1989

[3] Sawade, G.; Anwendung der Methode der magnetischen Streufeldmessung zur Ortung von Spanndrahtbrüchen, DGfZfP-Berichtsband 66, 1999

[4] Scheel, H.; Spannstahlbruchortung von Spannbetonbauteilen mit nachträglichen Verbund unter Ausnutzung des Remanenzmagnetismus, Dissertation TU-Berlin 1997

[5] Pak, Ch. I; „Optimierung des Remanenzmagnetismus-Verfahrens zur Stahlbruchortung in Bauwerken – Theoretische Weiterentwicklung“; Dissertation, TU Berlin, 2010

[6] Hillemeier, B., Walther, A.: Schnelle zerstörungsfreie Ortung von Spannstahlrissen in Querspanngliedern von Spannbetonbrücken, DGZfP-Jahrestagung, 2007

[7] Hillemeier B., Taffe A., Walther A.; „Verifizierung moderner zerstörungsfreier Prüfverfahren an einem Abbruchbauwerk -Zustandsermittlung, Untersuchung und Verifizierung von Messergebnissen an einem 45 Jahre alten Spannbetonbauwerk“, Beton- u. Stahlbetonbau 105, 12, Ernst u. Sohn 2010

[8] UA Magnetische Verfahren zur Spannstahlbruchortung „Positionspapier – Magnetische Verfahren zur Spannstahlbruchortung“ Deutsche Gesellschaft für zerstörungsfreie Prüfung e. V., Fachausschuss ZfP im Bauwesen, 2017

[9] Walther A., Wilcke M., Brossmann N.; „Zerstörungsfreies Untersuchen von Spannbetonbauteilen“, Der Bausachverständige 13, 6, Fraunhofer IRB 2017

ZfPStatik – Messergebnisse rechenbar machen

Alexander TAFFE [1], Stefan KÜTTENBAUM [2], Stefan MAACK [2]
[1] HTW - Hochschule für Technik und Wirtschaft, Berlin
[2] BAM - Bundesanstalt für Materialforschung und -prüfung, Berlin
Kontakt E-Mail: alexander.taffe@htw-berlin.de

Kurzfassung. ZfPStatik bezeichnet die Verwendung von statistisch bewerteten Messergebnissen, die mit zerstörungsfreien Prüfverfahren im Bauwesen (ZfPBau) gewonnen werden und in statischen Berechnungen zum Nachweis der Tragfähigkeit verwendet werden. Dazu ist die Ermittlung der Messunsicherheit der Versuchsdaten auf der Basis des GUM (Guide to the Expression of Uncertainty in Measurement) der erste Schritt. Der statische Nachweis erfolgt durch Grenzzustandsgleichungen, die im Bauwesen angewandt werden. Diese müssen modifiziert werden, so dass jede Messgröße als Zufallsvariable in der Grenzzustandsgleichung vorhanden ist. Der statische Nachweis erfolgt mit probabilistischen Berechnungsmethoden aus der Zuverlässigkeitstheorie. Diese Vorgehensweise wird exemplarisch für den Standsicherheitsnachweis eines Plattenbalkenquerschnitts einer Stahlbetonbrücke auf Biegung angewandt. Auf die möglichen Schlussfolgerungen aus den probabilistischen Berechnungen wird abschließend kurz eingegangen.

1 Messunsicherheit als Grundlage zur Weiterverwendung von Messergebnissen

Die Ermittlung der Messunsicherheit ist für Prüflaboratorien ein Muss und unstrittig. Im Bauingenieurwesen tut man sich dagegen schwer mit dem Begriff der Mess*un*sicherheit. Schließlich zielt der Nachweis der Tragfähigkeit von Bauwerken auf den Nachweis von deren *Sicherheit.* Auch wird ein sog. Sicherheitsindex bzw. Zuverlässigkeitsindex β bestimmt, auf den später noch eingegangen wird. Letztlich verwendet aber auch der Bauingenieur die Messunsicherheit, indem er bei Baustofffestigkeiten meist die 5%-Quantile anwendet. Dazu wird vom Mittelwert μ die mit dem Quantilwert k_p ($p = 5\%$) multiplizierte Standardabweichung σ abgezogen. Damit ist in den (früher als Nennfestigkeiten bezeichneten) charakteristischen Werten durchaus die Messunsicherheit berücksichtigt.

Damit Messergebnisse, die mit zerstörungsfreien *Prüf*verfahren im Bauwesen (ZfPBau-Verfahren) gewonnen werden, auch für *Prüf*aussagen verwendet werden können, muss deren Streuung statistisch bewertet werden. Dies geschieht auf der Basis des GUM (Guide to the Expression of Uncertainty in Measurement, [1]), der mittlerweile auch im Bauwesen [2] und der Materialprüfung [3] Verwendung gefunden hat.

Grundvoraussetzung sind Überlegungen zur Genauigkeit von Prüfverfahren, die gemäß Abbildung 1 aus den Komponenten *Richtigkeit* und *Präzision* zusammengesetzt ist.

Dabei wird die *Richtigkeit* durch das *richtige* Einstellen des Messgeräts sichergestellt. Bei ZfPBau-Verfahren bedeutet das konkret bei der Betondeckungsmessung die Einstellung des *tatsächlich* vorhandenen Durchmessers des Betonstahls im Gerät. Bei Verfahren, die sich der Laufzeitmessung von Impulsen bedienen, z. B. Ultraschall oder Radar, muss die tatsächlich im Bauteil vorhandene Wellengeschwindigkeit durch Kalibrierung am Bauteil eingegeben werden.

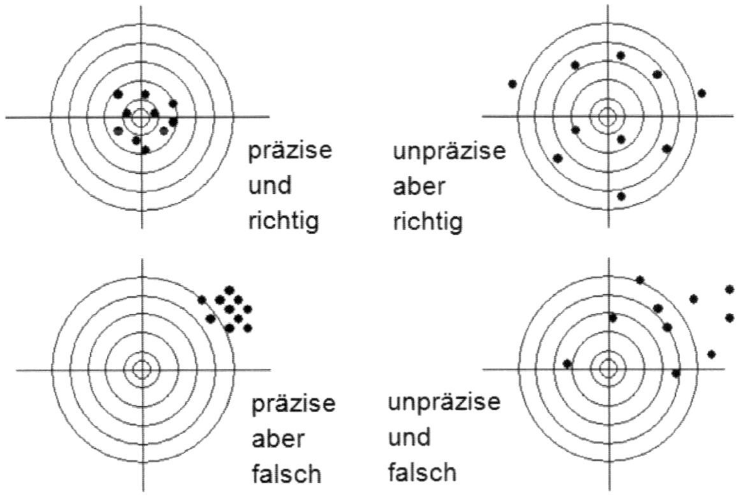

Abbildung 1 Genauigkeit eines Verfahrens als Zielscheibenmodell in Abhängigkeit von Richtigkeit und Präzision dargestellt (aus [4])

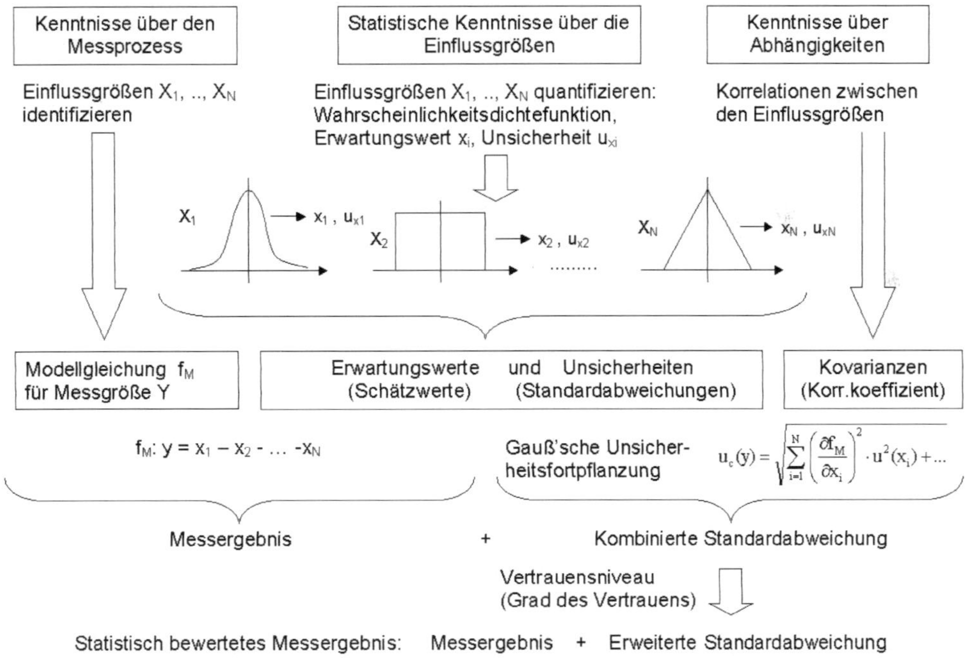

Abbildung 2 Zusammengefasstes Ablaufschema nach GUM [1] in Anlehnung an *Sommer* [6]: Die vorliegenden Kenntnisse aus dem Messprozess über Größen, die das Messergebnis beeinflussen, werden quantifiziert, so dass am Ende ein statistisch bewertetes Ergebnis vorliegt, das zuverlässige Schlussfolgerungen erlaubt.

Messungen zeigen, dass die Wellengeschwindigkeit und der Messvorgang an sich einer Streuung unterworfen sind, die die *Präzision* des Verfahrens widerspiegeln. Die *Präzision* eines Verfahrens wird durch die Ermittlung der Messunsicherheit nach dem als GUM bezeichneten „Leitfaden zur Angabe der Unsicherheit beim Messen" ([1]) angegeben. Dieser war in deutscher Sprache bisher als DIN V ENV 13005 erhältlich. Durch seine sehr allgemeine Formulierung ist er für eine Anpassung an Prüfaufgaben im Bauwesen gut geeignet. Die Grundidee des GUM besteht darin, vorliegende Kenntnisse über das Messverfahren quantitativ auszudrücken und zu einer kombinierten bzw. erweiterten Gesamtunsicherheit zusammenzufassen. Dieses Konzept wird von *Sommer* in [5] und [6] ausführlich beschrieben. In Abbildung 2 ist das Ablaufschema nach GUM zusammengefasst, mit dessen Hilfe am Ende ein statistisch bewertetes Ergebnis vorliegt, aus dem zuverlässige Schlussfolgerungen gezogen werden können. So wird beispielsweise eine ermittelte Bauteildicke mit einer Gesamtstandardabweichung versehen. Ein Statiker, der mit dieser ermittelten Bauteildicke einen statischen Nachweis führen muss, kann nun rückverfolgbar das Vertrauensniveau seiner in der Statik verwendeten Dicke (z. B. Mittelwert minus doppelte Standabweichung ergibt ein Vertrauensniveau von rd. 95%) angeben. [7]

Nach Auffassung der Autoren wird der bildgebenden Darstellung in Zukunft, was die Weitergabe der Ergebnisse an den Kunden angeht, eine untergeordnete Rolle zukommen. Wie in Abbildung 3 dargestellt, ist es Sache des ZfPBau-Experten aus den vielfältig darstellbaren Messergebnissen die wichtigen Elemente der inneren Konstruktion, z. B. die Lage von Bewehrung und Spanngliedern sowie die Lage der Rückwand, anzugeben und zusätzlich mit einer Messunsicherheit zu versehen. Ein solches „inneres Vermessen" von Bauteilen wird künftig mit Werkzeugen der Virtual Reality (VR) oder Augmented Reality (AR) möglich sein, die in Tablets und Smartphones bereits heute verfügbar sind. Es wird den Experten vorbehalten sein, dieses innere Vermessen mit neuartigen Hilfsmitteln durchzuführen und die Messunsicherheit zuverlässig und rückverfolgbar zu bestimmen.

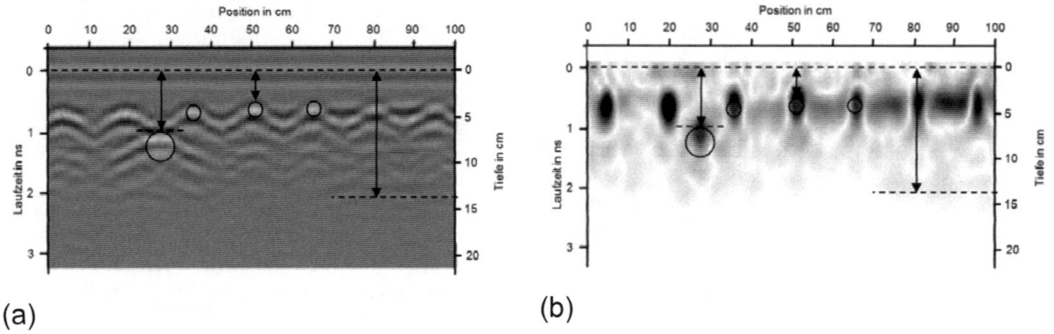

Abbildung 3 Radarmessergebnisse aus [8]: (a) Rohdaten und (b) migrierte Daten mit eingezeichneter Lage der Objekte der inneren Konstruktion. Für statische Berechnungen sind die Angabe der Tiefenlage bzw. der Bauteildicke mit der zugehörigen Messunsicherheit von Interesse. [7]

Damit nun ausreichend viele Kenntnisse zu erzielbaren Messunsicherheiten vorhanden sind, ist es erforderlich, systematische Untersuchungen mit möglichst vielen Randbedingungen (Variation der Bauteildicke, des Bewehrungsgehalts, der Einbautiefe und der Bewehrungsdurchmesser) durchzuführen. Diese Idee wurde bereits in [2] unter dem Begriff *„Fischer-Netz-Prinzip"* erwähnt und wird im Rahmen der Forschung an der BAM im Fachbereich 8.2 aufgegriffen.

2 Statische Nachweise im Bauwesen und Einbinden von Messergebnissen

Die Grundidee statischer Nachweise im Bauwesen ist das Gegenüberstellen von einer Beanspruchung (E), z. B. Momente (Einheit kNm) durch Lasten, mit einem Bauteilwiderstand (R), z. B. durch Beton- oder Stahlfestigkeiten, die zusammen mit geometrischen Abmessungen ebenfalls Momente ergeben. Wenn die Einwirkung gleich dem Widerstand ist, so ist in diesem Zustand gerade noch die Tragfähigkeit gegeben; es gilt R – E = 0. Dieser Zustand wird als Grenzzustand (der Tragfähigkeit) bezeichnet.

In Gleichung (1) ist die Grenzzustandsgleichung für den Nachweis auf Biegung angegeben. In Rot sind die aus Messungen mit ZfPBau-Verfahren ableitbaren Größen angegeben. Im Folgenden wird nur auf die Größe d, der statischen Nutzhöhe, eingegangen, die aus der Bauteildicke h abzüglich der Betondeckung d_1 der Bewehrung abgeleitet wird, wie in Abbildung 4 zu sehen ist. Auf die Modellunsicherheiten Θ wird in diesem Beitrag nicht eigegangen, da sie durch Messungen nicht zu beeinflussen sind; Aufschluss darüber bietet [9].

Gleichung (1)

$$\boldsymbol{G} = \boldsymbol{R} - \boldsymbol{E} = \Theta_{R,M} \cdot M_{Rd} - \Theta_{E,M} \cdot M_{Ed}$$

$$\boldsymbol{G} = \Theta_{R,M} \cdot A_{s1} \cdot f_y \cdot d \left(1 - \frac{A_{s1} \cdot f_y}{2 \cdot \chi \cdot b \cdot d \cdot \alpha \cdot f_c}\right) - \Theta_{E,M} \cdot (M_G + M_Q)$$

Jede der Größen, z. B. die Stahlfestigkeit (Streckgrenze) f_y, die Betondruckfestigkeit f_c oder geometrische Größen wie der Stahlquerschnitt A_s, kann als streuende Größe aufgefasst werden, die durch eine Wahrscheinlichkeitsdichtefunktion (z. B. Normal-, Gumbelverteilung usw.) und Formparameter (z. B. Mittelwert und Standardabweichung bei der Normalverteilung) definiert werden müssen. Während über die Streuung von Materialfestigkeiten ausreichend statistische Kenntnisse vorliegen, ist dies für die Streuung der indirekten Messgröße „statische Nutzhöhe d" nicht der Fall. Hier muss unter Berücksichtigung des Messverfahrens, des Baustoffs und der geometrischen Abweichungen auf der Basis des GUM, wie in Kap. 1 ausgeführt, die kombinierte Standardabweichung bestimmt werden. Diese Kenntnisse über die Streuung finden über das stochastische Modell Eingang in die Grenzzustandsgleichung.

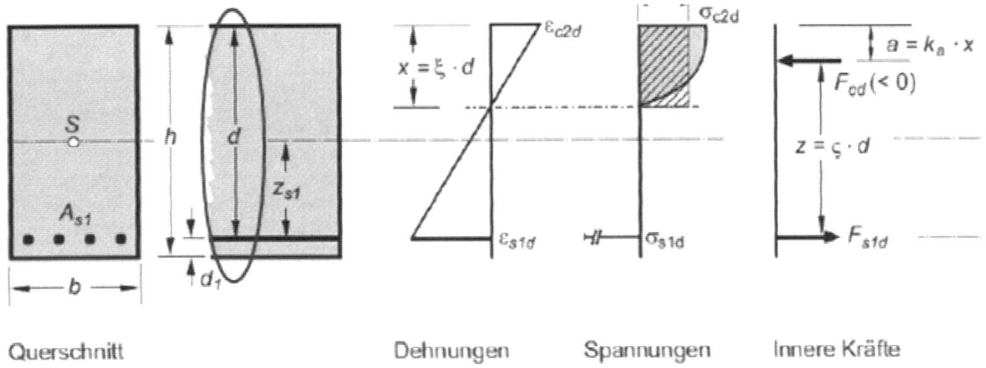

Abbildung 4 Spannungs- und Dehnungsverteilung am rechteckigen Balkenquerschnitt mit Darstellung der indirekten Messgröße d im Kontext des bei der Bemessung verwendeten inneren Hebelarms z (aus[10])

Die weiteren Rechenschritte werden mit geeigneten Computerprogrammen, in diesem Fall mit der Software STRUREL, ausgeführt. Dabei wird die

Grenzzustandsgleichung eingegeben, wobei für jede Eingangsgröße festzulegen ist, ob es sich um eine Konstante oder eine statistische Variable handelt, der dann wie oben beschrieben das Streuverhalten zugeordnet wird.

In [9] wird ausführlich dargelegt wie Gleichung (1) für den Nachweis auf Biegung auf den in Abbildung 5 dargestellten nicht vorgespannten Plattenbalkenquerschnitt (Stahlbeton) angewendet wird. Dazu ist die Festlegung gemäß Tabelle 1 der Konstanten und statistischen Variablen mit deren Verteilung, Mittelwert und Standardabweichung nötig. Diese Größen wurden nach eingehenden Überlegungen aus abgesicherten Literaturwerten und Erfahrungen festgelegt. Eine detaillierte Abhandlung darüber findet sich in [9]. Von besonderer Bedeutung hinsichtlich des angewendeten ZfPBau-Verfahrens Ultraschallecho ergibt sich als Variationskoeffizient v (Quotient der einfachen Standardabweichung durch den Mittelwert) für die Messung der statischen Nutzhöhe ein Wert von 3,2%. Wird die um den Faktor k = 2 erweiterte Standardunsicherheit [1] herangezogen, folgt der Variationskoeffizient zu 6,4%. Sie liegt in der üblichen Größenordnung mit der Bauteildicken mit Ultraschallecho bestimmt werden können.

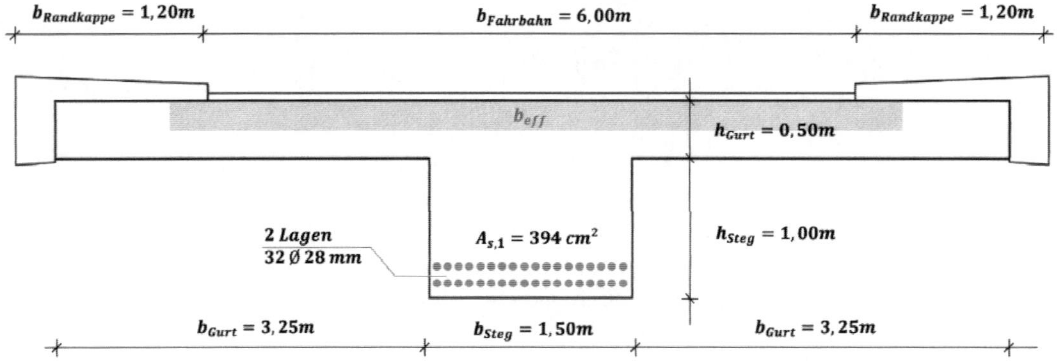

Abbildung 5 Gemäß [9] angesetzter Plattenbalkenquerschnitt einer Stahlbetonbrücke zum Nachweis der Biegung

Tabelle 1: Zusammenstellung aller Konstanten und statistischen Variablen des stochastischen Modells

Abk.	Bedeutung[1)]	Verteilung	ZfP[2)]	Mittelwert μ_{xi}	Standard-abweichung σ_{xi}	V_{xi}
$\theta_{R,M}$	Modellunsicherheit bei den Widerständen	Log.-Normal	nein	1,20	0,18	15,0 %
A_{s1}	Stahlquerschnitt	Normal	möglich	0,0394 m²	0,00079 m²	2,0 %
f_y	Streckgrenze	Log.-Normal	nein	530 000 kN/m²	15 000 kN/m²	3,0 %
d	stat. Nutzhöhe	Normal	GUM[3)]	1,40 m	0,09 m	3,2 %
χ	Abminderungs-beiwert (Spannungsblock)	konstant	nein	0,95	–	–
b_{ges}	Breite des Querschnittes	konstant	NP	8,00 m	–	–
b_{Steg}	Stegdicke	Normal	GUM[3)]	1,50 m	0,069 m	2,3 %
l	Länge	konstant	NP	20,00 m	–	–
α	Abminderungs-beiwert (Beton)	konstant	nein	0,85	–	–
f_c	Betondruck-festigkeit	Normal	möglich	40 000 kN/m²	3 000 kN/m²	7,5 %
$\theta_{E,M}$	Modellunsicherheit bei der Beanspruchung	Log.-Normal/ Normal[4)]	nein	1,00	0,07	7,0 %
h_{Gurt}	Plattenhöhe	Normal	GUM[3)]	0,50 m	0,015 m	1,5 %
h	Höhe des Querschnittes	Normal	GUM[3)]	1,50 m	0,096 m	3,2 %
ρ_{Beton}	Betonrohdichte	Normal	nein	23,22 kN/m³	0,518 kN/m³	2,2 %
ρ_{Stahl}	Stahlrohdichte	Normal	nein	77,00 kN/m³	< 0,770 kN/m³	< 1,0 %
M_Q	Biegemoment aus LM 1	Gumbel (T = 50a)	nein	5796 kNm	870 kNm	15,0 %

*Gemäß GUM-Konvention handelt es sich in der Tabelle um die mit 2 erweiterte Standardabweichung

Gibt man die Daten aus Tabelle 1 in die Grenzzustandsgleichung von Gleichung (1) ein, so erhält man das in Abbildung 6 dargestellte Kreisdiagramm mit den zugehörigen Sensitivitätskoeffizienten. Dieses Diagramm zeigt die maßgeblichen Einflussgrößen auf den berechneten Zuverlässigkeitsindex β (hier 5,0), der in direktem Zusammenhang mit der Versagenswahrscheinlichkeit (hier $3 \cdot 10^{-7}$) steht, die mit einer Forderung kleiner 10^{-6} eingehalten ist. Hier soll nur auf die Größe der Sensitivitäten in Abbildung 6 eingegangen werden, deren quadrierte Werte aufaddiert 1 ergeben und somit den Einfluss der jeweiligen Größe am Gesamtergebnis zeigen. Negative Werte werden der Einwirkungsseite und positive Werte der Widerstandsseite zugeordnet. Betrachtet man das Kreisdiagramm so fällt auf, dass die Messgrößen aus Ultraschall, die hier erläuterte statische Nutzhöhe *d* und die nicht weiter beschriebene Querschnittshöhe gegenüber den beiden Modellunsicherheiten und dem Biegemoment infolge des Verkehrslastmodells kaum ins Gewicht fallen.

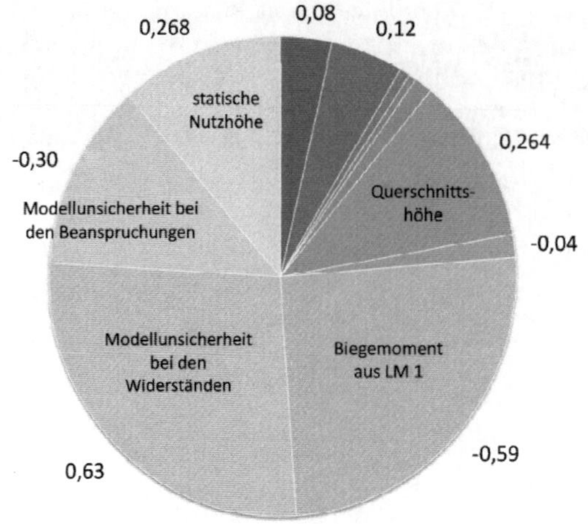

Abbildung 6 Sensitivitätsfaktoren aller Zufallsvariablen und deren Einfluss auf den berechneten Sicherheitsindex β [9]

Der geringe Anteil der „ZfPBau-Größe" statische Nutzhöhe *d* zeigt, dass die vorhandene Messunsicherheit – ausgedrückt durch einen Variationskoeffizienten von 6,4% - nur einen vertretbar geringen Anteil der Sensitivitätskoeffizienten am Gesamtergebnis bewirkt. Damit ist Ultraschall zur Tiefenlagenmessung an einem Stahlbetonquerschnitt mit den üblichen Messunsicherheiten als „konkurrenzfähig" einzustufen. Die großen Sensitivitätskoeffizienten der Modellunsicherheiten liegen im Bereich des konstruktiven Ingenieurbaus und können durch Messungen am Bauwerk nicht ohne weiteres beeinflusst werden.

3 Schlussfolgerungen für Anwendbarkeit von ZfPBau-Verfahren

Wie zum Ende von Kap. 2 gezeigt, trägt der hier verwendete Variationskoeffizient von 6,4% nur gering zum Ergebnis bei. Mit der verwendeten Software STRUREL ist es durch eine Parametervariation des Variationskoeffizienten möglich, die Auswirkung eines veränderten Streuverhaltens einer Zufallsvariable auf das Ergebnis des Zuverlässigkeitsindexes β darzustellen. Nimmt man eine größere Messunsicherheit an, die dann einen größeren Variationskoeffizienten zur Folge hat, sinkt der Zuverlässigkeitsindex durch die damit verbundenen schlechteren Kenntnisse, die sich aus Messungen am Bauwerk nunmehr mit größerer Unsicherheit gewinnen lassen.

Das Ergebnis einer solchen Parametervariation ist in Abbildung 7 dargestellt. Die angesetzten 6,4% des Variationskoeffizienten sind blau markiert. Selbst eine Zunahme auf 10% würde noch zu einem Zuverlässigkeitsindex $\beta > 3{,}8$ (Zielzuverlässigkeitsniveau RC2) mit einer zugeordneten Versagenswahrscheinlichkeit kleiner 10^{-6} führen. Natürlich beeinflusst eine größere Messunsicherheit nicht die Bauwerkssicherheit, aber es wird quantifizierbar, wie sich eine Änderung der Messunsicherheit auf die Kenntnisse auswirkt mit deren Hilfe der Zuverlässigkeitsindex berechnet wird. Im vorliegenden Fall geht es weniger um die berechnete absolute Größe des Zuverlässigkeitsindexes als vielmehr um die Erkenntnis, dass selbst größere Messunsicherheiten ZfPBau-Verfahren nicht von Vorneherein disqualifizieren würden.

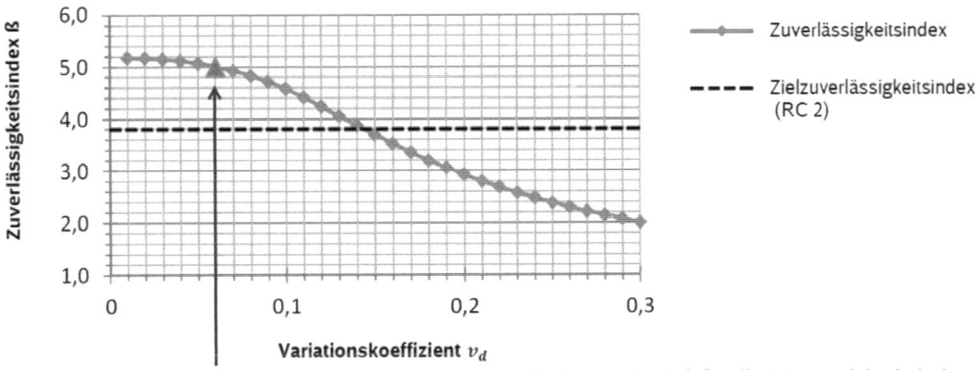

Abbildung 7 Parametervariation des Variationskoeffizienten als Maß für die Messunsicherheit des verwendeten Ultraschall-Verfahrens und dessen Auswirkung auf den berechneten Zuverlässigkeitsindex β [9]

Durch diese Berechnungen ist nun quantifizierbar, dass übliche Messunsicherheiten von ZfPBau-Verfahren von rd. 5% ausreichen, um in statischen Nachweisen zur Tragfähigkeit verwendet zu werden. Dieser Nachweis ist vor dem Hintergrund einer gesteigerten Nachfrage an ZfPBau-Dienstleistungen im Zusammenhang mit der Nachrechnungsrichtlinie von Straßenbrücken [11] von Bedeutung. Durch die Stufen 3 (am Bauwerk ermittelte Ergebnisse) und 4 (Nachweis ausreichender Tragsicherheit mit Hilfe probabilistischer Methoden) dieser Richtlinie besteht künftig die Möglichkeit, Messergebnisse von ZfPBau-Verfahren in statische Nachweise einfließen zu lassen und die *ZfPStatik* so zu einem festen Bestandteil des konstruktiven Ingenieurbaus zu machen.

4 Referenzen

[1] Guide to the Expression of Uncertainty in Measurement, deutsche Übersetzung: Leitfaden zur Angabe der Unsicherheit beim Messen, Beuth-Verlag, Berlin (1995)

[2] Taffe, A.: Zur Validierung quantitativer zerstörungsfreier Prüfverfahren im Stahlbetonbau am Beispiel der Laufzeitmessung. In: Schriftenreihe des Deutschen Ausschusses für Stahlbeton, Heft 574, Beuth Verlag, Berlin (2008), Dissertation

[3] Polzin, T., Nowczyk, D., Tscheuner, R. und A. Worch: Messunsicherheit in der Werkstoffprüfung, Materialwissenschaften und Werkstofftechnik 38, Heft 5, S.423-431, Wiley, Weinheim, 2007:

[4] Hässelbarth, W.: BAM-Leitfaden zur Ermittlung von Messunsicherheiten bei quantitativen Prüfergebnissen, 1. Fassung (2004-03-11), Forschungsbericht 266

[5] Sommer, K.-D., Siebert, B.: Systematic approach to the modelling of measurements for uncertainty evaluation, in: Metrologia 43 (2006), S. 200-210

[6] Sommer, K.-D., Siebert, B. und A. Weckenmann: Modulares Modellieren von Messungen und Kalibrierungen für die Messunsicherheitsbewertung, in VDI (Hrsg.); VDI-Berichte Nr. 1867, 2. Fachtagung Messunsicherheit praxisgerecht bestimmen, Oberhof, 30.11.-01.12.2004, S. 289-299

[7] Taffe, A.: Zerstörungsfreie Prüfung im Bauwesen (ZfPBau) -Messergebnisse statisch rechenbar machen, VPI Arbeitstagung 2017, Potsdam 22./23.09.2017; schriftlicher Beitrag in „Der Prüfingenieur" Mai 2018 (in Druck)

[8] Mertens (Hrsg.), Handbuch Bauwerksprüfung, S. 255-280, Verlagsgesellschaft Rudolf Müller, Köln, 2015

[9] Küttenbaum, S.: Beitrag zur Verwendung von Messergebnissen zerstörungsfreier Prüfverfahren in statischen Berechnungen - Aufstellen von Grenzzustandsgleichungen, Masterarbeit HTW Berlin (2017)

[10] Zilch K.; Zehetmaier, G.: Bemessung im konstruktiven Ingenieurbau. 2. Aufl. Berlin, Heidelberg (2010)

[11] Richtlinie zur Nachrechnung von Straßenbrücken im Bestand (Nachrechnungsrichtlinie), Bundesministerium für Verkehr, Bau und Stadtentwicklung, Abteilung Straßenbau, Ausgabe 05/2011

Zur Wertschöpfungskette der Zerstörungsfreien Prüfung im Bauwesen

Daniel ALGERNON [1]
[1] SVTI Schweizerischer Verein für technische Inspektionen
Nuklearinspektorat, ZfP-Labor
Kontakt E-Mail: daniel.algernon@svti.ch

Kurzfassung. [ABSTRACT] Moderne zerstörungsfreie Prüfverfahren für das Bauwesen finden aktuell zunehmenden Einzug in die Praxis. Die Möglichkeiten der ZfP werden erkannt und die zunehmend auch in Serie gefertigten und kommerziell vertriebenen Geräte werden mitunter von Ingenieurbüros angewendet.
Die Dynamik in der Entwicklung hinsichtlich der Anwendung von ZfP-Verfahren im Bauwesen sowie die daraus resultierende Situation des Marktes sind für alle direkt oder indirekt Beteiligten auf diesem Gebiet wichtige strategische Aspekte. Während sich der Markt der ZfP in anderen Industriezweigen wie der Luft- und Raumfahrt oder der Kerntechnik bereits in einem weiter fortgeschrittenen Reifestadium befindet und ausgeprägte Geschäftsfelder existieren, befindet sich die ZfP im Bauwesen noch in einem jüngeren Wachstumsstadium. Dementsprechend hoch kann somit das Wachstumspotenzial sein, weshalb der Markt u.a. für Ingenieure, ZfP-Dienstleister und Unternehmer aus anderen Industriezweigen wie insbesondere der Kerntechnik relevant wird und ein Interesse zur Diversifikation erkennbar ist.
Neben der eigentlichen Prüfdienstleistung beinhaltet der Markt vor allem auch das Erstellen von Gutachten unter Einbeziehung von ZfP. Darüber hinaus sind die Prüftechnikentwicklung, die Bestimmung der Leistungsfähigkeit von Prüfsystemen sowie die Schulung und Zertifizierung von Personal potenzielle Eckpfeiler dieses Fachgebietes.
Im Rahmen dieses Beitrags soll die aktuelle Situation des Marktes für Produkte und Dienstleistungen bezüglich der ZfP im Bauwesen betrachtet werden. Weiter soll auf den Bedarf für derartige Leistungen bzw. auf die Möglichkeiten und Risiken für Anbieter und Kunden eingegangen werden.

1. Einführung

Die Zerstörungsfreie Prüfung im Bauwesen (ZfPBau) erhält zunehmenden Einzug in die baubegleitende Qualitätssicherung, Zustandsbeurteilung bestehender Bauwerke sowie Schadensdiagnose. Moderne zerstörungsfreie Prüfverfahren basieren insbesondere auf der Nutzung elastischer oder elektromagnetischer Wellen, welche mit dem Material, Inhomogenitäten oder konstruktiven Bestandteilen im Innern sowie den geometrischen Grenzflächen in Wechselwirkung treten. Zur Anwendung kommen in besonderem Maße Verfahren wie Ground Penetrating Radar (GPR), Ultraschallprüfung, Impact-Echo oder die aktive Thermografie. Durch die erfolgreiche Forschung- und Entwicklung, welche über einen längeren Zeitraum ihren Schwerpunkt primär in Universitäten sowie öffentlichen Forschungsinstitutionen hatte, existiert heutzutage eine technische Basis für die Anwendung derartiger

Verfahren in der Praxis [1]. Die Verfahren haben bei Geräteherstellern bereits begonnen Einzug in kommerzielle Produktserien zu finden und dabei mitunter auch einen technologisch sehr hohen Stand erreicht [2]. Darüber hinaus seien heutzutage als klassisch bezeichnete Verfahren wie die Rückprallhammerprüfung, Potenzialfeldmessung oder auch Bewehrungsortung genannt, welche hier nicht unbedingt im Fokus stehen, da sie sich schon in einem deutlich reiferen Stadium der Einbeziehung befinden.

Die Geräte werden von Ingenieurbüros und Serviceanbietern zunehmend bezogen und genutzt; das Angebot an Prüfdienstleistungen wächst. Bauwerksgutachter können diese für Expertisen nutzen.

Erkennbar ist, dass eine konsequente Einbeziehung sich über einen weiteren Bereich als allein die Durchführung von Messungen und Analyse der Daten erstreckt. Ziel ist die Beschaffung von Information in einer Form, die der jeweiligen Aufgabe gerecht wird. Darüber hinaus wächst der Bedarf an leistungsfähigen Prüfsystemen, welche dem anwendungsspezifischen Bedarf an Information nachkommen. Schnell wird klar, dass eine Vielzahl von Aspekten und Beteiligten dazu beizutragen haben, dass die ZfPBau in der Praxis erfolgreich ist und maximalen Wert generiert. Im Folgenden wird versucht, die Akteure in prägnante Gruppen zu klassifizieren. Gemäß der Lieferanten- und Abnehmerbeziehungen wird eine Kette modelliert, welche den Prozess der Wertschöpfung verdeutlicht. Auf Grundlage dieses Modells sollen Betrachtungen des Bedarfs und der Abhängigkeiten angestellt werden. Weiter sind die Charakteristiken des Marktes für die ZfPBau anzusprechen.

Abbildung 1: Ultraschallprüfung exemplarisch für die praktische Anwendung moderner ZfPBau.

2. Wertschöpfungskette

2.1 Generieren von Werten

Die Fragestellungen und Szenarien, welche zur Einbeziehung von ZfP führen, sind vielfältig. Für die Betrachtungen in diesem Beitrag sei davon ausgegangen, dass der Einsatz von ZfP zum Zweck der Beschaffung von Informationen hinsichtlich des Zustandes eines Bauteils oder Bauwerks erfolgt. Die übergeordnete Motivation wird generell als die Gewährleistung von Sicherheit und Gebrauchstauglichkeit des entsprechenden Objektes angenommen [3]. Diesbezüglich besitzt die strukturelle Integrität einen entscheidenden Anteil. Im Sinne der Dauerhaftigkeit wird das Ziel sein, Abweichungen frühzeitig zu erkennen, um ihnen entgegenzuwirken und auf diese Weise eine fortschreitende oder spätere Schädigung zu vermeiden.

Um den Wert langfristiger Sicherheit und Gebrauchstauglichkeit zu erbringen, sind grundsätzlich unterschiedliche Prozesse denkbar. Insgesamt erscheint die Annahme plausibel, dass die Informationslage hinsichtlich des Bauwerkszustandes während der Herstellung, im Anschluss daran oder auch in einem fortgeschrittenen Alter des Bauwerks für das zielführende Handeln dabei sehr relevant ist. Eine Maximierung der bauwerksbezogenen Information führt zu einer Verbesserung der Entscheidungsgrundlage. Diese Information ist in der Realität begrenzt. Um zu gewährleisten, dass Sicherheit, Gebrauchstauglichkeit und Dauerhaftigkeit nicht beeinflusst werden, muss ein Informationsmangel stets durch konservative (ungünstige) Annahmen kompensiert werden. Im Extremfall kann dies zur vollständigen Sperrung von Bauwerken führen bzw. einen Rückbau erzwingen. Auf der anderen Seite können nicht ausreichend konservative Annahmen u.U. fatale Folgen haben.

Generell dient die Einbeziehung von ZfP in einen Prozess der Erhöhung des Informationsstandes und somit der Verringerung von Annahmen aus Unsicherheit.

2.2 Wertschöpfung durch ZfP

Gleich in welcher Industrie oder in welchem Szenario ZfP Anwendung findet, lässt sich ihr Zweck mit der Zurverfügungstellung objektbezogener Information beschreiben (Abbildung 2). Die Objekteigenschaft, die durch die ZfP-Prüfung beschrieben werden soll, sei als Prüfmerkmal bezeichnet. Dieses ist Teil des Prüfobjektes, dessen Eigenschaften, wie beispielsweise Material, Geometrie oder Oberflächenbeschaffenheit, u.U. bei der Prüfung berücksichtigt werden müssen. Ebenfalls kann die Umgebung, in der sich das Prüfobjekt befindet, die Prüfung beeinflussen.

Im Normalfall werden die gesuchten Objekteigenschaften nicht direkt bestimmt. Vielmehr bezieht sich die ZfP-Prüfung auf die Messung bestimmter physikalischer oder chemischer Parameter, anhand derer auf die eigentlich gesuchten Eigenschaften geschlossen wird und so die Information bereitgestellt wird.

Eine ZfP-Inspektion besteht in der Anwendung eines ZfP-Verfahrens in Form von Equipment, welches durch Personal gemäß einer bestimmten Vorgehensweise (Procedure) angewendet wird. Naturgemäß muss das dazu eingesetzte Personal die entsprechende Kompetenz besitzen, welche durch Ausbildung, Training und Erfahrung erlangt werden kann.

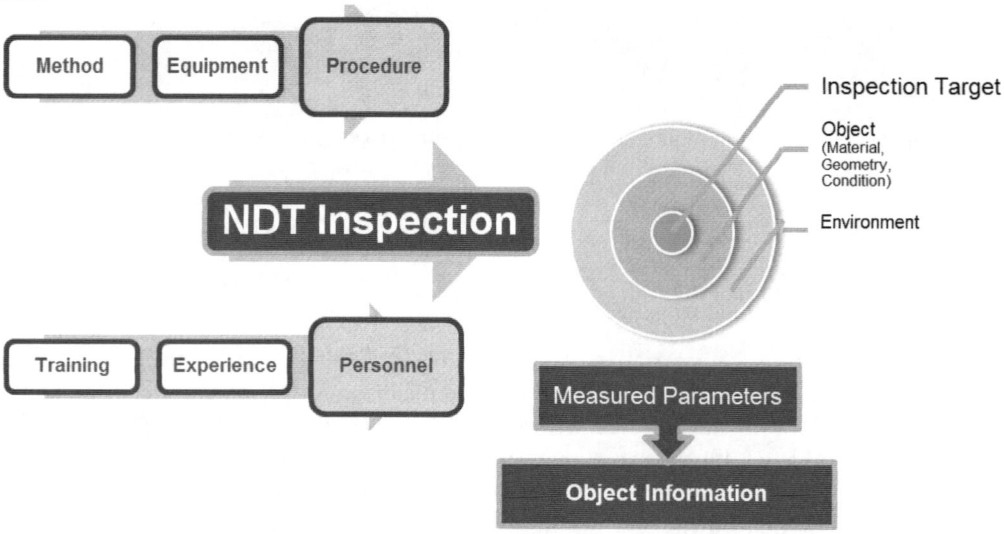

Abbildung 2: Abstrahierende Darstellung von ZfP als Lieferant von Information bzgl. der Beschaffenheit eines Objektes.

Hinsichtlich des übergeordneten Wertes von Sicherheit und Gebrauchstauglichkeit liegt der Beitrag der ZfP somit im Bereitstellen von Informationen zur Einbeziehung in einem Prozess, der der Erreichung des übergeordneten Ziels dient. Der Wert der ZfP-Anwendung entspricht in diesem Prozess dem Wert der dadurch beschafften Information. Deren Wert ergibt sich aus ihrer Relevanz für den Prozess sowie der Zuverlässigkeit (Abbildung 3).

Die Relevanz ergibt sich aus dem übergeordneten Prozess. Für die Beschreibung der Zuverlässigkeit bedarf es einer Quantifizierung. Diese erweist sich in vielen Fällen als nicht trivial und ist u.a. Gegenstand der Arbeit an Forschungs- und Prüfanstalten [4], [5] sowie in Fachgremien [6]. Auch können technische Studien auf Basis von Modellierung und Simulation zielführend sein [7], [8], [9]. Auf Ansätze aus anderen Industrien [10] kann dabei durchaus zurückgegriffen werden, jedoch ist eine branchen- und bedarfsgerechte Adaption unabdingbar. Eine Unsicherheit in der Kenntnis bzw. Bestimmung der Zuverlässigkeit muss einer logischen Schlussfolgerung zur Sicherung der Prozesseffektivität entsprechend wiederum durch konservative Annahmen berücksichtigt werden. Aus dieser Perspektive betrachtet kommt der Optimierung einer derartigen Quantifizierung von Zuverlässigkeit eine ähnliche Priorität und somit ein Wertanteil zu wie der Optimierung des Leistungsvermögens eines ZfP-Verfahrens selbst.

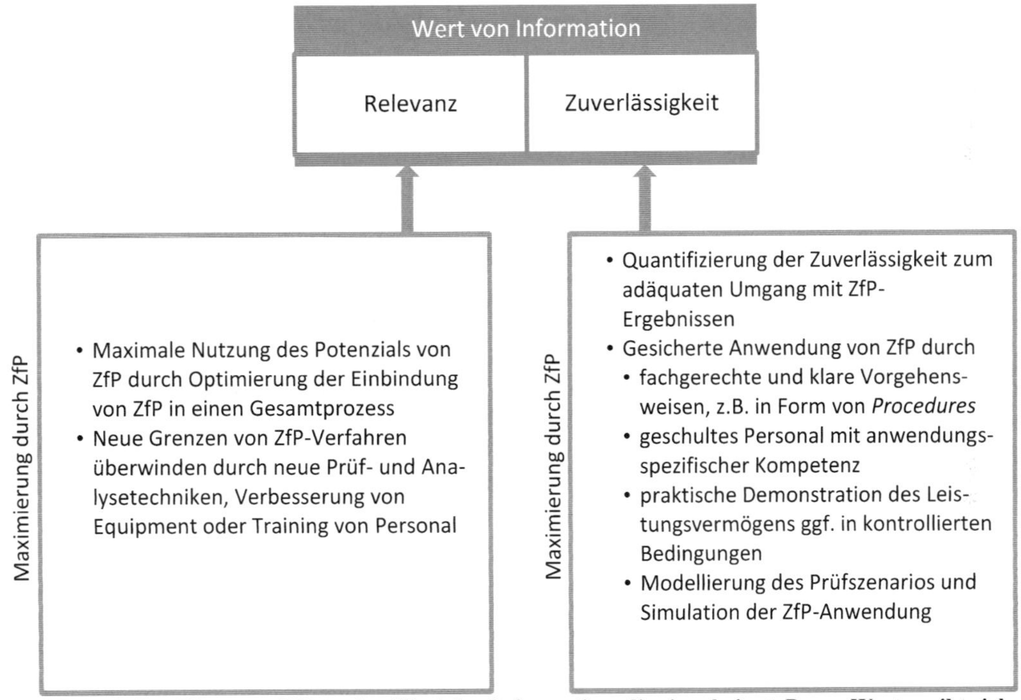

Abbildung 3: Der Wert von ZfP ist der Wert der Information, die sie erbringt. Deren Wert ergibt sich aus Relevanz und Zuverlässigkeit. Hinsichtlich beider Dimensionen sind in der Auflistung Möglichkeiten der Maximierung exemplarisch genannt.

2.3 Effektivität und Effizienz

Auch hinsichtlich des betrachteten Ziels der Gewährleistung von Sicherheit, Gebrauchstauglichkeit und Dauerhaftigkeit gilt, dass dieses grundsätzlich durch verschiedene Prozesse erreicht werden kann. Für eine rationale Entscheidung müssen die Alternativen bewertet werden. Wesentliche Dimensionen zur Beurteilung wertschöpfender Prozesse sind Effektivität und Effizienz [11].

Der Begriff Effektivität beschreibt das Maß oder die Vollständigkeit der Zielerreichung, d.h. den Output des Prozesses. Der Aufwand für die Erreichung dieses Outputs ist nicht berücksichtigt. Demgegenüber stellt die Dimension Effizienz [12] das Verhältnis zwischen Output zu Aufwand dar und beschreibt somit die Wirtschaftlichkeit eines Prozesses [13].

Konkretisiert auf die Aspekte der Sicherheit und Gebrauchstauglichkeit von Bauwerken wird der Grad, zu dem diese Aspekte sichergestellt werden, durch die Prozesseffektivität beschrieben. Während ein effizienter Prozess diese Effektivität mit einem relativ geringen Aufwand erreicht, wird ein ineffizienter Prozess hingegen vergleichsweise aufwandsintensiver sein. Zur Beurteilung des Bauwerkszustandes ist Effektivität unabdingbar um diesen korrekt einzuschätzen und Effizienz notwendig um diese Effektivität in einem vertretbaren Rahmen von Zeit-, Material, Personal- und letztlich Kostenaufwand zu erbringen.

Ziel der ZfP sollte es sein, durch ihre Einbindung in einen Prozess, dessen Effektivität zu erhöhen bzw. das geforderte Maß sicher zu erreichen und gleichzeitig dessen Effizienz zu maximieren.

2.4 Eine Kette der Wertschöpfung

Um die Verknüpfungen und Abhängigkeiten zwischen Tätigkeitsfeldern zu modellieren, welche für einen effektiven und effizienten Einsatz von ZfP notwendig sind, wird hier der Begriff der Wertschöpfungskette [14] herangezogen (Abbildung 4).

Der zu erbringende Wert sei dabei die Sicherheit und Gebrauchstauglichkeit eines Bauwerks. Der Endkunde, der am Ende der betrachteten Wertschöpfungskette steht, wird angenommen als Bauherr, Betreiber oder generell als Bauwerksverantwortlicher. Diesem ist ein Mehrwert in Zusammenhang mit Standsicherheit, Gebrauchstauglichkeit bei gleichzeitig optimaler ökonomischer Effizienz zu erbringen. Das erfolgt zum einen in der Bauwerksplanung durch eine geeignete Auslegung, beim Bau durch eine qualitativ hochwertige Ausführung und über die Zeit des Gebrauchs durch geeignete Nutzung, Wartung, Instandsetzung oder gegebenenfalls Substitution. Der hohen Verantwortung des Endkunden entsprechend ist davon auszugehen, dass ein hohes Maß an sicherheitstechnischer Effektivität gefordert wird und nur unter solchen Alternativen selektiert wird, welche diese auch tatsächlich erbringen können. Somit kann die Optimierung gemäß maximaler Effizienz erfolgen.

Neben der reinen Bauausführung bedarf es der technischen Einschätzung durch entsprechende Experten wie insbesondere Bauingenieure. Diese wird auf Basis der jeweiligen Informationslage erfolgen. Die Unsicherheit hängt einerseits von der Erfahrung des Experten und andererseits von gezielten Maßnahmen zur Informationsbeschaffung ab, welche diese Unsicherheit reduzieren und die Informationslage verbessern. Unsicherheiten müssen durch konservative Vorgehensweisen in Form von Sicherheitsmargen kompensiert werden. Im Sinne maximaler ökonomischer Effizienz ist eine Maximierung der Information respektive Verringerung der Unsicherheit anzustreben. Dem entgegen wirken jedoch Aufwand bzw. Kosten für die Beschaffung der Information, resultierend in einem Optimierungsproblem.

Neben anderen Alternativen – exemplarisch seien Sondierungen oder weitere zerstörende bzw. minimalinvasive Maßnahmen genannt – können gewisse Informationen durch Einsatz von ZfP beschafft werden. Hierfür bedarf es zunächst der Extraktion des eigentlichen Prüfproblems für die ZfP. Die von der ZfP erbrachte Effektivität hängt ab von dem entsprechenden Leistungsvermögen zur Erbringung der jeweiligen Parameter im Hinblick auf das entsprechende Prüfproblem. Ebenfalls zu berücksichtigen sind sämtliche Randbedingungen sowie die Korrelation der gemessenen Parameter mit der gesuchten Information. Abweichungen schränken die Effektivität im Sinne einer verringerten Zuverlässigkeit ein. Letztlich resultiert das in einer größeren Unsicherheit, welche wiederum durch konservative und somit unwirtschaftliche Annahmen kompensiert werden muss.

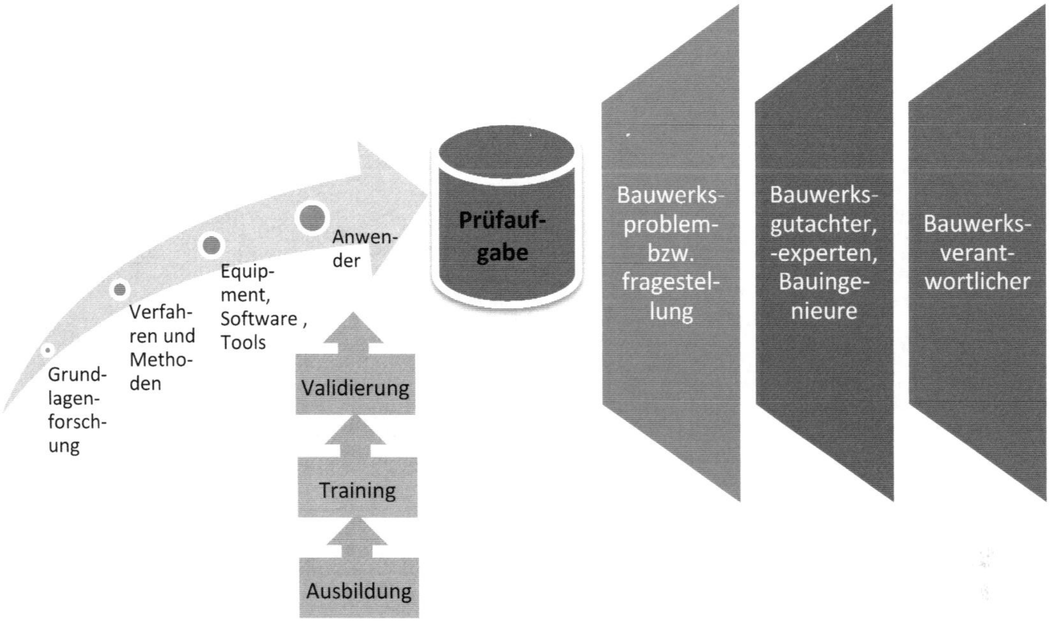

Abbildung 4: Wertschöpfungskette ZfPBau. Schematische Darstellung der Verknüpfung unterschiedlicher Elemente auf Anbieter- und Nachfragerseite in Bezug auf bauwerksbezogene Prüfaufgaben .

Die Effektivität der ZfP ergibt sich also aus der Korrelation der gelieferten ZfP-Parameter mit der Information, welche zur Beurteilung eines Bauwerks von den entsprechenden Experten benötigt wird, und der Relevanz dieser Information zur Beurteilung des Gesamtzustands. Der Wert wird verringert durch Unsicherheiten im Prozess, welche durch unwirtschaftliche konservative Annahmen und Maßnahmen zu kompensieren sind.

Die Bereitstellung leistungsfähiger ZfP-Systeme bedingt der Erzeugung von Wert hinsichtlich der drei Elemente Prüfprozedur, Equipment und Personal. Dies setzt die prüfproblemspezifische Entwicklung oder Einbeziehung von Prüftechniken voraus, auf deren Basis eine Prüfprozedur erstellt wird. Für die Anwendung bedarf es wiederum leistungsfähigen Equipments, welches in der Lage ist, die Prüftechnik physikalisch und systemtechnisch umzusetzen. Die Erarbeitung von Prüfprozeduren sowie die Anwendung von Equipment gemäß einer Prüfprozedur einschließlich Analyse und Beurteilung der Ergebnisse zur letztendlichen Lieferung der ZfP-Parameter als Output der ZfP ist Aufgabe von Personal, welches hierfür geeignet ist. Diese Eignung beinhaltet Ausbildung, Training und Erfahrung, welche in ausreichendem Maße vorhanden sein müssen. Diese werden durch geeignete Institutionen und Unternehmen bereitgestellt.

Gerätehersteller versuchen gezielt den Markt von ZfPBau-Anwendern zu bedienen und dazu beizutragen, deren Effektivität und Effizienz kontinuierlich zu steigern. Insbesondere kann durch die Anknüpfung an moderne Technologien und Konzepte wie dem Internet of Things (*IoT*) oder Augmented Reality beachtlicher Wertzuwachs für Kunden erbracht werden (Abbildung 5) [2]. Dafür betreiben Hersteller eigene Forschung und Entwicklung und können darüber hinaus auf den wissenschaftlichen Erkenntnissen und Entwicklungen aufbauen, welche von Forschungs- und Entwicklungsinstitutionen wie insbesondere Universitäten und Bundesanstalten der Allgemeinheit zur Verfügung gestellt werden.

Abbildung 5: Exemplarische Darstellung innovativer Konzepte wie dem Internet of Things und Augmented Reality in Verbindung mit ZfPBau-Anwendungen [2]. Bildquelle: Proceq SA

2.5 Herausforderungen in der Ausprägung der Wertschöpfungskette

Das Zustandekommen einer Wertschöpfungskette setzt sowohl das Vorhandensein einer ausreichenden Grundnachfrage am Ende der Kette als auch die ausreichende Ausrichtung von Angebot und Nachfrage auf allen Stufen der Kette voraus. Daraus folgert, dass die jeweiligen Kundenbedürfnisse erfüllt werden und die Beziehung zwischen Anbieter und Kunden zu ausreichenden Vorteilen auf beiden Seiten führt. Insbesondere bedingt es, dass auf jeder Stufe der Wertschöpfungskette die Leistung zu einem Preis angeboten werden kann, welcher dem jeweiligen Kunden einen Vorteil gegenüber der Wahl jeder möglichen Alternative bietet, entsprechend einem Wettbewerb. Dies betrifft andere Anbieter gleichartiger Dienstleistungen oder Produkte ebenso wie alternative Techniken, Methoden oder Konzepte.

Der Wettbewerb führt zu einer stetigen Verbesserung des Angebotes für den jeweiligen Kunden und gleichzeitig zu einer Steigerung von Effizienz im Sinne einer Minimierung der Grenzkosten.

Entlang der Wertschöpfungskette optimiert sich somit die Interaktion zwischen aufeinanderfolgenden Elementen indem die Erfüllung des Kundenbedarfs maximiert und Effizienz gesteigert wird. Dies setzt voraus, dass die Nachfrage des Endkunden zu einer Nachfrage auf jeder Stufe der Wertschöpfungskette führt und sich somit entlang der Kette fortsetzt.

Unter der idealen Annahme eines freien und funktionierenden Marktes regulieren sich Angebot und Nachfrage dabei über den Preis [15]. Somit lässt sich schließen, dass Konzepte, welche auf der Informationsbeschaffung mittels ZfP basieren und einen Bedarf bei gleicher Effektivität effizienter befriedigen als jede andere Alternative, sich diese Vorgehensweise im Wettbewerb durchsetzen wird.

Einschränkend lässt sich jedoch feststellen, dass die in der Realität anzutreffende Komplexität beträchtlich sein kann und die angestellten Überlegungen in der dargestellten idealisierten Form nicht vollständig zum Tragen kommen.

Ein wesentliches Merkmal eines freien und funktionierenden Marktes ist dessen Transparenz und die vollständige Informiertheit auf Anbieter- und Kundenseite. Diese ist in der Praxis gerade bei komplexen Angeboten, wie sie in der ZfPBau die Regel sind, nicht vollständig gegeben. Martkeintrittsbarrieren können in Form von Richtlinien oder Weisungen auf Seiten des Endkunden bestehen, welche ZfP-gestützte Lösungsansätze nicht vorsehen. Es ergibt sich ein zusätzlicher Aufwand für die Einbeziehung durch die Abweichung vom konventionellen Entscheidungsprozess und somit auf Seite des Endkunden die Notwendigkeit zur Erarbeitung einen Alternativprozesses für den Einzelfall. Das kann u.U. einen erheblichen Mehraufwand bedeuten, der die ökonomische Effizienz einer solchen Lösung zunächst mindert. Zur Minimierung dieses Zusatzaufwandes wird die ZfP-gestützte Lösung darauf abzielen, nahe am Handlungsprozess des Endkunden zu agieren bzw. sich in maximalem Maße in diesen einzugliedern. Unter der Voraussetzung eines vollständig informierten Endkunden wird dieser das Potenzial ZfP-gestützter Lösungen erkennen und in Prozessen derartige Optionen vorsehen, so dass mittel- bis langfristig hierdurch maximal profitiert werden kann.

2.6 Risiken erhöhen Anforderungen an Effizienz

Das Beschreiten neuer Wege erfolgt getrieben durch die Motivation eines langfristigen Erfolgs. Vor diesem Hintergrund ist die Bereitschaft absehbare Risiken einzugehen vertretbar. Grundsätzlich ist jedoch von einem risikoaversen Vorgehen auszugehen, so dass einer Erhöhung des Risikos eine entsprechende Erhöhung des erwarteten Gewinns gegenüberstehen muss [16].

Dieses muss berücksichtigt werden bei der kritischen Beurteilung von Alternativen und der Abschätzung des Erfolgs eines ZfP-lastigen, bzw. allgemein innovativen Prozesses im Wettbewerb mit anderen Prozessen. Somit erhöhen sich weiter die Anforderungen an die notwendige Effizienz für den innovativen Prozess.

2.7 Externe Effekte

Ein Vorteil ZfP-gestützter Prozesse kann u.a. in der Verringerung von Nutzungseinschränkungen oder gar Ausfällen von Bauwerken führen, was bedeutend zur Effizienz dieser Prozesse beiträgt. Die Quantifizierung erscheint dabei nicht immer eindeutig. Insbesondere ist entscheidend, in welchem Ausmaß die dadurch gewonnene Effizienz beim entsprechenden Endkunden verankert ist [17] und dementsprechend die Entscheidung zwischen Alternativen beeinflussen wird. Exemplarisch wäre bei Verkehrsbauten ein öffentlicher Endkunde denkbar. Hinsichtlich der Fragestellung, wie dieser den Effizienzgewinn durch die Vermeidung von Nutzungseinschränkungen bewertet, wäre zu klären, aus welcher Perspektive die entstehenden Kosten durch die Nutzungseinschränkung betrachtet werden, z.B. indem der volkswirtschaftliche Schaden durch Verkehrsverzögerungen ermittelt wird. Werden derartige Kosten in der Kalkulation berücksichtigt, sind die Folgen intern, anderenfalls könnte die Analogie von externen Effekten herangezogen werden [18]. Ob diese für einen Effizienzvergleich von Alternativen zu internalisieren sind [19], kann maßgebend das Resultat dieses Vergleichs und somit die Bewertung der wertrelevanten Effizienz beeinflussen.

3. Ausprägung von Arbeitsteilung und Schnittstellen

Zur Maximierung von Effektivität und Effizienz sind hinsichtlich der Abfolge von Arbeitsgruppen die Arbeitsteilung und die Ausbildung klarer Schnittstellen von Wichtigkeit. Das Prinzip der Arbeitsteilung basiert auf der Nutzung komparativer Vorteile, welche eine

Grundlage für wirtschaftliches Handeln bildet [20]. Die damit einhergehende zunehmende Spezialisierung erscheint sich in der ZfPBau bislang langsam zu vollziehen. Insbesondere sei die Vermutung erlaubt, dass dies durch die traditionellen Entscheidungs- und Handlungsprozesse erschwert wird, in welchen eine klare Schnittstelle für die ZfP alleine nicht immer zu finden bzw. zu isolieren ist. Somit kann die Einbeziehung von ZfP mitunter die Anpassung bisheriger Prozesse in relativ beträchtlichem Maße notwendig machen. Ebenso sind die Schnittstellen zwischen den einzelnen Wertschöpfungsaspekten entlang der modellierten und in Abbildung 4 skizzierten Kette noch nicht immer eindeutig und effizient ausgeprägt, was insbesondere der hohen Individualität der Prüfaufgaben bzw. der bauwerksbezogenen Fragestellungen geschuldet ist. Somit ist zu beobachten, dass Generalisten, wie z.B. Ingenieurbüros, welche gesamte Instandsetzungsprojekte betreuen und darin selbständig die Informationsbeschaffung durch ZfP einbeziehen und durchführen, häufig anzutreffen sind.

4. Die ZfPBau in ihrem aktuellen Lebenszyklus

Ohne den Anspruch auf die Erbringung gültiger Nachweise zu erheben, soll der Markt der ZfP im Bauwesen in Kürze beleuchtet werden. Generell ist eine Marktcharakterisierung eine wesentliche Grundlage für das strategische Verhalten von aktuellen oder potenziellen Marktteilnehmern [21].

Während die ZfP in einigen anderen Industrien wie insbesondere der Kerntechnik oder der Luft- und Raumfahrt bereits ein fester Bestandteil von Prozessen der Qualitätssicherung und Instandhaltung ist und in Richtlinien sowie Produkt- und Anwendungsnormen fest verankert und gefordert ist, trifft dies für die moderne ZfPBau bislang eher vereinzelt zu. Beispiele wären hier die Forderung von ZfPBau in der Tunnelinnenschalenrichtlinie [22] oder die planmäßige Berücksichtigung im Zusammenhang mit der Objektbezogenen Schadensanalyse bei der Prüfung von Bauwerken im Zuge von Straßen und Wegen nach DIN EN 1076 [23]. Obgleich eine sorgfältige Implementierung und planmäßige gesicherte Anwendung ohne Zweifel das Ziel ist, macht das weiterhin junge Stadium dieses Bereiches der ZfP ihn in ökonomischer Hinsicht interessant. Hierfür sei das Modell der Industrielebenszyklen [24] herangezogen, welches an das Modell des Produktlebenszyklus [25] [26] anknüpft und dabei Produkte und Dienstleistungen in aggregierter Form betrachtet [27]. Dementsprechend wird in die vier aufeinanderfolgenden Lebenszyklusphasen Entstehung, Wachstum, Reife und Alter unterschieden (Abbildung 6). Der genaue Verlauf dieser Phasen kann je nach betrachteter Industrie durchaus sehr unterschiedlich verlaufen.

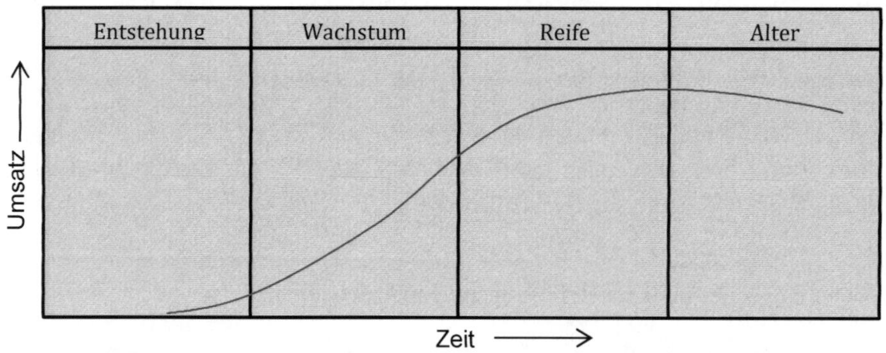

Abbildung 6: Lebenszyklusphasen einer Industrie nach Arthur D. Little

Eine Charakterisierung der Lebenszyklusphasen ist Abbildung 7 tabellarisch zusammengefasst. Auf dieser Grundlage lässt sich schlussfolgern, dass sich die ZfPBau aktuell im Lebenszyklus des frühen Wachstums befindet. Insbesondere erscheint die Anzahl der Wettbewerber sowohl im Hinblick auf Gerätehersteller, Anbieter von Prüfdienstleistungen als auch auf Gutachter und Projektleiter, welche die ZfP in Prozesse aufnehmen, aktuell anzuwachsen. Dennoch wird erkannt, dass das Potenzial vor allem im Wachstum der gesamten Branche liegt, so dass konstruktive Bestrebungen zur Wertschöpfungen im Sinne der Einbringung in Fachausschüssen und Gremien dem Konkurrenzgedanken erfreulicherweise zunächst überwiegen.

	Entstehung	Wachstum	Reife	Alter
Wachstumsrate	Unbestimmt	Hoch	Gering	Null
Marktpotenzial	Unklar	Klarer	Überschaubar	Bekannt
Sortiment	Klein	Rasche Erweiterung	Langsame bzw. keine Erweiterung	Bereinigung
Anzahl der Wettbewerber	Klein	Erreicht den Höchstwert	Konsolidierung; Grenzanbieter scheiden aus	Weitere Verringerung
Verteilung der Marktanteile	Nicht abschätzbar	Stetig fortschreitende Konzentration		
Stabilität der Marktanteile	Gering	Höher	Hoch	
Kundentreue	Gering	Höher	Abnehmend	Höher
Eintrittsmöglichkeiten	Gut (weil noch kein starker Wettbewerber vorhanden)	Noch gut – vor allem bei hohem Wachstum	Geringer	Meist uninteressant
Rolle der Technologie	Hoher Einfluss; Konzeptentwicklung und Produkt-Engineering	Hoher Einfluss; Produktlinie erweitern	Produktlinie erneuern und Herstellverfahren rationalisieren	Technologie ist bekannt, verbreitet und stagnierend

Abbildung 7: Bestimmung der Lebenszyklusphase einer Industrie nach Arthur D. Little, vgl. [24].

5. Fazit

Die ZfPBau ist ein vielfältiges Arbeitsfeld, welches neben technischen interessante ökonomische Aspekte aufweist. Eine interdisziplinäre Wertschöpfungskette lässt sich identifizieren. Entscheidend sind der Bedarf des Endkunden und dessen effektive Befriedigung. Das ist die grundliegende Motivation für die Wertschöpfungskette insgesamt und sollte dementsprechend klar identifiziert sein. Die Wertschöpfungskette beinhaltet zahlreiche Kunden-Lieferanten-Beziehungen in sich, welche die Schnittstellen bilden. Um die volle Effektivität und Effizienz zu gewährleisten müssen diese Schnittstellen sauber ausgebildet sein, um unnötige Verluste, welche mitunter beträchtlich sein können, zu vermeiden.

Der Wert der ZfP an sich besteht in der Information, welche sie bereitstellt. Diese ist allgemein durch Relevanz und Zuverlässigkeit gekennzeichnet. Dafür ist die Kenntnis dieser beiden Charakteristiken wichtig, da nur so eine Bewertung vorgenommen werden kann. Hinsichtlich der Relevanz von ZfP ist vor allem deren Einbindung in die entsprechenden Prozesse entscheidend.

Allgemein kann von Prozessen ausgegangen werden, welche die Gewährleistung von Sicherheit und Gebrauchstauglichkeit von Bauwerken zum Zweck haben und dabei die ZfP als wesentliche Informationsquelle heranziehen. Hierbei muss der von der ZfP zu erbringende Wert die Steigerung von Effektivität und Effizienz sein, bzw. bei gleicher Effektivität effizientere Prozesse zu ermöglichen. Die Bewertung kann jedoch in Abhängigkeit der konkret gewählten Messkriterien durchaus variieren.

Mit dem relativ jungen Lebensstadium der ZfPBau gehen teilweise noch vorhandene Ineffizienzen einher. Daraus ergibt sich jedoch ein erhebliches weiterhin vorhandenes

Potenzial für Optimierung und somit Wachstum. Entscheidend ist dabei, dass sich dies nicht auf die Anwendung oder die Technik der ZfP speziell bezieht, sondern auf den gesamten Wertschöpfungsprozess, in welchem diese technischen Aspekte einbezogen sind.

6. Danksagung

Gedankt sei den zahlreichen Gesprächspartnern insbesondere aus der ZfP-Praxis für deren Bereitschaft und Zeit mit dem Autor über das Thema zu diskutieren, insbesondere den Firmen Proceq SA, Bewehungsnachweis und -analyse und der Bauconsulting GmbH. Deutlich sei dabei angemerkt, dass die in diesem Beitrag gemachten Aussagen nicht notwendigerweise die Meinung der genannten Firmen oder anderer Gesprächspartner widerspiegeln.

7. Referenzen

[1] R. Beutel, H.-W. Reinhardt, C. U. Grosse, A. Glaubitt, M. Krause, C. Maierhofer, D. Algernon, H. Wiggenhauser und M. Schickert, „Comparative Performance Tests and Validation of NDT Methods for Concrete Testing," *Journal for Nondestructive Evaluation,* Bd. 27, Nr. 1-3, pp. 59-65, September 2008.

[2] Proceq SA, „Proceq Global Summit 2017," 2017. [Online]. Available: www.proceq.com/company/news-events/show/proceq-global-summit-2017. [Zugriff am 12 2017].

[3] BAST Bundesanstalt für Strassenwesen, Richtlinie zur einheitlichen Erfassung, Bewertung, Aufzeichnung und Auswertung von Ergebnissen der Bauwerksprüfungen nach DIN 1076, Bergisch-Gladbach, 2017.

[4] A. Taffe, Zur Validierung quantitativer zerstörungsfreier Prüfverfahren im Stahlbetonbau am Beispiel der Laufzeitmessung (Heft 574), Bd. 574, Berlin: Beuth Verlag (Dissertation an der RWTH Aachen), 2008.

[5] S. Feistkorn, Gütebewertung qualitativer Prüfaufgaben in der zerstörungsfreien Prüfung im Bauwesen am Beispiel des Impulsradarverfahrens, Bd. 503, DAfStb, Hrsg., Berlin: Beuth, 2012, p. 196.

[6] D. Algernon, „Der Unterausschuss Qualitätssicherung im Fachausschuss ZfP im Bauwesen," *ZfP-Zeitung,* pp. 8-9, 02 2016.

[7] D. Algernon und C. Grosse, „Einsatz von Modellierung und Simulation bei der Planung, Analyse und Interpretation von Ultraschallprüfungen," in *Bauwerksdiagnose*, Berlin, 2016.

[8] P. Calmon, S. Mahaut, S. Chatillon und R. Raillon, „CIVA: An Expertise Platform for Simulation and Processing NDT Data," *Ultrasonics,* Bd. 44, Nr. Supplement 1, pp. 975-997, 2006.

[9] H. Wirdelius und G. Persson, „Simulation Based Validation of the Detection Capacity of an Ultrasonic Inspection Procedure," *International Journal of Fatigue,* Nr. 41, pp. 23-29, 2012.

[10] ENIQ European Network for Inpection and Qualification, „The European Methodology for Qualification of Non-destructive Testing, Third Issue," European Commission, Brussels-Luxembourg, 2007.

[11] M. G. Pryor, J. C. White und L. A. Toombs, Strategic Quality Management: A Strategic Systems Approach to Quality, Houston, TX: Dame Publications, 1998.

[12] K. Brunsson, The Teachings of Management, Springer, 2017.

[13] P. F. Drucker, „Managing for Business Effectiveness," *Harvard Business Review,* pp. 53-60, May/June 1963.

[14] M. E. Porter, Competitive Advantage: Creating and Sustaining Superior Performance, New York, NY: Free Press, 1985.

[15] A. Smith, The Wealth of Nations, 1776.

[16] T. Hens und M. O. Rieger, Financial Economics, Berlin: Springer Texts in Business and Economics, 2016.

[17] F. Breyer und M. Kolmar, Grundlagen der Wirtschaftspolitik. Mohr Siebeck, Tübingen 2010, S. 255–260., M. Siebeck, Hrsg., Tübingen, 2010, pp. 255-260.

[18] A. Endres und V. Radke, Economics for Environmental Studies - A Strategic Guide to Micro- and Macroeconomics, 2 Hrsg., Springer-Verlag Berlin Heidelberg, 2017.

[19] G. Mankiw, Macroeconomics, 9 Hrsg., New York, NY: Worth, 2016.

[20] D. Ricardo, The Principles of Political Economy and Taxation, London, 1911.

[21] H. Assael, P. Reed und M. Patton, Marketing: Principles and Strategy, Sydney: Harcourt-Brace, 1995.

[22] BAST Bundesanstalt für Strassenwesen, Richtlinie für die Anwendung der zerstörungsfreien Prüfung von Tunnelinnenschalen (RI-ZFP-TU), 2007.

[23] DIN EN 1076 2010-04, Beuth, 2010.

[24] H.-G. Servatius, Methodik des strategischen Technologie-Managements. Grundlage für erfolgreiche Innovationen, Berlin: Schmidt Erich Verlag, 1985.

[25] S. Klepper, „Entry, Exit, Growth and Innovation over the Product Life Cycle," *The American Economic Review,* Bd. 86, Nr. 3, pp. 562-583, 06 1996.

[26] U. Höft, Lebenszykluskonzepte: Grundlage für das strategische Marketing- und Technologiemanagement, Bd. 46, Berlin: Erich Schmidt Verlag, 1992.

[27] K. N. Saad, P. A. Roussel und C. Tiby, Management der F& E-Strategie. Wiesbaden:, Gabler-VErlag, 1991.

Messergebnisse zerstörungsfreier Prüfverfahren in statischen Berechnungen

Stefan KÜTTENBAUM [1], Alexander TAFFE [2], Stefan MAACK [1]
[1] BAM - Bundesanstalt für Materialforschung und -prüfung, Berlin
[2] HTW - Hochschule für Technik und Wirtschaft Berlin, Berlin
Kontakt E-Mail: stefan.kuettenbaum@bam.de

Kurzfassung

Steigende Anforderungen an Brückenbauwerke in Deutschland gehen mit der Alterung und dem sich zunehmend verschlechternden Zustand bestehender Bausubstanz einher. In der aktuellen Entwicklung wurde die Notwendigkeit von Nachrechnungen der Standsicherheit erkannt. Die Zuverlässigkeitstheorie bietet für das Bauwesen geeignete probabilistische Methoden zur Beurteilung von Tragwerken auf Basis der tatsächlichen Bauwerkseigenschaften.

Die Verfahren der zerstörungsfreien Prüfung im Bauwesen ermöglichen die Messung quantitativer Kenngrößen, die den Zustand eines Bestandsbauwerks realitätsnah widerspiegeln. Um die Objektivität einer Messung zu wahren, wurden Methoden zur Gütebewertung von Messergebnissen zerstörungsfreier Prüfverfahren entwickelt und das Konzept der Validierung eingeführt. Damit sind die Voraussetzungen geschaffen, um statistisch abgesicherte und statisch relevante Informationen über die innere Konstruktion eines Tragwerks (ohne signifikante Zerstörung des Bauwerks) zu erheben.

Der vorliegende Beitrag fasst die Beantwortung grundlegender Fragestellungen zusammen, um den Lückenschluss zwischen der statischen Nachrechnung von Brücken und der zerstörungsfreien Prüfung im Bauwesen herzustellen. Das Ziel ist die Verwendung von Messdaten der zerstörungsfreien Prüfverfahren als stochastische Eingangsgrößen in statischen Berechnungen. Dafür wurde eine Schnittstelle zwischen dem Guide to the Expression of Uncertainty in Measurement (GUM) und der First Order Reliability Method (FORM) genutzt.

An einem Fallbeispiel mit Ultraschallmessdaten im Biegenachweis wird gezeigt, dass die Verwendung quantitativer Messergebnisse der zerstörungsfreien Prüfverfahren sinnvoll ist, um die Tragfähigkeit von Bestandsbrücken zu beurteilen. So konnte eine Stahlbetonbrücke mit einem einstegigem Plattenbalkenquerschnitt nachgewiesen werden. Die zugrunde gelegten Versuchsdaten eignen sich hinsichtlich ihrer Genauigkeit und Objektivität.

Messergebnisse zerstörungsfreier Prüfverfahren in statischen Berechnungen

BAM Bundesanstalt für

S. Küttenbaum[1], A. Taffe[2], S. Maack[1]

[1] Bundesanstalt für Materialforschung und -prüfung [2] Hochschule für Technik und Wirtschaft Berlin

Ziel ist es, die Standsicherheit bestehender Bausubstanz auf Grundlage von Messdaten zerstörungsfreier Prüfverfahren nachzurechnen. Am Fallbeispiel eines Stahlbetonbrückenbauwerks konnte ein Biegenachweis auf Basis von Ultraschallechomessdaten erbracht werden.

Statische Nachrechnung bestehender Brücken

Statischer Nachweis bestehender Straßenbrücken erforderlich

➡ (Voll-)probabilistik mit *streuenden* Eingangsgrößen

Statisches Modell:

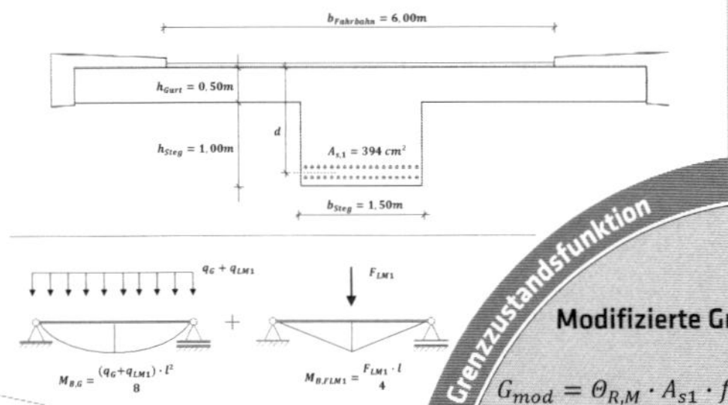

Probabilistischer Biegenachweis (FORM)

Zerstörungsfreie Prüfung im Bauwesen (ZfPBau)

Tatsächliche Bauwerkseigenschaften ohne signifikante Zerstörung

➡ Objektivität durch Bestimmung der Messunsicherheit

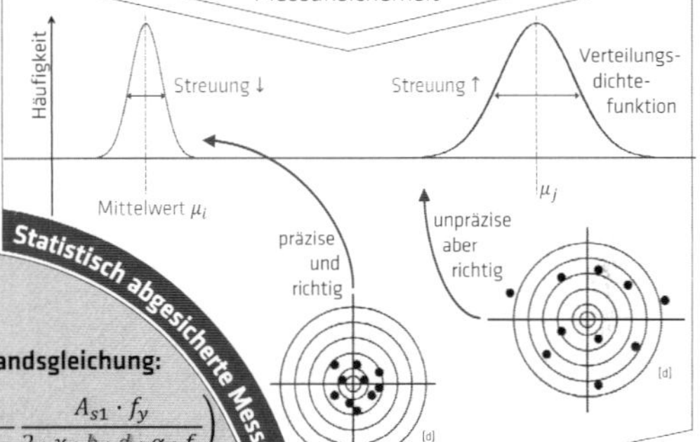

Messunsicherheits-betrachtung (GUM)

Grenzzustandsfunktion — **Statistisch abgesicherte Messdaten**

Modifizierte Grenzzustandsgleichung:

$$G_{mod} = \Theta_{R,M} \cdot A_{s1} \cdot f_y \cdot d \cdot \left(1 - \frac{A_{s1} \cdot f_y}{2 \cdot \chi \cdot b \cdot d \cdot \alpha \cdot f_c}\right) - \Theta_{E,M} \cdot (M_G + M_Q) = 0$$

(Auszug mit Markierung der vollständig oder teilweise auf Basis von Ultraschallmessdaten modellierbaren Einflussgrößen)

Stochastisches Modell der Zufallsvariablen:

Statische Nutzhöhe d ist normalverteilt mit $\mu_d = 1{,}40\ m$ und $v_d = 6{,}4\%$;

Plattenhöhe h_{Gurt} ist normalverteilt mit $\mu_{h_{Gurt}} = 0{,}50\ m$ und $v_{h_{Gurt}} = 3{,}0\%$;

...

Die Zahlenwerte sind individuell zu bestimmen. Die Plattenhöhe dient der Ermittlung der Eigenlast.

Nachweis der Standsicherheit

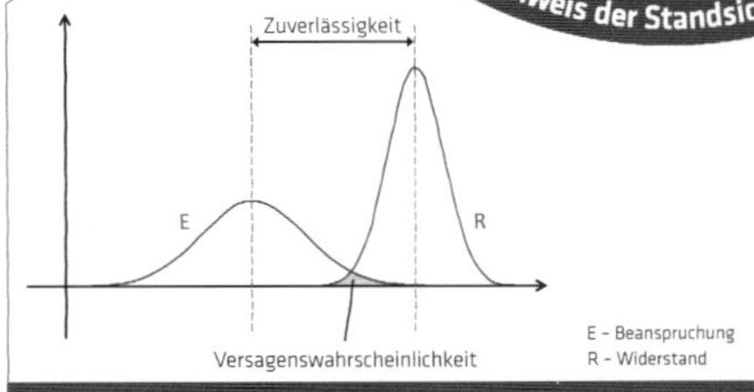

Zuverlässigkeitsindex ✔ $ß_{vorh.} \approx 5{,}0 > 3{,}8$

Versagenswahrscheinlichkeit ✔ $p_{f,vorh.} \approx 3 \cdot 10^{-7} < 10^{-6}$

Ein Bauwerk kann mit Messergebnissen zerstörungsfreier Prüfverfahren nachgewiesen werden. Die Messdaten sind objektiv und ausreichend präzise.

Kontakt

Stefan Küttenbaum, M.Sc.
stefan.kuettenbaum@bam.de
Prof. Dr.-Ing. Alexander Taffe
alexander.taffe@htw-berlin.de
Dr.-Ing. Stefan Maack
stefan.maack@bam.de

Literatur

- Taffe, A.: Zur Validierung quantitativer zerstörungsfreier Prüfverfahren im Stahlbetonbau am Beispiel der Laufzeitmessung (Berlin: Beuth, 2008)
- Schneider, J.; Schlatter, H.: Sicherheit und Zuverlässigkeit im Bauwesen (Zürich: 2007)
- Braml, Th.: Zur Beurteilung der Zuverlässigkeit von Massivbrücken auf der Grundlage der Ergebnisse von Überprüfungen am Bauwerk (München: 2010)

Bildnachweise

[a] Mark, P.; Neugebauer, P.: Erhalt unserer Bausubstanz (Berlin: Ernst&Sohn, 2015)
[b] Lisker, P.:Mitteldeutsche Zeitung (30.06.2015)
[c] BAM-Fachbereich 8.2
[d] Hässelbarth, W.: BAM-Leitfaden zur Ermittlung von Messunsicherheiten bei quantitativen Prüfergebnissen (Berlin: 2004)

Sicherheit in Technik und Chemie

www.bam.de

Quantitative Approaches to Inspection and Maintenance Planning of Wind Turbine Concrete Structures

Christian Timo GEISS [1], Susanne GUDER [2]
[1] Technische Universität München, München
[2] IABG Industrieanlagen-Betriebsgesellschaft mbH, Ottobrunn
Kontakt E-Mail: c.geiss@industrial-consulting.eu

Abstract. The present situation of energy transition processes from conventional to renewable power generating systems creates a growing need for the optimization of maintenance strategies and life cycle management of wind turbines and farms. However, any life cycle assessment of an individual wind turbine or farm still lacks the availability of well documented and structured O&M costs to choose the most effective maintenance strategies.

The poster presents a holistic approach to a sustainable wind turbine asset management by applying qualitative and quantitative reliability methods in the operation and maintenance (O&M) phase of the overall plant life cycle. The approach considers two aspects in detail; these are on the one hand a quantitative modelling and decision analysis algorithms by Bayesian updating of risk-based inspection (RBI) planning and its applicability to wind turbine concrete structures during plant operation. The RBI planning persues the objective of using probabilistic methods for an optimal allocation of deterioration control. Information gathered by the use of NDT methods during in-service inspections are seen as a quantifying measure on the risk assessment of a components condition and thus enabling a cost optimal inspection and maintenance planning. On the other hand, the approach considers analysis of cost-optimal maintenance strategies based on the mathematical model of the renewal theory. Empirical statistics for European and German wind turbines on a subsystem level are used as a preliminary assessment associated with the goal of verifying and updating an appropriate maintenance strategy during plant operation by operational data and information of in-service inspections.

Quantitative Risk-based Inspection Planning

1.1 Basic Concept

Risk-based inspection planning (RBI) in this framework has essentially the goal of using probabilistic methods for the (cost-) optimal allocation of deterioration control. The underlying probabilistic concept combines a preliminary RCAM analysis with a quantitative probabilistic optimization approach. In engineering theory there exist models to describe the specific fatigue mechanisms which cause wearing of a component. However, these models inherit implied model uncertainties. Those model uncertainties can be reduced by in-field information.

NDT methods as infield information for structural parts under this aspect can be seen as effective risk mitigation measure for existing structures. The primary goal is quantifying the effect of inspections on the risk condition of a component and thus enabling cost optimal inspection planning. Madsen [1] showed one of the first applications of the concept.

The method of uncertainty quantification has two main objectives, first the quantitative characterization of uncertainties and seconds the reduction of uncertainties.

Generally there are two different sources or categories of uncertainties, aleatoric uncertainties and epistemistic uncertainties. Aleatoric uncertainties represent statistical uncertainties or the unknowns each time an experiment is run, e.g. wind speeds, sea states or the fatigue crack growth. Epistemistic uncertainties describe systematic uncertainties including data and model uncertainties. When the modeled problem is observed, the problem turns into an epistemistic uncertainty problem and therefore enables uncertainty updating.

Inspections can reduce those uncertainties and update the incomplete knowledge of the state of nature, which can be described as an epistemistic uncertainty. In many applications in asset management of structures, inspections can be a cost effective risk reduction measure.

The concept of risk-based inspections focusses on the goal of optimal allocation of deterioration control. Existing quantitative models vary substantially dependent on the context or the industry they are applied in. Most published RBI models for structural systems are based on fully quantitative probabilistic deterioration models combined with Bayesian updating.

1.2 Development of a decision support algorithm

Generally the conditional probability of specific events is of interest, meaning the probability of occurrence of event E_2 given the occurrence of Event E_1. This classical probabilistic dependency is generally handled with Bayes' rule [2]:

$$P(E_2|E_1) = \frac{P(E_1 \cap E_2)}{P(E_1)} = \frac{P(E_1|E_2)P(E_2)}{P(E_1)} \tag{1}$$

From this basic equation one can derive basic and important definitions for the RBI framework:

- $P(E_1|E_2)$ is the likelihood measure for the amount of information on E_2 gained by knowledge of E_1. The likelihood measure is typically used to describe the quality of an inspection.
- $P(E_2|E_1)$ is known as the posterior probability of occurrence of E_2 or its updated occurrence probability.
- $P(E_2)$ is the prior probability of Event E_2, prior to the knowledge of E_1.

In the probabilistic RBI framework different inspection outcomes or results are possible. Those different inspections results will trigger different maintenance actions.
As relevant inspection outcomes in the RBI framework the following outcomes can be basically defined:

- Event of indication of a defect I
- Event of detection of a defect D
- Event of false indication FI
- Event of a defect measurement with a measured size s_m.

All deterioration mechanisms are time-dependent and consequently all reliability problems in fatigue are time dependent [3]. A failure event of a deteriorating structure can be modelled as a first passage problem. Consequently the limit state function is then additionally a function of time. Failure occurs when the limit state function becomes negative for the first time, given that it was positive at t=0. In that case the probability of failure between time t=0 and time t=T can be expressed by the following equation:

$$p_F(T) = 1 - P(g(\underline{X}(t)) > 0 \tag{2}$$

For most deterioration processes the problem is simplified by the fact that damage is monotonously increasing with time. If the modelled deterioration problem has a fixed damage limit – meaning that a failure occurs when damage reaches a constant limit – the deterioration problem can be solved as time-independent problem. The time variable t is then a simple parameter of the model and deterioration is treated as a monotonously increasing process. E.g. if failure has not occurred at time t_1, failure has also not occurred at time $t < t_1$. For the definition of a failure rate of the modelled system, several definitions are possible. In this case the annual failure probability of the modelled system is best fitting. This circumstance enables to evaluate the reliability problem at fixed time intervals $t = t_1; t_2 \ldots; t_n$.
Consequently the annual probability of failure in year t_i can be expressed as follows:

$$\Delta p_F(t_i) = \frac{p_F(t_i) - p_F(t_{i-1})}{1 - p_F(t_{i-1})} \tag{3}$$

Very typical for that kind of reliability problem is the SN fatigue modelling problem. Failure is defined to occur when the accumulated damage has reached Δ or commonly defined as Δ=1. In application the computation of probabilities is done with Monte-Carlo-Simulations and FORM-algorithms.

The ultimate goal in the decision analysis process is the identification of optimal decisions on maintenance actions for deteriorating structures. The decision environment is subjected to uncertainty under the following aspects:

- Uncertainty on the state of the system; state of deterioration
- Uncertainty on the performance of the inspection; probability of detection (POD)
- Uncertainty on the performance of repair actions
- Uncertainty on the consequences of failures

The specific decision problem is formulated through a decision tree. Each path of the decision tree is assigned with a utility value and its probability characteristics. The prior analysis represents a decision analysis with given information. At this state, the utility function and the probabilities of the various states of nature corresponding to the different consequences have been defined. The decision analysis is reduced to the computation of the expected utilities and finding the optimal point of the optimization problem. The posterior decision analysis represents a decision analysis problem with additional information on the state of nature. If additional information becomes available – e.g. through inspections – the probability structure in the decision problem can be updated.

The probability update is carried out using Bayes' rule. The pre-posterior analysis represents a decision analysis situation dealing with unknown information. The decision maker has the possibility to buy additional information through an experiment. If the cost of this information is small in comparison to the potential value of information, the experiment should be performed. If several experiments are potentially suitable, the decision maker has to choose the experiment yielding the overall largest utility for his decision problem.

The final optimization criterion is the expected cost criterion. Therefore the utility index u is assigned to monetary units in a linear way for the considered range of events. The indirect costs associated with the events of failure, repair and inspection are included in the probabilistic modelling. Thus, all consequences of an event have to be expressed in monetary terms.

Concerning the inspection actions is has to be determined:

- Where to inspect ➔ location of inspection
- What to inspect ➔ indicator of the system state
- How to inspect ➔ what kind of inspection technique
- When to inspect ➔ time of inspection

For future developments of the approach it is planned to validate the probabilistic model on a real wind turbine.

2. Preliminary Maintenance Planning

Reliability and availability field data for European WTs has been statistically analyzed by several research projects such as Reliawind, WMEP, LWK, EVW, Swedish and Finnish WT statistics Vinstat and VTT, and WindStats (Denmark and Germany) and the currently running Project WinD Pool; for a review see [4-8]. However, for an owner or operator, any life cycle assessment still lacks the availability of well documented and structured O&M costs to choose the most effective maintenance strategies for its wind power plants.

A qualitative assessment of required inspection and maintenance activities as deduced by failure mode and effect analysis (FMEA) can be supplemented in a quantitative manner by implementing historical failure rates, costs of failure consequences and the probability of not detecting a failure [9-11]. This type of risk-based assessment accounts for the chosen inspection or monitoring method and its possibility of failure detection. By additionally quantifying the effect of inspection on a components risk condition, a validated probabilistic model of a RBI planning will enable a cost optimal long-term maintenance planning in a future reliability-centered asset management (RCAM).

For a cost optimal long-term maintenance strategy, both failure distribution and cost effect of failure removal determine the criticality of a failed WT system. The failure behavior of WT subsystems is fittingly described with Weibull distribution functions. An optimal maintenance strategy for each subsystem is obtained by applying the renewal theory and determine the maintenance interval τ for which the maintenance cost rate shows a minimum [12]. The cost rate counts for the probability of costs for an unplanned corrective action within the maintenance interval τ as well as for the probability of costs of a preventive action in case of non-failure of the considered subsystem within its considered optimal maintenance interval τ.

Surely, the parameters of the Weibull distribution function depend on the individual WT conditions as e.g. design, manufacturing, operating, inspection, maintenance and local conditions. Furthermore, any cost-optimal maintenance strategy requires a rather precise knowledge of the subsystems individual preventive and corrective maintenance costs or at least a limitation of the latter. A single WT or farm usually cannot provide sufficient statistical data to specify the failure and maintenance costs characteristics. Thus, for a preliminary maintenance planning, the operator or owner of an individual WT may use the overall asset management goals as well as available literature data on WT statistics. During

WT operation these data then can be up-dated by operational data, inspections and maintenance results.

The optimal maintenance intervals τ for a preventive maintenance strategy were calculated using [13] and taking into account reliability characteristics and maintenance cost ranges for German WT [7,14,15] as well as a plausible range of Weibull shape parameters so far documented. On a subsystem level, the results allow a quantitative estimation of an optimal maintenance interval and its related annual cost rate. This information is combined with the planning of operation time slots for RBI prior to in any maintenance activity. RBI results in turn support a subsequent and more accurate planning of maintenance costs and intervals. The currently poor quality of statistical data for large WT structures such as tower and foundation illustrates the need for an improved and quantitative assessment as introduced by the RBI planning.

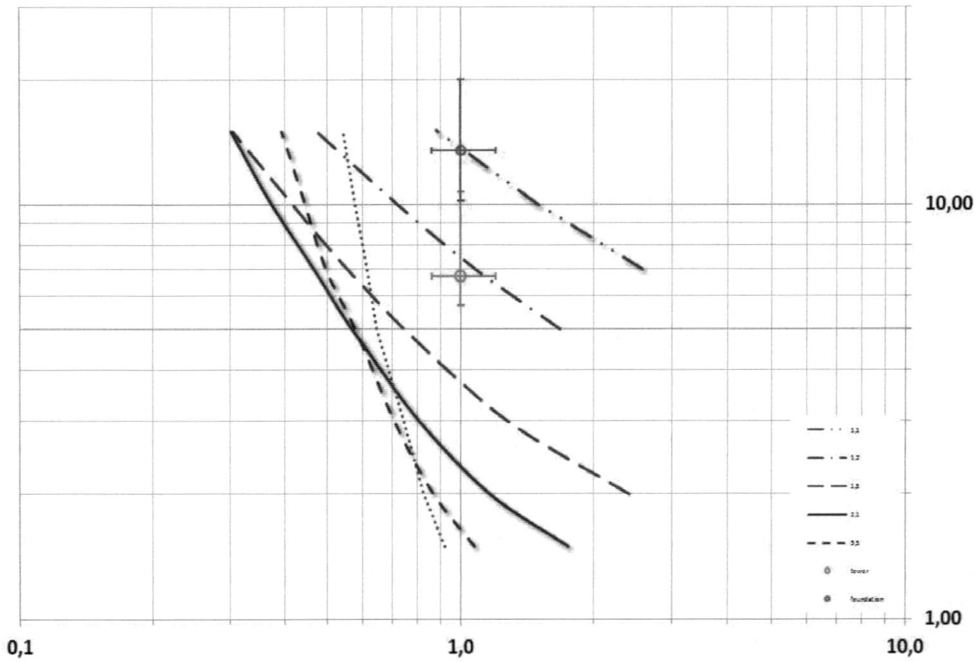

Figure 1: Optimal maintenance interval / MTTF

3 Summary and Conclusion

Operational wind turbines are highly loaded structures. Especially the high amount of load cycles – up to 10^9 – within their service life leads to the conclusion that these renewable energy structures are in need of a suitable structural health monitoring and management strategy. In times of energy transition from conventional power plants to renewable power plants a safe and reliable operation of these assets is a premise.

The paper presented here introduced an approach on determining holistic risk-based operation and maintenance strategies for wind turbines. The concept combines qualitative and quantitative risk analysis methods and designs a framework for determining risk- and cost-optimal maintenance strategies based on the concept of reliability-centered asset management (RCAM) and risk-based inspection planning (RBI). Deterioration processes of structures are of highly stochastic nature, thus models describing structural fatigue incorporate high variations and uncertainties. Information from sensors can be used in probabilistic models to update the incomplete knowledge of the state of nature. They are a cost-effective risk-reduction measure and can be used for uncertainty quantification and reduction of uncertainties.

At present, more and more OEM manufactures implement the reference system RDS-PP. This information will allow future statistical analyses on a much more detailed level for both, failure events and maintenance costs. By means of this the RCAM models can be specified more precisely to an individual WT or farm.

The combination of the described methods is able to optimize maintenance and inspections activities according to the associated costs. The final goal is the identification of optimal decisions on operation and maintenance actions for a deteriorating wind turbine structure.

Literature

[1] Madsen, H.O., Krenk, S., Lind, N.C., (1986) "Methods of Structural Safety", Prentice Hall, New Jersey

[2] Faber, M.H., "Risk and Safety in Civil Engineering", Lecture Notes, Institute of Structural Engineering, Swiss Federal Institute of Technology

[3] Joint Committee on Structural Safety (JCSS) (2002), "Probabilistic Model Code, Swiss Federal Institute of Technology

[4] L. Petterson, J-O. Andersson, C. Orbert, S. Skagerman, "RAMS-database for Wind Turbines, Pre-Study, " Elforsk report 10:67, September 2010

[5] S. Sheng, "Report on wind turbine subsystem reliability – a survey of various databases," NREL/PR-5000-59111, June 2013

[6] P.J. Tavner, F. Spinato, G.J.W. van Bussel, E. Koutoulakos, "Reliabiltiy of different wind turbine concepts with relevance to offshore applications," European Wind Energy Conference, Brussels, Belgien, 2008

[7] S. Faulstich, B. Hahn, P.J. Tavner, "Wind turbine downtime and ist importance for offshore deployment," Wind Energy, vol. 14, pp. 327–337, April 2011, doi:10.1002/we.421

[8] WinD Pool, Windenergie-Informations-Datenpool, FKZ: 0324031A, Mai 2016 – April 2019, https://wind-pool.iwes.fraunhofer.de/wind_pool_de/WInD-Pool/

[9] S. Kahrobaee, S. Asgarpoor, Risk-based Failure Mode and Effect Analysis for Wind Turbines (RB-FMEA), NAPS North American Power Symposium, 2011, doi:10.1109/NAPS.2001.6025116

[10] M. Shafiee, F. Dinmohammadi, An FMEA-based risk assessment apporach for Wind Turbine Systems: A Comparative Study of Onshore and Offshore, Energies 2014, vol. 7, pp. 619–642, doi:10.3390/en7020619

[11] M. G. Bharatbhai, Failure Mode and Effect Analysis of a Repower 5M wind turbine, Int. J. of Advance Research in Engineering, Science & Technology (IJAREST), 2015, volume 2, issue 5, 2394-2444

[12] Beichelt, F.: Zuverlässigkeits- und Instandhaltungstheorie. Stuttgart: Teubner-Verlag 1993

[13] RAMS-Office NG, IZP Dresden GmbH

[14] Th. Neumann, C. Ender, J.-P. Molly, „Studie zur aktuellen Kostensituation 2002 der Windenergienutzung in Deutschland," Deutsches Windenergie-Institut GmbH, Oktober 2002

[15] S. Lüers, A.-K. Wallasch, K. Rehfeldt, „Kostensituation der Windenergie an Land in Deutschland– update," Deutsche Windguard, December 2015

Holistic Asset Management of Wind Turbines

RISK-BASED SUSTAINABLE MAINTENANCE STRATEGIES

MISTRALWIND – Monitoring and Inspection of Structures At Large Wind Turbines

Wind turbines are probably the most dynamically stressed constructions we know in the art of engineering. Besides, in times of energy transition from conventional power to renewable power technologies, we rely on the operation of wind turbines on a macro economical level. Therefore, all parts of a wind turbine system have to be subjected to quality management including design, manufacturing and especially operation and maintenance. On the system level this includes all main systems of a wind turbine plant – rotor blades, power train and especially the supporting structure, because it is one of the most capital-intensive and worth retaining parts of a wind turbine.

Non-destructive testing and structural health monitoring techniques can be applied to establish new efficient and sustainable maintenance strategies for wind turbine systems. The research focus in the framework of the thesis is on the development of new maintenance strategies for wind turbines using combinations of inspections and monitoring techniques.

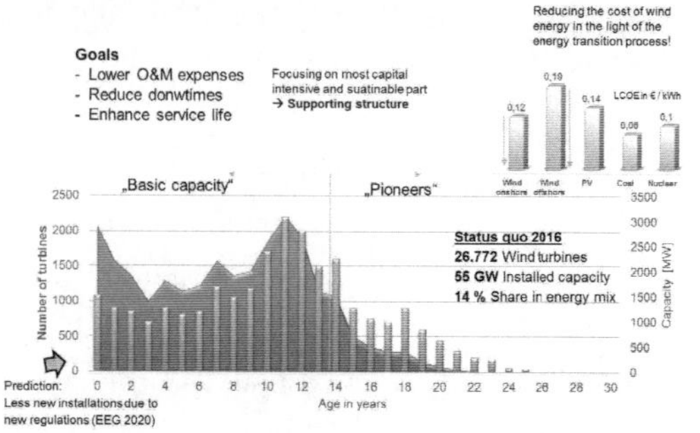

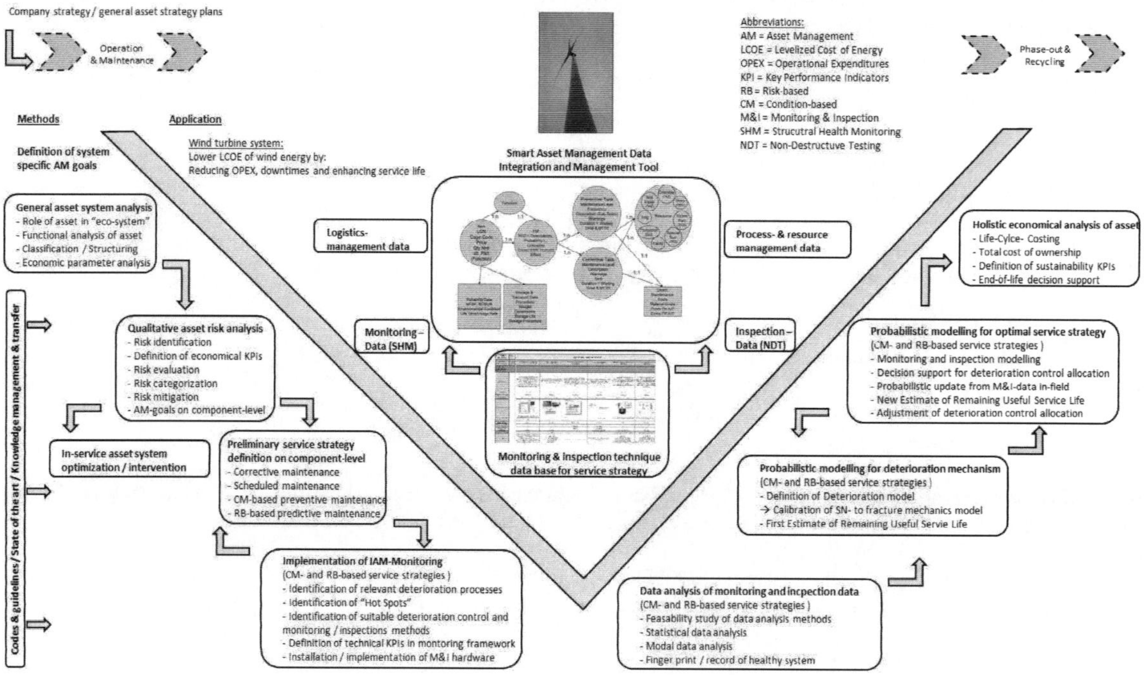

Structural Composition of Turbine Tower

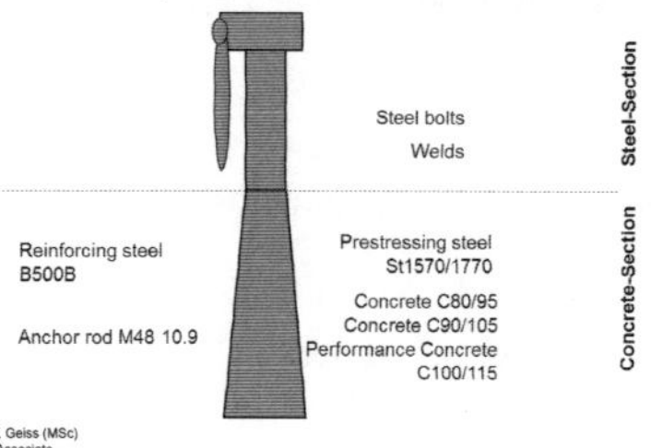

Christian T. Geiss (MSc)
Research Associate
Technische Universität München
Fakultät für Maschinenbau
Lehrstuhl für Zerstörungsfreie Prüfung
https://www.zfp.tum.de
christian.timo.geiss@tum.de

Calibration of Fatigue design law with deterioration control

Bayesian Updating for Risk-based Inspection Strategy

- **Conditional probability is of interest**
  - **Probability of occurrence of Event E_2 given the occurrence of Event E_1**
  - Classical Bayes' Rule
  - $P(E_2|E_1) = \frac{P(E_1 \cap E_2)}{P(E_1)} = \frac{P(E_1|E_2)P(E_2)}{P(E_1)}$
  - **= updated occurrence probability**
- $P(E_1|E_2)$ = **likelihood measure** for the amount of information on E_2 gained by knowledge of E_1 → used to describe the quality of an inspection

Non-destructive testing
- Uncertainty reduction
- Risk mitigation measure

Especially for existing structures!

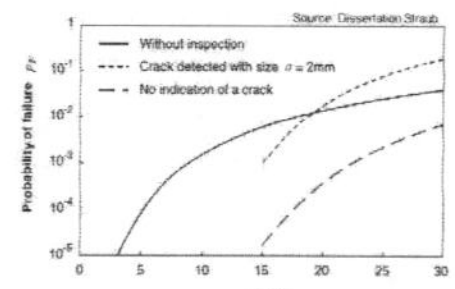

Experimentell gestützte Tragsicherheitsbewertung einer Eisenbahnbrücke

Dennis KAHL [1], Marc GUTERMANN [2]
[1] Ingenieurgesellschaft Experimentelle Statik mbH (IGES), Bremen
[2] Hochschule Bremen, Bremen
Kontakt E-Mail: dennis.kahl@ext.hs-bremen.de

Kurzfassung

Wenn die Tragsicherheit von Bestandsbauwerken auf der Grundlage rein rechnerischer Methoden nicht nachgewiesen werden kann, sind experimentelle Untersuchungen ein alternativer Weg, um vorhandene Tragreserven aufzudecken und die aktuelle Tragfähigkeit auszuloten.

Im vorliegenden Beispiel konnte die Tragsicherheit einer dreifeldrigen Stahlbeton-Eisenbahnbrücke (Baujahr 1970) erfolgreich durch zerstörungsfreie Belastungsversuche nachgewiesen werden. Sie überführt die Strecke Innsbruck-Bludenz (Österreich) schiefwinklig (67°) über den Enterbach und 2 Wirtschaftswege. Der Überbau wies mehrere Risse auf, die sich auflagernah als Schubrisse interpretieren ließen. Eine Nachrechnung ergab, dass eine ausreichende Tragfähigkeit für die gewünschte Streckenklasse D4xL nicht nachgewiesen werden konnte.

Um bei dem schlaff bewehrten Plattentragwerk den Schubnachweis zu führen, sind experimentell gestützte rechnerische Nachweise nicht zielführend, da die Ergebnisse unter Gebrauchslast angesichts der Möglichkeit eines spröden Schubversagens nur mit großen Unsicherheiten extrapoliert werden können. Eine Alternative zur konventionellen Verstärkung oder zu einem Ersatzneubau war der direkte experimentelle Tragsicherheitsnachweis durch Probebelastung, der naturgemäß die größten Tragreserven aufdecken kann. Die Versuchslast (inklusive der Teilsicherheitsbeiwerte) wurde hydraulisch gegen Ballast, in diesem Fall einen beladenen Eisenbahnwagen Uaais 819, über 4 Stahltraversen in die Schienen eingeleitet, so dass der tatsächliche Lastweg abgebildet wurde. Die maximale Versuchslast betrug zum Nachweis der Streckenklasse D4xL mit v = 160 km/h etwa 2000 kN.

Unsere Erfahrungen haben gezeigt, dass durch den Einsatz moderner Belastungs- und Messtechnik Tragreserven an Brückenbauwerken zerstörungsfrei erschlossen werden können, auch wenn die statische Berechnung negative Ergebnisse erzielt. Letztere muss die physikalische Realität in Modellen abbilden und bleibt dabei naturgemäß immer auf der sicheren Seite. Die experimentelle Tragsicherheitsanalyse erschließt demnach ein großes Steigerungspotenzial der zulässigen Verkehrslasten und kann auch bei Infrastrukturbauwerken der Eisenbahn sinnvoll eingesetzt werden.

Hochschule Bremen
City University of Applied Sciences

HSB

Experimentell gestützte Tragsicherheitsbewertung einer Eisenbahnbrücke

Dennis Kahl, Ingenieurgesellschaft Experimentelle Statik mbH, Bremen
Marc Gutermann, Hochschule Bremen, Bremen

Aufgabenstellung

Die Tragsicherheit einer dreifeldrigen Stahlbeton-Eisenbahnbrücke (Baujahr 1970) sollte durch zerstörungsfreie Belastungsversuche nachgewiesen werden. Die Brücke überführt die Strecke Innsbruck-Bludenz (Österreich) schiefwinklig (67°) über den Enterbach und 2 Wirtschaftswege. Beide Überbauten weisen mehrere Risse auf, die sich auflagernah als Schubrisse interpretieren lassen. Eine Nachrechnung ergab, dass eine ausreichende Tragfähigkeit für die gewünschte Streckenklasse D4xL nicht nachgewiesen werden konnte.

Messtechnik

Der Überbau wurde messtechnisch so ausgestattet, dass alle notwendigen Informationen für eine risikoarme Durchführung gewonnen werden konnten (z.B. Dehnungen, Durchbiegung, Rissweitenveränderung und Schallemission). Die Messergebnisse wurden während der Belastungszyklen mit zuvor festgelegten Abbruchkriterien abgeglichen (Reproduzierbarkeit, Reversibilität und Grenzwerte). Wurde kein Kriterium bis zum Erreichen der Versuchsziellast von $F_{ziel} \leq 2.000$ kN verletzt, wurde der Versuch erfolgreich beendet.

Süd-Ansicht der Enterbachbrücke (Feld III)

Lasteinleitung auf der Brücke

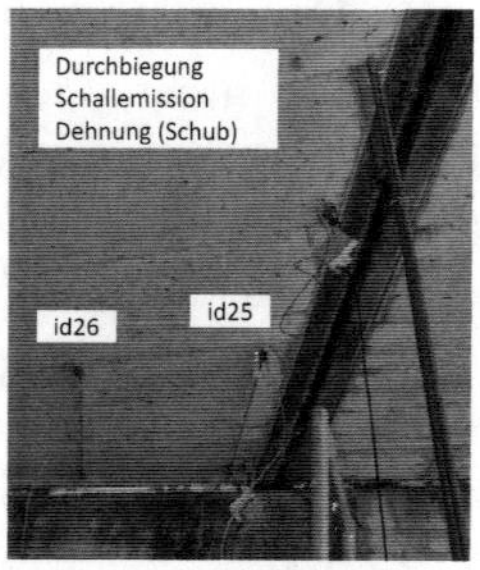

Messausstattung am Überbau

Belastungstechnik

Für den direkten experimentellen Tragsicherheitsnachweis durch einer Probebelastung müssen die maximalen Beanspruchungen aus allen Bemessungseinwirkungen an den maßgebenden Stellen durch externe Belastung erzeugt werden. Hierfür wurde die Versuchslast hydraulisch gegen Ballast, in diesem Fall einen beladenen Eisenbahnwagen Uaais 819, in das Bauwerk eingeleitet. Die externe Belastung wurde für den Versuch so gewählt, dass die maximalen Schubspannungen im maßgebenden Querschnitt erzeugt wurden.

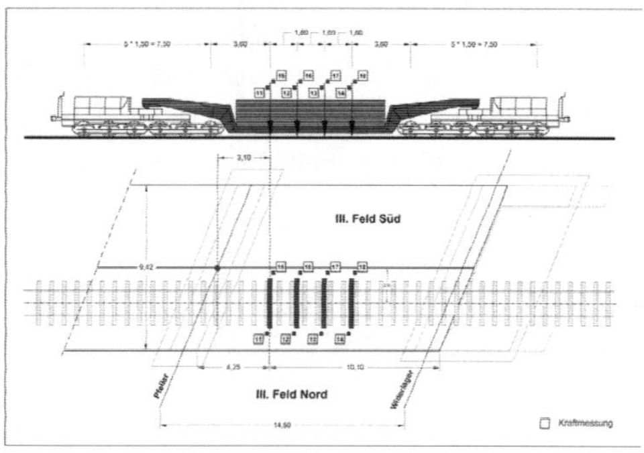

Draufsicht Brücke mit 1 von 4 Laststellungen und Ansicht des beladenen Uaais 819

Messergebnisse

Ein nichtlineares Tragwerksverhalten, und somit die Fortsetzung der Rissbildung, konnte erst oberhalb der Gebrauchslast beobachtet werden. Weder die Extremwerte noch die verbleibenden Verformungen erreichten kritische Werte. Verformungen wurden über die Fuge in das unbelastete Nachbarbauwerk übertragen.

Die Gebrauchstauglichkeit und Tragsicherheit der Stahlbetonbrücke wurde für den Lastansatz D4xL (v ≤ 160 km/h) erfolgreich nachgewiesen.

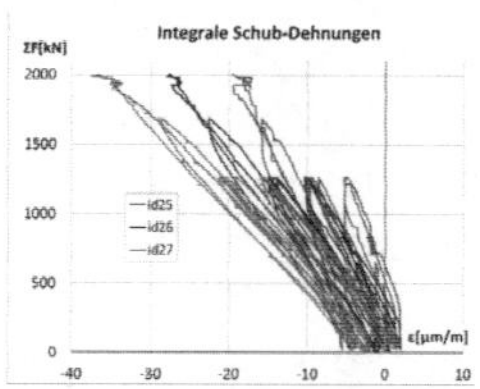

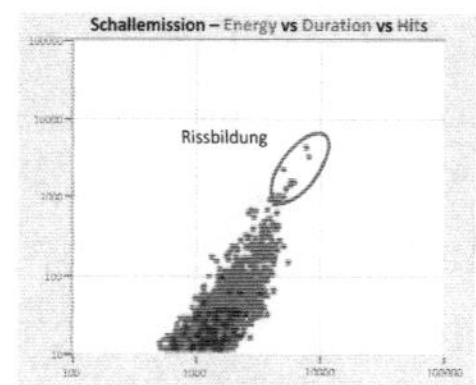

Fazit

Wenn die Tragsicherheit von Bestandsbauwerken auf der Grundlage rein rechnerischer Methoden nicht nachgewiesen werden kann, sind experimentelle Tragsicherheitsbewertungen ein alternativer Weg, um vorhandene Tragreserven aufzudecken und die aktuelle Tragfähigkeit auszuloten.

Magnetische Streufeldmessung zur Lokalisierung von Spanndrahtbrüchen

Michael SCHREINER [1], Frank LEHMANN [1]
[1] MPA Universität Stuttgart, Stuttgart, Deutschland
Kontakt E-Mail: michael.schreiner@mpa.uni-stuttgart.de

Kurzfassung

Die Methode der magnetischen Streufeldmessung wird zur zerstörungs- und berührungsfreien Detektion von Brüchen der Spannbewehrung in Spannbetonbauwerken eingesetzt.

Hierbei wird der Prüfkopf, der einen Jochmagneten und Magnetfeldsensoren enthält, längs der Spannbewehrung auf einer Schiene bewegt. Das Magnetfeld des Jochmagneten erzeugt im zu untersuchenden Spannstahl eine Magnetisierung. An einer Bruchstelle tritt ein magnetischer Streufluss aus, der durch die Magnetfeldsensoren gemessen wird. Bei der Messung der axialen Komponente des Magnetfelds wird der Bruch als lokaler Extremwert (Maximum) angezeigt. Wegen des ferromagnetischen Verhaltens des Spannstahls bleibt dessen Magnetisierung auch nach dem Ausschalten des Magnetfeldes des Jochmagneten teilweise erhalten, sodass durch Messung des remanenten Felds ebenfalls die Detektion von Brüchen möglich ist. In Spannbetonbauteilen ist neben der vorgespannten Bewehrung auch schlaffe Bewehrung vorhanden. Diese trägt erheblich zum magnetischen Streufeld bei. Zur Interpretation der gemessenen Streufeldsignale müssen die magnetischen Anteile der schlaffen Bewehrung (meist Bügelbewehrung quer zur Fahrtrichtung) herausgefiltert werden.Um dies in optimaler Weise vornehmen zu können, werden mit dem Prüfkopf mehrere Messfahrten durchgeführt, bei denen das Magnetfeld des Jochmagneten jeweils unterschiedliche Feldstärken hat.

Das Ziel besteht darin, die Spannbewehrung möglichst gleichmäßig zu magnetisieren und gleichzeitig die schlaffe Bewehrung nach Möglichkeit zu entmagnetisieren. Bei Brücken ist die Zugänglichkeit zu den kritischen Tiefpunkten der Spannbewehrung meist nur über ein Brückenuntersichtsgerät möglich.

Magnetische Streufeldmessung zur Detektion und Lokalisierung von Spanndrahtbrüchen

Angewandte Forschung im Bereich der zerstörungsfreien Prüfung und Bauwerksüberwachung

Die Methode der magnetischen Streufeldmessung wird zur zerstörungs- und berührungsfreien Detektion von Brüchen der Spannbewehrung in Spannbetonbauwerken eingesetzt. Hierbei wird der Prüfkopf, der einen Jochmagneten und Magnetfeldsensoren enthält, längs der Spannbewehrung auf einer Schiene bewegt. Das Magnetfeld des Jochmagneten erzeugt im zu untersuchenden Spannstahl eine Magnetisierung. An einer Bruchstelle tritt ein magnetischer Streufluss aus, der durch die Magnetfeldsensoren gemessen wird. Bei der Messung der axialen Komponente des Magnetfelds wird der Bruch als lokaler Extremwert (Maximum) angezeigt. In Abbildung 1 ist dies schematisch dargestellt. Wegen des ferromagnetischen Verhaltens des Spannstahls bleibt dessen Magnetisierung auch nach dem Ausschalten des Magnetfeldes des Jochmagneten teilweise erhalten, sodass durch Messung des remanenten Felds ebenfalls die Detektion von Brüchen möglich ist.

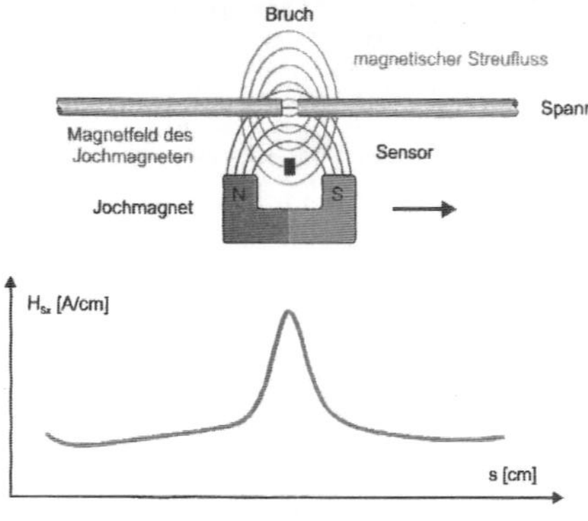

Bild 1: Schematisches Ablaufschema

In Spannbetonbauteilen ist neben der vorgespannten Bewehrung auch schlaffe Bewehrung vorhanden. Diese trägt erheblich zum magnetischen Streufeld bei. Zur Interpretation der gemessenen Streufeldsignale müssen die magnetischen Anteile der schlaffen Bewehrung (meist Bügelbewehrung quer zur Fahrtrichtung) herausgefiltert werden. Um dies in optimaler Weise vornehmen zu können, werden mit dem Prüfkopf mehrere Messfahrten durchgeführt, bei denen das Magnetfeld des Jochmagneten jeweils unterschiedliche Feldstärken hat. Das Ziel besteht darin, die Spannbewehrung möglichst gleichmäßig zu magnetisieren und gleichzeitig die schlaffe Bewehrung nach Möglichkeit zu entmagnetisieren.

Bei Brücken ist die Zugänglichkeit zu den kritischen Tiefpunkten der Spannbewehrung meist nur über ein Brückenuntersichtsgerät möglich. In Bild 2 ist der Aufbau der Messeinrichtung dargestellt.

Bild 2: Messung der Spannbewehrung über ein Brückenuntersichtsgerät

Universität Stuttgart

Ansprechpartner: Herr Dipl.-Ing. Michael Schreiner
Telefon: 0711 / 685-66783
E-Mail: michael.schreiner@mpa.uni-stuttgart.de
Abteilung: Dauerhaftigkeit und Schutz von Bauten und Anlagen
Internet: http://www.mpa.uni-stuttgart.de

Absolute Moisture Determination in Building Materials with Single-Sided NMR

Markus EDELMANN [1], Tobias ZIBOLD [1], John GRUNEWALD [2]
[1] Robert Bosch GmbH Power Tools, Leinfelden-Echterdingen
[2] TU Dresden, Institut für Bauklimatik, Dresden
Kontakt E-Mail: markus.edelmann@de.bosch.com

Kurzfassung

Moisture and moisture related processes are a main damage cause to building materials and infrastructure. In Germany alone, the annual damage due to moisture exceeds several 10 billion €/a. However, common non-destructive measurement devices cannot reliably determine the absolute moisture content due to surface effects, cross influences and complex material dependences. Although Nuclear Magnetic Resonance (NMR) measurements are commonly used to investigate the moisture content, distribution and transport in building materials, it is usually treated as a laboratory method only. With the development of unilateral devices, which allow to investigate extended samples, NMR becomes increasingly interesting for field application.

The biggest challenge concerning building materials are the very fast T2 relaxation times (10µs-100ms) and a complex T2 distribution. Additionally, unilateral NMR devices usually suffer from poor SNR. This in combination with the demand to detect moisture contents down to 0.5% of dry mass, makes the estimation of the initial amplitude very inaccurate. Therefore, we are left to use the attenuated signals with moisture dependent relaxation times resulting in non-linear and material dependent correlation curves between the NMR signal and moisture content. We present a method to determine such correlation curves based on a single T2 measurement close to saturation. This yields a substantial saving of time (upto several weeks) compared to a manual, empiric determination.

When using a capillary bundle model and the Young-Laplace equation to describe the drying behavior of porous media, larger pores are emptied before smaller ones. Since the T2 distribution reflects the pore size distribution of the material, we introduce a moisture dependent cut-off radius, respectively relaxation time. Subsequently, the expected relaxation decay at a certain moisture content can be reconstructed.

Our results show a good agreement between the predicted and experimentally determined correlation curves for different building materials. Our method is easy to use and allows a fast build-up of a material database. Together with the technology of single-sided NMR this could be a vital step towards a reliable and consumer suitable moisture measuring tool.

Absolute Moisture Determination in Building Materials with Single-Sided NMR

BOSCH

Edelmann Markus (PT/PJ-NMR, TU Dresden)
Prof. John Grunewald (TU Dresden), Tobias Zibold (PT-MT/EDR1)

TECHNISCHE UNIVERSITÄT DRESDEN

Moisture Measurement today

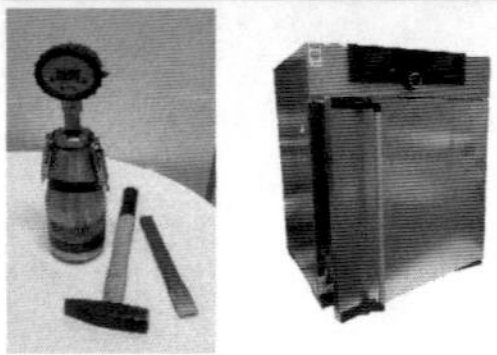
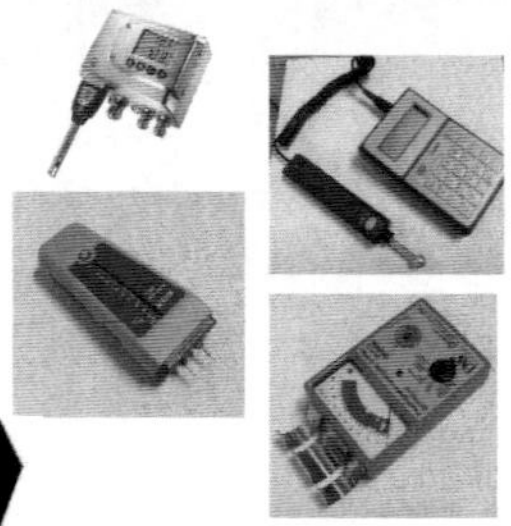

Measuring system should be
- Sensitive at low moisture
- Non-destructive
- Independent of thickness/ environment
- Easy or no calibration
- Robust and cheap

Common technologies
- Calcium Carbide
- Oven Drying
- Corresponding Relative Humidity
- Resistance, Conductivity
- Dielectric (Radar, TDR, Capacity)

What is NMR?

NMR = **N**uclear **M**agnetic **R**esonance

Ordinary NMR

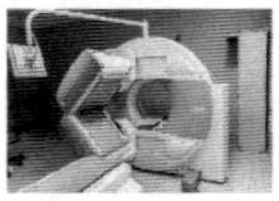
MRT

Spectroscopy

- Large
- Expensive
- Complicated
- Only Laboratory
- Limited sample size

Single-Sided NMR

NMR MOUSE

NMR Prototype

Pros:
- Investigation of extended samples
- portable
- Spatially resolved measurement

Cons:
- Poor signal-to-noise ratio
- Limited penetration depth

NMR Principle

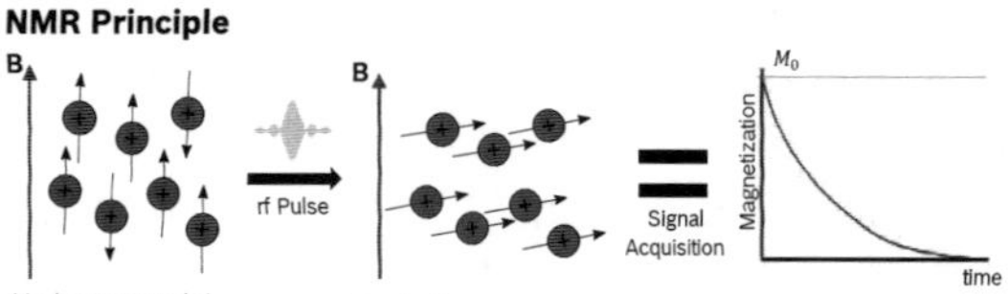

Hydrogen nuclei polarized by static magnetic field

Radio frequency pulse flips the spins 90 degrees

Relaxation signal measured via electro-magnetic induction

NMR in Building Materials

Relaxation time τ $\propto$ Pore diameter r

- Relaxation time distribution ↔ Pore size distribution
- Very short relaxation times ($10\mu s$ – $100ms$)
- Low moisture → low signal

[1] G. Eidmann, R. Savelsberg, P. Blümler, and B. Blümich, The nmr mouse, a mobile universal surface explorer, Journal of Magnetic Resonance 122 (0185) (1996) 104–109

NMR-Moisture Calibration

1. Step
NMR measurement close to saturation ($\theta = 1$) for good signal-to-noise

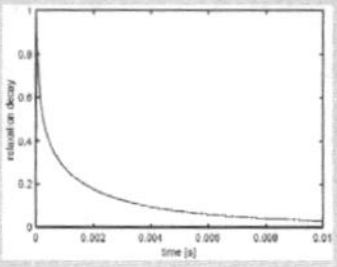

2. Step
Extract relaxation time distribution, respectively pore volume distribution

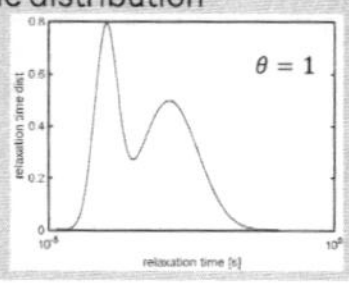

3. Step
Calculate relaxation time distribution for arbitrary moisture values θ according to capillary bundle model

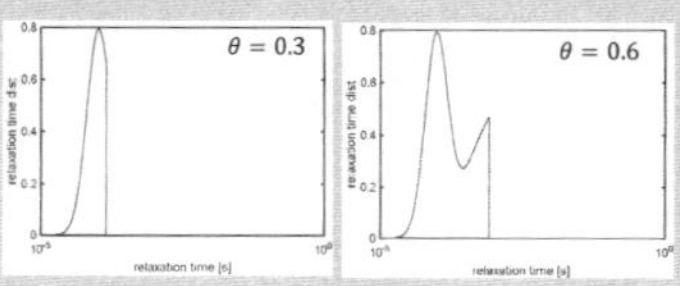

<u>Capillary Bundle:</u>
According to capillary suction forces, pores are successively filled with increasing moisture content beginning with small radii

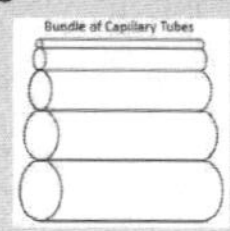

4. Step
Back calculation of NMR signals which are expected at different moisture values

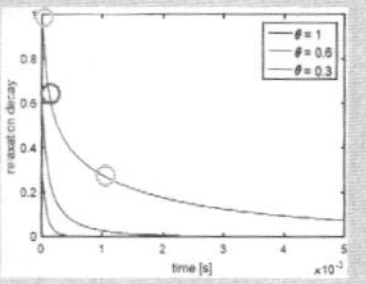

5. Step
Extraction of desired signal $s(t_0)$ at times t_0 (e.g. 0, 0.1, 1ms) and correlation with moisture content

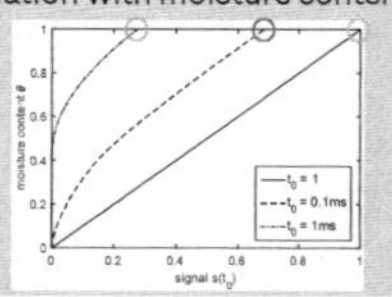

Experiment

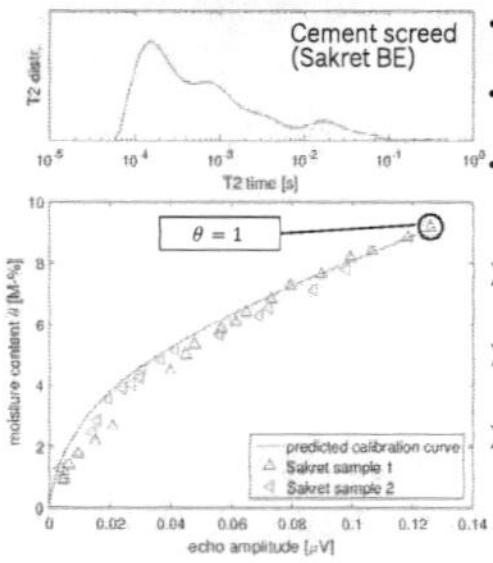

- Relaxation time distr. measured at 22MHz and τ_e=50μs
- Signal was taken at $t_0 = 90\mu s$ (minimum echo time)using the NMR-MOUSE[1]
- Moisture content from oven drying (105°C)

- Good agreement between calculation and experiment!
- Overestimation of moisture due to inhomogeneous moisture distribution
- Similar results for other screeds (cement and anhydrite)

Conclusion

Opportunities
- High precision (< 1 M-%)
- Robust to surface and surrounding
- Measurement place/volume well defined
- Moisture distribution
- Additional material information (pore volume distribution)

Challenges
- Still too expensive
- Limited penetration depth
- Sensitive to ferromagnetic materials

Oberflächenparallele Ablösungen auf Betontragwerken – Detektion und Bewertung mittels zerstörungsfreien Prüfverfahren

Philipp TRUFFER [1]
[1] Valtest AG, Lalden, Schweiz
Kontakt E-Mail: philipp.truffer@valtest.ch

Kurzfassung. Verwitterung und Korrosion können bei Betontragwerken zu Absprengungen und Schalenbildungen führen. Bei Brandeinwirkungen auf Beton kommt es häufig zu Schalenbildungen, beginnend von einer Kante aus. „Die durch die betonschädigende AKR entstandenen Risse im Beton knicken nach wenigen Zentimetern ab und verlaufen dann etwa parallel zur Oberfläche." (DAfStb-Empfehlung für die Schadensdiagnose und Instandsetzung von Betonbauwerken, die infolge einer Alkali-Kieselsäure-Reaktion geschädigt sind). Diese oberflächenparallelen Ablösungen stellen folglich ein Problem dar. Sie können u.U. Menschen und/oder Einrichtungen gefährden oder die Tragsicherheit des Bauwerks beeinträchtigen.

Folglich ist es im Rahmen einer Zustandserfassung und –beurteilung von Tragwerken von Wichtigkeit hohl liegende Bereiche, wenn möglich grossflächig und zerstörungsfrei, detektieren zu können. Mit den modernen zerstörungsfreien Prüfverfahren im Bauwesen liegen entsprechende Hilfsmittel vor. Je nach Tiefe der Schalen und Ablösungen kann die aktive Infrarot-Thermografie, die Ultraschall-Tomografie oder das Impact-Echo-Verfahren eingesetzt werden. Der Posterbeitrag zeigt anhand von konkreten Beispielen aus der Praxis die Tauglichkeit, aber auch die Grenzen der erwähnten Prüfverfahren für die entsprechenden Anwendungen.

1. Einführung

Im Rahmen von Zustands- und Schadenserfassungen bei Stahlbetonbauteilen stellt sich vielfach die Frage, ob am zu untersuchenden Bauteil oberflächenparallele Ablösungen oder Schalenbildungen vorhanden sind. Karbonatinduzierte Korrosionsschäden führen beispielsweise zu einer Volumenvergrösserung der betroffenen Bewehrung und können zu entsprechenden Abplatzungen im Beton führen. Mangelhafte flügelgeglättete Bodenplatten, Verbundestriche oder Wand- oder Bodenbeläge können Hohlstellen aufweisen, welche unter Umständen die Gebrauchsfähigkeit der entsprechenden Bauteile beeinträchtigen können. Frostschäden bei Betonbauteilen zeichnen sich u.a. durch oberflächige Ablösungen aus. Bei Brandeinwirkungen auf Stahlbetonbauwerke kann es, vielfach von einer Kante ausgehend, ebenfalls zu Schalenbildungen und Ablösungen kommen.

In der DAfStb-Empfehlung [6] wird explizit erwähnt, dass bei AKR-geschädigten Bauwerken oberflächige Risse senkrecht zur Bauteiloberfläche bis in eine Tiefe von etwa 100 mm verlaufen und dann dort häufig parallel dazu abbiegen. „Die durch die betonschädigende AKR entstandenen Risse im Beton knicken nach wenigen Zentimetern ab und verlaufen dann etwa parallel zur Oberfläche. Bei Aufbau von zu grossen Drücken kann es deshalb zu schalenartigen Abplatzungen des vorgeschädigten Betons kommen.“. Inwieweit diese doch absolut formulierte Aussage effektiv an den AKR-geschädigten Bauwerken auftritt, soll im Rahmen des vorliegenden Posterbeitrags nicht weiter kommentiert werden. Es soll vielmehr auf die aufgeworfene Problematik von oberflächenparallelen Ablösungen und Schalenbildungen aufmerksam gemacht werden. Neben Fragen der Dauerhaftigkeit können solche Erscheinungen z.B. bei vertikalen Tragwerken wie Stützmauern die Tragsicherheit oder aber auch die Sicherheit der sich darunter befindende Menschen beeinträchtigen (Gefahr durch herunterfallende Betonstücke).

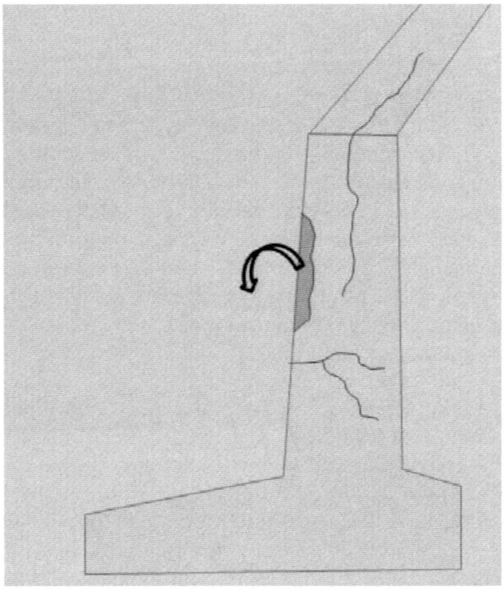

Abb. 1. Prinzipskizze Rissbild in einer Stützmauer – wie und wo verlaufen die oberflächig erkennbaren Risse? Ist aufgrund der Rissbildung mit oberflächenparallelen Ablösungen oder Schalenbildungen zu rechnen?

Abb. 2. Beispiel einer AKR-geschädigten Stützmauer, Ansicht (links) und Detail Mauerkrone mit Rissbild (rechts)

Können solche Hohl- und Fehlstellen im Rahmen von Zustandserfassungen oder objektbezogenen Schadens-Analysen grossflächig mittels zerstörungsfreien Prüfverfahren detektiert und lokalisiert werden? Dabei geht es bei dieser Fragestellung nicht primär um den Nachweis von lokalen Strukturstörungen wie z.B. Kiesnestern.

2. Untersuchungsverfahren

Für die Detektion und den Nachweis von oberflächenparallelen Ablösungen und Schalen wurden an mehreren Prüfkörpern verschiedene zerstörungsfreie Prüfverfahren eingesetzt. Nachfolgend werden die entsprechenden Verfahren kurz umschrieben, wobei auf eine detaillierte Erläuterung bewusst verzichtet wird und stattdessen auf die entsprechenden ausgewählten Literaturreferenzen verwiesen.

Für die beschriebene Aufgabenstellung kommen meistens einseitig zugängliche Bauwerke oder Bauwerksteile wie Bodenplatten oder Stützmauern in Frage. Folglich eignen sich grundsätzlich die nachfolgend beschriebenen Echoverfahren als Nachweisverfahren. Beim Vorliegen eines Echosignals von der Rückwandseite des Bauteils kann man davon ausgehen, dass dieses nicht geschädigt ist und auch keine inneren Störungen im Bauteil vorhanden sind.

2.1. Ultraschall

2.1.1. Verfahrensbeschrieb

Beim Ultraschall handelt es sich um ein akustisches Verfahren. Die eingebrachten Schallwellen werden dabei an Grenzflächen, Hohlstellen und der Bauteilrückwand sowie an Werkstoffinhomogenitäten und Störungen reflektiert (siehe [1]).

2.1.2. Messsystem

Die Ultraschalluntersuchungen wurden mit dem niederfrequenten Ultraschall-Tomografen A1040 MIRA durchgeführt (siehe Abb. 3). Es handelt sicher hierbei um ein Messsystem ohne separates Koppelungsmittel, bei welchem die Anregung mittels Scherwellen erfolgt. Das Scherwellen-Ultraschallarray umfasst eine Vielzahl von federnd gelagerten Punktkontaktprüfköpfen, welche für die Ankopplung erforderlich sind.

Abb. 3 Ultraschall-Messung auf dem Prüfkörper C

2.2. *Impact-Echo*

2.2.1. *Verfahrensbeschrieb*

Beim Impact-Echo-Verfahren handelt es sich ebenfalls um ein akustisches Messverfahren. Es beruht auf der Analyse von Vielfachreflexionen elastischer Wellen zwischen der Ober- und Unterseite eines Bauteils nach einer Impulsanregung auf der Bauteiloberfläche. Die Anregung wird durch ein Aufschlagen von unterschiedlich grossen Stahlkugeln erzeugt, welche einen mechanischen Stoss auf der Oberfläche des Bauteils auslösen (siehe Abb. 4). Der dabei verwendete Kugeldurchmesser ist abhängig von der Bauteildicke bzw. von der Tiefenlage des zu erwartenden Schadens. Die Wellen durchlaufen den Probekörper und werden an akustischen Grenzflächen reflektiert. Die im Bereich der Anregung gemessenen Schallwellen werden auf Resonanzfrequenzen untersucht und entsprechend Bauteildicken zugeordnet (siehe [3] und [4]).

Abb. 4. Durchführung einer Impact-Echo-Messung an einem Prüfkörper
Hinten links wird die Schallwelle durch das Aufschlagen einer Stahlkugel auf die Betonoberfläche auslöst und die Signale mit einem piezoelektrischen Sensor aufgenommen.

2.2.2. *Messsystem*

Für die vorliegenden Messaufgaben wurde das DOCter Impact-Echo Test System von German Instruments eingesetzt.

2.3. *Impuls-Radar*

2.3.1. *Verfahrensbeschrieb*

Beim Radarverfahren handelt es sich um ein zerstörungsfreies Prüfverfahren, bei welchem durch Messung und Auswertung von elektromagnetischen Wellen Störungen und Inhomogentitäten im Bauteil festgestellt werden können. Bei der Messung werden die Laufzeit und die Amplitude der empfangenen Radarwellen erfasst. Sowohl die Ausbreitungsgeschwindigkeit der Impulse wie auch die Intensität der Reflexionen hängen von den dielektrischen Eigenschaften der Bauteilmaterialien ab (siehe [2]).

2.3.2. *Messsystem*

Im Rahmen der durchgeführten Untersuchungen wurde das Radarsystem GSSI SIR-400 GPR eingesetzt. Dabei kamen unterschiedliche Antennen von 900 MHz bis 2 GHz zum Einsatz.

2.4. *Aktive Infrarot-Thermografie*

2.4.1. *Verfahrensbeschrieb*

Bei der aktiven Infrarot-Thermografie oder Impuls-Thermografie wird das zu untersuchende Bauteil zeitabhängig aktiv erwärmt und dabei entweder das Aufwärm- oder im Normalfall eher das Abkühlverhalten mit einer Infrarotkamera erfasst. Allfällige Imhomogenitäten im Bauteil mit abweichenden thermischen Materialeigenschaften von deren Umgebung verändern den Wärmefluss in diesen Bereichen. Durch die zeitliche Veränderung der Temperatur auf der Oberfläche können oberflächennahe Inhomogenitäten detektiert werden, sofern sie einen messbaren Temperaturunterschied verursachen (siehe hierzu [5]).

Die wichtigsten Materialeigenschaften bei der Wärmeausbreitung sind dabei der Wärmeeindringkoeffizient (thermische Effusivität) und der Temperaturleitwert (thermische Diffusivität).

Grundsätzlich stehen für die Erwärmung verschiedene Quellen zur Verfügung. Für die Erwärmung mittels Wärmestrahlung können beispielsweise Infrarotstrahler oder Blitzlichtlampen, für die Erwärmung mittels Konvektion Heizlüfter angewendet werden. Ziel der vorliegenden Untersuchungen war es die Eignung der beschriebenen Verfahren in der Praxis an grösseren Bauteilen nachzuweisen. An grossen, flächigen Bauteilen wie Stützmauern ist eine gleichmässig aktive Erwärmung mit den oben beschriebenen Instrumenten nur schwerlich möglich. Aus diesem Grund wurden im Rahmen der durchgeführten Untersuchungen u.a. auf die Sonneneinstrahlung als Wärmequelle und die Abkühlung durch Wind zurückgegriffen.

Im Gegensatz zur passiven Thermografie, bei welcher möglichst stationäre Umgebungsverhältnisse vorausgesetzt werden, ist bei der Ausbreitung von thermischen Wellen im Material die thermische Diffusivität von Bedeutung.

2.4.2. *Messsystem*

Im Rahmen der nachfolgend beschriebenen Messuntersuchungen wurde folgendes Kamerasystem eingesetzt:

• System:	VARIOCAM HD
• Temperaturmessbereich:	-40 °C – 1‘200 °C
• thermische Auflösung bei 30 °C:	besser als 0.05 K
• spektrale Empfindlichkeit:	7.5 µm - 14 µm
• geometrische Auflösung:	1.5 mrad

3. Prüfkörper

An eigens angefertigten Prüfkörpern wurden die unter 2. beschriebenen zerstörungsfreien Prüfverfahren eingesetzt. Dabei sollten einerseits die Machbarkeit der verschiedenen Verfahren nachgewiesen und anderseits die Nachweis- bzw. Detektionsgrenzen bestimmt werden.

Im Rahmen des vorliegenden Vortrags wird nur auf den Prüfkörper C eingegangen. Dieser wurde insbesondere für horizontale und vertikale (Rissmodell) Ablösungen hergestellt. Es handelt sich dabei um eine 20 cm dicke, beidseitig bewehrte Stahlbetonplatte mit den Seitenlängen 2.2 x 2.2 m (siehe Abb. 5). In unterschiedlichen Tiefen wurden verschiedene Einlagen bzw. Trennlagen eingebaut (Abmessungen 60 x 60 cm mit 10 cm grossen kreisförmigen Öffnungen). Die 0.1 mm dicke PE-Folie (einlagig) wurde erst während dem Betoniervorgang verlegt. Zusätzlich zu den drei horizontal eingebauten Einlagen wurde nach eine vertikale, doppelt verlegte PE-Folie zwischen den Bewehrungseisen verlegt. Diese Einlage ist jedoch für die vorliegenden Untersuchungen unerheblich.

Abb. 5 Prüfköper C vor dem Betonieren mit den eingelegten (hellblau und pink) Dämmmatten (links) sowie die während dem Betoniervorgang eingelegte PE-Folie (rechts)

Die Abb. 6 zeigt die planliche Darstellung des untersuchten Prüfkörpers C mit den nachfolgend ausgewerteten Messlinien und Messfeldern.

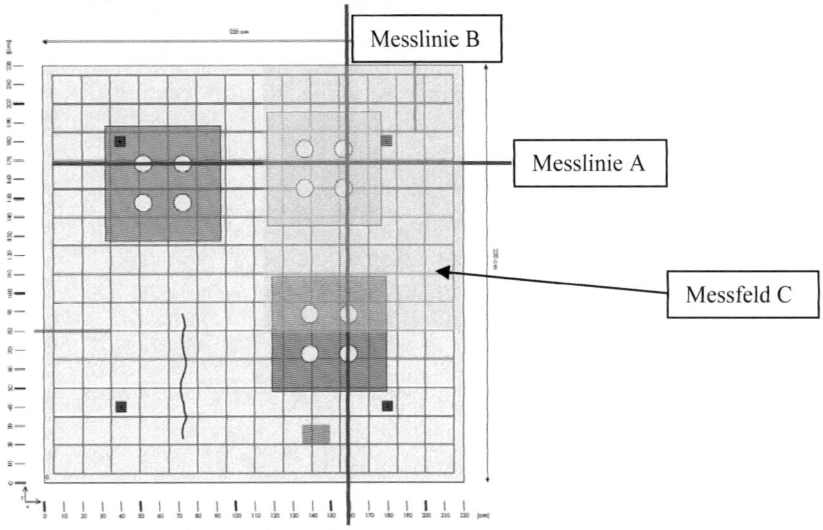

Abb. 6 Planskizze Prüfkörper C mit den eingezeichneten Messlinien und Messfeldern

4. Ergebnisse

4.1. Ultraschall

Die nachfolgenden Abbildungen dokumentieren die Ergebnisse der Ultraschall-Tomografie-Messuntersuchungen. Die Auswertungen zeigen dabei die Resultate der Messungen mit einem Messraster von 10 x 10 cm.

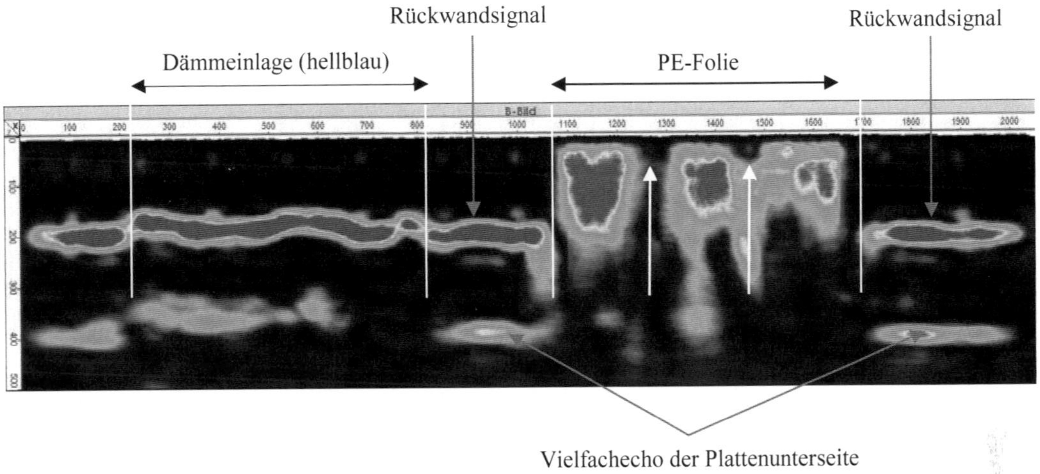

Abb. 7 B-Bild Messlinie A (siehe Abb. x)
Die Pfeile markieren dabei die runden Öffnungen (Durchmesser 10 cm) in der eingelegten PE-Folie.

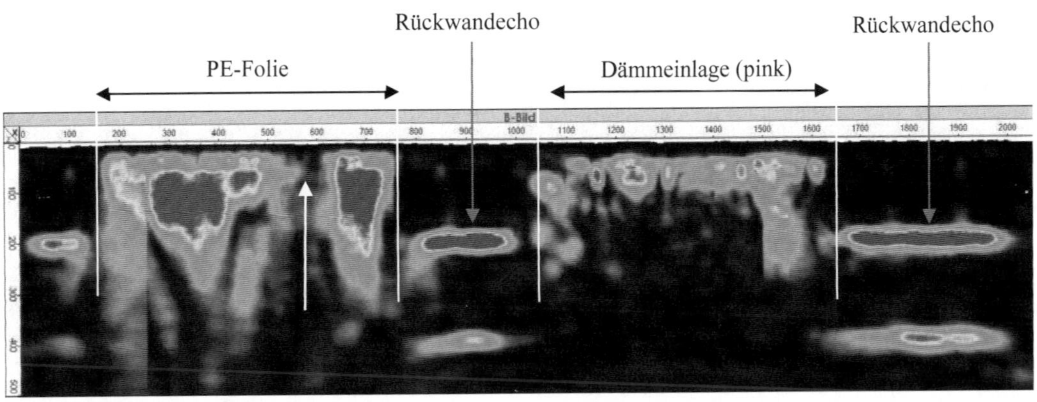

Abb. 8 B-Bild Messlinie B (siehe Abb. x)

Mit der Ultraschall-Tomografie konnten die im Prüfkörper C eingelegten Dämmmatten und die PE-Folie in der Lage sowie in der Bauteiltiefe eindeutig detektiert werden. Insbesondere in der PE-Folie konnten dabei sogar die kreisrunden Öffnungen (Durchmesser 10 cm) nachgewiesen werden.

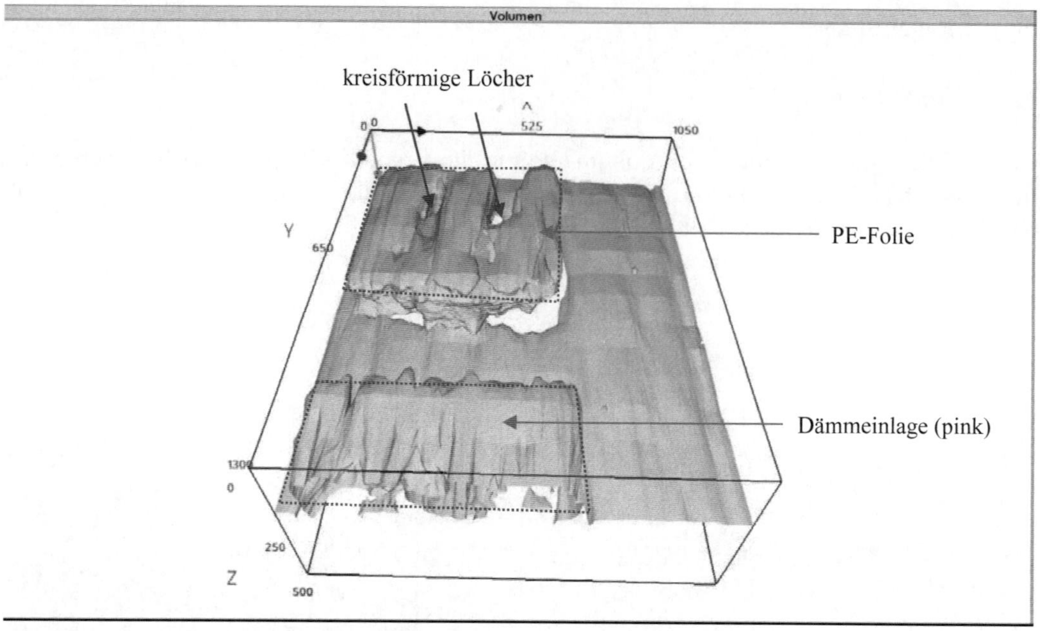

Abb. 9 Volumendarstellung Messfeld C (siehe Abb. x)
Die Pfeile markieren die kreisrunden Öffnungen in der PE-Folie.

4.2. Impact-Echo

Die nachfolgenden Abbildungen dokumentieren die Ergebnisse der Impact-_Echo-Messuntersuchungen. Die Auswertungen zeigen dabei die Resultate der Messungen mit einem Messraster von 10 x 10 cm.

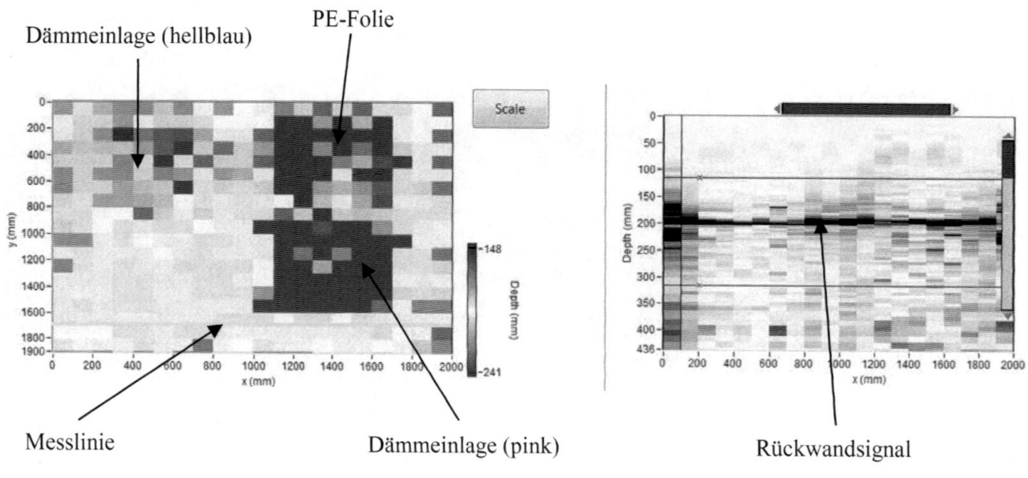

Abb. 10 Auswertung Draufsicht (links) und B-Scan Messlinie (gelb) ungestörter Bereich (rechts)

Die Dämmeinlage pink befindet sich 65 mm unter der Betonoberfläche unter der zweilagig verlegten Bewehrung.

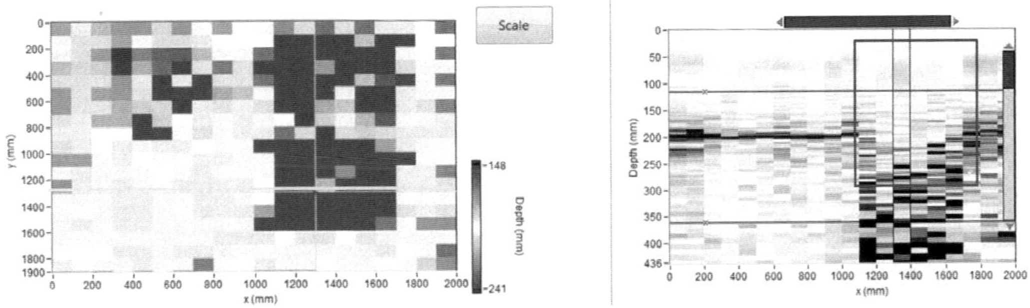

Abb. 11 Auswertung Draufsicht (links) und B-Scan Messlinie (gelb) im Bereich der Dämmeinlage (pink) unter der oberen Bewehrung (rechts)

4.3. Infrarot-Thermografie

Die Abbildungen 12 und 13 zeigen die ausgewerteten Wärmebilder während des Aufwärmvorgangs durch die Sonneneinstrahlung und während des anschliessenden Abkühlvorgangs. Auf eine weitergehende Auswertung der Wärmebilder im Amplituden- oder Phasenbereich wurde hierbei verzichtet.

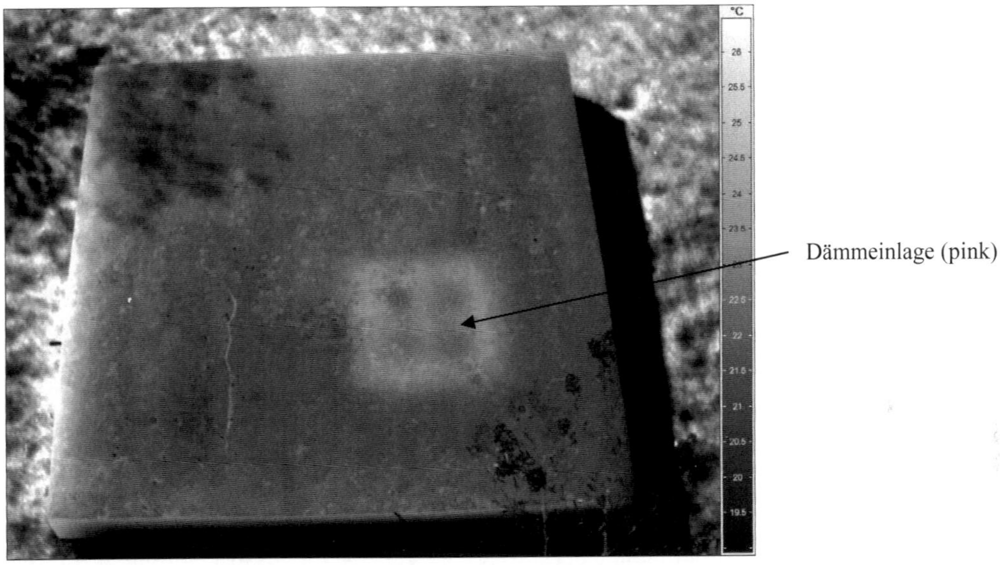

Abb. 12 ausgewertetes Wärmebild Prüfkörper C in der Aufwärmphase (ca. 30 Minuten nach Beginn der Erwärmung)

Mittels der aktiven Infrarot-Thermografie wurde die Dämmeinlage pink (siehe Abb. 6) unter den oberen Bewehrungslagen (65 mm unter Oberfläche) detektiert. Die in der Dämmplatte angebrachten kreisrunden Öffnungen (d=10 cm) sind dabei klar erkennbar. Hingegen konnte die auf der Bewehrung verlegte PE-Folie weder in der Aufwärm- noch in der Abkühlphase auf den Wärmebildern nachgewiesen werden. Die dünne (0.1 mm) Folie bewirkt keinen nennenswerten thermischen Unterschied im Prüfkörper.

Abb. 13 ausgewertetes Wärmebild Prüfkörper C in der Abkühlphase

5. Fazit

Die praxisbezogenen Untersuchungen an eigens hergestellten Prüfkörpern haben gezeigt, dass mit den modernen zerstörungsfreien Prüfverfahren oberflächenparallele Ablösungen und Schalenbildungen an Betonbauwerken detektiert werden können. Die Verfahren eignen sich insofern, als dass es sich um Echo-Verfahren handelt und somit das Bauteil nur einseitig zugänglich sein muss.

Die akustischen Verfahren Ultraschall oder Impact-Echo sind insofern ideal, als dass es beim Übergang der Schallwellen von Beton an Luft zu einer Totalreflexion kommt. Somit reichen schon kleinste Mikromillimeter kleine Hohlräume im Beton aus, dass es dann zu einer vollständigen Reflexion kommt. Die Schadenserfassung erfolgt über den Nachweis einer fehlenden bzw. gestörten Rückwandanzeige. Nachteilig dabei ist jedoch die Tatsache, dass die Schichtstärke bzw. die Abmessungen des Hohlraums mit den akustischen Verfahren nicht bestimmt werden können. In der Praxis führen vielfach kleinste Berührungen im Bauteil z.B. durch Zuschlagsstoffen zu Schallbrücken, welche dann zu einer Streuung des Signals führen können und somit keine eindeutige Zuordnung bzw. Charakterisierung der Fehlstelle erlauben. Ein weiterer Nachteil der erwähnten Verfahren ist der Umstand, dass es sich um punktuelle Messmethoden handelt und somit anderen Verfahren wie z.B. Radar relativ zeitaufwendig ist. Mit Ultraschall und Impact-Echo können, bedingt durch die laufzeitabhängige Signalschwächungen sowie materialabhängige Dämpfungen, Ablösungen oder Bauteilstärken bis zu rund einem Meter nachgewiesen werden.

Die folgenden Abbildungen 14 und 15 zeigen ein Beispiel einer Ultraschall-Messung bei einer Eisenbahnbrücke. Dabei ging es darum nachzuweisen, wie tief die an der Oberfläche visuell erkennbaren klaffenden Risse in das Bauteil hineinreichen. Bei sonst gleichbleibenden Randbedingungen sind auf relativ grossen Längen Bereiche ohne Echosignal von der Brüstungsrückseite vorhanden. Die anschliessend durchgeführten Kernbohrungen bestätigten die Bauteilschädigungen.

Abb. 14 Ultraschall-Messung bei einer AKR-geschädigten Brüstung bei einer Eisenbahnbrücke [7]

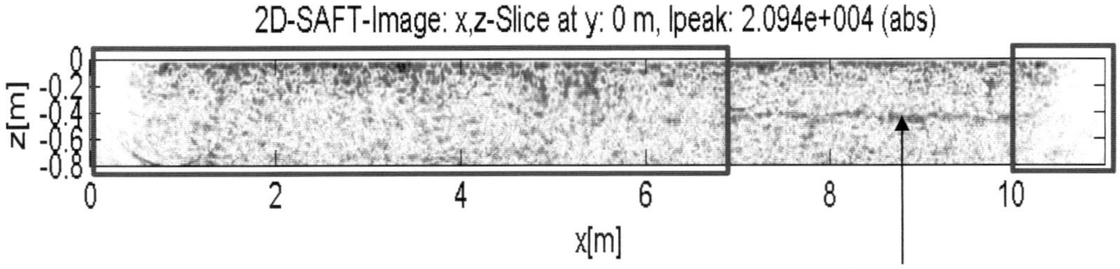

Abb. 15 SAFT-B-Bild der Seitenansicht Brüstung (Bauteilstärke 40 cm)
Die rot markierten Bereiche zeigen das fehlende Rückwandsignal.

Die Impuls-Thermografie erlaubt die berührungslose Detektion von oberflächennahen Fehlstellen in Betonbauwerken bis in eine Tiefe von etwa 10 cm. Damit können somit vielfach schon Abplatzungen im Beton infolge von karbonatinduzierter Bewehrungskorrosion festgestellt werden. Durch verschiedene Signal- und Bildverarbeitungsalgorithmen (Filter, Glättung u.w.) können verbesserte Kontraste erreicht werden. Zudem können mittels Bildung von Temperatur-Zeit-Kurven über Fehl- und Referenzstellen und daraus berechneten Differenzkurven Wärmebilder quantitativ ausgewertet werden.

Bei grösseren Bauteilstärken ab rund 1.0 Metern wie sie beispielsweise bei grossen Stützmauern möglich sind, kann das Impuls-Radarverfahren eingesetzt werden.

Mittels zerstörungsfreien Prüfverfahren können oberflächenparallele Ablösungen und Schalenbildungen an Betonbauwerken detektiert werden. Die Anwendung der erwähnten Prüfverfahren in der Praxis zeigt, dass vielfach eine Kombination von mehreren Prüfverfahren erforderlich bzw. empfehlenswert ist.

Und schliesslich gilt wie immer bei der Anwendung von zerstörungsfreien Prüfverfahren, dass jedes Bauwerk mit seiner Umgebung und den entsprechenden Randbedingungen ein Unikat darstellt. Es empfehlen sich daher, wann immer möglich, gezielte vorgängige Voruntersuchungen mit den Nachweis, dass die Aufgabenstellung mit den gewählten Verfahren gelöst werden kann.

Referenzen

[1] Merkblatt für Ultraschallverfahren zur Zerstörungsfreien Prüfung mineralischer Baustoffe und Bauteile
Deutsche Gesellschaft für Zerstörungsfreie Prüfung e.V., Mai 1999

[2] Merkblatt über das Radarverfahren zur Zerstörungsfreien Prüfung im Bauwesen
Deutsche Gesellschaft für Zerstörungsfreie Prüfung e.V., Februar 2008 (überarbeitete Fassung)

[3] Merkblatt über die Anwendung des Impakt-Echo-Verfahrens zur Zerstörungsfreien Prüfung von Betonbauteilen
Deutsche Gesellschaft für Zerstörungsfreie Prüfung e.V., März 2011

[4] Richtlinie für die Anwendung der zerstörungsfreien Prüfung von Tunnelinnenschalen (RI-ZFP-TU)
ZTV-ING,Teil 5 Tunnelbau, 2007

[5] Zerstörungsfreie Prüfung von Beton und Mauerwerk mit aktiver Thermografie
Ch. Maierhofer. M. Röllig, R. Arndt – MP Materials Testing 51 (2009) 9

[6] Empfehlung für die Schadensdiagnose und Instandsetzung von Betonbauwerken, die infolge einer Alkali-Kieselsäure-Reaktion geschädigt sind
Arbeitskreis 2 "Bauwerksdiagnose" des DAfStb-Unterausschusses "Alkalireaktion"

[7] AKR-Schäden bei Bestandesbauten – Zustandsuntersuchungen, Beurteilung und Instandsetzungsmassnahmen
Erhaltung von Bauwerken – Technische Akademie Esslingen TAE
Philipp Truffer, Valtest AG, 2017

Thermografische Schichtdickenbestimmung von Oberflächenschutzsystemen für Beton

Simon J. ALTENBURG [1], Rainer KRANKENHAGEN [1],
Helena EISENKREIN-KREKSCH [2]
[1] Bundesanstalt für Materialforschung und -prüfung (BAM), Berlin
[2] IBOS Institut für Betontechnologie und Oberflächenschutz GmbH, Bochum
Kontakt E-Mail: simon.altenburg@bam.de

Kurzfassung

Im Bauwesen werden häufig Polymerbeschichtungen auf Beton eingesetzt um zum einen ein bestimmtes Aussehen zu schaffen und zum anderen das Bauteil vor Alterung, Verschleiß und Schädigung zu schützen. Für die Erfüllung aller genannten Ziele ist das Erreichen einer vom Hersteller festgelegten Sollschichtdicke essentiell. Daher wird die Dicke der Beschichtung nach erfolgtem Schichtauftrag überprüft. Für den in diesem Zusammenhang anspruchsvollen mineralischen Untergrund Beton stehen bislang allerdings nur zerstörende Prüfverfahren zur Verfügung. Aus diesem Grund wurden im Rahmen des Projektes IRKUTSK in Kollaboration mit der IBOS GmbH ein auf aktiver Thermografie basierendes Verfahren sowie ein Gerät für den vor-Ort-Einsatz entwickelt, mit dessen Hilfe eine zerstörungsfreie Schichtdickenbestimmung möglich ist.

Das Poster erläutert das Messverfahren und die Umsetzung in der Praxis. Es werden Messergebnisse sowie der Vergleich mit zerstörend ermittelten Schichtdicken gezeigt. Hierbei konnte eine sehr gute Übereinstimmung nachgewiesen werden. Die notwendigen Erweiterungen des zugrundeliegenden Modells in Bezug auf die einzelnen Parameter werden erläutert und diskutiert.

Die hier vorgestellte Arbeit ist Teil des ZIM-Projektes IRKUTSK mit dem Förderkennzeichen KF2201089AT4 und ist gefördert durch das Bundesministerium für Wirtschaft und Energie aufgrund eines Beschlusses des Deutschen Bundestages.

Thermografische Schichtdickenbestimmung von Oberflächenschutzsystemen für Beton

BAM
Bundesanstalt für Materialforschung und -prüfung

Simon J. Altenburg[1], Rainer Krankenhagen[1], Helena Eisenkrein-Kreksch[2]
[1]BAM, Abteilung 8: Zerstörungsfreie Prüfung (ZfP), Richard-Willstätter Straße 11, 12489 Berlin
[2]IBOS Institut für Betontechnologie und Oberflächenschutz GmbH, Bochum

Motivation:

- Qualitätsprüfung (Schichtdickenbestimmung) von Oberflächenschutzsystemen für Beton
- Stand der Technik ist zerstörend („minimalinvasiv") und erfordert Nachbearbeitung

Beschichteter Beton-Fußboden (Produktbroschüre der Firma Sika)

Idee:

- Zerstörungsfreie Prüfung mit Thermografie
- Auswertung von Abkühlungskurven

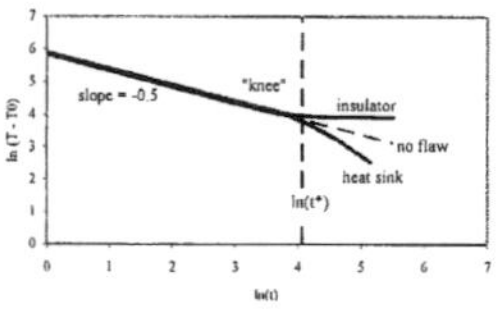

Abkühlung der Oberflächentemperatur nach Kurzpulserwärmung (aus ASTM 2582)

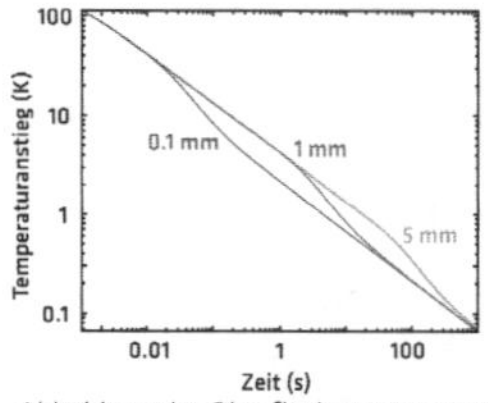

Abkühlung der Oberflächentemperatur nach Kurzpulserwärmung, berechnet für 3 Schichtdicken (Polymer auf Beton)

Realisierung:

- Erwärmung mit Halogenlampe
- Temperaturmessung mit IR-Kamera
- transportabel mit 220 V Anschluss

Prinzipieller Aufbau

Labor-Aufbau

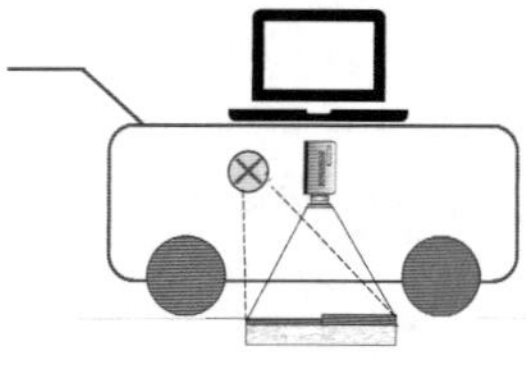

Skizze für Prototyp

Erweiterung des Modells:

- Exakte Pulsform statt Kurzpuls
- Thermische Verluste
- Teiltransparenz

➔ Modell mit vielen Parametern

Kalibration:

- Diffusivitäten von Beton und Polymer
- Optische Transparenz
- Pulsform

Vor-Ort-Messung:

- Energieeintrag
- Verluste

➔ Dicke der Polymerschicht

Auswertung und Ergebnisse:

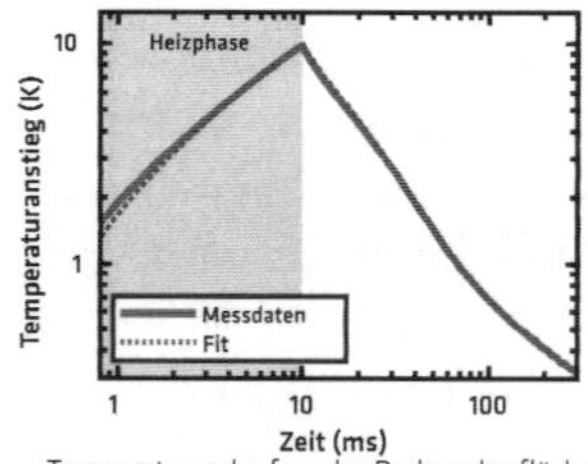

Temperaturverlauf an der Probenoberfläche und Fit der Modellergebnisse

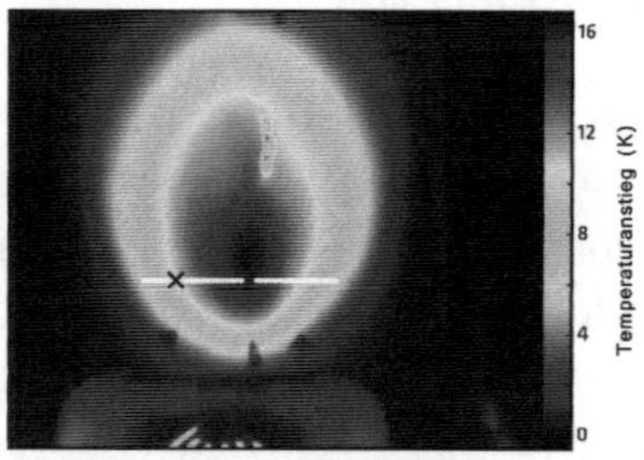

Thermogramm einer Polymerbeschichtung auf Beton mit variabler Schichtdicke.

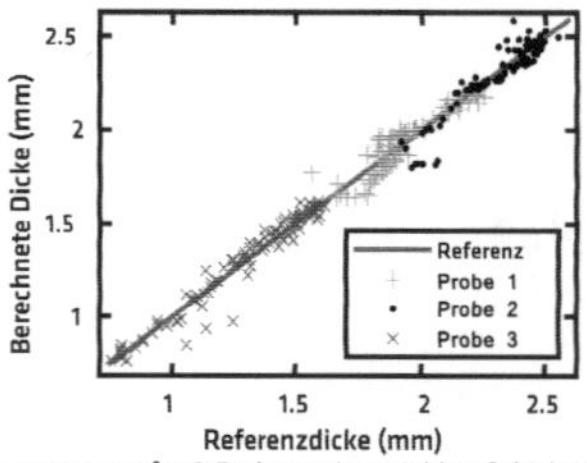

Auswertung für 3 Proben mit variablen Schichtdicken

➔ **Vor-Ort-Bestimmung der Schichtdicke ist möglich!**
➔ **Verwendung preisgünstiger Hardware ist möglich!**

➔ **Weitere Validierung und Erweiterung des Verfahrens sind geplant.**

Gefördert durch: Bundesministerium für Wirtschaft und Energie, ZIM
aufgrund eines Beschlusses des Deutschen Bundestages
Förderkennzeichen: KF2201089AT4

Sicherheit in Technik und Chemie

www.bam.de

Gesteuerte Risserzeugung in Stahlbeton zur Qualifizierung von ZfPBau-Anwendungen

Juri TIMOFEEV [1], Herbert WIGGENHAUSER [1]
[1] Bundesanstalt für Materialforschung und -prüfung (BAM), Berlin
Kontakt E-Mail: juri.timofeev@bam.de

Kurzfassung

Die Zerstörungsfreie Prüfung im Bauwesen (ZfPBau) liefert ergänzende Informationen für die Planung von Ertüchtigungsmaßnahmen an Bauwerken. Die ZfPBau bzw. die Prüflösungen müssen zur Validierung an bestimmten Vergleichskörpern untereinander verglichen werden.

Risse in Stahlbeton sind nicht notwendigerweise ein Schaden, in DIN EN 1992-1-1 werden etwa nur Risse mit einer Rissbreite größer 0,2 mm erfasst. Risse können aber ein Hinweis auf statische Probleme sein oder einen Schadensprozess fördern, etwa die Depassivierung der Bewehrung durch die beschleunigte Diffusion von Kohlendioxid. Deshalb ist die Bestimmung der Risstiefe und des Rissverlaufs für die Dauerhaftigkeitsabschätzung eines Bauwerks von Interesse.

Die Vergleichbarkeit von ZfPBau-Verfahren zur Charakterisierung von Rissen in Stahlbeton hängt wesentlich davon ab, dass die untersuchten Risse ein vergleichbares Prüfproblem darstellen. Risse in Stahlbeton werden charakterisiert durch die Rissbreite, die Risstiefe, den Rissverlauf und die Lage bzw. Orientierung zur Oberfläche.

Es muss wegen der Vielzahl von Schadensbildern eine Prioritätensetzung und Fokussierung auf besonders praxisrelevante Fälle vorgenommen werden. Dazu zählen z.B. bewehrungskreuzende und oberflächenoffene Risse, die für die Tragfähigkeit einer Konstruktion relevant sein können. Eine ausgewählte Prüfaufgabe ist dann die Detektion von Rissen senkrecht zur Oberfläche und die Bestimmung der Risstiefe.

Der Sprengmörtel „Betonamit“, dessen Wirkung auf seiner extremen Expansionsfähigkeit beruht, wird zur Risserzeugung in gezielt angeordnete Bohrlöcher gefüllt. Wichtig bei der Erzeugung von Rissen ist die Bohrlochparametervariation zur gezielten Risssteuerung. Es werden der Durchmesser, die Tiefe, die Füllhöhe und die Anordnung der Fülllöcher variiert. Die Risse entstehen im Wesentlichen in Abhängigkeit vom Volumen des eingefüllten Sprengmittels. Der Nachweis der Risstiefen erfolgte zerstörend, d.h. durch Sägen des Vergleichskörpers und Ausmessen der Risse.

Das Poster stellt die Arbeitsschritte, die erzeugten Risse und die statistische Auswertung dar. Ein Vergleichsversuch mit internationaler Beteiligung hat begonnen mit der Zielsetzung die Risserzeugung in unterschiedlichen Umgebungen zu vergleichen.

FHWA, Subcontract ESC #16-34 FE

Gesteuerte Risserzeugung in Stahlbeton zur Qualifizierung von ZfPBau-Anwendungen

Timofeev, J., Wiggenhauser, H.

BAM
Bundesanstalt für Materialforschung und -prüfung

Motivation

- Einheitlicher Maßstab zum Vergleich von ZfPBau-Prüfungen
- Hochrelevante Prüfaufgabe: Risse, oberflächenoffen und bewehrungskreuzend

Aufgabenstellung

- Risse mit vordefinierten Merkmalen in Stahlbeton erzeugen
- Merkmale: Tiefe, Rissöffnung, Verlauf, Form

Lösung

- Risserzeugung durch den Expansionsdruck eines nichtexplosiven Sprengmittels
- Gezielte Parametervariation der mit Sprengmittel gefüllten Bohrlöcher (Durchmesser, Tiefe usw.)
- Rissbegrenzung durch gezielt angebrachte Bewehrung
- Zerstörende Prüfung des Ergebnisses (Probekörper wird in Scheiben zersägt und die Risse visuell ausgewertet)
- Statistische Auswertung

Durchführung und Auswertung

- Bohrlochparametervariation
- Stabilisieren der Risse mit Kunstharz
- Sägen und Ausmessen der Risstiefe und -verläufe
- Rissfläche (Risstiefe, Risslänge, Rissspaltbreite) und Rissschräglage als Rissverlauf berücksichtigt
- Risstyp nach Sollrisstiefe und Bohrlochtiefe
- Auswertung der Fotos am Rechner, mindestens drei Teilnehmer

Ergebnisse, Ausblick

- Reproduzierbare Risse in der BAM
- Ringversuch mit internationaler Beteiligung in der Durchführung
- Nutzung der Risse als Standard
- Validierung und Zertifizierung

Risstyp	Bohrloch-tiefe [cm]	Soll-Wert Risstiefe [mm]	Ist-Wert Risstiefe [mm]	Standard-abweichung Risstiefe [mm]	Rissverlauf [mm]	Standard-abweichung Rissverlauf [mm]	Rissreihen für diesen Risstyp
1	5	85	94,3	22,8	22,9	13,0	5
2a	5	125	138	16,3	20,9	8,9	4
2b	6	125	90,8	30,4	7,7	5,5	3
3a	5	165	131	17,1	37,9	13,3	6
3b	6	165	136	22,6	20,8	10,6	6

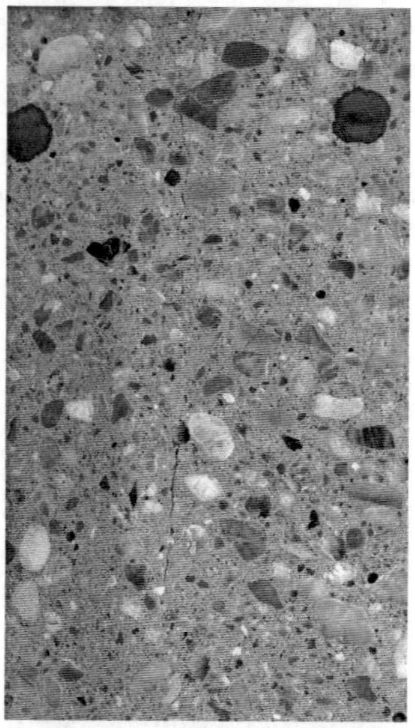

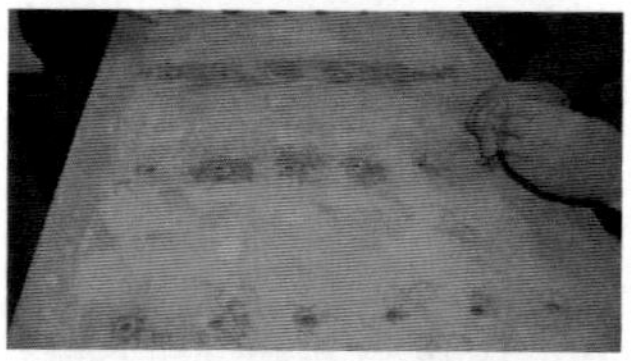

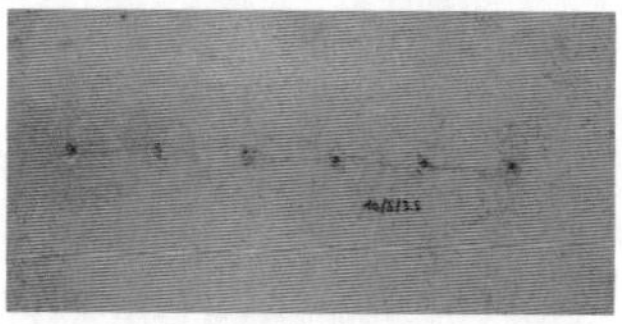

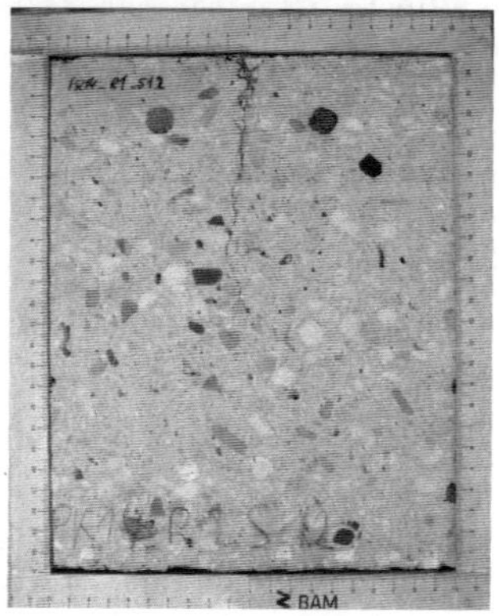

FHWA NDT&E Reference Specimens
Subcontract ESC #16-34 FE

Zerstörungsfreie Lokalisierung von Flüssigwasser in Schichtaufbauten - Projektvorstellung

Tim KLEWE [1], Christoph STRANGFELD [1], Sabine KRUSCHWITZ [1,2], Tobias RITZER [3]
[1] Bundesanstalt für Materialforschung und -prüfung (BAM), Berlin
[2] Technische Universität Berlin, Berlin
[3] Ingenieurbüro Tobias Ritzer GmbH, Schwabach
Kontakt E-Mail: tim.klewe@bam.de

Kurzfassung

Da derzeit keine zerstörungsfreie Alternative zur Lokalisierung von Leitungswasserschäden in Fußböden existiert, werden in der Regel unter hohem zeitlichen und finanziellen Aufwand Sondierungsbohrungen vorgenommen, um das entnommene Material im Labor thermo-gravimetrisch zu untersuchen. Dabei nehmen Leitungswasserschäden mit rd. 2,6 Milliarden Euro jährlich den deutlich größten Posten bei Gebäudeversicherungen ein. Für derartige Fragestellungen werden seit einigen Jahren Neutronensonden eingesetzt. Mit diesem Verfahren ist es möglich, sich einen Überblick über die Gesamtwassermenge in einem definierten Baustoffvolumen zu verschaffen, jedoch kann flüssiges und chemisch gebundenes Wasser nicht unterschieden werden. Daher werden die Messdaten mit den Ergebnissen der Sondierungsbohrungen kalibriert. So können auch große Flächen wie Industriefußböden in relativ kurzer Zeit größtenteils zerstörungsfrei untersucht werden. Da die integrale Messweise der Neutronensonde allerdings keine Tiefenzuordnung eines gefundenen Feuchteschadens zulässt, muss auch diese Information über die Bohrkerne generiert werden. Die Idee des Projekts ist, durch den parallelen Einsatz des Radarverfahrens in Zukunft auf Sondierungsbohrungen verzichten zu können. Nach der Abgrenzung trockener von feuchten Bereichen über die Neutronensonde, wird das Radarverfahren herangezogen, um typische Schadensfälle zerstörungsfrei zu unterscheiden. In systematischen Laborstudien an modular aufgebauten Referenzprobekörpern untersuchen wir die Nachweisgrenzen und Detektionswahrscheinlichkeiten der beiden Verfahren für verschiedene, häufig anzutreffende Fußbodenaufbauten. Anschließend sollen über Datenfusion und Signalverarbeitung innovative Auswertungsansätze entwickelt werden, welche die Messergebnisse von Neutronensonde und Radar automatisiert zur Gewinnung eines höheren Informationsgehalts und zur Klassifizierung der Schadensfälle kombinieren. Im Rahmen des Projekts wird die erarbeitete Vorgehensweise an real geschädigten Objekten getestet, um die Methode zu etablieren sowie Akzeptanz bei Anwendern und Eigentümern zu schaffen. Könnten durch genauere Schadenseingrenzung die Sanierungskosten um nur 4% gesenkt werden, ergäbe sich in Deutschland eine Kostenreduzierung von ca. 100 Million Euro jährlich.

Zerstörungsfreie Lokalisierung von Flüssigwasser in Schichtaufbauten - Projektvorstellung

BAM
Bundesanstalt für Materialforschung und -prüfung

Tim Klewe[1], Christoph Strangfeld[1], Sabine Kruschwitz[1,2], Tobias Ritzer[3]

[1] Bundesanstalt für Materialforschung und -prüfung (BAM)
[2] Technische Universität Berlin
[3] Ingenieurbüro Tobias Ritzer GmbH

MOTIVATION

Aktuell: **2,6 Mrd. € Leitungswasserschäden** deutschlandweit im Jahr 2016 [1]

Schadenslokalisierung oftmals durch zerstörende Verfahren (Sondierbohrungen)

Idee: Schadensdiagnose mittels rein zerstörungsfreier Prüfverfahren

Ann.: Senkung der Sanierungskosten um 4%
→ ca. **100 Mio. € Kostenreduktion/Jahr**

Gebäudeschäden im Vergleich

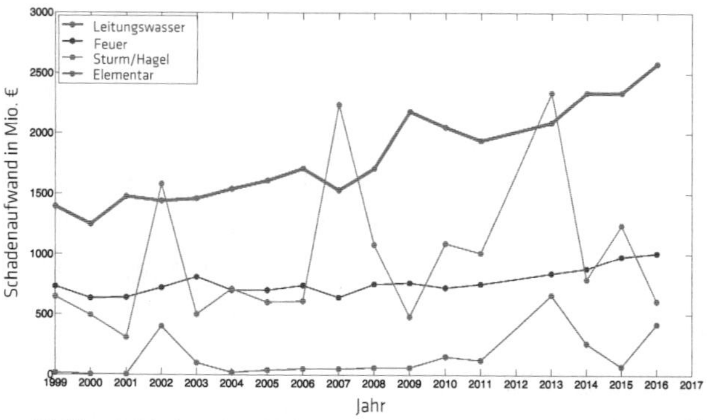

Abbildung 1: Schadenaufwand je Gefahr in der verbundenen Gebäudeversicherung [1]

METHODE

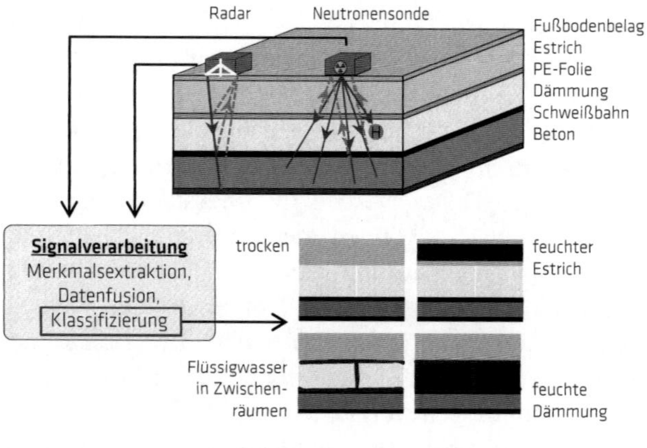

Abbildung 2: Messung am Fußbodenaufbau mit Radar und Neutronensonde und anschließende Klassifizierung der typischen Schadensfälle

Kombination Neutronensonde & Radar

Neutronensonde: Abgrenzung feuchter Bereiche - keine Tiefenauflösung - keine Unterscheidung von chemisch gebundenem Wasser und Flüssigwasser

Radar: Tiefenauflösung - messbarer Einfluss von Flüssigwasser – Klassifizierung typischer Feuchteschäden

Ziel

→ **Quantitative** Aussage zu schadensträchtigem Wasser

→ **Zerstörungsfreie** Abschätzung des Sanierungsaufwands

MEILENSTEINE

Neutronensonde
Untersuchung der Tiefensensitivität und des Einflusses der Hydratisierung

→ **Radar**
Extraktion signifikanter Signalmerkmale zur Klassifizierung typischer Feuchteschäden

→ **Kombination**
Automatisierte Bestimmung von Wassermenge und Schadensfall

→ **Praxis**
Erfolgreiche Anwendung auf Praxisfälle zur Validierung

Projektlaufzeit: 10/2017 - 10/2020

Referenzen
[1] Statistiken aus Jahrbüchern 2002-2012, Gesamtverband der Deutschen Versicherungswirtschaft e.V. (http://www.gdv.de/category/downloads/periodika/jahrbuch/), sowie der Internetseite (http://www.gdv.de/zahlen-fakten/schaden-und-unfallversicherung/wohngebaeudeversicherung/), abgerufen am 19.01.2017 und 01.12.2017

Sicherheit in Technik und Chemie

www.bam.de

Erprobung und Demonstration von ZfPBau-Verfahren an Abrissbauwerken

Martin FRIESE [1]

[1] Bundesanstalt für Straßenwesen (BASt), Bergisch Gladbach

Kontakt E-Mail: friese@bast.de

Kurzfassung

Bei der (Weiter-) Entwicklung von ZfPBau-Verfahren sowie zur Ermittlung und Demonstration von deren Leistungsfähigkeit kommen idealerweise realistische Testobjekte zum Einsatz, die zur Verifizierung auch zerstörend untersucht werden können.

Realitätsnähe und die Möglichkeit zur zerstörenden Verifizierung schließen sich häufig gegenseitig aus. Für Laboruntersuchungen hergestellte Testkörper können zwar zerstört werden, bilden die Realität aber meist nur unzureichend ab. Und bestehende Bauwerke bieten zwar ein Höchstmaß an Realitätsnähe, zerstörende Maßnahmen, insbesondere zur Verifizierung von ZfPBau-Untersuchungsergebnissen, sind aber meist ausgeschlossen.

Für den Bereich des Brückenbaus haben sich Bauwerke, bei denen ein Ersatzneubau ansteht, als besonders geeignet erwiesen: vor dem Abriss bietet sich die Möglichkeit zur Anwendung von ZfPBau-Verfahren; im Zuge des Abrisses kann eine zerstörende Verifizierung der ZfPBau-Ergebnisse stattfinden. In den letzten Jahren wurden im Auftrag des BMVI und unter wissenschaftlicher Begleitung durch die BASt verschiedene Untersuchungen an abzubrechenden Brücken durchgeführt, deren Ergebnisse in diesem Beitrag übersichtsartig vorgestellt werden. Das Spektrum der Prüfaufgaben umfasste dabei z.B. die Ermittlung der inneren Geometrie (Ortung von schlaffer Bewehrung und von Spannkanälen), die Detektion eventueller Verpressfehler, sowie die Detektion von Spannstahlbrüchen in Querspanngliedern.

Abrissbauwerke sind als Testobjekte für ZfPBau-Verfahren hervorragend geeignet. Mit dem Allgemeinen Rundschreiben Straßenbau (ARS) 11/1999 ist der administrative Rahmen für entsprechende Projekte vorhanden. Für eine erfolgreiche Durchführung sind frühzeitige (d.h. vor Auftragsvergabe der Abbruchmaßnahmen) Absprachen zwischen der jeweils zuständigen Straßenbauverwaltung, der BASt und dem BMVI erforderlich.

Erprobung und Demonstration von ZfPBau-Verfahren an Abrissbauwerken

Hintergrund

Wenn neue bzw. weiterentwickelte ZfPBau-Anwendungen erprobt oder demonstriert werden, ist das dafür verwendete Testobjekt von entscheidender Bedeutung.

Im Idealfall bildet dieses Objekt die Realität gut ab, ist reproduzierbar herstellbar und kann bei Bedarf einer zerstörenden Verifizierung unterzogen werden.

Testkörper, die alle drei Anforderungen erfüllen, sind nur mit hohem Aufwand und entsprechenden Kosten herstellbar. Für den Bereich des Brückenbaus haben sich Abrissbauwerke als ideale Testobjekte erwiesen. In den letzten Jahren wurden im Auftrag des derzeitigen Bundesministeriums für Verkehr und digitale Infrastruktur (BMVI) und unter wissenschaftlicher Betreuung durch die Bundesanstalt für Straßenwesen (BASt) verschiedene ZfPBau-Projekte an abzubrechenden Spannbetonbrücken erfolgreich durchgeführt. Um die teils unveröffentlichten Ergebnisse einer breiteren Fachwelt zur Verfügung zu stellen, werden die wichtigsten Erkenntnisse nun in einer Gesamtschau zusammengeführt.

Strukturermittlung

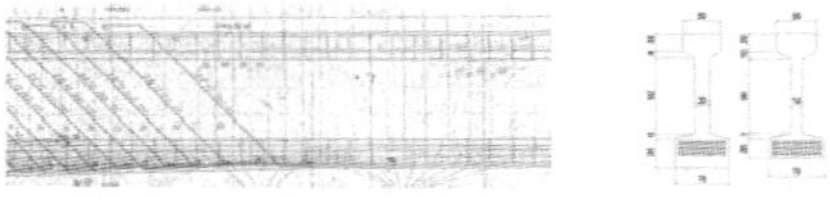

Ausschnitt aus Bewehrungsplan (links), Schnitt (rechts) (aus [2])

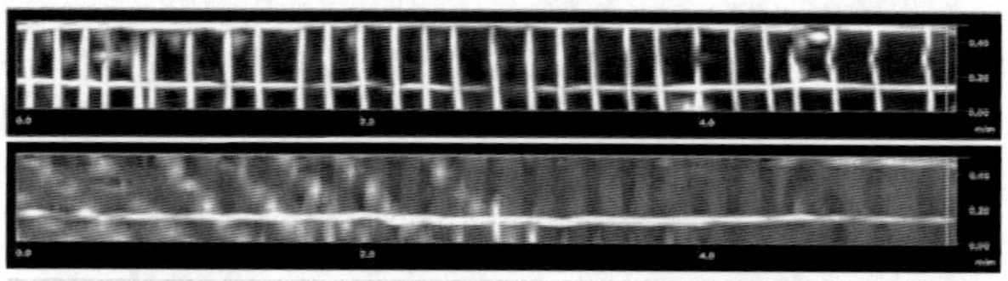

Handgeführte Radarmessungen am Steg: Tiefenschnitte in 4 cm (oben) und 7 cm Tiefe. Die schlaffe Bewehrung sowie die schrägen Schubnadeln sind gut erkennbar. (aus [2])

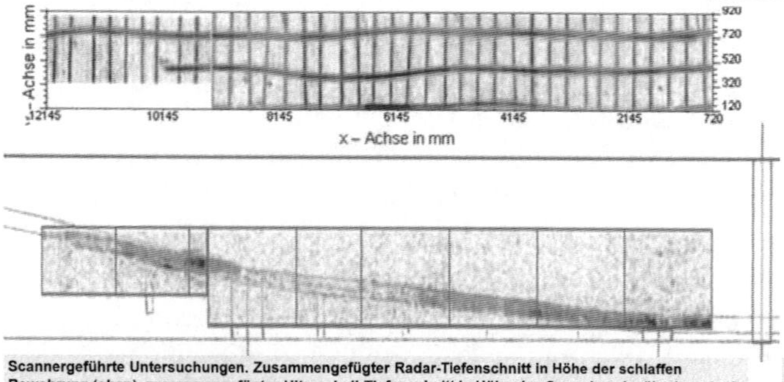

Scannergeführte Untersuchungen. Zusammengefügter Radar-Tiefenschnitt in Höhe der schlaffen Bewehrung (oben), zusammengefügter Ultraschall-Tiefenschnitt in Höhe des Spannkanals, überlagert mit Bestandszeichnung (unten) (aus [1])

Bauwerksscanner im Einsatz (aus [1])

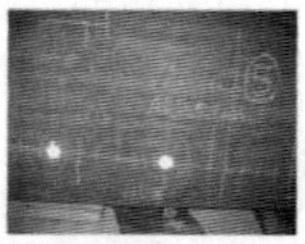

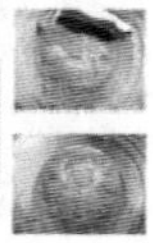

Entnahmestellen am Längsträger mit eingezeichneter Spanngliedlage (links), Detailaufnahmen des geöffneten Spannkanals (rechts) (aus [1])

Magnetische Streufeldmessung

MobiRem-Messeinheit REM 350 (A: Jochmagnet, B: rotierender Sensor) auf der Spandauer-Damm-Brücke (oben), Messbereich der südlichen Brücke (unten) (aus [3])

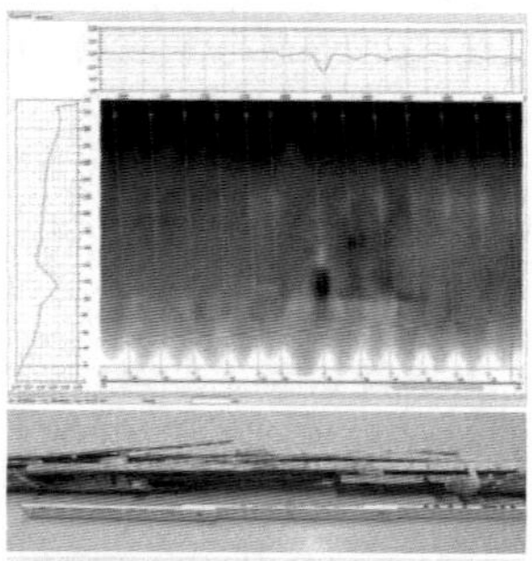

Streufeld in einem Bereich mit Verdacht auf Spannstahlbruch (oben), Querspannglieder und Verdachtsbereich farbig markiert; an der Verdachtsstelle entnommenes und gerissenes Spannglied (unten) (aus [3])

Erkenntnisse

Sowohl mit mechanisierten als auch mit handgeführten Messungen gelingt eine **präzise** laterale **Ortung von inneren Strukturen**. Wichtig hierfür ist eine exakte Verortung der Messfelder. Ein künftiger Anwendungsbereich hierfür liegt in der **Rekonstruktion von Bestandsplänen für die Nachrechnung** (Leitfaden in Vorbereitung)

Bei der **Phasenauswertung** zur Detektion von Verpressfehlern kann es bei geringer Betondeckung der Spannglieder zu Artefakten (gedrehte Phasenlage) infolge einer Überlagerung aus Oberflächenwelle und Reflexion am Hüllrohr kommen. Dies lässt sich durch entsprechende **Filterung** vermeiden.

Die **Relevanz der Streufeldmessung** für die Prüfaufgabe „Detektion von Spannstahlbrüchen" wurde nachgewiesen, Auswertealgorithmen wurden nachfolgend noch deutlich verbessert..

Fazit

Abrissbauwerke sind als Testobjekte für ZfPBau-Verfahren hervorragend geeignet. Mit dem ARS 11/1999 ist der administrative Rahmen für entsprechende Projekte vorhanden. Für eine erfolgreiche Durchführung sind frühzeitige (d.h. vor Auftragsvergabe der Abbruchmaßnahmen) Absprachen zwischen der jeweils zuständigen Straßenbauverwaltung, der BASt und dem BMVI erforderlich. Ein künftiger Schwerpunkt von ZfPBau-Projekten an Abrissbauwerken könnte in vergleichenden Untersuchungen zur Gütebewertung von ZfPBau-Lösungen liegen.

Zugrunde liegende Berichte:

[1]: Friese, Taffe, Wöstmann, Zoëga: Ortung von Spanngliedern und Verpressfehlern in Hüllrohren mit Ultraschall-Echo, Impakt-Echo und Radar am Brückenbauwerk Nr.4511564 im Zuge der A1 bei Hagen/Schwerte

[2]: Willmes, Hannöver, Erfurt, Tatarin: Zerstörungsfreie- und materialtechnische Untersuchungen an der ältesten Spannbetonbrücke Hessens

[3]: Taffe, Wiggenhauser, Walther, Hillemeier: Untersuchungen an abzubrechenden Brückenbauwerken gemäß ARS Nr. 11/1999 – Abbruch Spandauer-Damm-Drücke in Berlin

Dr.-Ing. Martin Friese

Bundesanstalt für Straßenwesen (BASt) • Brüderstraße 53 • 51427 Bergisch Gladbach

✉ friese@bast.de

Zerstörungsfreie Feuchtebestimmung und Porengrößenabschätzung an Estrichen mittels NMR

Sarah Mandy NAGEL [1], Christoph STRANGFELD [1], Sabine KRUSCHWITZ [1,2]
[1] Bundesanstalt für Materialforschung und -prüfung (BAM), Berlin
[2] Technische Universität Berlin, Berlin

Kontakt E-Mail: sarah-mandy.nagel@bam.de

Kurzfassung

Nuklear magnetische Resonanz (NMR) etabliert sich zunehmend im Bauingenieurwesen als eine alternative Methode zur zerstörungsfreien Feuchtebestimmung in Baustoffen. Schäden, die durch einen zu hohen Anteil an Flüssigwasser auftreten können, sind Ablösungen, Korrosion, Frostschäden, Induktion von Salzkristallisationen, etc. Aufgrund der Sensitivität für ^{1}H-Protonen, ist NMR eine geeignete Methode zur Feuchtedetektion. Dabei kann laut Theorie zwischen frei, chemisch oder physikalisch gebundenem Wasser differenziert werden, während in der Praxis abhängig von der Messtechnik und Probengröße größtenteils nur das freie Wasser detektierbar ist. Mithilfe der NMR Relaxometrie lassen sich nicht nur Relaxationsabklingkurven ermitteln, sondern auch Relaxationszeitenverteilungen, sowie bei Vollsättigung ggf. eine Porengrößenverteilung ableiten. Darüber hinaus lassen sich erste Annahmen über die Entwicklung der Porensättigung bei Teilsättigung der Probe treffen.

Ziel dieser Arbeit war die Untersuchung der zeitlichen Entwicklung der Porensättigung während des natürlichen Trocknungsprozesses (Teilsättigung) sowie die Ermittlung der Porengrößenverteilung an Beispiel von zementgebundenen Estrichen. Für den Versuch wurden zwei zementgebundene Estrichproben nach abgeschlossener Hydratation wieder aufgesättigt. Während des anschließenden natürlichen Trocknungsprozesses wurden regelmäßig NMR-Messungen durchgeführt sowie die Massenentwicklung observiert. Hauptfokus lag auf der zeitlichen und tiefenabhängigen Entwicklung der Relaxationszeitenverteilungen. Bei fortschreitender Trocknung der Proben konnte eine Verschiebung des Maximums der Relaxationszeitenverteilung zu kleineren Zeiten beobachtet werden. Die Ursache liegt zum einen in dem abnehmenden Anteil an freiem Wasser in größeren Poren und zum anderen in dem verhältnismäßig zunehmenden Signalanteil durch Wasser in kleineren Poren. Durch den Vergleich mit Quecksilberporosimetrie und Gas-Adsorptions-Ergebnissen, konnte aus den NMR-Daten eine unimodale Porengrößenverteilung mit einer dominanten Porengröße von 0,08 bis 0,1 µm und eine effektive Oberflächenrelaxivität von ca. 10 bis 30 µm/s abgeleitet werden.

Zerstörungsfreie Feuchtebestimmung und Porengrößenabschätzung an Estrichen mittels NMR

Sarah Mandy Nagel, Christoph Strangfeld, Sabine Kruschwitz

BAM Bundesanstalt für Materialforschung und -prüfung

Motivation

Da Feuchte in Bauwerken zu Schäden wie Korrosion, AKR (Alkali-Kieselsäure-Reaktion), Schimmelbildung, Frostschäden, etc. führen kann, ist die Detektion von schadensträchtigem Wasser in Baustoffen für das Bauwesen von hoher Bedeutung. Gängige Methoden, die nicht zerstörungsfrei sind und nur punktuelle Informationen liefern, sind die CM[1]- und Darrmethode[2]. NMR stellt eine Alternative zur Feuchtebestimmung und Porengrößenabschätzung dar, die sich insbesondere durch die Sensitivität für ^1H-Protonen unabhängig von der Bindung auszeichnet und vollständig zerstörungsfrei ist.

Ziele

- Untersuchung von transversalen NMR-Relaxationszeiten
- Zeitliche Entwicklung der Porensättigung während des natürlichen Trocknungsprozesses
- Abschätzung der vollgesättigten Porengrößen zu unterschiedlichen Feuchtezuständen

Versuchsaufbau und Methodik

- Messobjekte: zwei zementgebundene (CT) Estrichproben (35 und 70 mm dick),hier nur die 70 mm Probe vorgestellt
- Wiederaufsättigung nach abgeschlossener Hydratation
- Messung während des natürlichen Trocknungsprozesses bei Lagerung im Normklima (23°C, 50% rH)
- NMR-Relaxometrie[3], Quecksilberporosimetrie (MIP), Gas-Adsorption (BJH)
- Feuchtegehalte mittels Trockenmasse aus Vorversuch berechnet (laufender Versuch)

Parameter	Wert
sensitives Volumen [mm³]	40 x 40 x 0.12
Senderfrequenz [MHz]	13.54
max. Eindringtiefe [mm]	24.8
Anzahl an Scans [-]	1000
Anzahl an Echos [-]	150
Echozeit [µs]	95

Tabelle 1: Eigenschaften und Einstellungen der NMR-Mouse PM-25.

Abbildung 1: Foto der NMR-Mouse PM-25[4] während der Messung der Estrichprobe.

Ergebnisse

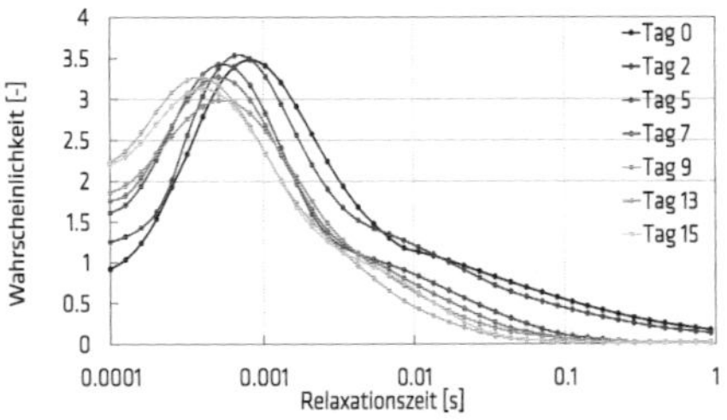

Abbildung 2: Relaxationszeitenverteilung (Mittelwert über die Probentiefe).

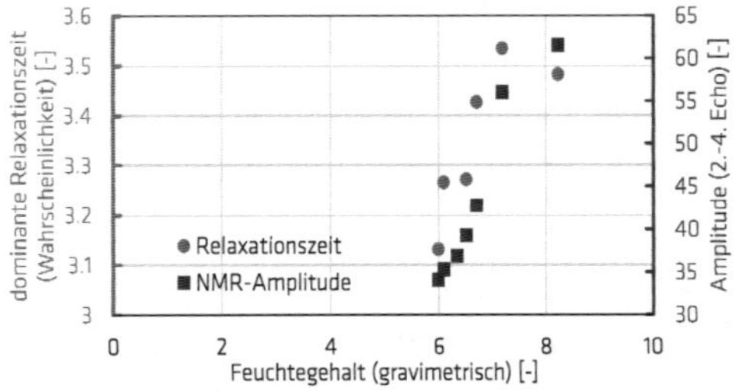

Abbildung 3: Entwicklung der dominanten Relaxationszeit (über die Probentiefe gemittelt) und der Amplitude (2.-4. Echo gemittelt in Probentiefe 55 mm) über den gravimetrisch ermittelten Feuchtegehalt.

- Mittels Relaxationszeitenverteilungen lassen sich Aussagen darüber treffen, welche Porengrößen gesättigt sind und zum Signal beitragen (Abb. 2 und 4)
- NMR-Amplitude ist proportional zum Wasserstoffgehalt
- Verschiebung der Relaxationszeitenverteilungen zu kürzeren Zeiten
- ➢ kürzere Relaxationszeiten in kleineren Poren, große Poren entleeren sich zuerst

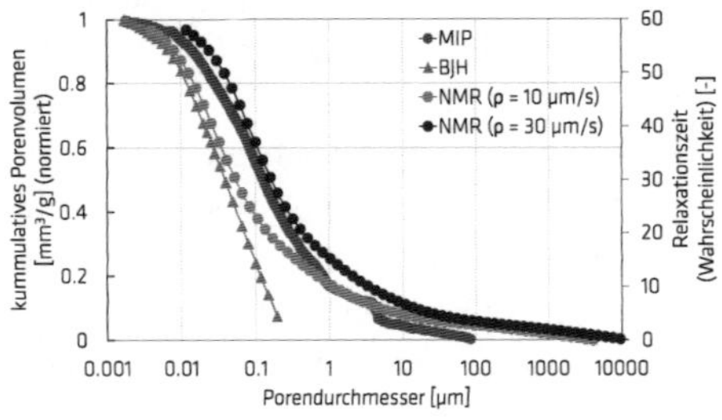

Abbildung 4: Vergleich der BJH/MIP Ergebnisse mit NMR-Daten für eine Oberflächenrelaxivität von ρ = 10 µm/s und ρ = 30 µm/s.

Fazit

Die dominante Relaxationszeit und die NMR-Amplitude zeigen eine Abnahme mit fortschreitender Trocknung (Abb. 3). Mit Betrachtung der abgeleiteten Relaxationszeiten erhält man ein zusätzliches Tool zur Beschreibung von Transportphänomenen. Mit einer geschätzten Oberflächenrelaxivität von 10 bis 30 µm/s ließ sich die beste Übereinstimmung zwischen den NMR- und BJH/MIP-Daten erzielen und eine unimodale Porengrößenverteilung mit einer dominanten Porengröße von ca. 0,08 bis 0,1 µm für CT-Estriche bestimmen (Abb. 2 und 4).

Referenzen

[1] BEB-Merkblatt. CM-Messung. Bundesverband Estrich und Belag e. V., Troisdorf, 2007.

[2] DIN EN 13183-1:2002. Feuchtegehalt eines Stückes Schnittholz – Teil 1: Bestimmung durch Darrverfahren, 2002.

[3] G. R. Coates, L. Xiao, and M. G. Prammer. NMR Logging Principles and Applications. Halliburton Energy Services, 1999.

[4] Magritek. NMR-Mouse one-sided NMR, 29.11.2017. URL: http://www.magritek.com/products/nmr-mouse/.

Danksagung

Die Autoren bedanken sich bei Herrn Dr. Kühne und Herrn Haamkens (BAM 7.4) für die Probenherstellung, sowie bei Dr. Stephan Costabel für seine wissenschaftliche Unterstützung, Beratung und inspirierenden Diskussionen. Für die Bereitstellung des benutzerfreundlichen Inversionsalgorithmus von Dr. Thomas Hiller sind die Autoren sehr dankbar.

Kontakt

Sarah Mandy Nagel

E-Mail: sarah-mandy.nagel@bam.de

Bundesanstalt für Materialforschung und -prüfung

Sicherheit in Technik und Chemie

www.bam.de

Untersuchungen zu Einflussgrößen auf die Messgenauigkeit der Ultraschall-Dickenmessung von Betonbauteilen

Linda DÖLL [1], Martin SCHICKERT [2], Ralf W. ARNDT [1]
[1] Fachhochschule Erfurt, Fakultät Bauingenieurwesen und Konservierung/Restaurierung, Erfurt
[2] Materialforschungs- und -prüfanstalt (MFPA) an der Bauhaus-Universität Weimar, Weimar

Kontakt E-Mail: martin.schickert@mfpa.de

Kurzfassung

Für die Ultraschall-Dickenmessung von Betonbauteilen ist eine Reihe von Handmessgeräten verfügbar, mit denen einseitige Messungen schnell und einfach durchgeführt werden können. Die Messgenauigkeit beim Einsatz dieser Geräte hängt von verschiedenen Einflussgrößen ab, die in den Geräten und deren Messverfahren, ihrer Anwendung und der Auswertung angelegt sind.

In dieser Arbeit wird der Beitrag wichtiger Einflussgrößen auf die Messunsicherheit von Ultraschall-Dickenmessungen im Dickenbereich von 70 bis 600 mm untersucht. Dafür wurden die Messparameter in Modellrechnungen variiert, und es wurden systematische Dickenmessungen mit zwei kommerziellen Handgeräten und einem scannenden Abbildungssystem im Labor an drei Stufentestkörpern durchgeführt. Die Auswertung erfolgte anhand von A- und B-Bildern sowie zu Vergleichszwecken mit der SAFT-Rekonstruktion.

Die Unterschiede in den Justiermöglichkeiten der Geräte werden aus den Messergebnissen und den resultierenden Messunsicherheiten deutlich. Es wird deshalb beispielhaft gezeigt, wie die Messunsicherheit eines nur teilweise justierbaren Gerätes durch eine Rekalibrierung verbessert werden kann. Die ermittelten Messunsicherheiten werden angegeben, und der Beitrag der wichtigsten Einflussgrößen wird diskutiert.

Linda Döll, FH Erfurt
Martin Schickert, MFPA Weimar
Ralf Arndt, FH Erfurt

FACHHOCHSCHULE ERFURT UNIVERSITY OF APPLIED SCIENCES

Untersuchungen zu Einflussgrößen auf die Messgenauigkeit der Ultraschall-Dickenmessung von Betonbauteilen

Die Dicke von Betonbauteilen lässt sich mit Ultraschall-Handmessgeräten relativ einfach aus A-Bildern, B-Bildern und Rastermessungen bestimmen. Voraussetzung für genaue Messergebnisse ist eine Justierung der Geräte.

Mit den Geräten ACSYS A1220 Monolith und Proceq Pundit PL-200PE wurden systematische Labormessungen an drei Stufentestkörpern im Dickenbereich von 70 bis 600 mm durchgeführt.

Die Messunsicherheit der Geräte wurde anhand der resultierenden A- und B-Bilder vergleichend untersucht, und es wurde gezeigt, wie sich die Messergebnisse eines nur teilweise justierbaren Gerätes durch Rekalibrierung verbessern lassen.

Laufzeit und Schallweg

$t = t_0 + \Delta t$

$s = c \cdot \Delta t$

$c = s / \Delta t$

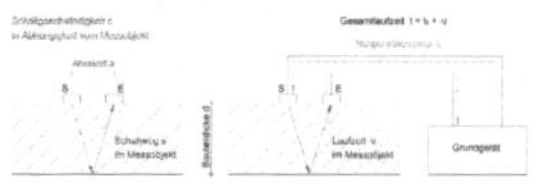

t gemessene Laufzeit
t_0 Systemlaufzeit (Messgerät, Prüfköpfe)
Δt Laufzeit im Beton entlang Schallweg
s Schallweg
c Schallgeschwindigkeit

Dickenmessung

a Abstand Sender/Empfänger
d Betondicke

$$s = 2 \cdot \sqrt{\left(\frac{a^2}{4} + d^2\right)} \qquad d = \frac{\sqrt{(c^2 \cdot (t - t_0)^2 - a^2)}}{2}$$

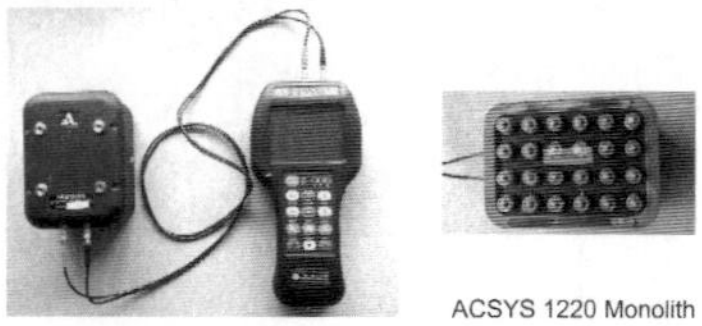

ACSYS 1220 Monolith

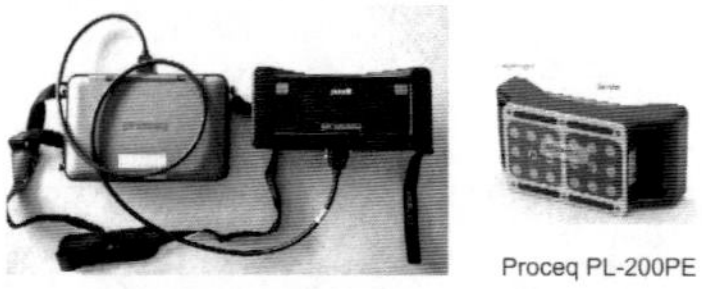

Proceq PL-200PE

Rekalibrierung

Nachträgliche Rekalibrierung der mit einem Gerät gemessenen Dicken.

Für veränderte Schallgeschwindigkeit:

$$d_{neu} = x_c \cdot d_{alt}$$

$$x_c = \frac{\sqrt{c_{neu}^2 \cdot \Delta t^2 - a^2}}{\sqrt{c_{alt}^2 \cdot \Delta t^2 - a^2}}$$

$$x_c = \frac{\sqrt{c_{neu}^2 \cdot \Delta t^2}}{\sqrt{c_{alt}^2 \cdot \Delta t^2}} = \frac{c_{neu}}{c_{alt}} \quad \text{für } a = 0$$

Für alle Parameter:

$$x_{NK} = \frac{\sqrt{c_{neu}^2 \cdot (t - t_{0,\,neu})^2 - a_{neu}^2}}{\sqrt{c_{alt}^2 \cdot (t - t_{0,\,alt})^2 - a_{alt}^2}}$$

Kalibrierung am Stufentestkörper

Testkörper mit drei Dicken 100, 201, 302 mm.

Bestimmung von Nullpunktkorrektur und Schallgeschwindigkeit über Ausgleichsgeraden durch die Dickenmessungen:

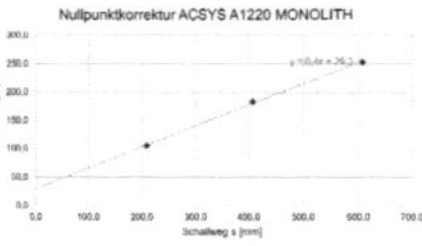

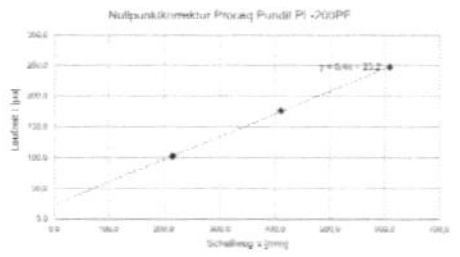

Ergebnisse der Kalibrierung

- Die geringsten Messabweichungen werden bei beiden Geräten für einen Sender-Empfänger-Abstand a = 0 mm erreicht. Wahrscheinlicher Grund: Beide Geräte berücksichtigen a nicht in ihren Dickenberechnungen.
- Maximale Messabweichung von den realen Dicken des 3-Stufen-Testkörpers:
  A1220 maximal 4 mm
  PL-200PE maximal 42 mm
  Grund: Keine Berücksichtigung der Systemlaufzeit im Gerät
  Nach Rekalibrierung: maximal 1 mm
- Die ermittelten Schallgeschwindigkeiten sind geräteabhängig:
  A1220 c = 2737 m/s
  PL-200PE c = 2781 m/s

Bestimmung der Messunsicherheit

Messungen an zwei Stufentestkörpern

Flächen jeweils 1,60 m x 0,80 m,
Nenndicken 70, 100, 150, 200 mm
bzw. 300, 400, 500, 600 mm

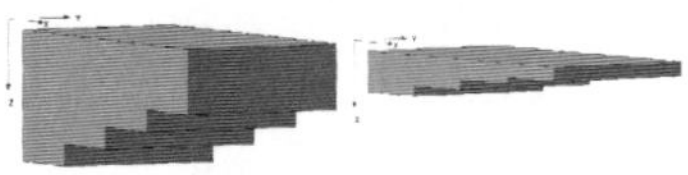

Kalibrierwerte (Mittelwerte über alle 8 Stufen):
A1220 t_0 = 26 µs, c = 2488 m/s
PL-200PE t_0 = 23 µs, c = 2526 m/s

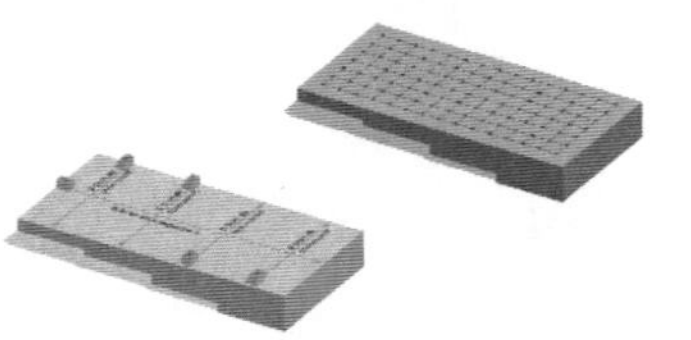

Dickenmessungen

- B-Bilder entlang einzelner Linien
- Flächenmessungen auf Raster 100 mm x 100 mm
- A-Bilder als Wiederholungsmessungen
- 2D-SAFT-Rekonstruktionen entlang einzelner Linien

Ergebnisse

- A1220, B-Bilder:
  maximale absolute Abweichung: 7,7 mm
  relative Abweichungen: -1,4 ... 0,8 %
  maximale Standardabweichung: 7,8 mm
  Std.abw. Wiederholung: 0,6 mm (A-Bilder)
- PL-200PE, B-Bilder nach Rekalibrierung:
  maximale absolute Abweichung: 4,2 mm
  relative Abweichungen: -5,6 ... 0,3 %
  maximale Standardabweichung: 4,4 mm
  Std.abw. Wiederholung: 0,9 mm (A-Bilder)

Zusammenfassung

- Das Gerät PL-200PE berücksichtigt die Systemlaufzeit nicht. Dadurch entsteht ein systematischer Messfehler von ca. 30 mm, der durch eine Rekalibrierung nachträglich korrigiert werden muss.
- Mit justierten Geräten bzw. nach Rekalibrierung wurden unter Laborbedingungen im Dickenbereich von 70 bis 400 mm 2σ-Messunsicherheiten von 10 mm und bis 600 mm von 20 mm erreicht.
- Die Messunsicherheiten sind damit nicht größer als die nach DIN 1045-3:2012-03 erlaubten Maßtoleranzen im Betonbau.
- Die ermittelten Schallgeschwindigkeiten unterscheiden sich von Gerät zu Gerät um 1 % bis 2 %.
- Die 2σ-Messunsicherheit bei Messwiederholungen liegt bei beiden Geräten unter 2 mm.

FH Erfurt – University of Applied Sciences
Fakultät Bauingenieurwesen und Restaurierung / Konservierung
Altonaer Str. 25
99085 Erfurt
www.fh-erfurt.de
Kontakt:
martin.schickert@mfpa.de
Materialforschungs- und -prüfanstalt an der Bauhaus-Universität Weimar
Coudraystr. 9
99423 Weimar
www.mfpa.de

Mikrowellen-Feuchtescans an großen Bauwerken – Anwendungen des Mikrowellenscanners MOIST SCAN 100

Arndt GÖLLER [1], Björn JUNGSTAND [1]
[1] hf sensor GmbH, Leipzig

Kontakt E-Mail: arndt_goeller@hf-sensor.de

Kurzfassung. In den letzten Jahren hat der Bedarf an zerstörungsfreien Feuchteuntersuchungen auf großen Bauteilen deutlich zugenommen. Für die Ermittlung des Feuchtezustands auf derart großen Flächen hat sich der Mikrowellen-Mobilscanner MOIST SCAN 100 in verschiedenen praktischen Anwendungsfällen gut bewährt.

Zur Ausführung des Scanvorgangs wird der Scanner einfach spalten- oder zeilenweise über das Messobjekt bewegt. Die mögliche Verfahrgeschwindigkeit ist sehr hoch, so dass MOIST SCAN das derzeit schnellste Messystem zur flächenhaften zerstörungsfreien Prüfung von großen Bodenflächen im weltweiten Maßstab darstellt. Auch Flächen von einigen tausend Quadratmetern können in kurzer Zeit vollständig aufgenommen werden.

Alternativ können mit dem Mikrowellenscan-Verfahren in kurzer Zeit Feuchteverteilungen in einem sehr engen Raster von minimal 5 cm aufgenommen werden. MOIST SCAN ermöglicht so eine sehr hohe Ortsauflösung und sehr gute Repräsentativität der Messungen. Dies ist mit keinem anderen Verfahren zur zerstörungsfreien Feuchtemessung möglich.

Außerdem ermöglicht der Mikrowellen-Feuchtescan wegen der drei am Scanner befestigten Sonden mit verschiedenen Eindringtiefen prinzipiell auch eine Aussage zur Tiefenschichtung im Bodenaufbau. Dies leistet ebenfalls kein anderes Verfahren.

In den letzten Jahre wurden zahlreiche Untersuchungen auf Wasserwegigkeiten und Feuchteeintritte in folgenden Anwendungen realisiert:

- Schwimmhallen - Wasserwegigkeiten
- Parkdecks - Wasserwegigkeiten unter Asphaltschichten
- Autobahnen und Straßen - Wasserwegigkeiten unter Asphaltschichten
- Kaufhäuser - Feuchteeintritte im Kellergeschoss
- Alten- und Pflegeheime - Feuchteeintritte im Kellergeschoss
- Industrie-Flachdächer
- Industrieböden - Feuchteeintritte
- Stahlbetonbodenplatten.

Der Beitrag befasst sich vorrangig mit den beschriebenen Einsatzfällen und beschreibt an ausgewählten Beispielen die jeweiligen Besonderheiten der Anwendungen. Hinweise auf Möglichkeiten der Kombination mit anderen ZfP-Verfahren in der Bauwerksdiagnose werden gegeben.

Einführung

In den letzten Jahren hat der Bedarf an zerstörungsfreien Feuchteuntersuchungen auf großen Bauteilen deutlich zugenommen. Für die Ermittlung des Feuchtezustands auf derart großen Flächen hat sich der Mikrowellen-Mobilscanner MOIST SCAN 100 in verschiedenen praktischen Anwendungsfällen gut bewährt.

1. Grundlagen der Mikrowellen-Feuchtemesstechnik

Mikrowellen–Feuchtemessverfahren gehören zu den dielektrischen Messverfahren, die auf den herausragenden dielektrischen Eigenschaften des Wassers beruhen. Die relative DK von Wasser beträgt etwa 80, die relative DK der meisten Feststoffe, darunter auch der Baustoffe, ist wesentlich kleiner, sie liegt vorzugsweise zwischen 3 und 6. Im Mikrowellenbereich kommen zur ausgeprägten Polarisierbarkeit der Wassermoleküle auch noch dielektrische Verluste dazu, die auf die starken Bindungen der Wassermoleküle untereinander zurückzuführen sind. Auf dieser Grundlage lassen sich auch kleine Wassermengen gut detektieren.

Weiterhin lassen sich bei Mikrowellenfrequenzen bereits recht gut bündelnde Antennen bauen. Wegen der Richtwirkung der Antennen können Eindringtiefen im Dezimeter-Bereich erzielt werden, so dass echte Volumenmessungen möglich sind. Derartige mit Antennen ausgeführte Volumenmessungen können mit Oberflächenmessungen auf der Grundlage von z. B. offenen Resonatoren kombiniert werden. Aus diesem Grund sind mit Mikrowellen-Anordnungen zerstörungsfrei Feuchtemessungen in verschiedenen Schichten eines Bauobjekts möglich.

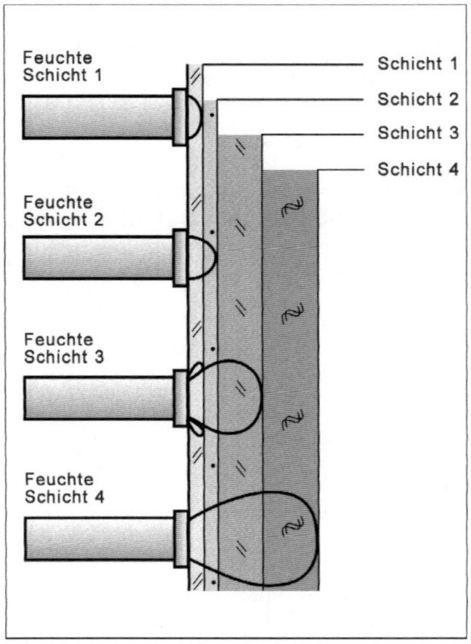

Abb. 1 Tiefenwirkung verschiedener Mikrowellenfeuchtesensoren

Die Messungen werden dabei mit Mikrowellensensoren verschiedener Eindringtiefen in mehreren Tiefenschichten aufgenommen. Mikrowellensensoren lassen sich mit verschiedenen Feldgeometrien ausführen. Unterschiedliche Feldgeometrien korrespondieren mit unterschiedlichen Mikrowellenanordnungen. Diese Mikrowellenanordnungen fanden Eingang in Mikrowellensensoren für verschiedene Schichttiefen. Damit lässt sich das Konzept der Rasterfeuchtemessungen in Richtung schichtenaufgelöster Untersuchungen weiter verfeinern. Mit ihrer Hilfe wird eine deutlich bessere Tiefenrasterung möglich. Derzeit sind Sensoren für Schichttiefen bis 3 cm, 6 cm, 10 cm, 25 cm und bis 80 cm verfügbar. So kann eine Tiefenstufung in insgesamt 5 Einzelstufen vorgenommen werden, wovon sich 4 im Bereich der üblicherweise am Bau benötigten Eindringtiefen bewegen.

Speziell weiterentwickelte Feuchtesonden weisen sehr hohe Messgeschwindigkeiten auf und sind damit prinzipiell auch für Messungen während der Bewegung geeignet.

2. Mikrowellenscanner

Für die Ermittlung des Feuchtezustands großer Flächen hat sich der Mikrowellen-Mobilscanner MOIST SCAN 100 in verschiedenen praktischen Anwendungsfällen bestens bewährt. Großflächige Bauobjekte lassen sich damit schnell, einfach und vor allem vollständig untersuchen. Zur Ausführung des Scanvorgangs wird der Scanner einfach spalten- oder zeilenweise über die zu messende Fläche gefahren. Die mögliche Verfahrgeschwindigkeit ist dabei sehr hoch, sie kann bis zu etwa 1 m/s betragen (entsprechend 3,6 km/h oder einem sehr schnell geschobenen Rasenmäher). Auch große Flächen von einigen tausend Quadratmetern können so in kurzer Zeit aufgenommen werden.

Die schnellen Mikrowellensensoren ermöglichen eine gute Ortsauflösung auch bei schneller Bewegung des Scanners. MOIST SCAN kann bis zu drei solche Sensoren aufnehmen. Aus diesen sogenannten Multischicht-Feuchtescans lässt sich flächenhaft der vollständige Feuchtestatus großer Bauobjekte ermitteln.

Zur Ausführung des Scanvorgangs wird der Scanner einfach spalten- oder zeilenweise über das Messobjekt bewegt. Die mögliche Verfahrgeschwindigkeit ist sehr hoch, so dass MOIST SCAN das derzeit schnellste Messystem zur flächenhaften zerstörungsfreien Prüfung von großen Bodenflächen im weltweiten Maßstab darstellt. Auch Flächen von einigen tausend Quadratmetern können in kurzer Zeit vollständig aufgenommen werden.

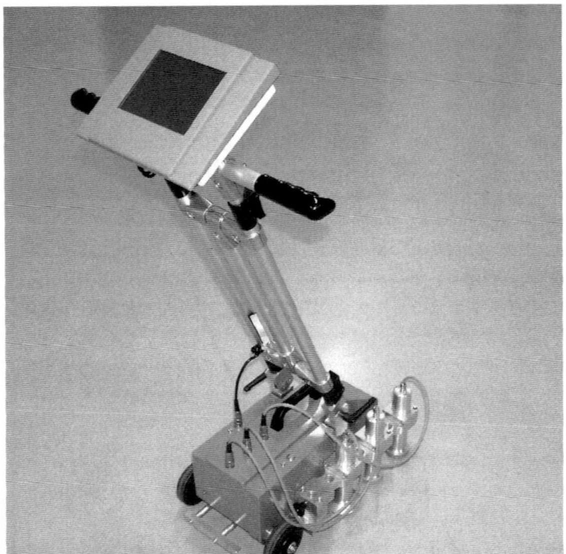

Abb. 2 Mikrowellenscanner MOIST SCAN

Alternativ können mit dem Mikrowellenscan-Verfahren in kurzer Zeit Feuchteverteilungen in einem sehr engen Raster von minimal 5 cm aufgenommen werden. MOIST SCAN ermöglicht so eine sehr hohe Ortsauflösung und sehr gute Repräsentativität der Messungen. Dies ist mit keinem anderen Verfahren zur zerstörungsfreien Feuchtemessung möglich.

3. Anwendungen des Mikrowellenscanners MOIST SCAN 100

Anwendungen ergeben sich überall dort, wo große Flächen oder Gebiete zu untersuchen sind. Dies können alle Arten von Bauwerken, Flachdächern, Brücken, Straßen oder Tunneln sein. Bei solchen Messaufgaben kommen wegen der meist großen Flächen schnell über zehntausend Messpunkte zusammen. Für die Aufnahme von Feuchteverteilungen in solchen Anwendungen sind Mikrowellenscans hervorragend geeignet. Anhand der entstehenden Scandaten lässt sich eine eindeutige Klassifizierung der darin enthaltenen Abbilder der Feuchteschädigungen bzw. anderer Störungen des Untergrunds realisieren. In den letzten Jahren wurden zahlreiche Untersuchungen auf Wasserwegigkeiten und Feuchteeintritte unter anderem in folgenden Anwendungen realisiert:

- Schwimmhallen – Wasserwegigkeiten
- Parkdecks - Wasserwegigkeiten unter Asphaltschichten
- Autobahnen und Straßen - Wasserwegigkeiten unter Asphaltschichten
- Kaufhäuser - Feuchteeintritte im Kellergeschoss
- Alten- und Pflegeheime - Feuchteeintritte im Kellergeschoss
- Industrie-Flachdächer
- Industrieböden - Feuchteeintritte
- Stahlbetonbodenplatten.

Nachfolgend wird eine Auswahl von Messbeispielen kurz beschrieben.

3.1. Feuchtescans zur Lecksuche in Schwimmbädern

Gut anwendbar sind Mikrowellenscanner in Schwimmbädern und Schwimmhallen. Oft sind dort auf großen Flächen kleine Leckagen im Untergrund aufzuspüren. Bisher erfolgte dies meist mehr oder weniger im Blindflug, z.B. durch Öffnen einzelner Bauteile.

In Bodenaufbauten von Schwimmbädern befindet sich eine Abdichtungslage direkt unter dem oberflächlichen Fliesenbelag. Im laufenden Betrieb von Schwimmbädern ist diese obere Schicht im Regelfall nass, da laufend Feuchte eingetragen wird. Zur Detektion von Leckagen unter dieser oberflächlich nassen Schicht muss diese von den Mikrowellenfeldern der Volumensonden am Scanner durchdrungen werden.

Die Oberfläche muss für die Durchführung der Messung trocken sein. Es reicht jedoch aus, wenn sie vor der Messung trocken gewischt wird. Der Mikrowellenscan kann ohne Probleme - wie in Abb. 3 gezeigt - parallel zum laufenden Betrieb erfolgen, lediglich die zu messende Fläche ist vorher abzusperren.

Deutlich erkennbar ist in der Auswertung das unterschiedliche Feuchteverhalten in den drei Tiefenschichten Oberflächenschicht (direkt unter den Fliesen), mittlere Tiefenschicht (bis etwa 10 cm Tiefe) und Volumenschicht (bis etwa 20 cm Tiefe). Der Oberflächenscan zeigt deutlich, dass das vom Baden herrührende Spritzwasser unterhalb der Fliesen bzw. oberhalb der Abdichtungslage eine hohe Konzentration aufweist und wie es sich dort verteilt. Er gibt damit einen zulässigen und erwarteten Zustand wieder.

Die Messung der mittleren Schichten deutet einen sich abzeichnenden Wassereintritt auf Höhe des unteren Endes der Treppe ins Schwimmbecken an (rot markiert). Die Messung der Volumenschichten mit MOIST PS bestätigt und verdeutlicht den Wassereintritt auf Höhe des unteren Endes der Treppe ins Schwimmbecken. Die beiden dunklen Einzelpunkte bilden die Wassereinläufe ab.

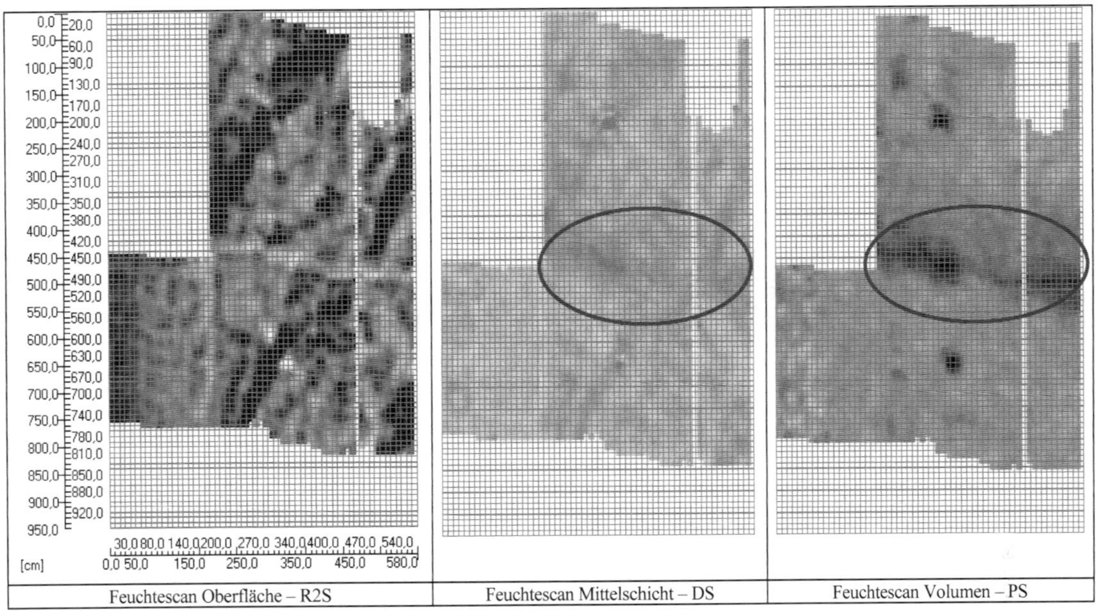

Abb. 3 Feuchtescan in einem Schwimmbad – 3 Tiefenschichten

Damit wurde mit zwei Sensoren das Vorhandensein einer Leckage in dem genannten Bereich am unteren Ende der Treppe ins Schwimmbecken bestätigt. Der Scan zeigt eindrucksvoll die Ausprägung des Wasserpfades und dessen Richtung im Bauobjekt.

3.2 Suche nach Undichtigkeiten und Wasserpfaden unter Asphaltschichten

An einem Objekt der Belgacom, Antwerpen / Belgien, wurden flächendeckende Feuchtescans durchgeführt. Das Objekt hat mehrere unterkellerte Innenhöfe, bei denen die Kellerdecken aus Stahlbeton oben mit einer mehrere Zentimeter dicken Bitumenlage abgedeckt sind. Diese waren vor einiger Zeit saniert worden. In den Kellern trat nach Niederschlagsereignissen an verschiedenen Stellen Wasser aus. Die Messung betraf die Ermittlung durch Wassereintritt geschädigter Bereiche in drei Innenhöfen und die Darstellung der Wasserpfade. Es wurde in einer Zeit von etwa 6 Stunden eine Fläche von 1.700 m² mit einer Ortsauflösung von 25 cm vollständig gescannt.

In dieser Anwendung ergab der Oberflächenscan keine Auffälligkeiten. Der Scan der Volumenschichten mit MOIST PS – Tiefenbereich unter der Abdichtung - zeigt in einer annähernd homogenen Feuchteverteilung links unten einen markanten Wasserpfad. In Verbindung mit dem Scan der mittleren Volumenschichten deutet dies auf einen Wassereintritt von oben oder von der Seite hin. Die linke Seite grenzt an ein Gebäude, so dass eine Undichtigkeit auch im Bereich des Anschlusses an das Gebäude möglich ist. Der dunkle Streifen in Bildmitte bildet die im Hof befindliche Entwässerungsrinne ab. Damit befindet sich die gesuchte Leckage in dem genannten Bereich links unten.

Abb. 4 Feuchtescan auf asphaltierter Stahlbetondecke

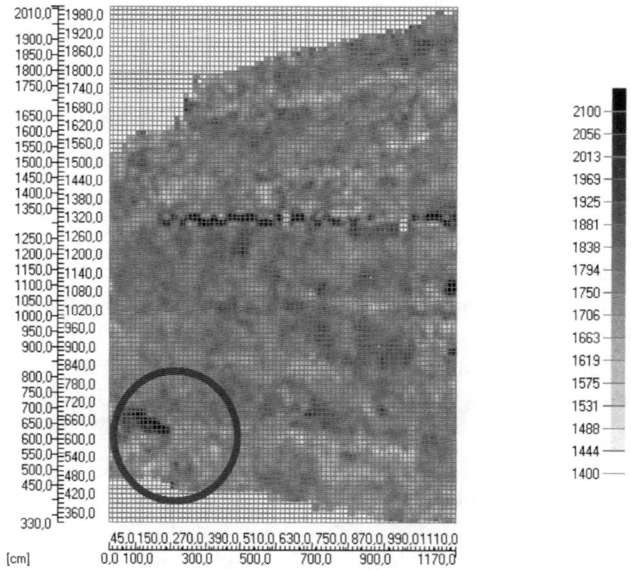

Abb. 5 Feuchtescan Sensor MOIST PS – Volumenmessung

3.3 Feuchtescans auf Autobahnen und Straßen – Feuchteverteilung unter Asphaltschichten

Das Messbeispiel zeigt einen Scan auf einem asphaltierten Teilstück einer Autobahn. Im Fahrbahnbereich kam es seit zwei Jahren zu Deformationen und Rissbildungen in der Asphaltdeckschicht. In der Asphaltbinderschicht war ein erhöhter Hohlraumgehalt mit Wasser feststellbar. Als ursächlich für die Deformationen wurden lokale Entmischungen festgestellt. Die hohen dynamischen Belastungen des Schwerkehrs verstärkten die angefallenen Schädigungen.

Abb. 6 Feuchtescan über alle Fahrbahnen einer Autobahn

Es bestand der Verdacht, dass im Mittelstreifen zwischen den Betongleitwänden Wassereintritt möglich wäre. Hierdurch könnte ein möglicher Wasserzulauf in Richtung des Quergefälles der Fahrbahn bis zur Lastspur eintreten.

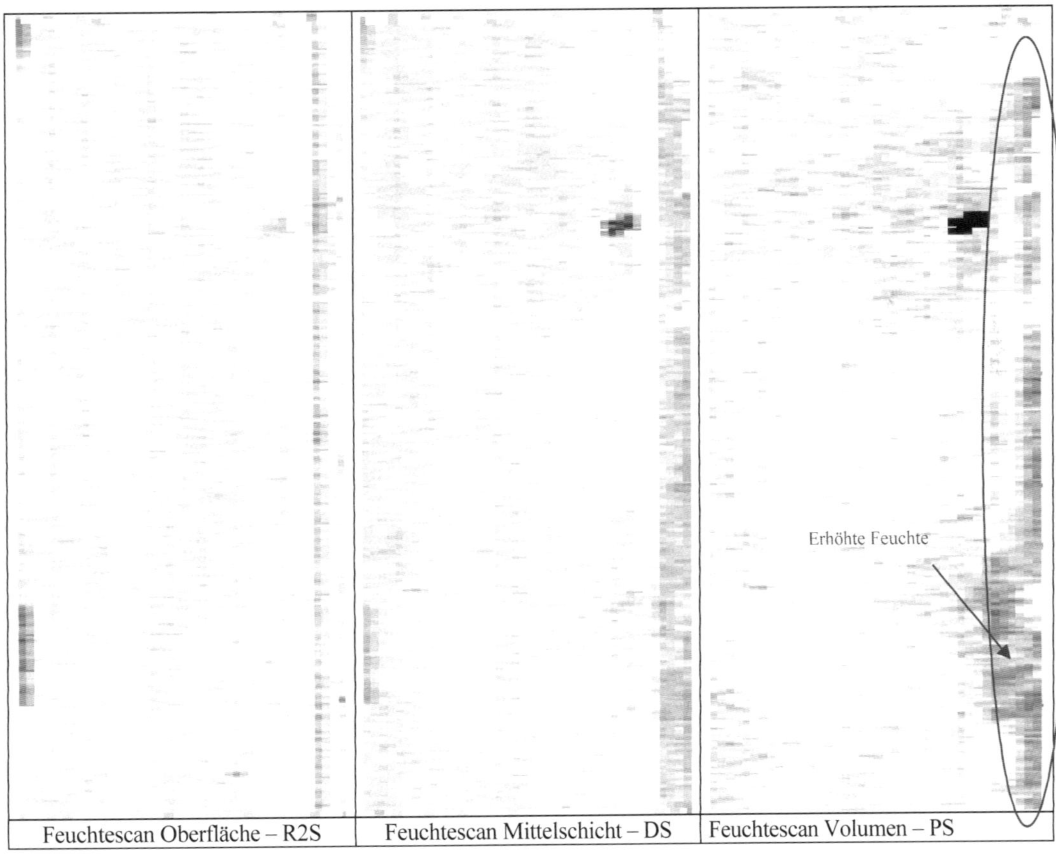

Abb.7 Feuchtescan auf den Fahrbahnplatten einer Autobahn – 3 Tiefenschichten

Aus den Scanbildern ergibt sich, dass Feuchteerscheinungen im Bereich der Fugen zwischen Standspur und Lastspur sowie zwischen Lastspur und erster Überholspur auftreten. Ebenfalls erkennbar wurden Feuchteerscheinungen im Bereich des Mittelstreifens an den Betongleitwänden. Diese Feuchteerscheinungen sind in Abb. 7 auf der rechten Seite in den Volumenmessungen erkennbar und daher der Asphaltbinderschicht zuzuordnen. Größere Wasserwegsamkeiten, die auf Wasserpfade quer über die gesamte Fahrbahn hindeuten, sind aus den Scans nicht zu erkennen.

3.4 Feuchtescans in Kaufhäusern – Suche nach Feuchteeintritt im Kellergeschoss

In vielen öffentlich zugänglichen Bauobjekten kommt es aufgrund des teilweise hohen Alters der Bestandsbauten zu Feuchteeintritten in den Kellergeschossen. Dazu gehören unter anderem auch Kaufhäuser und Einkaufszentren. MOIST SCAN 100 ist in solchen Einsatzfällen das ideale zerstörungsfrei arbeitende Diagnosewerkzeug, um vor weiteren zerstörenden Maßnahmen wie Bauteilöffnungen vollflächig und umfassend erste Informationen über mögliche Feuchteschädigungen bis zu einer Tiefe von 20 cm zu erhalten. Derartige Mikrowellenscans liefern oft bereits innerhalb weniger Stunden erste Ergebnisse.

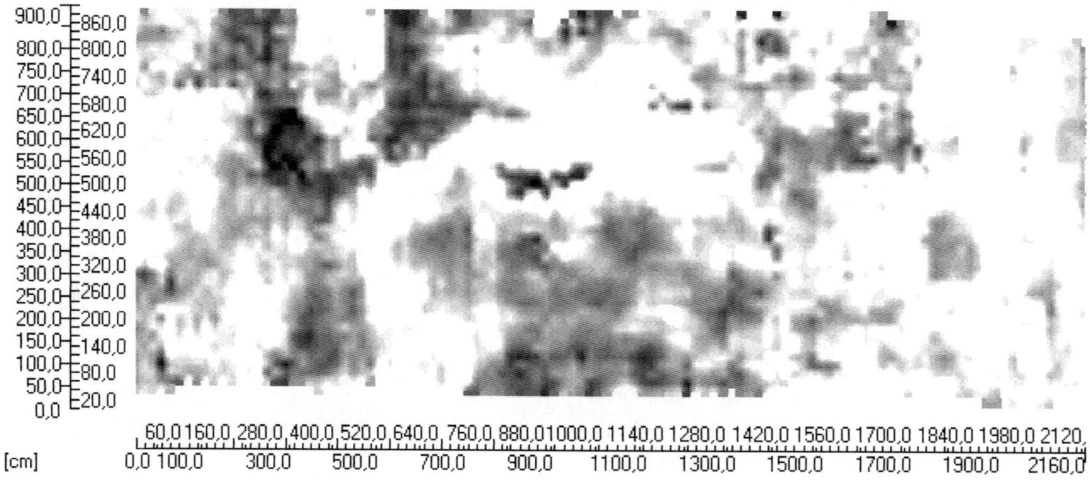

Abb. 8 Feuchtescan im Kellergeschoss eines Kaufhauses - Volumenmessung

Das Beispiel zeigt die Volumenschicht eines Mikrowellenscans im Kellergeschoss eines Kaufhauses. Hier bestand aufgrund von vorab durchgeführten Teilöffnungen an verschiedenen Stellen der Verdacht auf eine großflächige Schädigung des Fußbodenaufbaus durch Feuchteeintritte im Bereich der Wandaufstandsfugen.

Mit Hilfe des Mikrowellen-Feuchtscans wurde dieser Verdacht für den größten Teil der aufgenommenen Messfelder bestätigt.

Abb. 9 Feuchtescan im Kellergeschoss eines Kaufhauses

3.5 Alten- und Pflegeheime - Feuchteeintritte im Kellergeschoss

Vergleichbare Aufgabenstellungen bestehen auch häufig bei der Sanierung von Alten- und Pflegeheimen. Mit Hilfe von Mikrowellen-Feuchtescans sollen im Vorfeld einer geplanten Sanierung der Anteil der geschädigten Fläche und der Schädigungsgrad ermittelt werden. Hierfür gab es bisher keine geeignete zerstörungsfreie Diagnosetechnologie.

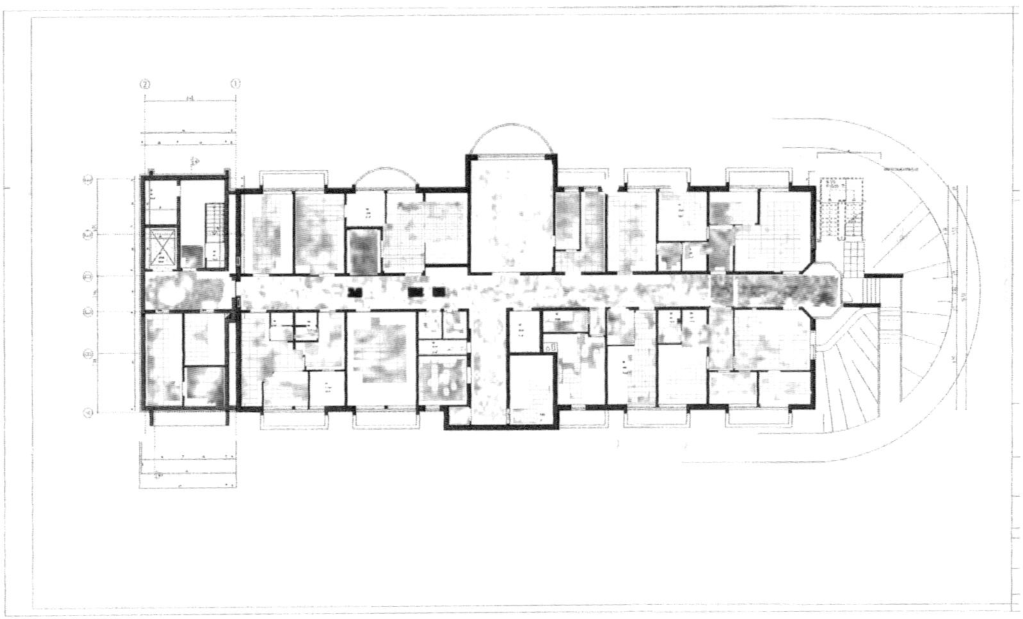

Abb. 10 Kombination von Mikrowellenscan und Rasterfeuchtemessung im Kellergeschoss eines Pflegeheims

Das Beispiel zeigt etwa 50 in den Grundrissplan eines Pflegeheims mit einer Grundfläche von etwa 1.000 m² eingebundene einzelne Messfelder. Beim Fußbodenaufbau handelt es sich um einen schwimmenden Estrich. Die Messung wurde auf den großen Flächen mit dem Mikrowellenscanner MOIST SCAN durchgeführt. Die kleineren Flächen wurden mittels Handgerät per Mikrowellen-Rasterfeuchtemessung untersucht. Im Ergebnis ist im rechten Teil des Bildes ein deutlicher Feuchteeintritt aus dem Eingangsbereich des Souterrain-Geschosses mit davor liegender Treppe erkennbar. Ebenfalls werden im Grundrissplan links feuchtegeschädigte Bereiche erkennbar.

Mit der Kombination von Mikrowellenscan und manuell durchgeführter Rasterfeuchtemessung ist es erstmals möglich, derartige Objekte vollumfassend zerstörungsfrei zu untersuchen und damit Sanierungsvorschläge fundiert zu begründen.

3.6 Feuchtescans auf Stahlbeton-Bodenplatten

In den letzten Jahren wurden immer mehr Mikrowellenscans auf Stahlbetonplatten durchgeführt. Diese Aufgabenstellung besteht häufig in Tiefgaragen und unterscheidet sich grundlegend von den vorher beschriebenen, da der Beton nur mit einer dünnen Oberflächenbeschichtung z.B. aus Epoxidharz beschichtet ist.

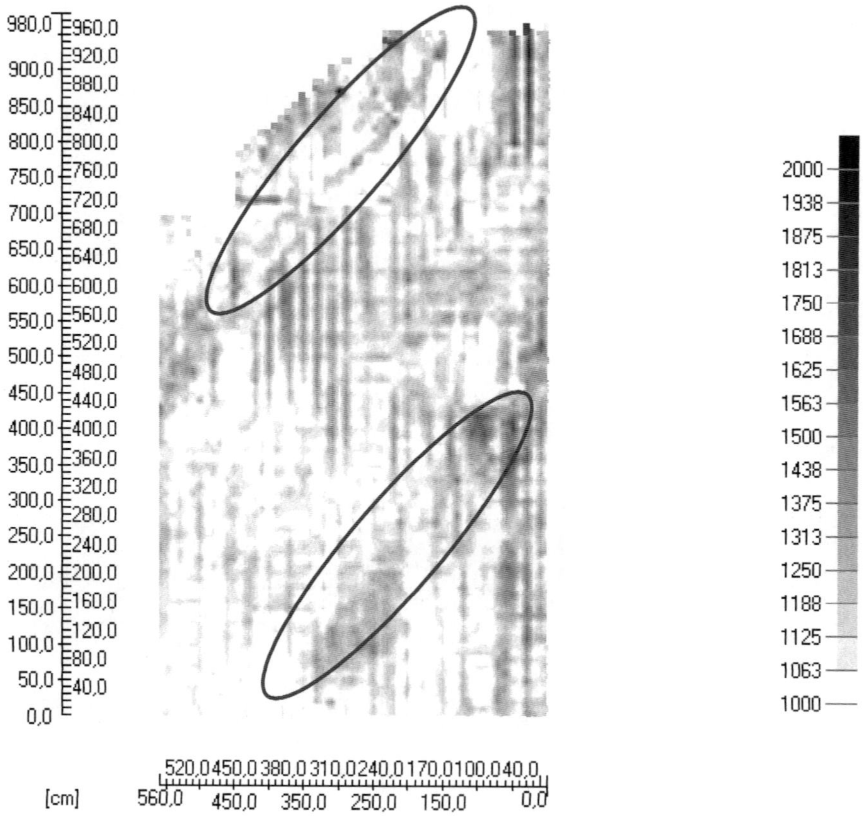

Abb. 11 Hochauflösender Feuchtescan im zweiten UG einer Tiefgarage mit wasserführenden Rissen

Mögliche Schäden sind zum Beispiel wasserführende Risse, wasserführende Bewehrungsstähle mit ungenügender Betonummantelung und/oder wassergefüllte Hohlräume bzw. wasserführende Hohllagen. Diese können auftreten, wenn die Betonqualität schlecht ist und es zu Ablösungen im Bereich der oberen Bewehrungslage kommt. Durch Risse von unten aufsteigendes Wasser verteilt sich in diesen Hohlräumen und tritt unerwartet an der Oberfläche aus. Die in solchen Fällen übliche Verpressung der Risse führt nicht immer zum Erfolg.

Eine weitere Besonderheit dieser Kategorie von Anwendungen besteht darin, dass es sich oft um sehr dicke Bodenplatten mit dicht liegender Bewehrung und dicken Bewehrungsstählen handelt.

Zerstörungsfreie Untersuchungen auf Feuchteschädigungen per Mikrowellen-Feuchtescan sind auch in derartigen Anwendungen möglich. Allerdings sind gegenüber den vorher beschriebenen Anwendungen die Messungen unter anderen Randbedingungen durchzuführen. Wegen der dichten Bewehrung müssen die Messungen hochauflösend mit einem sehr kleinen Scanraster von 5 oder 10 cm aufgenommen werden. Dabei reicht es in vielen Fällen, wenn dieses Scanraster in Fahrtrichtung des Scanners gewählt wird, so dass dessen Geschwindigkeitsvorteil weiter genutzt werden kann.

Bewehrungsstähle bilden sich in derartigen Scanbildern eindeutig als periodisch wiederkehrendes Gittermuster von Linienstörungen ab, wenn gemäß Abtasttheorem das Scanraster kleiner als der halbe Abstand zwischen den Mittelachsen der Bewehrungsstähle ist. Im Gegensatz dazu bilden sich wasserführende Hohlräume als flächenhaft unregelmäßig ausgebildete Bereich mit Anomalien ab und können dadurch vom Bewehrungsmuster unterschieden werden. Weiter können schräg verlaufende wasserführende Risse gut unterschieden werden.

Das Beispiel zeigt einen Mikrowellen-Feuchtescan im zweiten Untergeschoss einer Tiefgarage. Im Scanbild deutlich erkennbar sind zwei wasserführende Risse (rot markiert), die sich von dem ebenfalls sichtbaren Bewehrungsmuster gut unterscheiden lassen.

Damit liefern Mikrowellenscans für die untersuchten Flächen als weltweit einziges Messverfahren vollumfänglich initiale Informationen zum Feuchtestatus der untersuchten Objekte in drei Schichten. Die maximal erzielbare Eindringtiefe beträgt abhängig von der Anwendung 15 bis 20 cm. Die Ergebnisse können genutzt werden, um Anomalien und Verdachtsstellen zu lokalisieren, die mit anderen ZfP-Verfahren der Bauwerksdiagnostik wie z.B. Ultraschallechoverfahren zur Rissdetektion oder Georadar weiter untersucht werden. Ebenfalls kann damit der Vorlauf für gezielte punktuell zerstörende Untersuchungen durch Bohrkernentnahme oder Bauteilöffnungen geschaffen werden.

4. Zusammenfassung

Mikrowellen-Feuchtescans stellen ein neues, sehr leistungsfähiges Instrumentarium zur schnellen Aufnahme von Feuchteverteilungen an nahezu allen Arten großflächiger Bauwerke dar. Dank der hohen Ortsauflösung und Messgeschwindigkeit sind Feuchtemessungen in ganz neuer Qualität möglich. MOIST SCAN arbeitet vergleichbar einer mehrdimensionalen Mikrowellenkamera und erfasst Feuchteinformationen aus mehreren Schichten mit hoher Geschwindigkeit.

Literatur:

/1/ Proc. 9. Feuchtetag 1997, Weimar, MFPA Weimar, 17.-18.09.97

/2/ Mikrowellenbasierte Rasterfeuchtemessung. Bautechnik 6/2007, S. 417 ff.

/3/ Schau an – Schicht für Schicht. Bautenschutz + Bausanierung 7/2007, S. 38ff.

/4/ Göller, A.: Mobiler Mikrowellenscanner MOIST SCAN – Eine neue Ära der Bauwerksdiagnose. DGZfP-Fachtagung Bauwerksdiagnose 2008, Poster 1

/5/ Göller, A.: MOIST SCAN – Multischicht-Feuchtescans auf großen Flächen in der Praxis. DGZfP-Fachtagung Bauwerksdiagnose 2010, Poster 11

/6/ Göller, A.: Mikrowellen.Feuchtescans auf Straßen und Brücken. DGZfP-Fachtagung Bauwerksdiagnose 2014, Poster 11

EM HYDRA – Mikrowellen-Messverfahren zur Erfassung von Hydratationsprozessen in Beton

Björn JUNGSTAND[1], Arndt GÖLLER[1]
André DOLLASE[2], Ulrich MÖLLER[2]

[1] hf sensor GmbH (Weißenfelser Str. 67, D-04229 Leipzig (www.hf-sensor.de)
[2] Hochschule für Technik, Wirtschaft und Kultur Leipzig (www.htwk-leipzig.de)

Kontakt E-Mail: sales@hf-sensor.de

Kurzfassung. Das vor zwei Jahren in seinen Grundlagen vorgestellte Mikrowellen-Messverfahren EM HYDRA zur Erfassung von Hydratationsprozessen in Beton wurde zwischenzeitlich in einer Reihe von Anwendungen getestet.

Für diverse Bauaufgaben ist die Entwicklung der Druckfestigkeit des Betons von enormer Bedeutung. Herkömmlich werden separate Probekörper bei der Herstellung des Bauwerks mit angefertigt, welche mittels genormten Druckprüfverfahren auf ihre Festigkeit untersucht werden. Diese Vorgehensweise ist zeitaufwändig, und die im Labor ermittelten Druckfestigkeitsergebnisse sind gegenüber der realen Festigkeitsentwicklung bei äußeren Witterungsbedingungen nur bedingt anwendbar. Daher steigt die Nachfrage nach zerstörungsfreien Prüfmethoden, welche eine zuverlässige in-situ Festigkeitsermittlung ermöglichen.
Die bereits seit vielen Jahren bekannte mikrowellenbasierte Feuchtemessung für Anwendungen im Bauwesen wurde zur Überwachung des Hydratationsprozesses von Beton weiterentwickelt.

Im Gegensatz zur Feuchtemessung in inerten Baustoffen ist der Prozess der Wassereinlagerung bei Beton sehr kompliziert. Physikalische und chemische Eigenschaften sowie Kristallisationsprozesse spielen bei der Strukturentwicklung eine Rolle, verschiedene Bindungsformen des Wassers liegen parallel vor und verändern sich zeitabhängig. Mit den kommerziell verfügbaren einparametrigen elektrischen Feuchtemessverfahren, dazu gehören auch die Mikrowellenverfahren, ist es nicht möglich, diese Vorgänge zu erfassen.

Durch zeitparallele Auswertung mehrerer Mikrowellenparameter/-spektren ist der Verlauf von Hydratations- und Abbindeprozessen erfassbar. Im Beitrag wird ein mikrowellenspektrokopisches Verfahren zur kontinuierlichen Erfassung des Hydratationsfortschrittes von Beton vorgestellt, mit dem die Druckfestigkeitsentwicklung zerstörungsfrei abbildbar ist. Ein darauf aufbauendes Mikrowellen-Messsystem wird so gestaltet, dass es direkt in die Schalung integriert werden und Aussagen zu deren erforderlicher Standzeit liefern kann.
Die durchgeführten Untersuchungen zeigten, dass sich der Hydratationsverlauf mit Hilfe spektroskopischer Mikrowellenverfahren darstellen lässt. Der Beitrag beschreibt dies für verschiedene Anwendungen bei der Herstellung von Beton unter praktischen Bedingungen.

Einführung

Für diverse Bauaufgaben ist die Kenntnis über die Entwicklung der Druckfestigkeit des Betons von enormer Bedeutung. Eine bewährte Methode besteht darin, separate Probekörper bei der Herstellung des Bauwerks mit anzufertigen, welche mittels genormten Druckprüfverfahren auf ihre Festigkeit untersucht werden. Diese Vorgehensweise ist zeitaufwändig, und die im Labor ermittelten Druckfestigkeitsergebnisse sind gegenüber der realen Festigkeitsentwicklung bei äußeren Witterungsbedingungen nur bedingt anwendbar. Daher steigt die Nachfrage nach zerstörungsfreien Prüfmethoden, welche eine zuverlässige in-situ Festigkeitsermittlung ermöglichen.

Die Mikrowellenfeuchtemessung hat sich bereits zu einem anerkannten Verfahren in Bauwesen und Industrie etabliert. Diese Technik wurde zur Überwachung des Hydratationsprozesses von Beton weiterentwickelt.

Im Gegensatz zur Feuchtemessung in inerten Baustoffen ist der Prozess der Wassereinlagerung bei Beton sehr kompliziert. Physikalische und chemische Eigenschaften sowie Kristallisationsprozesse spielen bei der Strukturentwicklung eine Rolle, verschiedene Bindungsformen des Wassers liegen parallel vor und verändern sich zeitabhängig. Mit den kommerziell verfügbaren einparametrigen elektrischen Feuchtemessverfahren, dazu gehören auch die Mikrowellenverfahren, ist es nicht möglich, diese Vorgänge zu erfassen.

Durch zeitparallele Auswertung mehrerer Mikrowellenparameter/-spektren ist der Verlauf von Hydratations- und Abbindeprozessen abbildbar. Im Beitrag wird ein mikrowellenspektrokopisches Verfahren zur kontinuierlichen Erfassung des Hydratationsfortschrittes von Beton vorgestellt, mit dem die Druckfestigkeitsentwicklung zerstörungsfrei abbildbar ist. Ein darauf aufbauendes Mikrowellen-Messsystem wird so gestaltet, dass es direkt in die Schalung integriert werden und Aussagen zu deren erforderlicher Standzeit liefern kann.

Die durchgeführten Untersuchungen zeigten, dass sich der Hydratationsverlauf mit Hilfe spektroskopischer Mikrowellenverfahren darstellen lässt. Für die Auswertung der Mikrowellendaten werden Referenzdruckfestigkeiten genutzt. Mit deren Hilfe kann für unterschiedliche Wasseranteile des Betons ein Kalibriermodell erstellt werden, das eine Aussage über die Festigkeitsentwicklung anhand der Mikrowellendaten ermöglicht.

1. Grundlagen der Mikrowellen-Messtechnik

Mikrowellenmessverfahren gehören zu den dielektrischen Messverfahren, welche auf den herausragenden dielektrischen Eigenschaften des Wassers beruhen. Die relative DK von Wasser beträgt etwa 80, die relative DK der meisten Feststoffe, darunter auch der Baustoffe, ist wesentlich kleiner, sie liegt vorzugsweise zwischen 3 und 6. Im Mikrowellenbereich kommen zur ausgeprägten Polarisierbarkeit der Wassermoleküle auch noch dielektrische Verluste dazu, die auf die starken Bindungen der Wassermoleküle untereinander zurückzuführen sind. Auf dieser Grundlage lassen sich auch kleine Wassermengen gut detektieren.

Die eingesetzte Mikrowellen-Messtechnik basiert auf dem Reflexionsprinzip. Das heißt, es werden die Leistungen der vom Material reflektierten und der eingestrahlten Welle gemessen. Der Quotient aus beiden bildet die Grundlage für den sogenannten Feuchteindex. Dabei resultiert der Hauptbeitrag zur Reflexion der Mikrowellen aus dem freien und physikalisch gebundenen Wasser im Baustoff. Chemisch gebundenes Wasser verändert die dielektrischen Parameter des Baustoffs und geht somit in dessen reflektive Eigenschaften und darauf aufbauend in materialspezifische Kalibrierfunktionen für das mikrowellenspektroskopische Verfahren mit ein. Während des Hydratationsprozesses wird freies Wasser chemisch gebunden. Somit kann mit Hilfe der Mikrowellentechnik indirekt auf den Hydratationsprozess geschlossen werden.

2. Multivariate Datenanalyse

Im Gegensatz zur Austrocknung eines Baustoffes werden während des Hydratationsprozesses auch die dielektrischen Eigenschaften des „trockenen" Anteils verändert. Die Auswertung eines einzelnen Mikrowellenparameters ist bei dieser chemischen Veränderung und gleichzeitigen Wasserabnahme im Messgut nicht eindeutig. Zur Messung des Hydratationsprozesses mit Mikrowellensensoren müssen daher mehrere prägnante Parameter des Mikrowellenspektrums (z.B. Resonanzparameter) der Sensoren genutzt werden. Diese sind je nach Applikator unterschiedlich. Alternativ kann das gesamte Amplitudenspektrum benutzt werden.

Die Auswertung mehrerer Parameter kann durch die Regression von Funktionen mit mehreren Variablen erfolgen (MLR), oder es können multivariate, statistische Verfahren wie die Hauptkomponentenanalyse (PCA) bzw. -regression (PCR) sowie Partial Least Square Regression (PLSR) benutzt werden. Bei den zwei letztgenannten Verfahren erfolgt eine Transformation bzw. Reduktion der Ausgangsdaten, so dass die relevanten Informationen hervorgehoben werden. Bei der PCA bzw. PCR werden neue Parameter (Hauptkomponenten) berechnet. Dabei soll eine Verdichtung der Messdaten mit möglichst geringen Verlusten bei gleichzeitiger Verringerung der Anzahl der Parameter erreicht werden. Bei der PLSR wird zusätzlich für die Transformation der Eingangsdaten (Bestimmung der Hauptkomponenten) deren Abhängigkeit von der Zielgröße (Hydratationsgrad) mit berücksichtigt.

Alle genannten Verfahren wurden auf die Messdaten in Voruntersuchungen angewendet. Die Bewertung der einzelnen Verfahren erfolgte durch Bestimmung statistischer Parameter (max. absoluter und relativer Fehler, RMSE, R^2), welche die Vorhersagegenauigkeit bei der Anwendung der erstellten Modelle auf die Messdaten beschreiben. Bei diesen Voruntersuchungen konnte die Hauptkomponentenregression der Parameter des Mikrowellenspektrums als das geeignetste Verfahren ermittelt werden. Es ist somit möglich aus den Strukturen der Daten zerstörungsfrei auf Eigenschaften von Materialien wie Beton zu schließen.

3. Mikrowellenmesssystem zur Erfassung von Hydratationsprozessen

Zur Untersuchung des Hydratationsprozesses von Beton wurde eine versiegelte Kunststoffschalung entwickelt (Abb. 1). Diese Schalung ermöglicht eine seitliche Applikation des Mikrowellensensors und gleichzeitig eine Versiegelung des Probenmaterials. Eine Abdeckung mit integriertem Dichtstreifen sorgt dafür, dass aus dem Probenmaterial kein Wasser verdunsten kann. Der Sensor wird dabei über einen speziellen Flansch an das Probematerial angekoppelt (Abb. 2). Während der Untersuchungen kamen drei verschiedene, skalare, reflektive Mikrowellensensoren zum Einsatz. Zwei dieser Sensoren waren schmalbandige resonante Sensoren mit einer Bandbreite von 250 MHz (2,3…2,55 GHz) und Eindringtiefen von ca. 5 bzw. 15 cm. Der dritte Sensor war ein breitbandiger Sensor (2,0…3,0 GHz) und einer Eindringtiefe von ca. 1 cm.

Parallel dazu erfolgte eine Temperaturmessung des Betons mithilfe von Widerstandsdrähten (NiCr-Ni). Dies ermöglicht eine Kompensation des Temperatureinflusses auf das Mikrowellensignal.

Mit Hilfe eines Messrechners wurden die Mikrowellensignale aufgezeichnet. Dabei wird die Messung kontinuierlich ausgeführt und direkt nach dem Einbau des Betons in die Schalung gestartet. Durch eine spezielle Software werden die Messsignale zeitlich aufgelöst gespeichert. Das Messintervall ist programmtechnisch dem Erhärtungsfortschritt angepasst worden. Zu Beginn wurde ein Messintervall von 1 Stunde und am Ende der Messung ein Intervall von 24 Stunden gewählt. Im Gesamten wurden so für eine Versuchsreihe ca. 65 Einzelmessungen über einen Zeitraum von 7 Tagen aufgezeichnet. Bei den Versuchsreihen kamen drei verschiedene Mikrowellensensoren zum Einsatz mit denen unterschiedliche Eindringtiefen in das Material realisiert werden können.

Aus den so gewonnenen Mikrowellendaten konnte im Weiteren mit Hilfe der multivariaten Datenanalyse auf die Eigenschaften des Betons geschlossen werden.

Abb. 1 Messsystem zur Erfassung des Hydratationsprozesses

Abb. 2 Flansch zur Sensorankopplung an das zu untersuchende Material

4. Untersuchung des Hydratationsprozesses von Beton mit unterschiedlichen Wasseranteilen (w/z-Werten)

Die Untersuchung des Hydratationsprozesses von Beton erfolgte mithilfe des oben beschriebenen Messsystems. Dabei wurden im Gesamten 9 Versuchsreihen mit Wasserzementwerten von 0,45; 0,50 & 0,55 durchgeführt, wobei ein Portlandzement (CEM I 42,5 R) verwendet wurde. Die Messungen erfolgten in einem Versuchsklima mit einer Temperatur von 20±2°C und 65±5% relativer Luftfeuchte.

Parallel zur Mikrowellenmessung erfolgte an festgelegten Prüftagen eine Druckfestigkeitsermittlung nach DIN EN 12390 Teil 1-4. Abweichend zur in der Norm festgelegten Lagerung der Probekörper in Wasser, wurden die Proben versiegelt in einer Folie bei den gleichen klimatischen Bedingungen wie das Messsystem gelagert. Mit diesem Vorgehen ist eine Vergleichbarkeit der Mikrowellenuntersuchung und der Druckfestigkeitsermittlung gegeben. Aus den nach DIN EN 12390 Teil 1-4 ermittelten Druckfestigkeiten wurde, zur Vereinheitlichung der Verläufe, der Hydratationsgrad berechnet. Dieser Hydratationsgrad ist ein Maß für den Fortschritt des Hydratationsprozesses und abhängig vom Wasseranteil des Betons sowie den klimatischen Bedingungen im Umfeld der Reaktion. Der ermittelte Hydratationsgrad diente als Referenzwert zur Auswertung der Mikrowellensignale. Die aufgenommenen Mikrowellensignale wurden im Weiteren mit Hilfe einer multivariaten Datenanalyse ausgewertet und es konnte für jede Versuchsreihe ein Kalibriermodell aufgestellt werden. Dieses Modell erlaubt es, den Hydratationsgrad aus der Änderung der aufgenommenen Mikrowellensignale zu berechnen.

Die Abbildungen 3-5 zeigen die Entwicklung des Hydratationsgrades in Abhängigkeit von der Zeit. Dabei stellen die Referenzwerte die aus den gemessenen Druckfestigkeiten berechneten Hydratationsgrade dar. Es wurden für jeden Wasserzementwert jeweils 3 Versuchsreihen durchgeführt. Im Weiteren wurde ein repräsentatives Berechnungsmodell (Versuchsreihe) gewählt und auf die Wiederholungsmessungen angewendet. Die gewählten Repräsentanten sind die Versuchsreihen 045_2, 050_3 & 055_2. Die Berechnung erfolgte dann für jeden Wasserzementwert mit Hilfe des gewählten Modells.

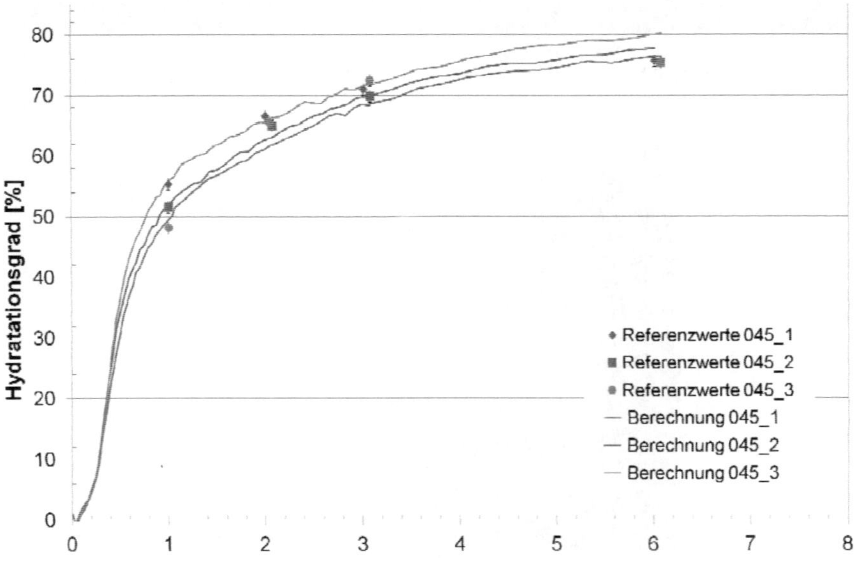

Abb. 3 Vergleich der Referenz- mit den berechneten Werten (w/z-Werte = 0,45)

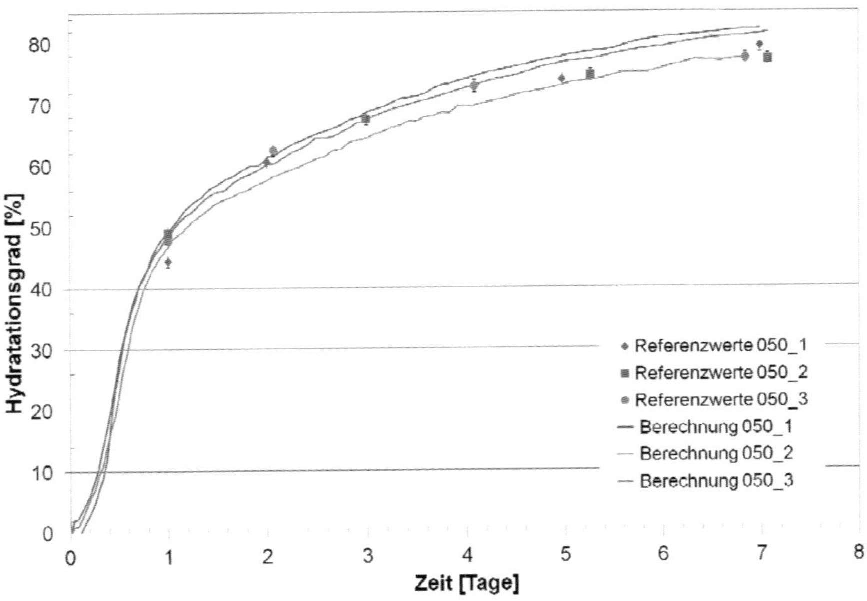

Abb. 4 Vergleich der Referenz- mit den berechneten Werten (w/z-Werte = 0,50)

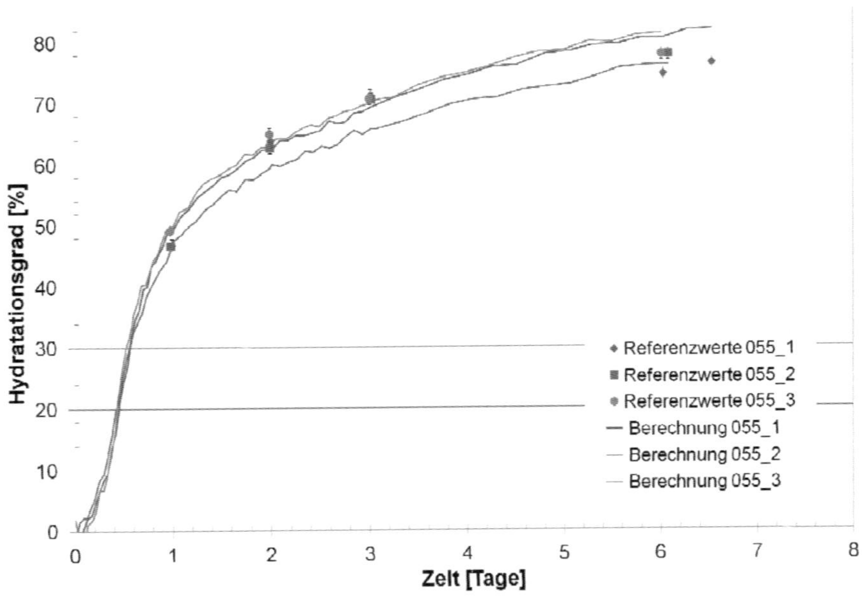

Abb. 5 Vergleich der Referenz- mit den berechneten Werten (w/z-Werte = 0,55)

Die Ergebnisse der Versuchsreihen zeigen eine sehr gute Übereinstimmung der berechneten- und der Referenzwerte für die verschiedenen Wasserzementwerte des Betons.

5. Untersuchung des Einflusses von verschiedenen Zementarten sowie Zusatzmitteln und Zusatzstoffen auf das Mikrowellensignal

Die hier dargestellten Ergebnisse wurden unter der Variation des Wasseranteils (w/z-Wert) des Betons erzielt. Um den in der Praxis vorkommenden verschiedenen Zementen und Zusatzstoffen gerecht zu werden, wurde im Weiteren der Einfluss von verschiedenen Zementarten sowie Zusatzmitteln und Zusatzstoffen auf das Mikrowellensignal untersucht.

Die Ergebnisse der Versuchsreihen für die Untersuchung verschiedener Zementarten zeigt für einen Portlandkompositzement (CEM II) beispielhaft Abbildung 6. Die berechneten und die Referenzwerte zeigen auch für unterschiedliche Zementarten eine sehr gute Übereinstimmung. Es konnte eine Genauigkeit von ca. ±3 N/mm² erreicht werden. Gleichzeitig wurde das aufgestellte Kalibriermodell aus den Versuchsreihen mit verschiedenen Wasseranteilen, einem w/z-Wert von 0,5 und einem reinen Portlandzement (CEM I) auf den CEM II angewendet. Es ist zu erkennen, dass auch dieses Kalibriermodell angewendet werden kann. Die oben genannte Genauigkeit bleibt dabei unverändert. Die Ergebnisse verdeutlichen, dass verschiedene Zementarten keinen Einfluss auf das spektroskopische Messverfahren haben.

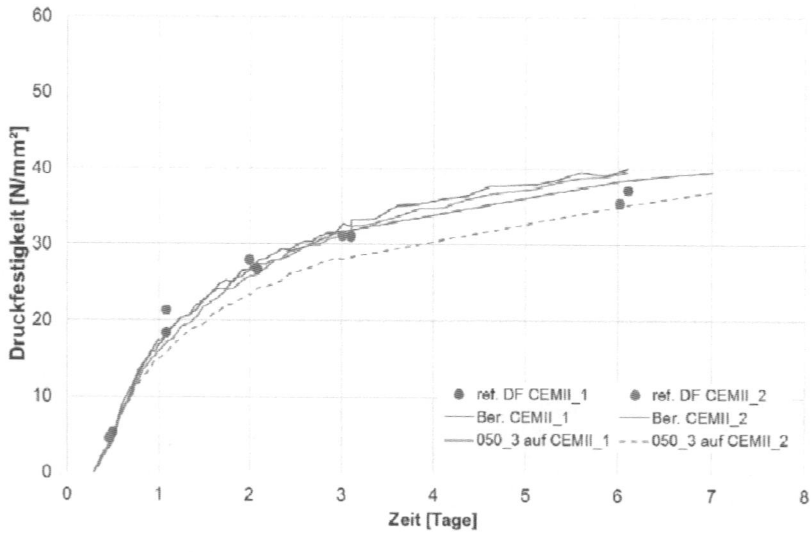

Abb. 6 Vergleich der Versuchsreihen (CEM II)

Weitere Ergebnisse von Versuchsreihen für den Einfluss eines Luftporenbildners (LP) als Betonzusatzmittel werden in Abbildung 7 dargestellt. Die Anwendung der Kalibriermodelle zeigt ebenfalls gute Ergebnisse. Die Genauigkeit liegt dabei bei ca. ±4 N/mm². Der Einfluss von Betonzusatzmitteln auf die Berechnung der Druckfestigkeitsverläufe konnte somit mit Hilfe des spektroskopischen Verfahrens ausgeschlossen werden.

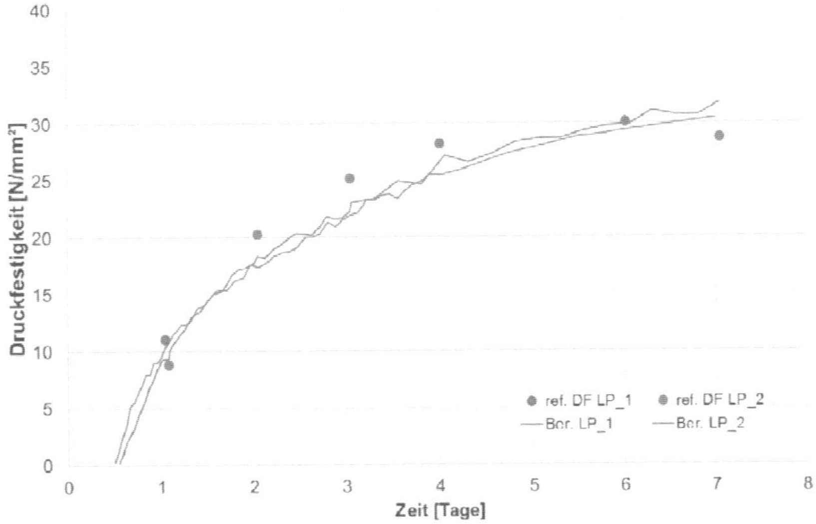

Abb. 7 Vergleich der Versuchsreihen (FM)

Bei zwei Praxiseinsätzen in Betonfertigteilwerken wurde die Druckfestigkeitsentwicklung untersucht. Für diese Praxiseinsätze wurde ein stationäres Messsystem für den direkten Einbau in die Schalung (siehe Abbildung 8) entwickelt. Unter baustellenähnlichen Bedingungen wurde das Messsystem erprobt und es konnte der Druckfestigkeitsverlauf am ersten Tag sowie den ersten Tagen nach der Betonage aus den Mikrowellendaten berechnet werden. Dabei erfolgte die Mikrowellenmessung in den klimatischen Bedingungen des Herstellungsprozesses der Betonfertigteile.

Abb. 8 Mikrowellenspektroskopisches Messsystem für den Einsatz im Betonfertigteilwerk

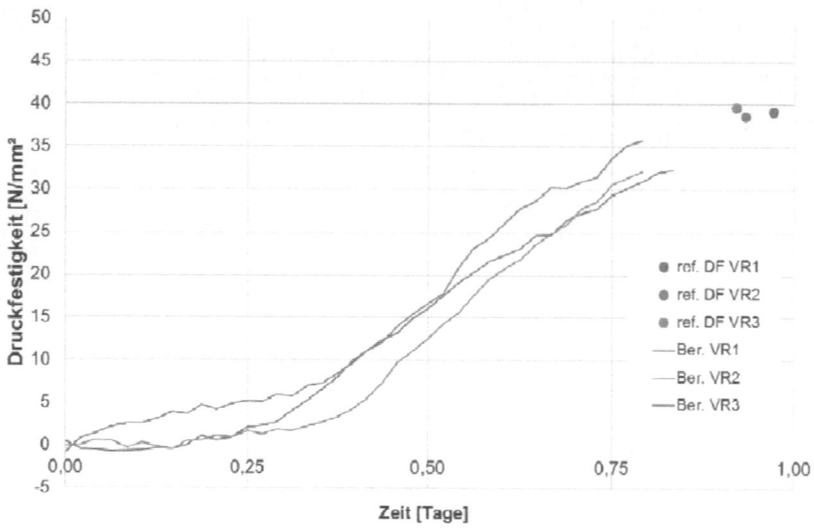

Abb. 9 Messung des Druckfestigkeitsverlaufes im Betonfertigteilwerk

In Abbildung 9 sind die Ergebnisse von 3 Versuchsreihen beispielhaft dargestellt. Die Referenzwerte konnten erst nach ca. 20 Stunden ermittelt werden. Der errechnete Verlauf der Druckfestigkeitsentwicklung, welcher direkt nach der Betonage startet, zeigt den typischen Verlauf einer solchen Kurve. In den ersten 6 Stunden nach der Betonage kommt es zu einer sogenannten Ruheperiode, erst danach steigt die Druckfestigkeit des Betons langsam an. Dabei verlaufen die berechneten Druckfestigkeiten direkt in Richtung der Referenzwerte. Es konnte mit Hilfe des Mikrowellenverfahrens der genaue Zeitpunkt bis zur benötigten Druckfestigkeit von ca. 20 N/mm² ermittelt und somit die Zeit bis zum Ausschalen des Betonfertigteils optimiert werden.

6. Zusammenfassung

Mit Hilfe des spektroskopischen Mikrowellenverfahrens ist es somit möglich, kontinuierlich und zerstörungsfrei den Hydratationsgrad des Betons zu bestimmen und somit Rückschlüsse auf den Verlauf der Festigkeitsentwicklung zu ziehen.

Die Ergebnisse für die Anwendungen der Kalibriermodelle zeigen im Gesamten eine gute Übereinstimmung der Referenz- und der berechneten Werte. Die spektroskopische Auswertung der Mikrowellendaten macht somit eine Verknüpfung der Mikrowellensignale mit den Eigenschaften des erhärtenden Betons, insbesondere der Druckfestigkeit, im Labor möglich. Mit Hilfe der Einsätze in den Fertigteilwerken und auf der Baustelle konnten Ausschalfristen optimiert werden. Für die Unternehmen bedeutet dies, dass sie die Herstellung von Fertigteilen oder anderen Bauteilen wirtschaftlicher gestalten können.

Literatur:

[1] Göller, A., Handro, A., Landgraf, J.: A New Microwave Method for Moisture Measurement in Building Materials. Proc. 3rd Workshop on Electromagnetic Wave Interaction with Water, USDARS, Athens/GA (USA), April 11 - 13, 1999, pp. 84 - 89

[2] Rzepecka, M. A. et al. (1972); Monitoring of Concrete Process by Microwave Terminal Measurements; IEEE Transactions on Industrial Electronics and Control Instrumentation, Vol. IECI-19, No. 4

[3] Schmidt, J. (1991); Einsatz der Mikrowellenmesstechnik zur zerstörungsfreien und kontinuierlichen Erfassung der Hydratationskinetik von Mörteln und Betonen; DGZfP Symposium Zerstörungsfreie Prüfung im Bauwesen, Berlin

[4] Mubarark, K. & Bois, K. J. (2001); A Simple, Robust, and On-Site Microwave Technique for Determining Water-to-Cement Ratio (w/c) of Fresh Portland Cement-Based Materials; IEEE Transactions on Instrumentation and Measurement, Vol. 50, No. 5

[5] Kessler, Waltraud: Multivariate Datenanalyse für die Pharma-, Bio- und Prozessanalytik. WILEY-VCH, Weinheim, 1. Auflage, 2007

[6] Göller, A., Jungstand,B., Dollase, A., Möller, U. (2016): EM HYDRA - Mikrowellen-Messverfahren und -systeme zur Erfassung von Hydratationsprozessen in Beton; Poster 1, DGZFP-Fachtagung Bauwerksdiagnose, Berlin, 25.-26.02.2016

[7] Dollase, A., Möller, U., Nietner, L., Göller, A., Jungstand,B., (2016): EM HYDRA - Microwave Method for detecting the hydration process of concrete; ISEMA 2016, Proc. of 11th International Conference on Electromagnetic Wave Interaction with Water and Moist Substances; Florence (Italy), May 23 - 27, 2016

[8] Röhling, Stefan: Betonbau. Band 2 Hydratation - junger Beton – Festbeton.Fraunhofer IRB Verlag, Stuttgart, 1. Auflage, 2012

Erstellung eines Testkörpers aus Stahlbeton für Untersuchungen mit Ultraschallecho zur Detektion von Hüllrohren in verschiedenen Tiefen

Ramy AL-BASRI, Alexander TAFFE
HTW - Hochschule für Technik und Wirtschaft Berlin
Kontakt E-Mail: ramybasri@gmail.com

Kurzfassung

Testkörper aus Stahl- und Spannbeton spielen bei der Validierung zerstörungsfreier Prüfverfahren im Bauwesen (ZfPBau) eine große Rolle. In der Vergangenheit wurden verschiedene Testkörper für Ultraschall konzipiert, wobei das Hauptaugenmerk auf der Dickenmessung bei unterschiedlichen Bewehrungsgraden lag.

Im vorliegenden Beitrag werden die bekannten Erkenntnisse zum Bau von Testkörpern aufgegriffen und auf die Prüfaufgabe der Ortung von metallischen Hüllrohren in verschiedenen Tiefen und mit variierenden Bewehrungsgehalten übertragen. Bei der Erstellung des Testkörpers wurde ein Konzept umgesetzt, bei dem auf einer nutzbaren Fläche von rd. 1,5 m² (Breite 1,2 m, nutzbare Höhe rd. 1,2 m, Dicke 50 cm) von jeder Seite jeweils vier Bereiche mit unterschiedlichem Bewehrungsgrad vorliegen. Dadurch sind am stehenden Testkörper Messungen von beiden Seiten mit acht verschiedenen Bewehrungssituationen möglich. Zusammen mit den vier Hüllrohren in vier verschiedenen Tiefenlagen ergeben sich insgesamt 32 Messszenarien. Damit können die Detektionsgrenzen von Ultraschall an Beton systematisch untersucht werden, um diese Prüfaufgabe zu validieren. Darüber hinaus kann der Testkörper zu Ausbildungszwecken eingesetzt werden.

Die hier dargestellten Messungen erfolgten mit der neusten Generation von Ultraschallmessgeräten und bildgebender Darstellung mit der Software InterSAFT von der Uni Kassel. Dabei stand zunächst eine einfach nachvollziehbare bildgebende Darstellung der inneren Konstruktion im Vordergrund. Der Testkörper wird künftig zu systematischen Untersuchungen mit verschiedenen ZfPBau-Verfahren eingesetzt, um das „Fischernetz-Prinzip“ nach Heft 574 DAfStb (Deutscher Ausschuss für Stahlbeton), d.h. ein enges Netz an validierten Prüfaufgaben, umzusetzen.

Erstellung eines Testkörpers aus Stahlbeton für Untersuchungen mit Ultraschallecho zur Detektion von Hüllrohren in verschiedenen Tiefen

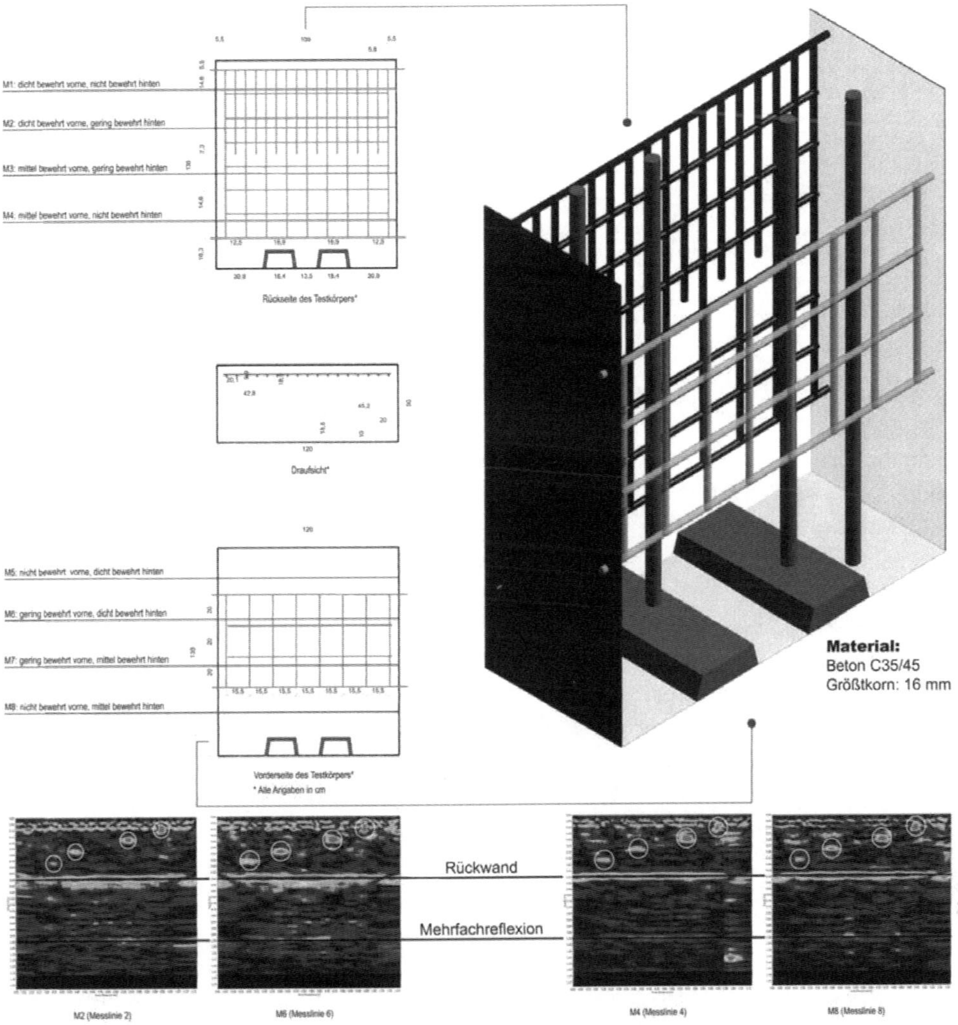

Charakteristik:
Mit 4 metallischen Hüllrohren (Φ_h= 4,3 cm) in verschiedenen Tiefen hinter variierenden Bewehrungsgehalten (Φ_b= 1,0 cm) wurde der Testkörper so konzipiert, dass man trotz der kleinen Fläche viele unterschiedliche Randbedingungen hat.

Verwendung:
1. Ausbildung von Prüfern
2. Validerung von Prüfverfahren
3. Syst. Untersuchungen („Fischernetz-Prinzip")

Ramy Al-Basri
ramybasri@gmail.com

Prof. Dr.-Ing. Alexander Taffe
alexander.taffe@htw-berlin.de

htw. Hochschule für Technik und Wirtschaft Berlin
University of Applied Sciences

Untersuchungen zur Detektion von Querschnittsverlusten mit Hilfe eines neu entwickelten portablen Magnetfeldsensors

Alexander TAFFE [1], Ivan DEREK [1], Carsten SCHRÖDER [2]
[1] HTW - Hochschule für Technik und Wirtschaft Berlin
[2] QOMPASS Solutions GmbH, Berlin
Kontakt E-Mail: alexander.taffe@htw-berlin.de

Kurzfassung

Chloridinduzierte Korrosion durch Tausalze ist die häufigste Schadensursache an Verkehrsbauwerken. Durch den sog. Lochfraß treten konzentriert an einer Stelle Schwächungen des Betonstahls auf, die bis zum vollständigen Querschnittsverlust und Bruch insbesondere von Spannstählen reichen. Solche Brüche und auch größere Querschnittsverluste erzeugen beim Magnetisieren des Stahls an der Schadstelle ein magnetisches Streufeld, das von der Oberfläche über einen Magnetfeldsensor geortet werden kann. Zur Ortung von Spanndrahtbrüchen hat sich seit den 1980er-Jahren die Methode des sog. Remanenzmagnetismus etabliert, die zwar eine Ortung bis in eine Tiefe von rd. 30 cm erlaubt, dafür aber sehr große Elektromagneten erfordert, so dass kein handgeführtes Gerät möglich ist.

In diesem Beitrag wird ein von der Firma QOMPASS Solutions neu entwickeltes Handgerät vorgestellt, mit dem auf der Basis der magnetischen Streufeldmessung im aktiven Magnetfeld Querschnittsverluste bereits vor dem Erreichen eines vollständigen Querschnittsverlusts bzw. Bruchs detektiert werden können. Das Magnetfeld wird durch Permanentmagneten erzeugt, die im Handgriff des Geräts eingebaut sind. Die Magnetfeldsensoren befinden sich in der Symmetrieachse unmittelbar über der Betonoberfläche, so dass die Messung auf einer Breite von 15 cm durchgeführt werden kann. Die Messtrecke wird über einen Weggeber in den vier Rädern des Geräts aufgezeichnet. Es sind Linien- und kreuzweise Flächenmessungen möglich. Die Abmessungen des Geräts betragen 275/170/95 mm bei einem Gewicht von unter einem Kilogramm.

Bei den hier vorgestellten systematischen Untersuchungen an Betonstahl wurde eine Variation des Durchmessers der Bewehrung von 8 bis 16 mm und der Betondeckung von 2 bis 8 cm vorgenommen. Die Querschnittsverluste wurden elektrochemisch hergestellt mit Querschnittsminderungen von 25%, 50% und 75%. Der vollständige Querschnittsverlust von 100% wurde als Schnitt erzeugt. Zusätzlich wurde der Einfluss von Nachbarstäben untersucht. Für Querschnittsverluste zwischen 50 und 100% können Korrosionsschäden bis in eine Tiefe von 45 mm detektiert werden, so dass eine sinnvolle Ergänzung der Potentialfeldmessung möglich ist, mit deren Hilfe korrosionsaktive Bereiche in einem ersten Schritt detektiert werden können.

Untersuchungen zur Detektion von Querschnittsverlusten mit Hilfe eines neu entwickelten portablen Magnetfeldsensors

Hochschule für Technik und Wirtschaft Berlin
University of Applied Sciences

Alexander Taffe – HTW Berlin
Ivan Derek – HTW Berlin
Carsten Schröder – Qompass Solutions GmbH, Berlin
Choli-Pak – Qompass Solutions GmbH, Berlin

Handmessgerät: Corropass CP-150
Messprinzip: magnetisches Streufeld
Methode: Messung im aktiven Feld
Messgröße: magnetische Flussdichte
Auswertung: geräteinterne Software

Messkonzept und variierte Parameter
Durchmesser Bewehrung 8..16mm
Betondeckung 20..80 mm,
in 5 bzw. 10-mm-Schritten
Querschnittsverluste 25%, 50%, 75%, 100%

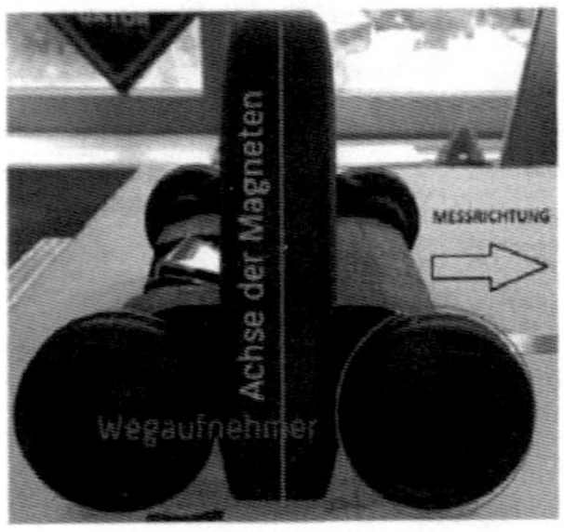

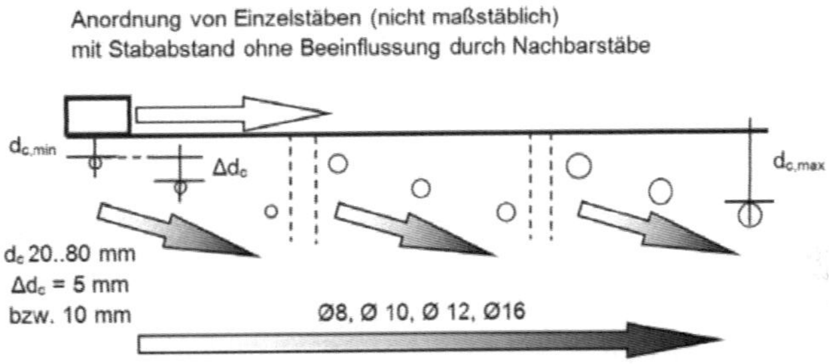

Darstellung der Messergebnisse

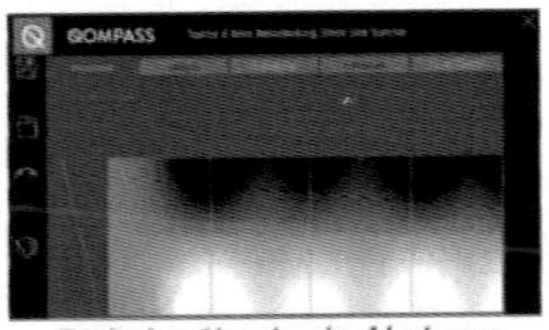

Typischer Signalverlauf (schwarz → weiß) von 3 schadfreien Stäben

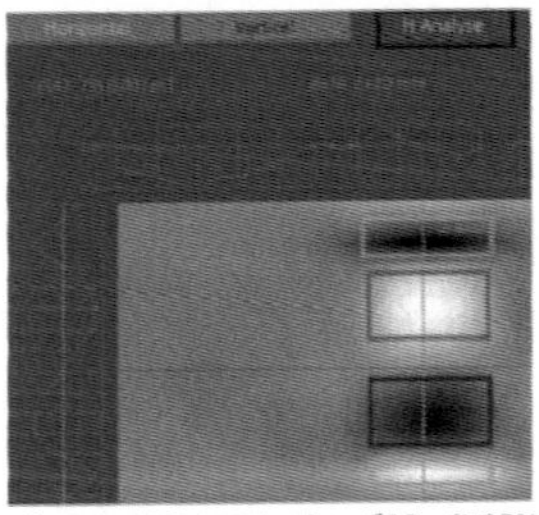

Signal mit Polwechsel an Ø12 mit 25% Querschnittsverlust und 25 mm Betondeckung

Bewertung der Messergebnisse

	Schadensfall			
	Querschnittsverlust von 20-25%	Querschnittsverlust von 50%	Querschnittsverlust von 75%	Komplettbruch des Betonstahls
$Ø_s$ [mm]	Detektionstiefe	Detektionstiefe	Detektionstiefe	Detektionstiefe
8	Keine Detektion	35 mm	40 mm	40 mm
10	Keine Messungen durchgeführt	Keine Messungen durchgeführt	Keine Messungen durchgeführt	35 mm
12	Keine Detektion	(25mm)	35 mm	35 mm
14	Keine Messungen durchgeführt	Keine Messungen durchgeführt	Keine Messungen durchgeführt	35 mm
16	Keine Detektion	(25mm)	35mm (40 mm)	35 mm

Fazit
Detektion von Querschnittsverlusten > 50%
Detektionstiefen zwischen 25 und 45 mm
Tendenziell leistungsfähiger bei kleinen Ø

Bildgebende Darstellung oberflächennaher Bewehrung mit Ultraschall an Beton

Sarah VONK [1], Alexander TAFFE [1]
[1] HTW - Hochschule für Technik und Wirtschaft Berlin, Berlin

Kontakt E-Mail: s0537107@htw-berlin.de, alexander.taffe@htw-berlin.de

Kurzfassung

Ultraschall an Beton hat in den vergangenen Jahren in der zerstörungsfreien Prüfung im Bauwesen (ZfPBau) erheblich an Bedeutung gewonnen. Dabei wurde in der Vergangenheit das Hauptaugenmerk auf die bildgebende Darstellung der inneren Konstruktion von Stahl- und Spannbetonbauteilen gelegt. Dagegen wurden der Detektion oberflächennaher Bewehrung und der Betondeckungsmessung vergleichsweise wenig Aufmerksamkeit geschenkt.

In diesem Beitrag wird gezeigt inwieweit Ultraschall zur Detektion oberflächennaher Bewehrung in Ergänzung zu magnetisch induktiven Verfahren geeignet ist. Die Messungen wurden mit dem neu entwickelten Pundit 250 Array der Firma Proceq durchgeführt und mit der Software InterSAFT der Uni Kassel dargestellt.

Es erfolgten systematische Untersuchungen an Testkörpern, an denen die Betondeckung, der Durchmesser der Bewehrung und der Bewehrungsgrad in Form von Mattenbewehrung an der Oberfläche variiert wurden. Die Detektierbarkeit und Genauigkeit der Betondeckung wurden in Bezug zu Betondeckung, Wellenlänge und Bewehrungsdurchmesser gesetzt, so dass für den Nutzer detailliertere Regeln zur Bewehrungsortung formuliert werden, statt dem bekannten λ/2-Kriterium.

Bewehrungsdetektion oberflächennaher Bewehrung mit Ultraschall

Grenzen zu anderen Verfahren

magnetisch induktiv: Wirbelstrom

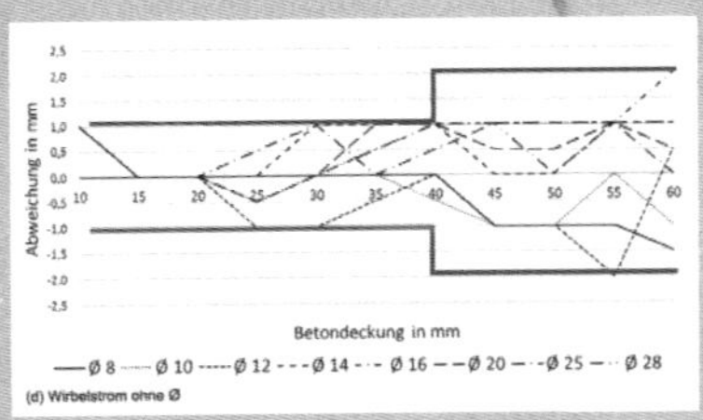

Grenzen von magnetisch induktiven Verfahren: Wirbelstrom; dargestellt: Abweichungen von der vorhandenen Betondeckung Genauigkeitsanforderungen nach DBV-Merkblatt in Rot: –Betondeckung ≤ 40mm → ≤ ±1mm; Betondeckung ≤ 60 mm → ≤ ±2 mm; aus Beton- und Stahlbeton 2016: Taffe, Jungen

Radar

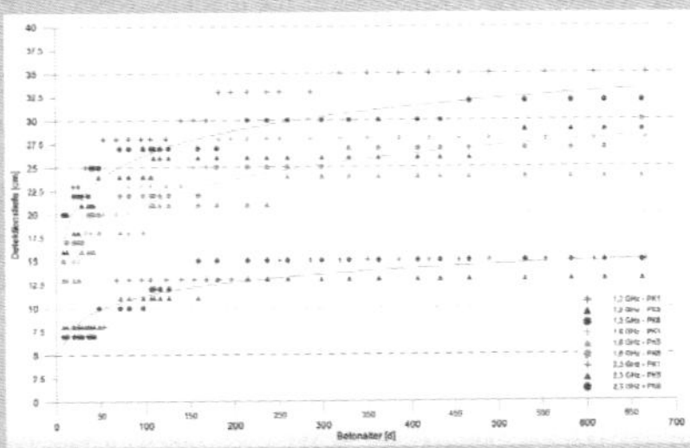

Grenzen von Radarverfahren: bei einem Betonalter von etwa einer Woche Antenne von 2,3 GHz, Detektionstiefe: 7,5 cm; Abweichung: ±1 cm; aus Beton- und Stahlbeton 2012: Taffe, Feistkorn, Diersch

Auswertung

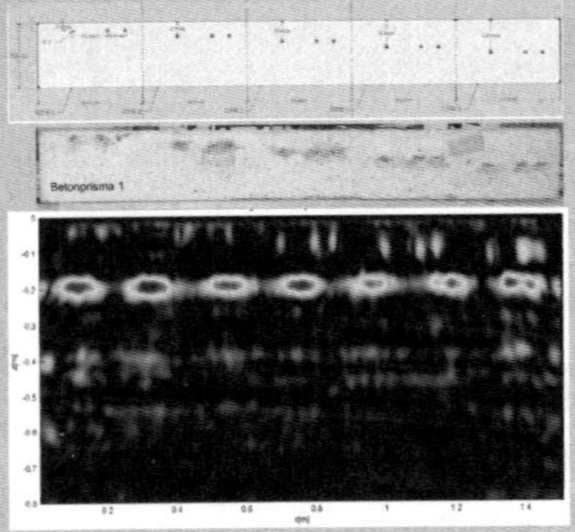

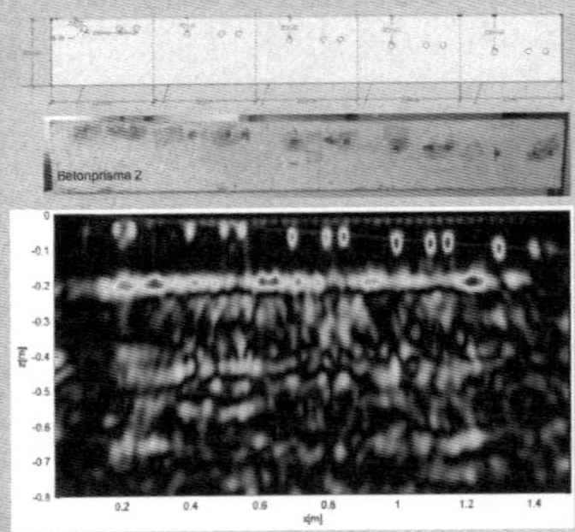

Ultraschallgerät: Pundit 250 Array der Firma Proceq

- Prüfkopfarray
- Mittlere Frequenz: 40 kHz
- Verstärkung: bis 80 dB
- 8 x 3 Prüfköpfe → 28 A-Scans
- Messraster: 3 bis 21 cm
- Bestimmung der Ausbreitungsgeschwindigkeit über die Mehrfachreflexion

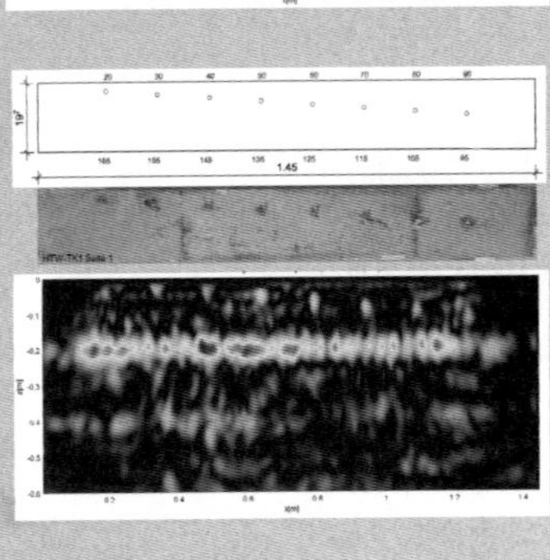

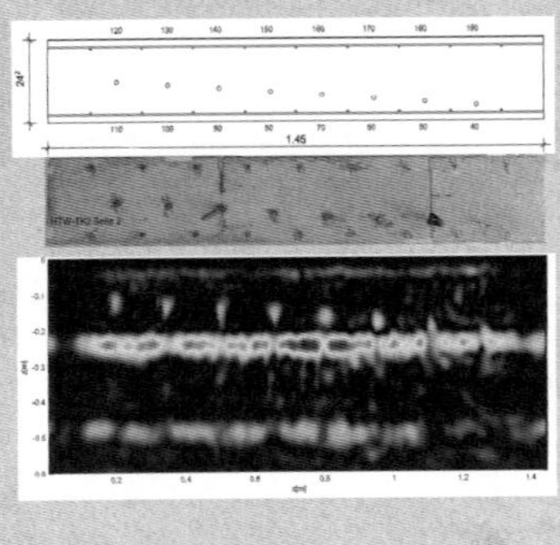

Ergebnisse

praxisrelevante Anwendungshinweise:

- Bewehrungsortung mit dem Pundit 250 Array ab 3 cm bis 18 cm möglich
- Messgenauigkeit der Betondeckung mit einer Messunsicherheit von 5 % auf der sicheren Seite liegend: ± 1 cm
- zu dektiernde Objektgröße bei 40 kHz und einer Wellenlänge von 65 mm: λ/8 bzw. λ > 6,5 cm
- das Ultraschallverfahren eignet ich als Ergänzung oder in Kombination mit den magnetisch induktiven Verfahren und Radarverfahren
- keine Beeinträchtigung des Ultraschallverfahrens bei oberflächennah dicht bewehrten Bereichen

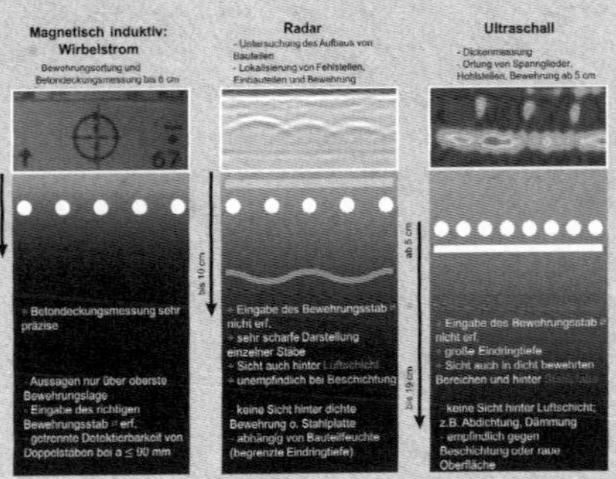

M. Sc. Sarah Vonk
Prof. Dr.-Ing. Alexander Taffe

Hochschule für Technik und Wirtschaft Berlin
FB II Bauingenieurwesen
Fachgebiet Baustoffkunde, Bauwerksdiagnose
und Zerstörungsfreie Prüfung

Hochschule für Technik und Wirtschaft Berlin
University of Applied Sciences

proceq

AUTHOR INDEX

Deutsche Gesellschaft Fuer Zerstoerungsfreie Pruefung (DGZfP)
Max-Planck-Str. 6
12489 Berlin
Germany

ISBN 978-1-5108-9401-3

CURRAN ASSOCIATES INC.
proceedings.com

12th Conference of the European Chapter of the Association for Computational Linguistics 2009

(EACL 2009)

Athens, Greece
30 March - 3 April 2009

ISBN: 978-1-63266-013-8